"十四五"职业教育国家规划教材

U0653243

房屋建筑构造

（第三版）

主　编　卓维松

副主编　陈　妍　杨振宏　吴美琼

　　　　尤文贵　曾　猛

主　审　俞素平

南京大学出版社

内容简介

本书为"十四五"职业教育国家规划教材、"十三五"职业教育国家规划教材,也是高等职业教育土建类专业系列教材之一。本书参考新规范、新标准,有大量实景图片,内容的深度和广度符合高等职业教育的特点,把培养学生的专业知识和专业技能作为核心,突出专业的应用性和技能性。修订后本书分为四大模块内容:建筑构造基本知识、民用建筑构造、工业建筑构造、建筑施工图识读。全书内容简明易懂,图文并茂,每个模块或子模块均有学习目标、学习小结、课后作业、技能实训,方便读者的学习和理解。

本书可作为高等职业院校建筑工程技术、市政工程技术、建设工程监理、工程造价、建设工程管理、道路与桥梁工程技术、建筑装饰工程技术、地下与隧道工程技术、房地产经营与管理以及物业管理等土建类专业的教材,可供其他职业教育、成人高校学生学习使用,也可作为退役军人、下岗职工、农民工等技能培训教材。

图书在版编目(CIP)数据

房屋建筑构造 / 卓维松主编. —3 版. —南京:

南京大学出版社,2022.2(2024.7 重印)

ISBN 978 - 7 - 305 - 25413 - 0

Ⅰ. ①房… Ⅱ. ①卓… Ⅲ. ①建筑构造－高等职业教育－教材 Ⅳ. ①TU22

中国版本图书馆 CIP 数据核字(2022)第 028593 号

出版发行 南京大学出版社
社　　址 南京市汉口路 22 号　　　　邮　　编 210093
书　　名 **房屋建筑构造**
　　　　　FANGWU JIANZHU GOUZAO
主　　编 卓维松
责任编辑 朱彦霖　　　　　　编辑热线 025 - 83597482
照　　排 南京开卷文化传媒有限公司
印　　刷 常州市武进第三印刷有限公司
开　　本 787 mm×1092 mm　1/16　印张 18.75　字数 512 千
版　　次 2022 年 2 月第 3 版　2024 年 7 月第 4 次印刷
ISBN　978 - 7 - 305 - 25413 - 0
定　　价 55.00 元

网　　址:http://www.njupco.com
官方微博:http://weibo.com/njupco
官方微信号:njutumu
销售咨询热线:(025)83594756

第三版前言

本书在"十三五"职业教育国家规划教材《房屋建筑构造》第二版的基础上,根据企业调研、模块化课程改革以及相关最新国家标准进行再次修订。教材全面贯彻落实国家职业教育改革一系列文件精神,促进产教融合,推进校企"双元"新型教材编写工作,进一步对接"1＋X"建筑工程识图考证要求,体现书证融通、课证融通。本次修订增加了"建筑节能基本知识"和"建筑施工图识读"等两部分内容;同时,为贯彻落实党的二十大精神进教材、进课堂、进头脑,把党的二十大精神以二维码的形式融入课程思政案例;另外,技能训练环节中增加了节点构造识图训练。同时,对书中个别错误文字进行修改。

本次修订体现以下特点:

(1) 知识模块化

本教材分为四大知识模块:建筑构造基本知识、民用建筑构造、工业建筑构造、建筑施工图识读。方便土建类不同专业、不同性质课程根据模块化内容选取授课内容。

(2) 理实一体化

教材修订符合"先理论后实践"的认知规律,理论部分是建筑构造学习,实践部分是建筑识图(或技能训练),两部分内容相互融通,体现理实一体化。

(3) 数字立体化

将"互联网＋"思维融入教材,采用数字化形式扩展教材内容,相关学习资源以二维码形式加以展现。同时,配套相应数字化资源(如教学课件、施工图片、视频、标准化题库、课程思政案例等),体现数字立体化教材建设理念。

(4) 技能实训化

每个学习模块或子模块均设置技能实训环节,技能实训题目选用专业图集内容,强化图形识读能力与图形绘制能力,训练学生动手能力和思考问题的能力,提高学生的识图技能。

(5) 校企双元化

在修订之前,组织教师团队前往福建省建筑设计研究院有限公司调研。校企双方共同讨论教材修订方向,并由企业提供实际工程案例。

　　本书由福建船政交通职业学院卓维松担任主编,福建船政交通职业学院陈妍、福建省建筑设计研究院有限公司杨振宏、广西水利电力职业技术学院吴美琼、福建农业职业技术学院尤文贵、湖南交通职业技术学院曾猛等担任副主编。书中模块 2.2、2.3、2.4、2.5、2.6、3.2 以及各模块(子模块)的学习小结、课后作业与技能实训由卓维松编写;模块 4 由陈妍编写;模块 1 绿色建筑部分由陈妍、杨振宏共同编写,模块 1 其他部分由吴美琼、杨振宏编写;模块 2.1 由尤文贵编写,模块 3.1 由曾猛编写。全书由卓维松负责修订并定稿,福建船政交通职业学院俞素平教授担任主审。

　　本书在前期调研过程和编写过程中得到了杨振宏高级工程师以及同事的大力支持与帮助,编写过程中引用了大量规范、教材、专业文献和资料,在此一并向相关作者致以衷心的感谢!

　　由于编者理论水平和实践经验有限,书中难免有不足之处,敬请使用本书的师生与读者批评指正,以便修订时改进。

编　者

2022 年 11 月

目 录

立体化资源目录

(续表)

模块 1
建筑构造基本知识

模块学习目标

1. 能够了解《房屋建筑构造》课程的主要内容和学习方法
2. 能够叙述建筑构成三要素、建筑的分类与等级
3. 能够叙述民用建筑的组成与作用,理解专业名词的含义
4. 能够叙述建筑模数、定位轴线等有关基本知识,识读建筑平面图相关内容
5. 能够叙述三种变形缝的概念与区别
6. 能够了解民用工业化建筑体系类型
7. 能够了解建筑节能的基本知识

《房屋建筑构造》是土建类专业的一门重要专业基础课。它以《工程制图》《建筑材料》《工程测量》等课程为基础,同时又为学习《建筑结构》《建筑施工技术》《建筑工程计量与计价》等专业课程提供必要的基础知识。它在本专业系列课程中起着承前启后的重要作用。

一、课程学习内容

《房屋建筑构造》主要内容包括四大模块:建筑构造基本知识、民用建筑构造、工业建筑构造、建筑施工图识读等。

建筑构造是系统介绍建筑物各个组成部分的构造原理、构造方法和材料做法,是建筑设计不可分割的一部分。建筑构造原理是研究如何使用哪些组成建筑物的构件、配件能够最大限度满足使用功能要求,并根据使用要求去进行构造方案设计的理论。构造方法则是在理论指导下,进一步研究如何运用各种建筑材料去有机地组成各种构件、配件,并提出各种有效的防范措施和解决构、配件之间牢固结合的具体方法。

建筑施工图识读则是在掌握建筑构造理论知识的基础上,学习掌握建筑施工图主要内容、施工图识读的方法与技巧。施工图识读技能是土建类专业学生最基本的职业能力之一,可以为其他职业能力提供最基础的保障。

学习本课程的目的是为了掌握建筑构造的基本原理,初步掌握建筑的一般构造做法和构造详图的绘制方法,为建筑施工图识读准备最基本的理论知识。

二、课程学习方法

在学习过程中,应该端正学习态度,勤于思考,善于观察,举一反三,能将理论知识与实际相结合。《房屋建筑构造》是一门实用性很强的技术专业基础课,要学好它必须注意做到以下几点:

(1) 要注意理解构造的原理,以及建筑物各组成部分常用的构造做法;

(2) 要注意理解各构造做法的具体内容,以及常见的典型构造做法;

(3) 学习过程中,结合学习内容,要多观察身边建筑物各部分的构造;

(4) 要善于运用网络工具查找对应的构造图片或视频,加深理解与记忆;

(5) 重视绘制技能训练,认真完成课后复习题,提高绘制和识读施工图的能力;

(6) 要多参观在建和已建的建筑,增强感性认识,充分理解建筑物各组成部分的名称、位置、作用、材料等基本知识。

▶ 1.1　建筑构成要素 ◀

建筑构成要素包括建筑功能、建筑技术和建筑形象。

1. 建筑功能

建筑功能是指建筑的实用性,是房屋的使用需要,它体现了建筑的目的性。任何建筑都有为人所用的功能,如建厂是为了生产,建住宅是为了满足居住、生活和休息要求,建剧院是为了满足文化的需要等,所以生产、生活和文化分别是建厂、住宅、剧院的功能要求。同时,建筑必须满足人体尺度和人体活动所需的空间尺度,以及人的生理要求,如良好的朝向、保温隔热、防水防潮、采光通风等。

建筑功能的要求不是一成不变的,随着社会生产力的发展、经济的繁荣和物质文化生活水平的提高,人们对建筑功能的要求也将日益提高,满足新的建筑功能的房屋也将应运而生。

2. 建筑技术

建筑技术是指建造房屋的物质条件,包括建筑材料与制品技术、结构技术、施工技术和设备技术等。施工技术是实现建筑生产的过程和方法,设备是改善建筑环境的技术条件。

3. 建筑形象

建筑形象是指建筑物的内外观感,它包括建筑体型(如矩形、塔形、L 形、圆形等)、立面处理(如横向分格、竖向分格等)、内外空间的组织装修、色彩应用等。建筑形象是建筑功能和建筑技术的综合反映。建筑形象处理得当,就能产生良好的艺术效果与空间氛围,给人以美的享受。建筑形象可以反映出建筑物的时代风采、民族风格、地方特色等。

建筑的构成三要素是辩证的统一体,是不可分割的,但又有主次之分。建筑功能起主导作用;建筑技术是达到目的的手段,技术对功能又有约束和促进作用;建筑形象是功能和技术的反映。如果能充分发挥设计者的主观作用,在一定的功能和技术条件下,可以把建筑设计得更加美观。

▶ 1.2　建筑分类与等级 ◀

建筑通常是建筑物与构筑物的总称。建筑物是指供人们在其中生产、生活或进行其他活动的房屋或场所,如住宅、办公楼、厂房、教学楼等。构筑物是指人们一般不直接在其中进行生产、生活活动的建筑,如水塔、堤坝、蓄水池、栈桥、烟囱等。

一、建筑物的分类

1. 按使用功能分类

根据建筑物的使用功能,可分为民用建筑、工业建筑和农业建筑。

(1) 民用建筑

民用建筑又可以分为居住建筑和公共建筑两类。

① 居住建筑:供人们居住使用的建筑,如宿舍、住宅、别墅、公寓等。

② 公共建筑:供人们进行各种公共活动的建筑(图1-2-1),其中包括:行政办公建筑、文教建筑、集会及观演建筑、生活福利及服务性建筑、广播通信邮电建筑、医疗卫生建筑、展览建筑、旅馆建筑、交通建筑、商业建筑、园林建筑、纪念建筑等。

(2) 工业建筑

工业建筑是指各类工业生产用房和为工业生产服务的附属用房,如钢铁、机械、化工、纺织、食品等工业企业中的生产车间及发电站、锅炉房等(图1-2-2)。

(3) 农业建筑

农业建筑是指用于农业、牧业生产和加工的建筑,如粮仓、畜禽饲养场、温室、农机修理站等(图1-2-3)。

图1-2-1　民用建筑:公共建筑

图1-2-2　工业建筑:厂房

图1-2-3　农业建筑:温室

随着社会和科学技术的发展,建筑的类型也在变化,有的建筑类型正在消失,有的建筑类型正在转化,如原居住区内配套的粮店正在失去使用需求,正在转化为便民店或小超市等。而更多新的建筑类型正在产生,如新型居住社区中的会所、社区服务中心、托老所等。

2. 按建筑高度分类

根据我国《民用建筑设计统一标准》(GB 50352—2019),将建筑按层数及高度进行分类作了如下规定:

(1) 非高层建筑:建筑高度不大于27 m的住宅建筑、建筑高度不大于24 m的公共建筑以及建筑高度大于24 m的单层公共建筑的,为低层或多层民用建筑。

(2) 高层建筑:建筑高度大于27 m的住宅建筑和建筑高度大于24 m的非单层公共建筑,且建筑高度不大于100 m的,为高层民用建筑。

(3) 超高层建筑:建筑高度大于100 m时,不论其是住宅或公共建筑均为超高层建筑。

3. 按承重结构所用的材料分类

(1) 木结构建筑

建筑物的主要承重构件均用圆木、方木等各种木材制作,并通过接榫、螺栓、销、键、胶等连接。这种结构多用于古建筑和旅游性建筑。由于木材易腐、不防火,再加上我国森林资源较少,木结构建筑现在已很少采用。

不同承重结构
建筑举例

（2）混合结构建筑

建筑物的主要承重构件由两种或两种以上不同材料组成,如砖墙和木楼板的砖木结构,砖墙和钢筋混凝土楼板的砖混结构等,其中砖混结构应用最多,并适合于六层及以下的多层建筑。

（3）钢筋混凝土结构建筑

建筑物的主要承重构件如梁、板、柱及楼梯等采用钢筋混凝土,由于它具有坚固耐久、防火和可塑性强等优点,在当今建筑领域中应用广泛,而且发展前景最大。这种结构一般用于多层或高层建筑中。

钢筋混凝土结构可分为框架结构、剪力墙结构、框架-剪力墙结构、筒体结构、框筒结构等。

（4）钢结构建筑

建筑物的主要承重构件用钢材做成(如钢梁、钢柱等),而围护外墙和分隔内墙用轻质块材、板材等。由于钢结构力学性能好,便于制作和安装,结构自重轻,常应用在高层建筑、超高层建筑和大跨度的公共建筑中。

思政案例 1

（5）其他类型建筑

如生土建筑、覆膜建筑、充气建筑、塑料建筑等(图 1-2-4)。

生土建筑

覆膜建筑

图 1-2-4　其他建筑

4. 按施工方法分类

（1）全装配式建筑

全装配式建筑是指主要构件如墙板、楼板、屋面板、楼梯等都在工厂或施工现场预制,然后全部在施工现场进行装配的建筑。

（2）全现浇式建筑

全现浇式建筑是指主要承重构件如钢筋混凝土梁、板、柱、楼梯构件都在施工现场浇筑的建筑。

不同施工方法
建筑举例

（3）部分现浇、部分装配式建筑

部分现浇、部分装配式建筑是指一部分构件如楼板、楼梯、屋面板等在工厂预制,另一部分构件如柱、梁在现场浇筑的建筑。

（4）砌筑类建筑

砌筑类建筑是指由砖、石及各类砌块砌筑而成的建筑。

5. 按建筑物的规模和数量分类

(1) 大量性建筑

单体建筑规模不大,但兴建数量多、分布面广的建筑,如住宅、学校、办公楼、商店等。

(2) 大型性建筑

单体建筑规模大、数量少,但单栋建筑体量大,如大城市火车站、机场候机厅、大型体育馆场、大型影剧场、大型展览馆等建筑。

大量性建筑和大型性建筑如图 1-2-5、图 1-2-6 所示。

图 1-2-5　大量性建筑:小区住宅

图 1-2-6　大型性建筑:国家大剧院

二、民用建筑的等级划分

民用建筑一般按照耐久性和耐火性划分等级。

1. 建筑物的耐久等级

建筑物的耐久性等级主要根据建筑物的重要性和规模大小划分,并以此作为基建投资和建筑设计的重要依据。耐久等级的指标是设计使用年限,设计使用年限的长短是依据建筑物的性质确定的。影响建筑寿命长短的主要因素是结构构件的选材和结构体系。

按照我国现行的《民用建筑设计统一标准》(GB 50352—2019)民用建筑的设计使用年限应符合表 1-2-1 的规定。

表 1-2-1　民用建筑的设计使用年限分类

类别	设计使用年限/年	示例
1	5	临时性建筑
2	25	易于替换结构构件的建筑
3	50	普通建筑和构筑物
4	100	纪念性建筑和特别重要的建筑

2. 建筑物的耐火等级

建筑物的耐火等级是根据房屋主要构件的燃烧性能和耐火极限这两个因素来确定的。

(1) 燃烧性能

燃烧性能指组成建筑物的主要构件在明火或高温作用下燃烧与否,以及燃烧的难易程度。建筑构件按燃烧性能分为三类,即非燃烧体、难燃烧体和燃烧体。

① **非燃烧体**：即用不燃烧材料制成的构件。此类构件在空气中受到火烧或高温作用时，不起火、不碳化、不微燃，如砖石材料、钢筋混凝土材料等。

② **难燃烧体**：即用难燃材料做成的构件，或用燃烧材料做成，而用非燃烧材料做保护层的构件。此类构件在空气中受到火烧或高温作用时难燃烧、难碳化，离开火源后微燃立即停止，如水泥石棉板、板条抹灰、钢丝网抹灰等。

③ **燃烧体**：即用燃烧材料做成的构件。此类构件在空气中受到火烧或高温作用立即起火或燃烧，离开火源继续燃烧或微燃，如木材、胶合板、纤维板等。

（2）**耐火极限**

耐火极限指在标准耐火试验条件下，建筑构配件或结构从受到火的作用时起，到构件失去支持能力或完整性被破坏或失去隔火作用时为止的这段时间，通常用小时（h）表示。

如试件在试验中发生坍塌或变形量超过规定数值，表明试件失去支持能力。

当用标准规定的棉垫进行完整性测试时，如棉垫被引燃，表明试件完整性被破坏。

当试件背火面的平均温升超过试件表面初始温度 140℃ 或单点最高温升超过试件表面初始温度 180℃ 时，表明试件失去隔火作用。

我国《建筑设计防火规范》（GB 50016—2014）（2018 年版）把建筑物的耐火等级划分成四级，不同耐火等级建筑物相应构件的燃烧性能和耐火极限不应低于表 1-2-2 的规定。

表 1-2-2　建筑物构件的燃烧性能和耐火极限（h）

构件名称		耐火等级			
		一级	二级	三级	四级
墙	防火墙	不燃性 3.00	不燃性 3.00	不燃性 3.00	不燃性 3.00
	承重墙	不燃性 3.00	不燃性 2.50	不燃性 2.00	难燃性 0.50
	非承重墙	不燃性 1.00	不燃性 1.00	不燃性 0.50	可燃性
	楼梯间和前室的墙 电梯井的墙 住宅建筑单元之间的墙和 分户墙	不燃性 2.00	不燃性 2.00	不燃性 1.50	难燃性 0.50
	疏散走道两侧的隔墙	不燃性 1.00	不燃性 1.00	不燃性 0.50	难燃性 0.25
	房间隔墙	不燃性 0.75	不燃性 0.50	不燃性 0.50	难燃性 0.25
柱		不燃性 3.00	不燃性 2.50	不燃性 2.00	难燃性 0.50
梁		不燃性 2.00	不燃性 1.50	不燃性 1.00	难燃性 0.50
楼板		不燃性 1.50	不燃性 1.00	不燃性 0.50	可燃性
屋顶承重构件		不燃性 1.50	不燃性 1.00	可燃性 0.50	可燃性
疏散楼梯		不燃性 1.50	不燃性 1.00	不燃性 0.50	可燃性
吊顶（包括吊顶搁栅）		不燃性 0.25	难燃性 0.25	难燃性 0.15	可燃性

注：1. 除规范另有规定外，以木柱承重且墙体采用不燃烧材料的建筑物，其耐火等级应按四级确定；
　　2. 住宅建筑构件的耐火极限和燃烧性能可按现行国家标准《住宅建筑规范》GB 50368 的规定执行。

1.3　建筑物的构造组成与常用专业名词

一、建筑物的构造组成与作用

一幢民用建筑,一般由基础、墙(柱)、楼板与地坪、楼梯、屋顶、门窗等六大部分组成(图1-3-1),它们在不同的部位发挥着各自的作用。

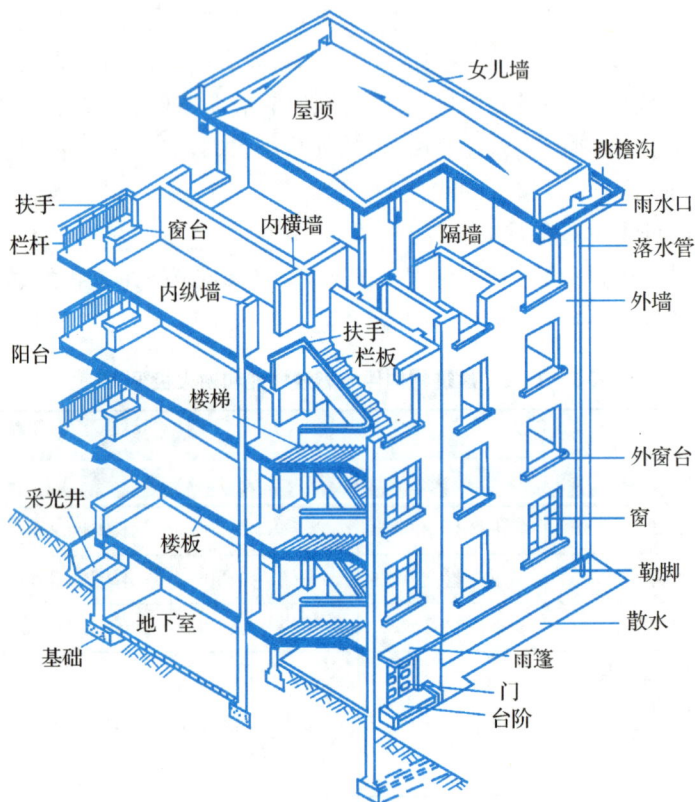

图 1-3-1　民用建筑的构造组成

1. 基础

基础是建筑物下部埋在自然地面以下的承重结构。其作用是承受建筑物的全部荷载,并将这些荷载传给地基。因此,基础必须具有足够的强度和稳定性,并能抵御地下水、冰冻等各种有害因素的侵蚀。

2. 墙(柱)

墙(柱)承受楼板和屋顶传给它的荷载。在墙承重的房屋中,墙既是承重构件,又是围护构件;在框架承重的房屋中,柱是承重构件,而墙只是围护构件或分隔构件。作为承重构件,墙(柱)必须具有足够的强度和稳定性;作为围护构件,外墙须抵御自然界各种因素对室内的侵袭。内墙主要作为分隔构件,要求具备隔声、保温、隔热、防火等性能。

3. 楼板和地坪

楼板是建筑物水平方向的承重构件,对墙体起着水平支撑作用,增强建筑的刚度和整体性,并用来分隔楼层之间的空间。因此,楼板除须具有足够的强度和刚度外,还须具有隔声及防潮、防水性能。

地坪是底层空间与土壤之间的水平分隔构件,它承受底层房间的使用荷载,必须具有耐磨、防潮、防水和保温等性能。

4. 楼梯

楼梯是楼房上、下层之间垂直交通设施,楼梯应有适当的坡度、足够的通行宽度和疏散能力,并满足防滑、防火等要求。

5. 屋顶

屋顶是建筑物顶部构件,它既是承重构件,又是围护构件。屋顶应具有足够的强度和刚度,并要有防水、保温、隔热等要求。

6. 门窗

门窗属于非承重构件。门主要起室内外交通联系与分隔房间的作用,兼有采光、通风作用。窗的作用主要是采光、通风及眺望。门窗对建筑物也有一定的围护和造型的作用。根据建筑使用空间的要求不同,门和窗还应有一定的保温、隔声、防火、防风砂等要求。

除了上述六大基本组成外,对不同使用功能的建筑,还有各种不同的构件和配件,如阳台、雨篷、台阶、散水、垃圾井、烟道等。

二、常用专业名词

1. 横向
指建筑物的宽度方向。

2. 纵向
指建筑物的长度方向。

3. 横向轴线
平行于建筑物宽度方向设置的轴线,用以确定横向墙体、柱、梁、基础的位置。

4. 纵向轴线
平行于建筑物长度方向设置的轴线,用以确定纵向墙体、柱、梁、基础的位置。

横向、纵向
定位轴线

5. 开间
两相邻横向定位轴线之间的距离。

6. 进深
两相邻纵向定位轴线之间的距离。

7. 层高
指层间高度,即地面至楼面或楼面至楼面的高度(图1-3-2)。

开间与进深

8. 净高

指房间的净空高度,即地面或楼面至顶棚下皮的高度。它等于层高减去楼地面厚度、楼板厚度和顶棚高度(图1-3-2)。

9. 建筑高度

根据《民用建筑设计统一标准》(GB 50352—2019)的规定,平屋顶建筑高度指建筑物主入口场地室外设计地面至建筑女儿墙顶点的高度或至屋面檐口的高度;坡屋顶建筑高度是指室外设计地面至檐口与屋脊的平均高度(图1-3-2)。

思政案例2

(a) 平屋顶　　　　(b) 坡屋顶

[注释]建筑高度$H = H_1 + (1/2)H_2$

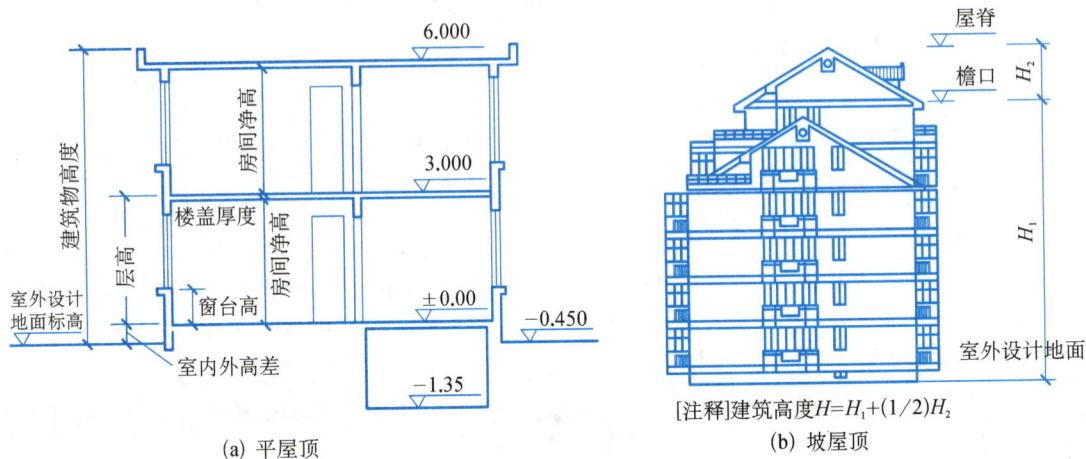

图1-3-2　建筑各部分高度

10. 绝对标高

我国把青岛附近黄海平均海平面定为绝对标高的零点,其他各地标高以此为基准。任何一地点相对于黄海平均海平面的高差称为绝对标高。这个标准在中国境内只有一个。

11. 相对标高

相对标高是把室内首层地面高度定为相对标高的零点,用于建筑物施工图的标高标注。

12. 建筑标高

为装饰装修完成后的标高。一般是建筑施工图上标注的标高,如地面工程中,首层地面建筑标高为±0.000。

13. 结构标高

为装饰装修前的标高。一般是结构施工图上标注的标高,如若首层地面工程装饰层厚度为50 mm,则首层地面结构标高为−0.050。

简单地说,建筑标高＝结构标高 ＋ 装饰层厚度。

14. 建筑朝向

建筑的最长立面及主要开口部位的朝向。

15. 建筑面积

指建筑物外包尺寸的乘积再乘以层数,由使用面积、交通面积和结构面积组成。

16. 使用面积

指主要使用房间和辅助使用房间的净面积。

17. 结构面积

指墙体、柱子等所占的面积。

18. 避难层

建筑高度超过 100 m 的高层建筑,为消防安全专门设置的供人们疏散避难的楼层。

19. 架空层

仅有结构支撑而无外围护结构的开敞空间层。如建筑的底层往往作为架空层,架空层一般当作停车场使用。

20. 防火分区

在建筑内部采用防火墙、楼板及其他防火分隔设施分隔而成,能在一定时间内防止火灾向同一建筑的其余部分蔓延的局部空间。

对于同一性质的建筑,如民用建筑或工业建筑,当在同一建筑物内设置两种或两种以上使用功能的场所时,不同使用功能区或场所之间需要进行防火分隔,以保证火灾不会相互蔓延。防火分区的作用在于发生火灾时,将火势控制在一定的范围内。

21. 防烟分区

在建筑内部采用挡烟设施分隔而成,能在一定时间内防止火灾烟气向同一建筑的其余部分蔓延的局部空间。

22. 建筑全寿命期

建筑从立项、规划、设计、建造、使用到拆除的全过程。

23. 绿色建筑

在全寿命期内,最大限度地节约资源(节能、节地、节水、节材)、保护环境、减少污染,为人们提供健康、舒适和高效的使用空间,与自然和谐共生的建筑。

▶ 1.4　建筑模数与定位轴线 ◀

一、建筑模数

为了使不同材料、不同形式和不同制造方法的建筑构配件、组合件实现大规模生产,并具有一定的通用性和互换性,提高建筑构配件的通用率,降低建筑造价,保证建筑质量,提高施工效率,我国制定了《建筑模数协调标准》(GB/T 50002—2013),用以约束和协调建筑各部分的尺度关系。

建筑模数是建筑设计中选定的标准尺度单位,作为建筑空间、构配件、建筑制品以及有关设备等尺寸相互间协调的基础和增值单位。

1. 基本模数

基本模数是建筑模数协调中选用的基本尺寸单位,用符号 M 表示,其数值规定为

100 mm,即 1 M=100 mm。整个建筑物及其一部分或建筑组合构件的模数尺寸之间应为基本模数的倍数。

2. 导出模数

导出模数分为扩大模数和分模数。

扩大模数是基本模数的整数倍,如 3 M(300 mm)、6 M(600 mm)、12 M(1200 mm)、15 M(1500 mm)、30 M(3000 mm)、60 M(6000 mm)等。

分模数是基本模数的分倍数,如 1/2 M(50 mm)、1/5 M(20 mm)、1/10 M(10 mm)。

3. 模数数列

模数数列是以基本模数、扩大模数和分模数为基础扩展而成的一系列尺寸。

(1) 水平基本模数数列。数列从 1 M(100 mm)至 20 M(2000 mm)不等,主要用于门窗洞口和构配件尺寸。

(2) 竖向基本模数数列。数列从 1 M(100 mm)至 36 M(3600 mm)不等,主要用于建筑物的层高、门窗洞口和构配件等尺寸。

(3) 水平扩大模数数列。数列有 3 M、6 M、12 M、15 M、30 M、60 M,主要用于建筑物的开间、进深、柱距、跨度和门窗洞口等。

(4) 竖向扩大模数数列。数列为 3 M 和 6 M,主要用于建筑物的高度、层高和门窗洞口等。

(5) 分模数数列。数列为 1/10 M、1/5 M、1/2 M,其相应的尺寸为 10 mm、20 mm、50 mm,主要用于缝隙、构造节点、构配件截面尺寸等。

二、建筑尺寸

为保证设计、生产、施工各阶段建筑制品和构配件等有关尺寸间的统一与协调,必须明确标志尺寸、构造尺寸、实际尺寸的定义及其相互关系(图 1-4-1)。

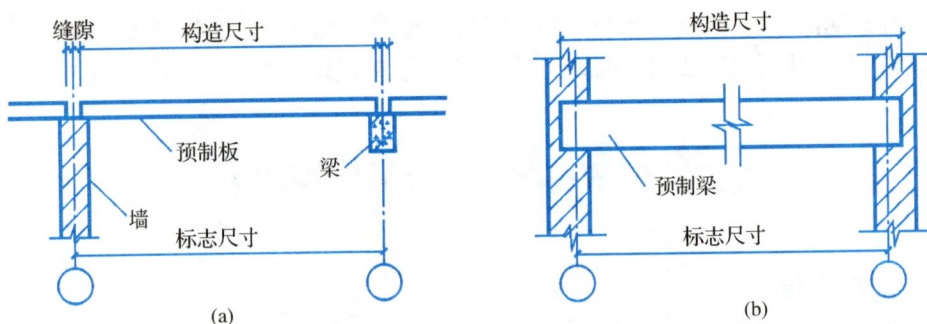

图 1-4-1　几种尺寸间的关系

1. 标志尺寸

标志尺寸用以标注建筑物定位轴线之间的距离(如跨度、柱距、层高等),以及建筑制品、构配件、有关设备位置界限之间的尺寸。标志尺寸必须符合模数数列的规定。

2. 构造尺寸

构造尺寸是建筑制品、构配件等生产的设计尺寸。一般情况下,构造尺寸加上缝隙尺寸等于标志尺寸,如图 1-4-1(a)所示。但是有些建筑的构造尺寸大于标志尺寸,如图 1-4-1(b)所示。

3. 实际尺寸

实际尺寸是建筑制品、建筑构配件等生产制作后的实有尺寸。实际尺寸与构造尺寸之间的差数应符合建筑公差的规定。

三、定位轴线

定位轴线是用来确定建筑物主要结构构件位置及其标志尺寸的基准线,同时也是施工放线的基线。用于平面时称为平面定位轴线,用于竖向时称为竖向定位轴线。

1. 墙体平面定位轴线

墙体平面定位轴线是施工中水平定位、放线的重要依据。主要是确定水平平面结构或构件的位置尺寸的基线(图1-4-2),轴线间的尺寸单位为毫米。

2. 墙体竖向定位轴线

墙体竖向定位轴线主要用于确定竖向结构或构件的位置尺寸的基线(图1-4-3)。墙体竖向定位主要通过竖向定位轴线和控制高程来实现,用标高标注,标高单位为米。

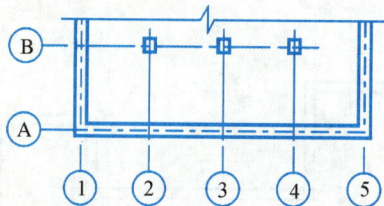

图1-4-2 墙体平面定位轴线

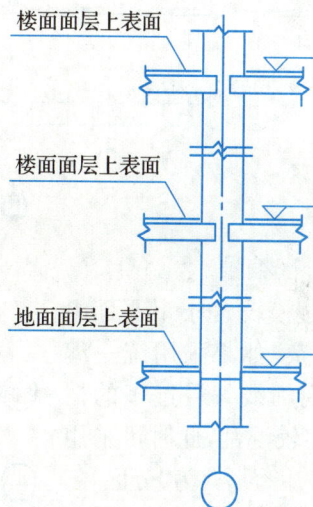

图1-4-3 墙体竖向定位轴线

3. 定位轴线的编号

(1)定位轴线与编号的绘制

定位轴线用细点画线表示,编号注写在轴线端部的圆内,圆用细实线绘制,圆的直径为8 mm或10 mm。

(2)轴线编号的规定

平面定位轴线应设横向定位轴线和纵向定位轴线。横向编号应采用阿拉伯数字从左至右顺序填写,如1、2、3、4、5等。纵向编号应采用大写拉丁字母从下至上顺序编写,如A、B、C、D、E等,但拉丁字母中的I、O、Z不得用作轴线编号,以免与数字1、0、2混淆。平面定位轴线编号如图1-4-4所示。

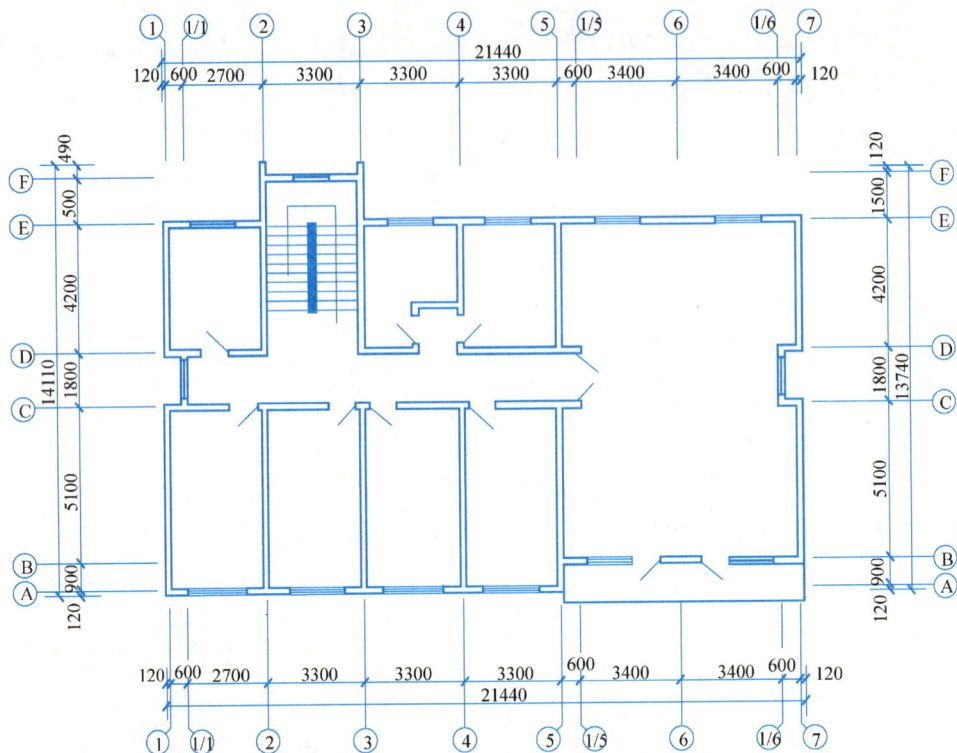

图 1-4-4　定位轴线编号

(3) 分区编号

建筑规模较大时,其平面组合较为复杂,如果采用统一编号,会出现轴线编号过多的情况,显得比较混乱,此时可采用分区编号,注写形式为"分区号-该区轴线号"(图 1-4-5)。

(4) 附加轴线编号

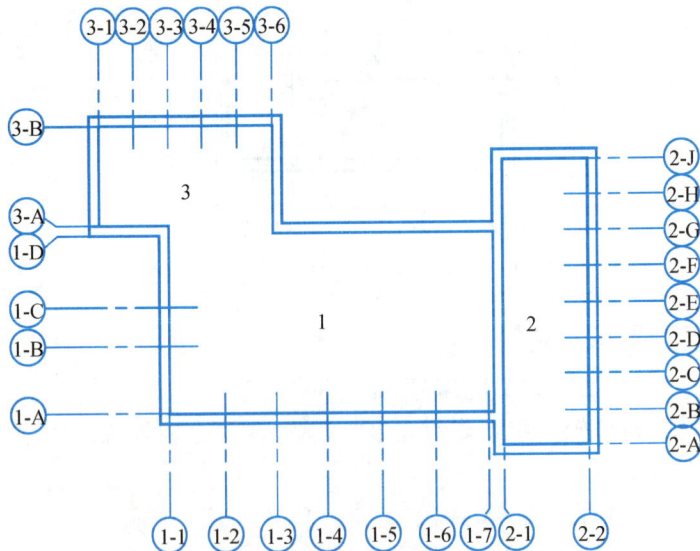

为了突出建筑主体结构的地位,在建筑设计中常把一些次要的建筑部件用附加轴线进行编号,如非承重墙、装饰柱等。附加轴线的编号用分数表示,分母表示前一轴线的编号,分子表示附加轴线的编号,用阿拉伯数字顺序编写,具体情况如下:

图 1-4-5　定位轴线分区编号

附加轴线编号

① 两根轴线间的附加轴线,应以分母表示前一轴线的编号,分子表示附加轴线的编号,编

号宜用阿拉伯数字顺序编写,如:

（图）表示2号轴线之后附加的第一根轴线;　　（图）表示C号轴线之后附加的第三根轴线。

② 1 号轴线或 A 号轴线之前的附加轴线的分母以 01 或 0A 表示,如:

（图）表示1号轴线之前附加的第一根轴线;　　（图）表示A号轴线之前附加的第三根轴线。

（5）详图轴线

当一个详图适用几根定位轴线时,应同时注明各有关轴线的编号(图 1-4-6);通用详图的定位轴线应只画圆,不注写轴线编号。

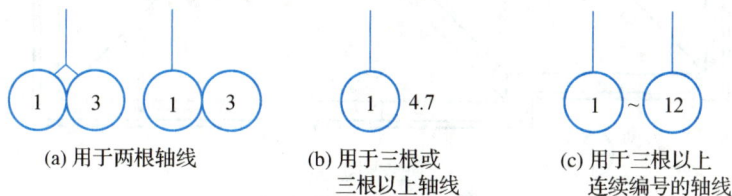

(a) 用于两根轴线　　　(b) 用于三根或　　　(c) 用于三根以上
　　　　　　　　　　　 三根以上轴线　　　　 连续编号的轴线

图 1-4-6　详细的轴线编号

四、几种符号

1. 标高符号

标高符号应以高度为 3 mm 的等腰直角三角形表示,用细实线绘制,标高符号的尖端应对准被标注高度的位置,尖端可向上或者向下。标高数字可注写在标高符号的左侧或者右侧,标高画法与注写形式如图 1-4-7 所示。

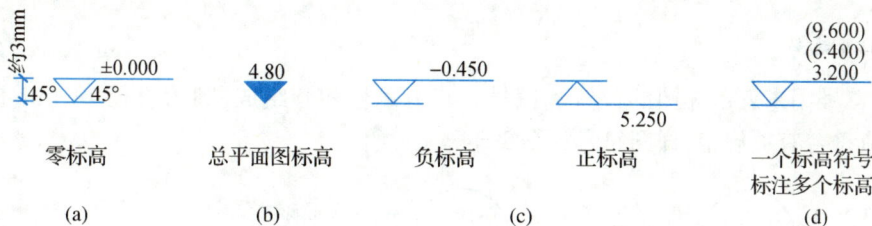

零标高　　　总平面图标高　　　负标高　　　正标高　　　一个标高符号
　(a)　　　　　　(b)　　　　　　(c)　　　　　　　　　　标注多个标高
　　　　　　　　　　　　　　　　　　　　　　　　　　　　　(d)

图 1-4-7　标高的画法与注写

2. 索引符号

图样中某一局部或构件,如果需要画出其详图时,应用索引符号索引。索引符号由直径为 10 mm 的圆通过水平直径的线以及编号组成,圆和水平线均应用细实线绘制,索引符号画法和意思表达如图 1-4-8 所示。

索引符号

索引符号如果用于索引剖面详图,应在图样被剖切的位置绘制剖切位置线,剖切位置线用粗实线绘制,长度以贯通所剖切内容为宜,并以引出线引出索引符号,引出线应位于剖视方向一侧,如图 1-4-9 所示。

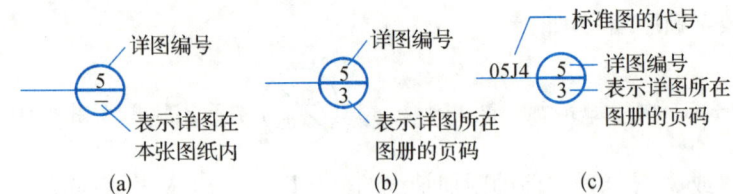

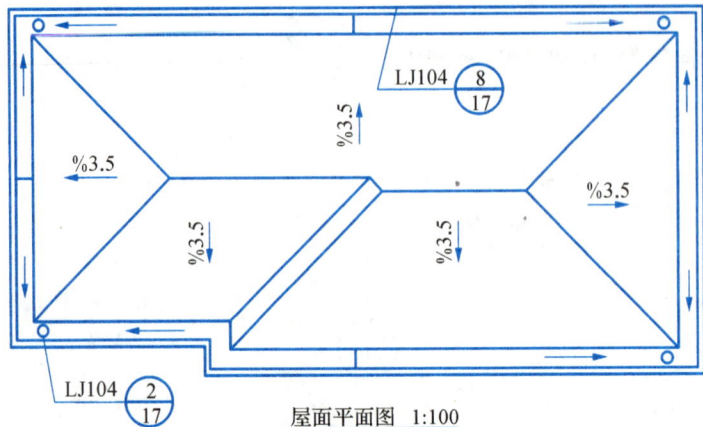

图1-4-8 索引符号

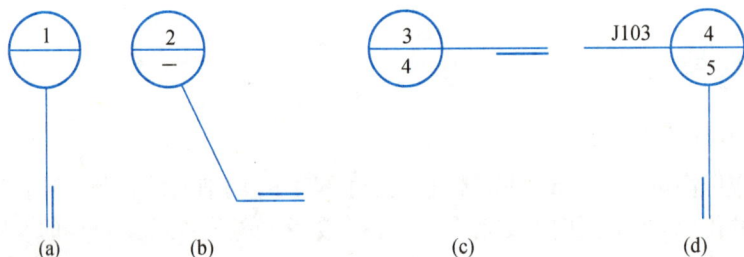

图1-4-9 用于索引剖面详图的索引符号

3. 详图符号

详图符号用来表示详图的位置和编号。它由编号和圆组成,圆为直径 14 mm 的粗实线圆,编号应符合有关规定,详图符号如图1-4-10所示。

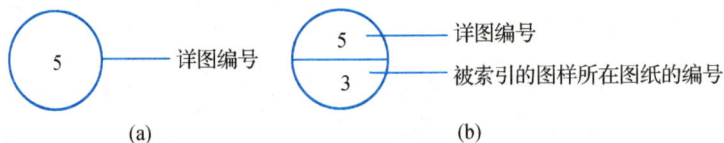

图1-4-10 详图符号

4. 对称符号

当图样具有对称性时,只需画出对称轴一侧的图样,并在对称轴处绘制对称符号。对称符号由对称线和两端的两对平行线组成。对称线用细单点长画线绘制,断头超出平行线 2～3 mm,每对平行线的间距为 2～3 mm,用细实线绘制,长度为 6～10 mm,如图1-4-11所示。

图1-4-11 对称符号

5. 连接符号

当只需要表达图样两端内容，中间内容不需要画出时，需要用连接符号将两端的内容连接起来。连接符号由两条折断线组成，折断线表示需连接的部位。当两部位相距过远时，在折断线靠图样两侧分别用相同大写拉丁字母标注连接编号，如图 1-4-12 所示。

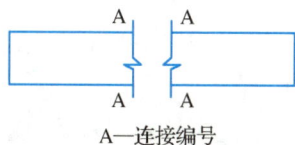

A—连接编号

图 1-4-12 连接符号

▶ 1.5 变形缝 ◀

一、变形缝的类型与作用

变形缝是指为防止建筑物在外界因素作用下（如气温变化、地基不均匀沉降以及地震），结构内部产生附加变形和应力，导致建筑物开裂、碰撞甚至破坏而预留的人工构造缝。

由于温度变化、地基不均匀沉降和地震的影响，建筑物发生裂缝或破坏。为了应付各种不利因素的破坏作用，往往在建筑适当部位设置变形缝来加以设防，故在设计时事先将房屋划分成若干个独立的部分，使各部分能自由地变形（图 1-5-1）。

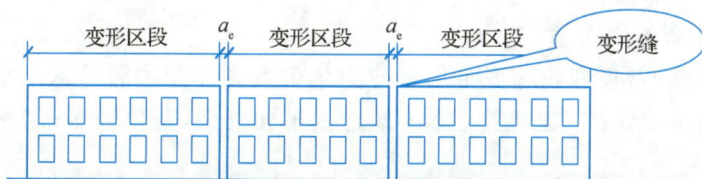

图 1-5-1 变形缝示意图

变形缝按使用性质分为伸缩缝、沉降缝和防震缝三种类型。

1. 伸缩缝

伸缩缝也称为温度缝，是为了防止建筑物因温度变化、热胀冷缩在结构内部产生温度应力和应变引起建筑物的裂缝或破坏而设置的人工构造缝。

环境温度变化主要是由四季温差和昼夜温差引起的，温度的变化对建筑物会产生直接的影响，即所谓的热胀冷缩现象。一般来说，建筑的长度越长，温差越大，累积的变形就越多，越容易使建筑物产生裂缝或破坏。

伸缩缝的主要作用是避免因温度变化建筑物内部产生附加应力而引起变形和裂缝。

2. 沉降缝

沉降缝是为了防止建筑物各部分由于地基不均匀沉降引起房屋破坏而设置的垂直人工构造缝。

导致建筑物发生不均匀沉降的因素很多，如地基的土质承载力不均匀、建筑层数相差较大、建筑物各部位的荷载差异较大、建筑结构形式不同等。当不均匀沉降的因素存在时，建筑物很可能产生裂缝或破坏。

沉降缝的主要作用是防止地基不均匀沉降对建筑物带来破坏。

3. 防震缝

防震缝是为了防止建筑物在地震震动作用下相互挤压、拉伸导致变形破坏而设置的人工构造缝。

建筑抗震问题受到越来越广泛的关注。地震对建筑物产生直接影响是地震的烈度,烈度越大,建筑物的破坏也就越严重。我国地震设防烈度规定,6～9 度地区的建筑要有相应的防震措施。

防震缝的主要作用是提高建筑物的抗震能力,避免或减少地震晃动对建筑物的破坏,是目前行之有效的防震措施之一。

二、变形缝的设置

1. 伸缩缝的设置

(1) 伸缩缝结构处理要求

将建筑物自基础以上的墙体、楼板层、屋顶等地面以上部分全部断开。基础部分因受温度变化影响较小,不需要断开。伸缩缝主要满足水平方向的自由伸缩变形。

(2) 伸缩缝的宽度

通常情况下,伸缩缝的宽度为 20～30 mm。

(3) 伸缩缝设置的条件

伸缩缝应设置在温度和收缩变形引起应力集中或砌体产生裂缝最可能的地方。下列三种情况应设置伸缩缝:① 建筑物过长;② 建筑平面复杂,变化较多;③ 建筑中结构类型变化较大。

(4) 伸缩缝设置的间距

伸缩缝之间的最大间距,根据建筑材料与结构形式而定,见表 1-5-1 和表 1-5-2。

表 1-5-1　砌体结构房屋伸缩缝的最大间距　　　　　　　　　　(单位:m)

砌体类别	屋顶或楼板层的类别		间距
各种砌体	整体式或装配整体式钢筋混凝土结构	有保温层或隔热层的屋顶、楼板层	50
		无保温层或隔热层的屋顶	40
	装配式无檩体系钢筋混凝土结构	有保温层或隔热层的屋顶	60
		无保温层或隔热层的屋顶	50
	装配式有檩体系钢筋混凝土结构	有保温层或隔热层的屋顶	75
		无保温层或隔热层的屋顶	60
普通黏土、空心砖砌体	黏土瓦或石棉水泥瓦屋顶 木屋顶或楼板屋 砖石屋顶或楼板屋		100
石砌体			80
硅酸盐砖、硅酸盐砌块和混凝土砌块砌体			75

注:1. 层高大于 5 m 的混合结构单层房屋,其伸缩缝间距可按表中数值乘以 1.3 采用,但当墙体采用硅酸盐砖、硅酸盐砌块和混凝土砌块砌筑时,不得大于 75 m。
　　2. 温差较大且变化频繁地区、严寒地区不采暖的房屋及构筑物墙体的伸缩缝的最大间距,应按表中数值适当减少后采用。

表1-5-2 钢筋混凝土结构伸缩缝的最大间距 （单位:m）

结构类别		室内或土中	露天
排架结构	装配式	100	70
框架结构	装配式	75	50
	现浇式	55	35
剪力墙结构	装配式	65	40
	现浇式	45	30
挡土墙、地下室墙等结构	装配式	40	30
	现浇式	30	20

注:1. 当屋面板上部无保温或隔热措施时,对框架、剪力墙结构的伸缩缝间距,可按表中露天栏的数值选用,对排架结构的伸缩缝间距,可按表中室内栏的数值适当减小;

2. 排架结构的柱高低于8 m时宜适当减小伸缩缝间距;

3. 伸缩缝间距应考虑施工条件的影响,必要时(如材料收缩较大或室内结构施工外露时间较长时)宜适当减小伸缩缝间距,伸缩缝宽度一般为20～30 mm。

2. 沉降缝的设置

(1) 沉降缝结构处理要求

自基础开始,至建筑物的墙体、楼板层、屋顶等部分全部断开。基础部分因受地基不均匀沉降影响较大,必须要断开。沉降缝主要满足垂直方向自由沉降变形,同时也可以满足水平方向的变形。因此,沉降缝可以与伸缩缝合并设置,兼起伸缩缝的作用,但伸缩缝不可替代沉降缝。

(2) 沉降缝的宽度

沉降缝的宽度与地基情况和建筑物的高度有关,地基越软弱,沉陷的可能性越大,沉陷后产生的倾斜距离也越大。其缝宽一般为30～70 mm,在软弱地基上的建筑其缝宽要适当增加,详见表1-5-3。

表1-5-3 沉降缝的宽度

地基情况	建筑物高度	沉降缝宽度/mm
一般地基	$H<5$ m	30
	$H=5～10$ m	50
	$H=10～15$ m	70
软弱地基	2～3 层	50～80
	4～5 层	80～120
	5 层以上	>120
湿陷性黄土地基		≥30～70

(3) 沉降缝设置的条件

① 同一建筑物相邻两部分的高度相差较大、荷载相差悬殊或结构形式不同时(图1-5-2a);

② 建筑物建造在不同地基上,且难以保证均匀沉降时(图1-5-2b);

③ 建筑物相邻两部分的基础形式不同,宽度和埋深相差悬殊时;

④ 建筑物形体比较复杂,连接部位又比较薄弱时(图 1-5-2a);

⑤ 新建建筑物与原有建筑物相毗连时(图 1-5-2c)。

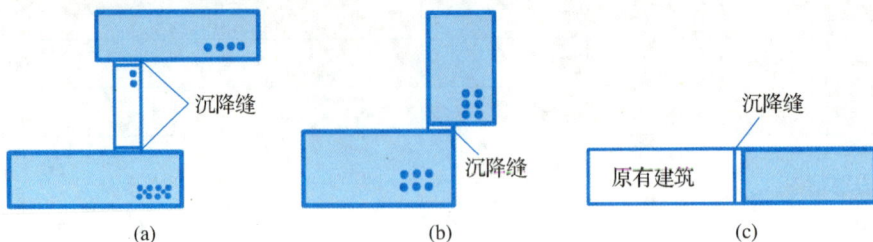

图 1-5-2 沉降缝设置的位置

3. 防震缝的设置

(1) 防震缝结构处理要求

一般情况下,防震缝仅在基础以上部分断开设置(同伸缩缝)。当与沉降缝合并设置时,基础部分也应设缝断开(同沉降缝)。防震缝主要是满足水平方向的变形。

(2) 防震缝的宽度

防震缝的宽度应根据地震烈度和房屋的高度确定。多层砖混结构的房屋,其缝宽一般为 50~100 mm。多层钢筋混凝土结构的房屋,其缝宽按如下处理:

1) 建筑物高度≤15 m 时,缝宽采用 70 mm。

2) 当高度>15 m 时,按不同设防烈度增加缝宽。

① 6 度地区,建筑每增高 5 m,缝宽增加 20 mm;

② 7 度地区,建筑每增高 4 m,缝宽增加 20 mm;

③ 8 度地区,建筑每增高 3 m,缝宽增加 20 mm;

④ 9 度地区,建筑每增高 2 m,缝宽增加 20 mm。

(3) 防震缝设置的条件

在地震设防烈度为 7~9 度地区,有下列情况之一时应设防震缝:

① 毗邻房屋立面高差大于 6 m 的;

② 房屋有错层且楼板高差较大的;

③ 房屋毗邻部分结构的刚度、质量截然不同的。

三、变形缝的比较

变形缝的设置应综合考虑各种因素的影响,尽量采用"合缝设计",但缝隙的结构处理应按照较高要求进行。三种变形缝之间比较详见表 1-5-4。

表 1-5-4 三种变形缝比较

变形缝	伸缩缝(温度缝)	沉降缝	抗震缝
作用	为了避免温度变化在建筑物内部产生的附加应力引起的变形和裂缝	为了防止地基不均匀沉降对建筑物带来的破坏	为了提高建筑物的抗震能力,避免或减少地震晃动对建筑物的破坏

（续表）

变形缝	伸缩缝（温度缝）	沉降缝	抗震缝
设置原则	将建筑物分为较短体量，以减小变形	将建筑物沉降相差较大的部分分开，以便各自沉降	将建筑物分为简单规则的形体单元，以便各自变形
缝宽	综合考虑结构规范、建筑物材料及高度、地基、地震设防烈度等各种因素		
	20～30 mm	30～70 mm	砌体结构 50～100 mm；钢筋混凝土结构≥70 mm
位置	综合考虑结构规范、建筑功能及空间位置、体型及内外部造型等；一般在建筑物较隐蔽处处理		
	沿长度方向的适当位置与间距	高度、荷载、结构刚度等相差较大处；地基不均匀处；连接薄弱处或新旧建筑相连处	体型转折变化较大处；有较大错层处；相邻部分结构刚度、质量相差较大处
结构处理要求	地面以上部分断开，基础不断开	全部断开（包括基础）	一般情况下，同伸缩缝；当与沉降缝合并设置时，同沉降缝

▶ 1.6　民用建筑工业化 ◀

一、民用建筑工业化的意义

以手工方式建造房屋，工人的劳动强度大、生产效率低，工期长，施工质量不稳定，严重地影响建筑工业化和现代化的进程。随着生产力的发展，以机械化生产代替简单的手工操作，已成为建筑业发展的必然趋势。建筑工业化是指用现代化的制作、运输、安装和科学管理的大工业生产方式代替传统的、分散的手工业生产方式来建造房屋。发展建筑工业化的意义在于能够加快建设速度，降低劳动强度，减少人工消耗，提高施工质量，彻底改变建筑业分散落后的手工业生产方式。特别是我国属于人口大国，要解决十几亿人口居住问题，为他们提供工作、学习、文化娱乐、居住的场所，实现工业化建筑更具有迫切和深远的经济意义。

建筑工业化的特征是设计标准化、产品定型化、生产工厂化、施工机械化和管理科学化五个方面。其中建筑设计标准化、产品定型化是建筑工业化的基础，生产工厂化、施工机械化是建筑工业化的核心，管理科学化是建筑工业化的保证。

民用建筑工业化是建筑业的发展方向，实现建筑工业化主要有两个发展途径：

一个是发展预制装配式建筑体系。它是用工业化的方法加工、生产房屋建造所需的构配件制品，然后在施工现场进行装配。这类建筑具有生产效率高、施工速度快、受季节性影响小、质量稳定等优点。

另一个是现场作业工业化的施工方法，包括全现浇及现浇与预制相结合的工业化施工方法。这种施工方法具有结构整体性好、节约运输费用、可以采用大面积流水施工作业等优点。

二、民用建筑工业化建筑体系类型

民用建筑工业化建筑体系按结构类型和施工工艺分为大模板建筑、大板建筑、升板建筑、框架轻板建筑、滑升模板建筑、盒子建筑等几种类型。

1. 大模板建筑

(1) 大模板建筑的概念

大模板建筑是指用工具式大型模板来现浇混凝土楼板和墙体的建筑。

大模板建筑的内墙是采用工具式大型模板现场浇筑的钢筋混凝土墙板,外墙可以采用预制钢筋混凝土墙板、现砌砖墙或现场浇筑钢筋混凝土墙板,它属于墙板承重体系,大模板建筑在结构方面属于剪力墙体系。

工具式模板与操作台常结合在一起,由大模板板面、支架和操作平台三部分组成(图1-6-1)。

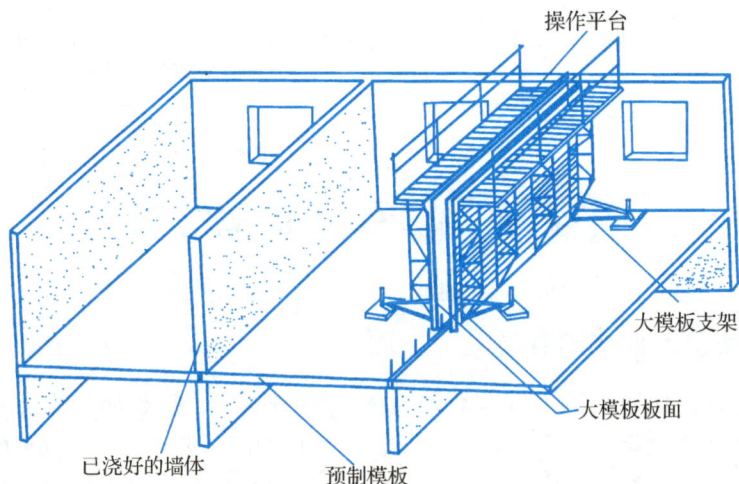

大模板建筑

图1-6-1　大模板示意图

(2) 大模板建筑的特点

整体性好,刚度大,抗震、抗风能力强;工艺简单,劳动强度小,施工速度快;可减少室内外抹灰工程;不需要大型预制厂,施工设备投资少。但是现场浇筑工程量大,施工组织较复杂,不利于冬季施工。大模板建筑适用于多层、高层建筑。

2. 大板建筑

(1) 大板建筑的概念

大板建筑,也称为大型板材建筑,是指使用大型墙板、大型楼板和大型屋面板等建成的全装配式的工业化建筑。其特点是除基础以外,地上的全部构件均为预制构件,通过装配整体式节点连接而建成。

大板建筑

大板建筑能充分发挥预制工厂和吊装机械的作用,装配化程度高,能提高劳动生产率,改善工人的劳动条件。但是大板建筑的平面灵活性受到一定的限制,钢材、水泥消耗较大。

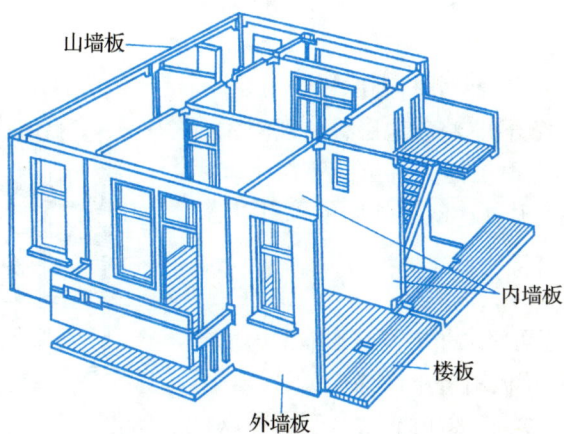

图1-6-2 大板建筑

（2）大板建筑的主要构件

大板建筑的构件有内墙板、外墙板、楼板、楼梯、屋面板和其他构件，如图1-6-2至1-6-7所示。

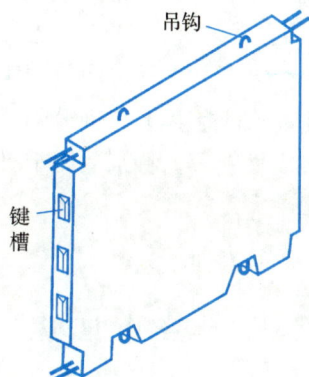

图1-6-3 内墙板

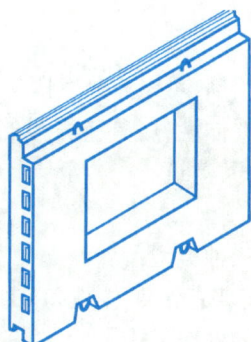

图1-6-4 一般外墙板

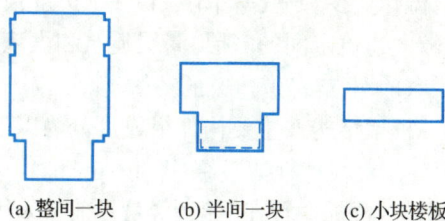

(a) 整间一块   (b) 半间一块   (c) 小块楼板

图1-6-5 楼板

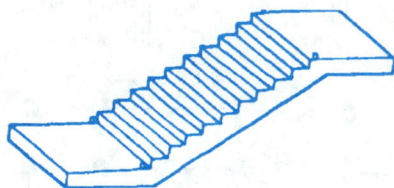

图1-6-6 楼梯整体构件

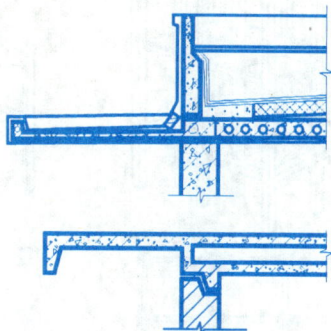

图1-6-7 屋面板（带挑檐）

3. 升板建筑

(1) 升板建筑的概念

升板建筑是利用房屋自身网状排列的柱子为导杆，在每根柱子上安装一台提升机，将就地层叠的现浇大面积楼板和屋面板由下往上逐层提升就位固定而建造起来的建筑(图1-6-8)。升板建筑的外墙可采用砖墙、砌块墙、预制板材墙等。

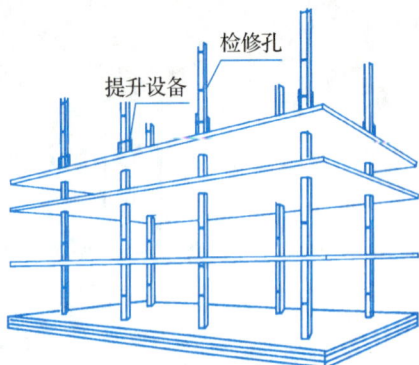

(2) 升板建筑的特点

升板建筑的特点在于可将大量的高空作业变为地面操作，工序简化，工效高，模板用量小，所需施工场地小，施工设备简单，机械化程度高，楼面面积大，空间可以自由分隔，且四周外围结构可做到最大限度开放和通透。

图1-6-8　升板建筑施工示意图

升板建筑适用于体型简单，层高统一，除楼梯间、卫生间外剖面无变化的建筑。

4. 框架轻板建筑

(1) 框架轻板建筑的概念

框架轻板建筑是以梁、板、柱组成的框架为承重结构，以轻型墙板为围护与分隔构件的新型建筑形式。

框架轻板建筑

(2) 框架轻板建筑的特点

其特点在于承重结构与围护结构分工明确，可以充分发挥材料的不同特性，且空间分隔灵活，湿作业少，不受季节限制，施工进度快，整体性好，具有很强的抗震性能等。特别适用于具有较大建筑空间的多层、高层建筑和大型公共建筑。

(3) 框架轻板建筑的结构类型

框架结构按主要构件组成可分为以下三种类型：

① 梁板柱框架系统(图1-6-9a)。框架是由梁、楼板和柱组成，在这种系统中，梁与柱组成框架，楼板搁置在框架上，是目前常采用的框架形式。

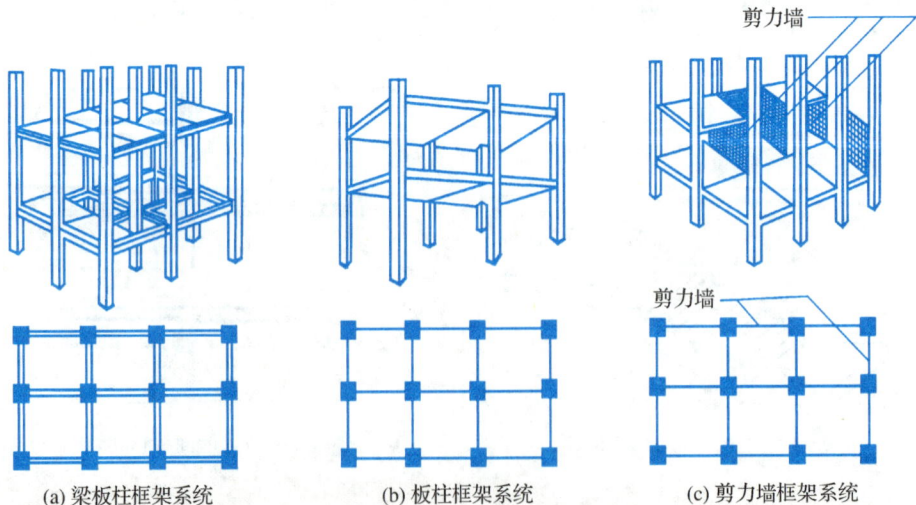

(a) 梁板柱框架系统　　　(b) 板柱框架系统　　　(c) 剪力墙框架系统

图1-6-9　框架结构类型

② 板柱框架系统(图 1-6-9b)。框架由楼板、柱组成,楼板可以是梁板合一的肋型板,也可以是空心大楼板。

③ 剪力墙框架系统(图 1-6-9c)。在以上两种框架中,增设剪力墙,称为剪力墙框架系统。这种系统剪力墙可以承受大部分水平荷载,使框架刚度大大增加,所以剪力墙框架结构在高层建筑中应用普遍。

5. 滑升模板建筑

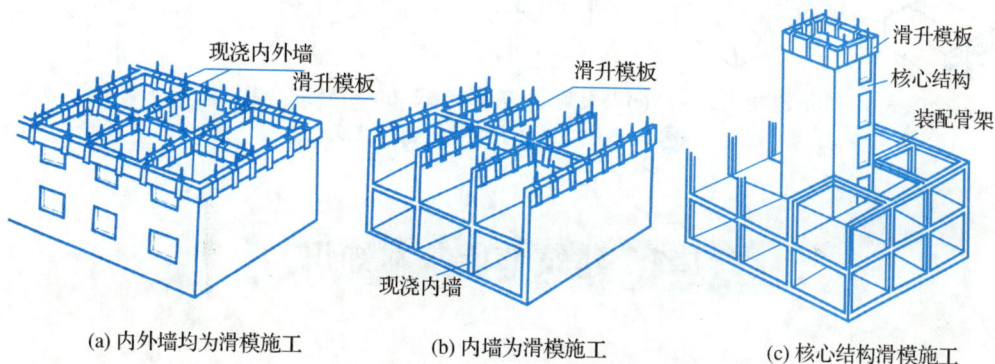

(1) 滑升模板建筑的概念

滑升模板建筑简称滑模建筑,它是预先将工具式模板组合好,利用墙体内特制的钢筋作导杆,以油压千斤顶作提升动力,有间隔有节奏地边浇筑混凝土边提升模板,是一种连续施工的房屋建造方法(图 1-6-10)。

滑升模板建筑

(2) 滑升模板建筑的特点

滑模建筑的特点在于结构整体性好,机械化程度高;施工速度快,占用场地少;模板的数量少且利用率高;但墙体的垂直度不易掌握。

滑模建筑适用于建筑外形简单整齐、上下壁厚相同、墙面没有凸出横线条的高层建筑。

(a) 内外墙均为滑模施工　　(b) 内墙为滑模施工　　(c) 核心结构滑模施工

图 1-6-10　滑升模板施工示意图

6. 盒子建筑

(1) 盒子建筑的概念

盒子建筑是以在工厂预制成整间的盒子状结构为基础,运至施工现场吊装组合而成的建筑。一些工厂化程度高的盒子建筑,在工厂不但完成盒子的结构部分和围护部分的制作,而且还完成盒子内一切设备、管线、装修等,只要安装完毕,接通管线,即可交付使用。

盒子建筑

(2) 盒子建筑的特点

盒子建筑的特点在于可以大大缩短现场工期,降低劳动强度,减少现场湿作业量,提高装配化程度。但是,盒子建筑要求有较完善的生产设备、运输设备和吊装设备,否则将会限制它的使用。

(3) 盒子建筑的组装方式

单个盒子结构可分为整浇式和组装式两种。整浇式的盒子建筑是用钢筋混凝土一次性浇筑而成的(图 1-6-11a);组装式的盒子建筑是把预制板材组装成整间的盒子结构(图 1-6-11b)。

　　由单元盒子组装成整幢建筑有多种方式,如重叠组装式、交错组装式、与大型板材联合组装式、与框架结合组装式、与筒体结合组装式等(图1-6-12)。

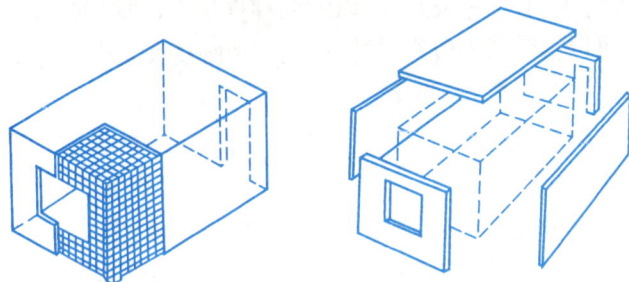

(a) 钢筋混凝土整体现浇　　　　　　　　(b) 预制板材组装
图1-6-11　盒子建筑

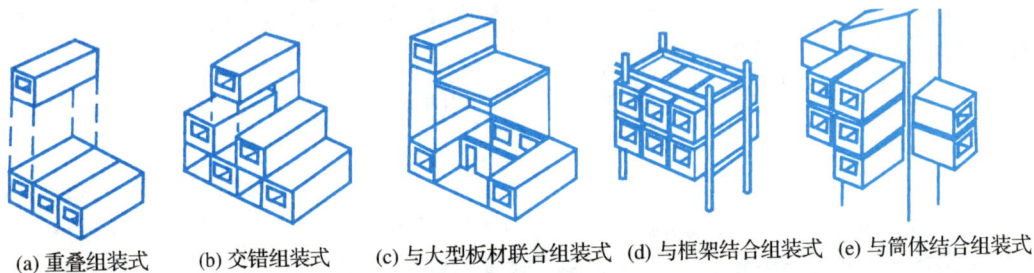

(a) 重叠组装式　(b) 交错组装式　(c) 与大型板材联合组装式　(d) 与框架结合组装式　(e) 与筒体结合组装式
图1-6-12　盒子建筑的组装方式

1.7　建筑节能基本知识

一、建筑节能概述

1. 建筑节能基本概念

　　建筑节能是指在建筑材料生产、房屋建筑和构筑物施工及使用过程中,满足同等需要或达到相同目的的条件下,尽可能降低能耗,以达到提高建筑舒适性和节省能源的目标。

　　"建筑节能"这一概念的提出,最初旨在节约建筑中的能源消耗、减少建筑中能量的散失,现今逐渐扩展为"提高建筑中的能源利用率"。全面的建筑节能,就是建筑全寿命过程中每一个环节节能的总和,是指建筑在选址、规划、设计、建造和使用过程中,通过采用节能型的建筑材料、产品和设备,执行建筑节能标准,加强建筑物所使用的节能设备的运行管理,合理设计建筑围护结构的热工性能,提高采暖、制冷、照明、通风、给排水和管道系统的运行效率,以及利用可再生能源,在保证建筑物使用功能和室内热环境质量的前提下,降低建筑能源消耗,合理、有效地利用能源。

2. 我国建筑节能现状

　　中国是一个发展中大国,又是一个建筑大国。到2020年底,全国房屋建筑面积高达686亿平方米。我国每年新增建筑竣工面积超过所有发达国家每年新建建筑竣工面积的总和。随着全面建设小康社会的逐步推进,建设事业迅猛发展,建筑能耗迅速增长。所谓建筑能耗是指建筑使用能耗,包括采暖、空调、热水供应、照明、炊事、家用电器、电梯等方面的能耗。其中采暖、空调能耗约占 60%～70%。中国既有的近 441 亿平方米建筑,仅有 1% 为节能建筑,其余无论从建筑围护结构还是采暖空调系统来衡量,均属于高耗能建筑。单位面积采暖所耗能源相当于纬度相近的发达国家的 2～3 倍。这是由于中国的建筑围护结构保温隔热性能差,采暖用能的 2/3 白白跑掉。而每年的新建建筑中真正称得上"节能建筑"的还不足 1 亿平方米,建筑耗能总量在中国能源消费总量中的份额已超过 27%,逐渐接近三成。随着城市化进程的加快和人民生活质量的改善,我国建筑耗能比重最终将上升至 35% 左右。能源供应将更加紧张,并影响经济的可持续发展。如此庞大的比重,建筑耗能已经成为我国经济发展的软肋。

3. 建筑节能的重要意义

(1) 建筑节能是改善空间环境的重要途径

我国建筑采暖能源以煤炭为主,约占总采暖能源的 75%,建筑用能的增加对全国的温室气体排放"贡献率"已经达到了 25%。多年前,我国采暖期城市大气污染指标普遍超标,造成严重的大气环境污染,二氧化碳造成的地球大气外层的"温室效应",危害人类生存环境。近几年,通过煤改电或煤改气等多种措施,减少对煤炭能源的依赖,可减少大气污染。显然,降低建筑能耗,提高建筑节能效果对于改善大气环境具有重要意义。

同时,建筑节能还可改善室内热环境。室内热环境是室内温度、空气湿度、气流速度和环境热辐射的总称,它是影响人体冷热感觉的环境因素。节能建筑则可改善室内环境,做到冬暖夏凉,使人产生舒适感。对符合节能要求的采暖居住建筑,屋顶的保温能力约为一般非节能建筑的 1.5～2.6 倍;外墙的保温能力约为非节能建筑的 2.0～3.0 倍;窗户的保温能力约为非节能建筑的 1.3～1.6 倍。由于节能建筑围护结构热绝缘系数较大,对夏季隔热也极为有利。

(2) 建筑节能是发展国民经济的需要

我国原有建筑及每年新建建筑量巨大,加之居住人口众多,特别是高能耗建筑的大量建造,使建筑能耗的增长远高于能源生产的增长速度,尤其是电力、燃气、热力等优质能源的需求急剧增加。能源生产的增长速度长期滞后于国内生产总值的增长速度,能源短缺已成为制约国民经济发展的根本性因素。因此,节约能源是发展国民经济的客观需要。

(3) 建筑节能是提高经济效益的重要措施

在建筑设计、施工过程中,应选择适合当地条件的节能技术,争取做到投入少、产出多。实践证明,选择合适的技能技术,耗费 4%～7% 的建筑造价,就可达到 30% 的节能指标。一般建筑节能的回收期为 3～6 年,与建筑物使用周期 50～100 年相比,其经济效益是非常客观的。可见,节能建筑在一次投资后不仅可在短期内回收,并能长期受益。

二、建筑节能技术

我国建筑节能工作起步较晚,建成的节能建筑只占总建筑的很小比例,建筑能耗远高于发达国家,我国的节能技术水平与发达国家相比也有较大差距。由于我国政府的重视,现制定了一系列的政策法规,也开展了众多科研项目。目前,我国的节能技术水平已有了很大提高,取得了丰富的研究成果,并被广泛地推广使用。图 1-7-1 为某建筑的节能构造组成示意图,地下 1 层地下室,地上 2 层楼房,尖顶有阁楼空间,独立住宅,在地下室底板、地下室外墙、地面上部外墙、室内各楼层、尖顶阁楼地面、双坡屋面等位置,进行铺贴、围护阻燃型挤塑 XPS 聚苯乙烯泡沫保温板。

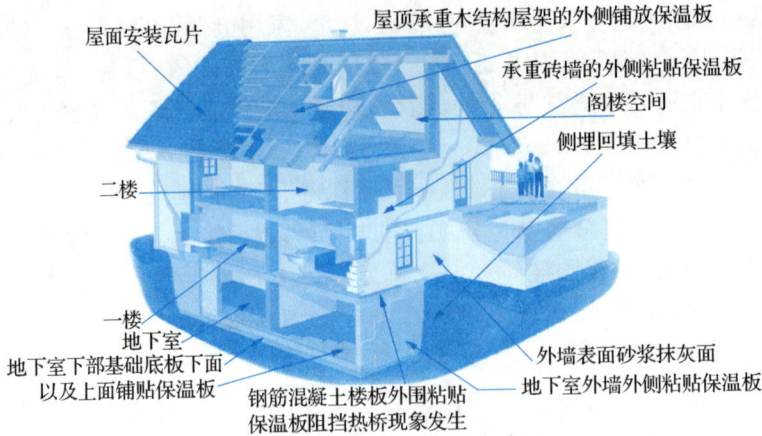

图中标注文字：
- 屋面安装瓦片
- 屋顶承重木结构屋架的外侧铺放保温板
- 承重砖墙的外侧粘贴保温板
- 阁楼空间
- 侧埋回填土壤
- 二楼
- 一楼
- 地下室
- 地下室下部基础底板下面以及上面铺贴保温板
- 钢筋混凝土楼板外围粘贴保温板阻挡热桥现象发生
- 外墙表面砂浆抹灰面
- 地下室外墙外侧粘贴保温板

图1-7-1　某建筑节能构造组成示意图

建筑节能技术主要有：墙体节能技术、门窗节能技术、遮阳节能技术、屋顶和楼地面节能技术以及太阳能利用等。

1. 墙体节能技术

墙体材料是我国建材工业的重要组成部分，其产值接近建材工业总产值的 1/3，能耗占建材工业总能耗的一半左右，因而，墙体节能构造对保温的效果及造价影响较大。提高建筑外墙热工性能的技术措施主要有两种：一种是单一材料外墙，即选用保温、隔热性能较好的，能满足建筑节能设计标准的墙体材料作外墙；第二种是采用复合材料的复合墙体，即在主体外墙上增加保温材料，形成复合墙体。复合外墙又可分为内保温、夹芯保温、外保温三种。

新型墙体材料节能、节土、利废的效果十分明显。为此，我国正在大力开发和推广节土、节能、利废、多功能、利于环保并且符合可持续发展要求的各类新型墙体材料。新型墙体材料的主要类型如下：

(1) 单一材料外墙

① 砖墙：多孔砖或空心砖墙，在外墙内表面抹水泥型或石膏型膨胀珍珠岩砂浆。

② 加气混凝土墙：加气混凝土热导率较低，宜用于框架填充墙和多层住宅外墙。

③ 轻集料混凝土墙：采用以浮石、火山灰渣或其他轻集料制作的多排孔混凝土空心砌块，并用保温砂浆砌筑的墙体。

(2) 复合墙体

① 内保温复合墙：复合墙体是指由承重材料与高效保温材料进行复合组成的墙体（如图 1-7-2）。承重材料可为砖、砌块和混凝土；高效保温复合材料可为聚苯板、岩棉板或玻璃棉板、充气石膏板、水泥膨胀珍珠岩板等。饰面材料主要用纸面石膏板、玻璃纤维增强水泥板、玻璃纤维增强饰面石膏、纤维增强聚合物砂浆等。其缺点是"热桥"问题不易解决。外墙内保温系统选用见表 1-7-1。

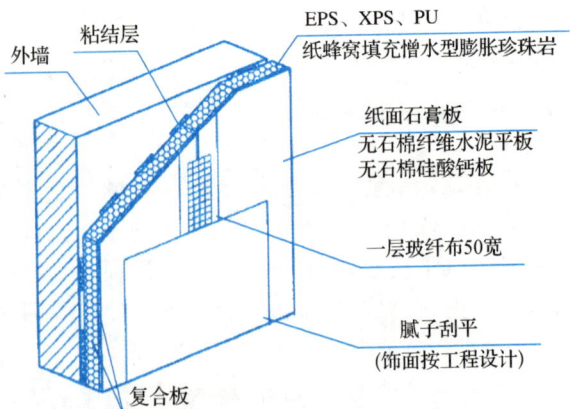

图中标注文字：
- 外墙
- 粘结层
- EPS、XPS、PU
- 纸蜂窝填充憎水型膨胀珍珠岩
- 纸面石膏板
- 无石棉纤维水泥平板
- 无石棉硅酸钙板
- 一层玻纤布50宽
- 腻子刮平（饰面按工程设计）
- 复合板

图1-7-2　复合板内保温构造示意图

表 1-7-1　外墙内保温系统选用表

名称	保温材料及面板	保温系统燃烧性能	保温材料(板)燃烧性能
复合板内保温系统	模塑聚苯乙烯泡沫塑料(EPS)＋无石棉纤维水泥平板	B 级	不低于 D 级
	模塑聚苯乙烯泡沫塑料(EPS)＋无石棉硅酸钙板		
	挤塑聚苯乙烯泡沫塑料(XPS)＋纸面石膏板		
	A5 挤塑聚苯乙烯泡沫塑料(XPS)＋无石棉纤维水泥平板		
	挤塑聚苯乙烯泡沫塑料(XPS)＋无石棉硅酸钙板		
	硬泡聚氨酯(PU)＋纸面石膏板		
	硬泡聚氨酯(PU)＋无石棉纤维水泥平板		
	硬泡聚氨酯(PU)＋无石棉硅酸钙板		
	纸蜂窝填充憎水膨胀珍珠岩保温板＋纸面石膏板	B 级	B 级
	蜂窝填充憎水膨胀珍珠岩保温板＋无石棉纤维水泥平板		
	纸蜂窝填充憎水膨胀珍珠岩保温板＋无石棉硅酸钙板		

② 外保温复合墙:在承重外墙外表面上粘贴或吊挂聚苯板或岩棉板,然后贴上网布或挂钢筋网增强,再抹灰面层形成外墙保温复合墙(如图 1-7-3)。此类墙保温隔热性能好,能有效防止墙面面层产生裂缝,但其造价高、施工较复杂,目前应用较少。

图 1-7-3　外墙外保温构造处理示意图及施工现场

如图 1-7-3 所示外墙外保温的构造做法为:① 在外墙面砂浆抹灰;② 使用"保温钉"钉贴特厚的阻燃型泡沫保温板;③ 保温板外侧打底灰,粘贴玻璃纤维网格布;④ 砂浆打底;⑤ 外墙外表抹灰处理。

外墙外保温复合墙体的优点是:保温材料对主体结构具有保护作用;有利于消除或减弱热桥的影响;由于储热能力较强的主体结构位于室内一侧,有利于房间的热稳定性,减少室温的波动;避免二次装修对内保温层造成的损坏;既有建筑改造施工时,可减少对住户的干扰。常见外墙外保温系统分类及保温板厚度选用见表 1-7-2、表 1-7-3。

表 1-7-2　外墙外保温系统分类

型号	名称	代号	简称及饰面
A	粘贴保温板外保温系统	A1	粘贴 EPS 板(涂料饰面)
			粘贴 XPS 板(涂料饰面)
			粘贴 PUR 板(涂料饰面)
		A2	粘贴 EPS 板(面砖饰面)

(续表)

型号	名称	代号	简称及饰面
B	胶粉 EPS 颗粒保温浆料外保温系统	B1	保温浆料(涂料饰面)
		B2	保温浆料(面砖饰面)
C	EPS 板现浇混凝土外保温系统	C1	无网现浇(涂料饰面)
		C2	无网现浇[含保温浆料(涂料饰面)]
D	EPS 钢丝网架板现浇混凝土外保温系统	D1	有网现浇(涂料、面砖饰面)
		D2	有网现浇[含保温浆料(涂料、面砖饰面)]
E	胶粉 EPS 颗粒浆料贴砌保温板外保温系统	E	贴砌 EPS 板(涂料饰面)
F	现场喷涂硬泡 PUR 外保温系统	F	喷涂聚氨酯(涂料饰面)
G	保温装饰板外保温系统	G	装饰保温板(涂料饰面)

表 1-7-3　公共建筑和夏热冬冷地区居住建筑 EPS 板厚度选用表

外墙传热系数 K [W/(m²·K)]	EPS 板厚度(mm)				
	钢筋混凝土墙(200)	混凝土空心砌块墙(190)	灰砂砖墙(240)	黏土多孔砖	
				DM(190)	KP1(240)
0.40	95	90	90	90	85
0.45	80	80	80	75	70
0.50	70	70	70	65	65
0.60	60	55	55	50	50
0.70	50	45	45	40	40

③ 夹芯复合墙:夹芯复合墙是将保温层夹在墙体中间,主体墙采用混凝土或砖砌在保温材料两侧,里层墙体与外层墙体,通过钢材拉结筋,进行连系(如图 1-7-4)。保温材料可采用岩棉板、聚苯板、玻璃棉板或袋装膨胀珍珠岩等,并在主体施工时砌入。这种墙应用钢筋拉结,并做防锈处理。这种墙体中穿过保温层的拉结钢筋会造成热桥,降低保温效果,应采取必要措施加以克服。

(a)　　　　(b)

图 1-7-4　夹芯保温层墙体

2. 门窗节能技术

在建筑外围护结构中,门窗的保温隔热能力较差,门窗缝隙是冷风渗透的主要通道。改善门窗的保温隔热性能是节约能源、提高热舒适性的一个技术重点。

(1) 采用适当的窗墙面积比

窗墙面积比是指窗户洞口面积与房间立面单元面积的比值。房间立面单元面积为房屋层高与开间定位线围成的面积。窗墙面积比反映房间开窗的面积大小。窗户的传热系数大于同朝向的外墙传热系数。因此,采暖热耗量随窗墙面积比的增加而增加。因此,在采光允许的条件下,控制窗墙面积比以及夜间设置保温窗帘、窗板是建筑节能的一个重要措施。在窗墙比的选择上,应区别不同朝向:① 对南向窗户,在选择合适层数及采取有效措施减少热耗的前提下可适当增加窗户面积,充分利用太阳辐射热;② 对其他朝向的窗户,应在满足居室光环境质量要求的条件下适当减少开窗面积,以降低热耗。节能标准对窗墙面积比的规定见表 1-7-4。

表 1-7-4 福州市市辖区与厦门市节能标准对窗墙面积比的规定

朝向	标准	朝向	标准
南、北	≤0.4	东、西	≤0.25

(2) 采用高效节能玻璃

为了改善普通玻璃太阳辐射透过率和传热系数高,以及夏天吸热多、冬日散热快的状况,研制和采用高效节能玻璃已成为建筑节能技术发展的新方向。目前,高效节能玻璃主要有中空玻璃、吸热玻璃、热反射玻璃及太阳能玻璃等。表 1-7-5 为常用外窗热工性能参数。

表 1-7-5 常用外窗热工性能参数

玻璃	普通铝合金窗		断热铝合金窗		PVC 塑料窗	
	传热系数 K [W/(m² · K)]	遮阳系数 SC	传热系数 K [W/(m² · K)]	遮阳系数 SC	传热系数 K [W/(m² · K)]	遮阳系数 SC
无色透明玻璃 (5~6 mm)	6.5~6.0	0.9~0.8	6.0~5.5	0.9~0.8	5.0~4.5	0.9~0.8
热反射镀膜玻璃	6.5~6.0	0.55~0.45	6.0~5.0	0.55~0.45	5.0~4.5	0.55~0.45
无色透明中空玻璃	4.0~3.5	0.85~0.75	3.5~3.0	0.85~0.75	3.0~2.5	0.85~0.75
Low-E 中空玻璃	3.5~3.0	0.55~0.40	3.0~2.5	0.55~0.40	2.5~2.0	0.55~0.40

注:传热系数(K):在稳态条件下,围护结构两侧空气为单位温差时,单位时间内通过单位面积传递的热量。
　　外窗本身遮阳系数(SC):在给定条件下,太阳辐射透过玻璃、外窗或幕墙所形成的室内得热量,与相同条件下透过相同面积的标准玻璃(3 mm 厚透明玻璃)所形成的太阳辐射得热量之比。

如图 1-7-5 为不同层数玻璃传热系数比较示意图,一层玻璃的传热系数 $K=5.6$;两层普通中空玻璃的传热系数 $K=2.8$;两层中空低辐射镀膜玻璃断热桥窗框保温窗户的传热系数 $K=1.0\sim1.2$;三层中空低辐射镀膜玻璃断热桥窗框保温窗户的传热系数 $K=0.5\sim0.7$。由此可见,增加窗玻璃层数,使用双层或三层玻璃窗,利用玻璃之间的密闭惰性空气间层,增大热绝缘系数,可有效降低窗户的传热系数。双层玻璃比单层玻璃的传热系数可降低一半,三层玻璃比双层中空玻璃的传热系数又可降低约 4/5,窗上加贴透明聚酯膜对提高保温性能也很有效。

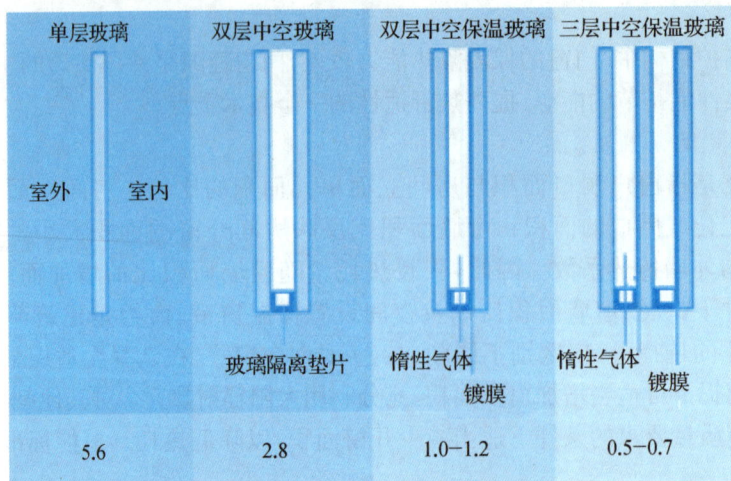

图 1-7-5　不同层数玻璃的传热系数

（3）提高门窗的气密性，减少冷风渗透

我国多数门窗，特别是钢窗气密性较差，冬季室外冷空气通过门窗缝进入室内，使供暖能耗增加。改进门窗设计，提高门窗制作安装质量，采用自黏性密封条，是提高门窗气密性的重要措施。如果有条件，可以设门斗，也就是两道门，让两道门中间的空间，作为室外冷空气和室内暖空气之间的过渡，如图 1-7-6 所示。

图 1-7-6　常见住宅附属门斗

（4）提高户门、阳台门的保温性能

发展保温门，采用夹层内填充保温材料的户门；在门芯板上加贴保温材料的阳台门；增加窗帘或窗板。这些都是提高户门、阳台门等保温性能的有效措施。

3. 遮阳节能技术

窗户是建筑围护结构中热工性能最薄弱的构件。透过窗户（或透光幕墙）进入室内的太阳辐射热，构成夏季室内空调的主要负荷。夏季太阳辐射在东、西向最大，因此东、西向建筑外墙面和外窗设置外遮阳，是减少太阳辐射热进入室内的十分有效措施。外遮阳形式多种多样，如结合建筑外廊、阳台、挑檐遮阳，外窗设置固定遮阳或活动遮阳等。随着建筑节能的发展，遮阳的形式和品种越来越多，各地区可结合当地条件和建筑各方面功能加以灵活采用。

《福建省居住建筑节能设计标准》(DBJ 13-62—2014)要求：居住建筑东、西向外窗必须采取建筑外遮阳措施,建筑外遮阳系数 SD 不应大于 0.8;居住建筑南、北向外窗应采取建筑外遮阳措施,建筑外遮阳系数 SD 不应大于 0.9。当采用水平、垂直或综合建筑外遮阳构造时,外遮阳构造的挑出长度不应小于表 1-7-6 规定。典型形式的建筑外遮阳系数可按表 1-7-7 取值。

表 1-7-6　建筑外遮阳构造的挑出长度限值(m)

朝向	南			北		
遮阳型式	水平	垂直	综合	水平	垂直	综合
夏热冬冷地区与夏热冬暖地区北区	0.25	0.20	0.15	0.40	0.25	0.15
夏热冬暖地区南区	0.30	0.25	0.15	0.45	0.30	0.20

表 1-7-7　典型形式的建筑外遮阳系数 SD

遮阳形式	SD
可完全遮挡直射阳光的固定百叶、固定挡板遮阳板等	0.5
可基本遮挡直射阳光的固定百叶、固定挡板遮阳板等	0.7
较密的花格	0.7
可完全覆盖窗的不透明活动百叶、金属卷帘	0.5
可完全覆盖窗的织物卷帘	0.7

注:窗口的建筑外遮阳系数(SD):在相同太阳辐射条件下,有建筑外遮阳的窗口(洞口)所受到的太阳辐射照度的平均值与该窗口(洞口)没有建筑外遮阳时受到的太阳辐射照度的平均值之比。

4. 屋顶和楼地面节能技术

(1)平顶屋面

为了加强屋顶保温,可采用厚度为 50～100 mm 的加气混凝土块,或架空设置的加气混凝土块;或采用散铺浮石砂作保温层;或在架空层填充袋装膨胀珍珠岩、岩棉或矿棉等效果更好;还可采用防水层在下、聚苯板(保温板)在上的倒铺法,保暖效果尤佳。

(2)坡顶屋面

坡顶屋面可顺坡顶内铺钉玻璃棉毡或岩棉毡,也可在顶棚上铺设玻璃棉毡或岩棉毡;还可喷或铺玻璃棉、岩棉、膨胀珍珠岩等松散材料。坡顶屋面便于铺设保温层,其保温隔热和防水效果好,发展较快。坡屋顶屋面保温节能如图 1-7-7 所示。

(a)屋顶保温构造示意图　　　　　(b)无机物材质的不燃型岩棉板

(c) 烧结粘土瓦片的下部,衬垫硬质 EPS 泡沫保温块

图 1-7-7　坡屋顶屋面保温节能

(3) 楼板

利用硅气凝胶可以有效提高楼板的保温性能,硅气凝胶是一种硅氧聚合物,是一种轻质透明的坚硬物质,类似有机玻璃,其保温效能可比同厚度的泡沫塑料大 4 倍,该材料有望在今后建筑节能领域发挥重要作用。交联聚乙烯垫复合纳米二氧化硅保温毡的楼板保温构造见表 1-7-8。

表 1-7-8　交联聚乙烯垫复合纳米二氧化硅保温毡——楼板保温构造

保温材料	构造部位	材料及做法	厚度(mm)	构造简图	传热系数 K [W/(m²·K)]
交联聚乙烯垫复合纳米二氧化硅保温毡	分户楼板	1. 面层:按工程设计 2. 保护层:40 厚 C20 细石混凝土,随捣随抹平(内配双向ϕ6@150 钢筋网片) 3. 保温层 5 厚交联聚乙烯垫复合 3 厚纳米二氧化硅保温毡 4. 结构层:钢筋混凝土楼板 5. 饰面层:按工程设计	$h=48$	四周隔离	分户楼板 $K=1.89$
	通风楼板架空楼板 1	1. 面层:按工程设计 2. 保护层:40 厚 C20 细石混凝土,随捣随抹平(内配双向ϕ6@150 钢筋网片) 3. 保温层 5 厚交联聚乙烯垫复合 3 厚纳米二氧化硅保温毡 4. 结构层:钢筋混凝土楼板 5. 吊顶龙骨:龙骨@400,空气间层≥40 mm 6. 覆面层:8 厚纤维增强水泥板 7. 饰面层:按工程设计	$h=48$ $b≥48$	四周隔离 ≥40	通风楼板 $K=1.51$ 架空楼板 $K=1.55$

（续表）

保温材料	构造部位	材料及做法	厚度(mm)	构造简图	传热系数 K $[W/(m^2 \cdot K)]$
	架空楼板 2	1. 面层：按工程设计 2. 保护层：40 厚 C20 细石混凝土，随捣随抹平（内配双向 ϕ 6@150 钢筋网片） 3. 保温层 5 厚交联聚乙烯垫复合 3 厚纳米二氧化硅保温毡 4. 结构层：钢筋混凝土楼板 5. 保温层：35 厚岩棉板（吊顶龙骨@400，空隙填充） 6. 覆面层：8 厚纤维增强水泥板 7. 饰面层：按工程设计	$h=48$ $b=43$		架空楼板 $K=1.93$

注：二氧化硅保温毡厚度不宜大于 3 mm，且不得单独使用。

（4）地下室底板

为避免地下室底板下部土壤对室内温度的影响，可在浇筑地下室底板前，铺设硬质保温板，以避免冷热桥的形成。如图 1-7-8 所示，（a）为首层室内地面与外墙根部的节点位置剖解示意图。图中，白色的白板区域，表示保温层的位置。条形基础墙的外侧，即保温层外侧部分，表示防水隔潮层。（b）、（c）所示为整体结构的全现浇钢筋混凝土板式基础的下部，铺设特厚的硬质保温板的施工现场。

| (a) | (b) | (c) |

图 1-7-8 地下室底板保温构造示意图

另外，由于空气相邻的边缘地下温度变化大，冬季有较多热量由此散失，夏季高温高湿的空气与低温的地面接触，则产生结露。故应沿首层地面外墙周围边缘设置一定宽度的炉渣带，或设置一定宽度的节能地面。

5. 太阳能的利用

太阳能是一种最丰富、最便捷、无污染的再生能源，但其能量密度低，且有间歇性、变动性和方向性等特点，收集和储存均有困难。太阳能建筑是指建筑中经过良好设计，达到优化利用太阳能的建筑，主要考虑集热与蓄热两个方面。

思政案例 3

（1）集热

集热是指将密度较低的太阳能收集起来加以利用。一般采用南窗直接接收太阳热量。目前，多采用被动式太阳房集热。有些建筑采用太阳能热水器，供居民使用热水。

(2) 蓄热

蓄热是指白天时利用主体结构将多余热量蓄存起来,夜晚时逐渐将热量释放到室内,用以调节室内温度。设置屋顶水池、外壁水墙或蓄热管网、卵石蓄热床等也可取得一定的蓄热效果。

▶ 模块学习小结 ◀

1.《房屋建筑构造》主要内容包括四大模块:建筑构造基本知识、民用建筑构造、工业建筑构造、建筑施工图识读等。

2. 建筑构成要素包括建筑功能、建筑技术和建筑形象。

3. 建筑按功能分为民用建筑、农业建筑和工业建筑等。

4. 民用建筑的等级划分一般按照耐久性和耐火性划分。建筑物的耐久性等级主要根据建筑物的重要性和规模大小划分。建筑物的耐火等级是根据房屋主要构件的燃烧性能和耐火极限这两个因素来决定的。

5. 民用建筑一般由基础、墙(柱)、楼板与地坪、楼梯、屋顶、门窗等六大部分组成,它们在不同的部位发挥着各自的作用。

6. 建筑模数是建筑设计中选定的标准尺度单位,作为建筑空间、构配件、建筑制品以及有关设备等尺寸相互间协调的基础和增值单位。

7. 定位轴线是用来确定建筑物主要结构构件位置及其标志尺寸的基准线。同时也是施工放线的基线。用于平面时称为平面定位轴线;用于竖向时称为竖向定位轴线。

8. 变形缝是指为防止建筑物在外界因素作用下(气温变化、地基不均匀沉降以及地震),结构内部产生附加变形和应力,导致建筑物开裂、碰撞甚至破坏而预留的人工构造缝。

变形缝按使用性质分为伸缩缝、沉降缝和防震缝三种类型。

9. 民用建筑工业化建筑体系按结构类型和施工工艺分为大模板建筑、大板建筑、升板建筑、滑升模板建筑、框架轻板建筑、盒子建筑等几种类型。

10. 建筑节能技术主要有:墙体节能技术、门窗节能技术、遮阳节能技术、屋顶和楼地面节能技术以及太阳能利用等。

▶ 模块课后作业 ◀

一、名词解释

1. 耐火极限　2. 开间　3. 进深　4. 建筑面积　5. 基本模数　6. 伸缩缝　7. 沉降缝

二、填空题

1. 建筑的构成要素包括_____、_____和_____。

2. 根据使用功能,建筑可分为_____、_____和_____。

3. 建筑物总高度超过 100 m 时,不论其是住宅或公共建筑均为_____。

4. 建筑物的耐火等级是根据房屋主要构件的_____和_____这两个因素来决定的。

5. 相对标高是把室内首层地面高度定为_____标高的零点,用于建筑物施工图的标高标注。

6. 基本模数用符号_____表示,其数值规定为_____mm。

7. 一幢民用建筑,一般由_____、_____、_____、_____、_____、_____等六大部分组成。

8. 变形缝是指为防止建筑物在_____、_____以及_____等因素作用下产生变形,导致建筑开裂甚至破坏而预留的人工构造缝。

9. 民用建筑工业化建筑体系按结构类型和施工工艺分为_____、_____、升板建筑、_____、框架轻板建筑、盒子建筑等几种类型。

10. 建筑节能技术主要有:_____技能技术、_____节能技术、_____节能技术、_____节能技术以及太阳能利用等。

三、简述题

1. 我国民用建筑按高度如何划分的?

2. 按照我国现行的《民用建筑设计统一标准》(GB 50352—2019),民用建筑的设计使用年如何分类?

四、填图题

1. 在空格处写出以下各小题所表达的意思。

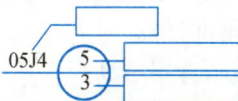

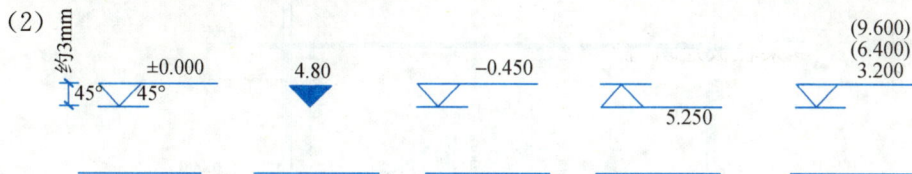

(1)

(2)

▶ 技能实训 ◀

1. 仔细阅读以下平面图,识读后填空。

(1) 在图中完整地标注出定位轴线序号。

(2) 图中卧室 2 的开间和进深的尺寸分别为_____mm 和_____mm,图中楼梯间的开间和进深的尺寸分别为_____mm 和_____mm。

(3) 图中建筑物的长度和宽度尺寸分别为_____mm 和_____mm。

(4) 图中卧室 3 地面建筑标高为_____,卫生间地面建筑标高为_____。

(5) 图中外墙体厚度为_____mm。

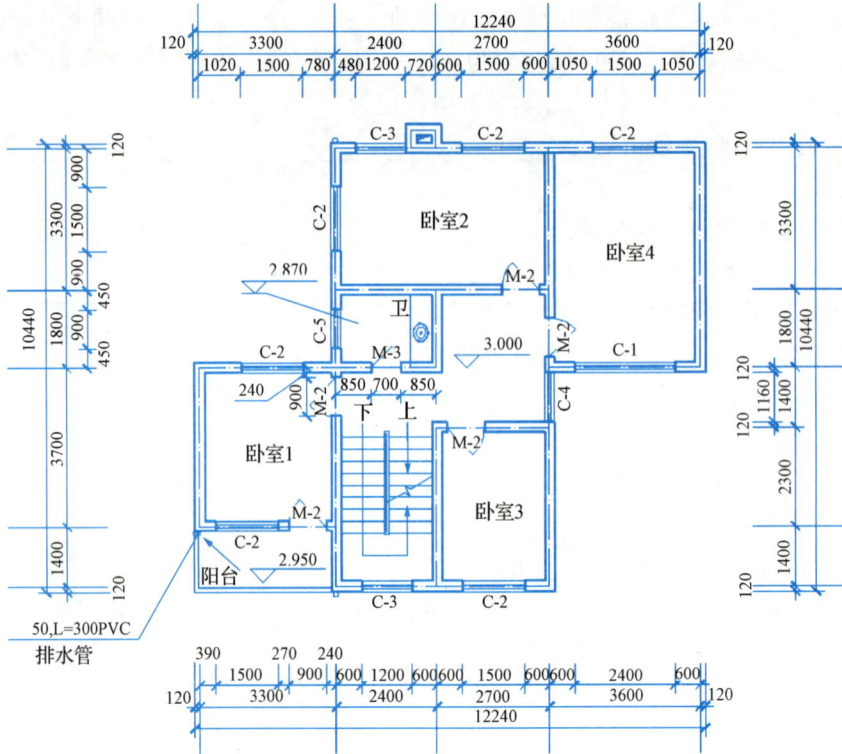

2. 仔细阅读以下剖面图,识读后填空。

(1) 图中室外设计地面标高为_____m;首层室内设计地面标高为_____m;

(2) 图中为三层建筑,首层层高为_____mm;二层净高为_____mm;

(3) 图中建筑高度为_____m;屋面标高为_____m。

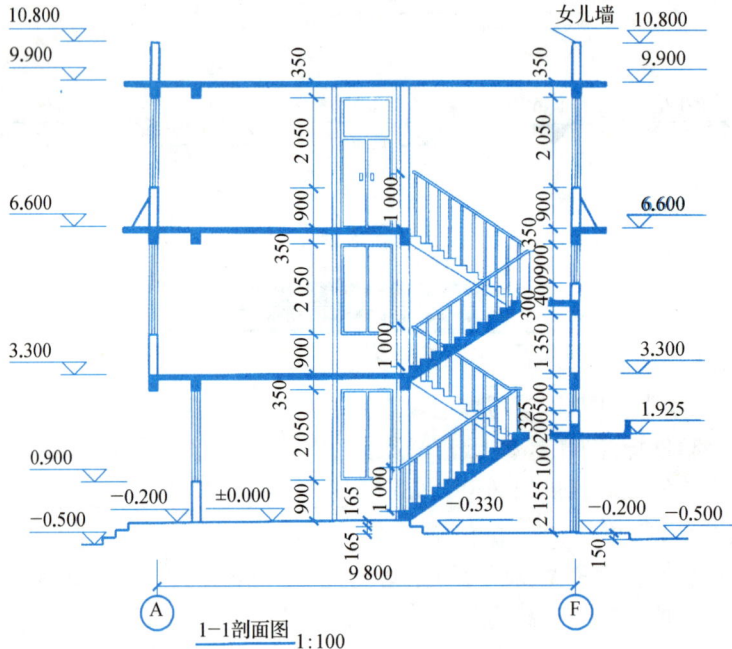

1—1剖面图 1:100

模块 2
民用建筑构造

▷ 2.1　基础与地下室构造 ◁

1. 能够理解地基、基础、基础埋深、天然地基、人工地基、持力层等含义
2. 能够理解影响基础埋深的因素
3. 能够叙述基础的类型与构造,识读基础构造图
4. 能够理解地下室的组成,识读地下室防潮防水构造

▎▶ 2.1.1　基础基本知识

一、基本概念

1. 地基与基础

(1) 基础

基础是建筑物的墙或柱埋在地下的扩大部分,它是建筑物的组成部分。基础的作用是承受上部结构的全部荷载,通过自身调整,把荷载有效地传给地基。

(2) 地基

地基是指基础底面以下承受建筑物全部荷载的土层或岩层,它不是建筑物的组成部分。

地基承受由基础传来的荷载,该荷载主要由基础顶面标高以上的上部结构荷载、基础自重以及基础上部土层荷载等组成。建筑物荷载传递情况为建筑物全部荷载→基础→地基。

在工程设计和施工中,基础要满足强度、刚度和稳定性方面的要求,地基应满足强度、变形和稳定性方面的要求。

地基按土层性质的不同,分为天然地基和人工地基两大类。

2. 持力层与下卧层

(1) 持力层

持力层是指具有一定的地耐力,直接承受建筑物荷载,与基础底面直接接触并需要进行力学计算的土层。

(2) 下卧层

下卧层是指持力层以下的土层。

持力层土体承受的荷载是随着土体深度的加深而慢慢减小,到一定深度后土体承受的荷载就可以忽略不计了。下卧层承受的荷载虽然可以忽略,但是如果下卧层是软弱下卧层的话,就要进行处理。比如下卧层是淤泥质土,就要考虑计算下卧层承载能力。如果计算不能承受,就要考虑地基处理,或者考虑桩基础设计。

3. 基础埋置深度

基础埋置深度指从室外设计地面至基础底面的垂直距离。

基础按其埋置深度大小分为浅基础和深基础,埋深大于或等于 5 m 为深基础,埋深小于

5 m 为浅基础。

4. 室外设计地面

室外设计地面是指按设计要求工程竣工后室外场地经填筑或开挖后的地面。

以上有关地基与基础的相关基本概念如图 2-1-1 所示。

二、基础埋深的影响因素

为了使基础安全可靠,基础应该埋在地下一定的深度。影响基础埋深的因素主要有地基土层构造、地下水位、冰冻深度、相邻建筑物的基础以及其他因素等。

1. 地基土层构造

在接近地表面的土层内,常有大量植物根茎的腐殖质或垃圾等,不宜选做地基。基础底面应尽量选在常年未经扰动而且坚实平坦的土层或岩石上。

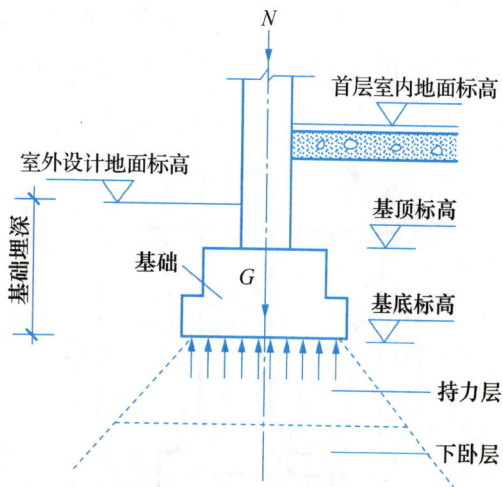

图 2-1-1　基本概念示意图

2. 地下水位

地下水位的上升和下降会影响建筑物的沉降,为了避免地下水位的变化影响地基承载力和减少基础施工困难,应将基础埋在最高地下水以上不小于 200 mm。在地下水位较高的地区,宜将基础埋在当地的最低地下水位以下 200 mm,如图 2-1-2 所示。

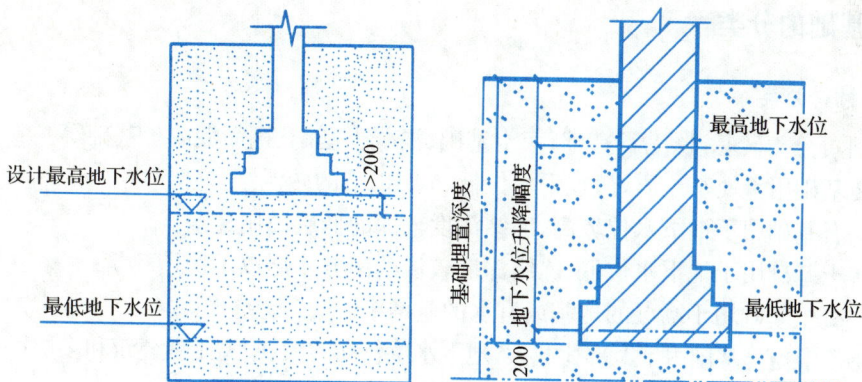

图 2-1-2　地下水位对基础埋深的影响

3. 冰冻深度

冻土与非冻结土的分界线称为冰冻线。冻土的厚度即冰冻线至地表的垂直距离称为冰冻深度。地基土冻结和解冻的过程会对建筑物产生不良影响。冻胀时,将使建筑物向上拱起;解冻后,基础又下沉,使建筑物反复变形甚至破坏。一般要求基础埋置在冰冻线以下 200 mm,如图 2-1-3 所示。

4. 相邻建筑物基础

为保证原有建筑物的安全和正常使用,新建建筑物的基础不宜深于原有建筑物的基础。当新建基础深于原有基础时,两基础之间的水平距离一般应控制在两基础底面高差的 1～2 倍,如图 2-1-4 所示。

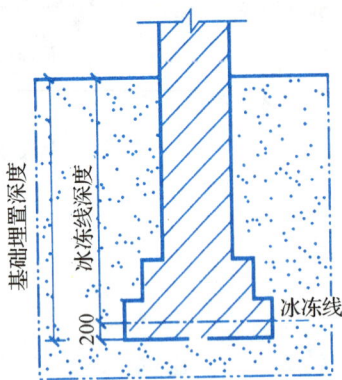

图 2-1-3 冰冻线对基础埋深的影响

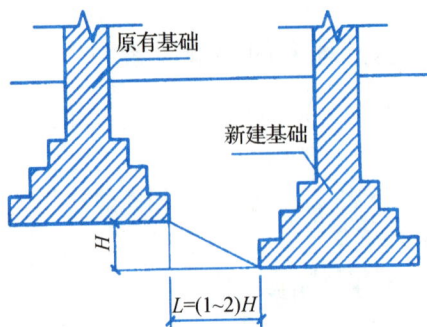

图 2-1-4 相邻建筑物基础的影响

5. 其他因素

基础埋深除考虑土层构造、地下水位、冻结深度、相邻建筑物基础的影响外,还要考虑拟建建筑物是否有地下室、设备基础等因素的影响。

▌▌▶ 2.1.2 基础构造

一、基础的分类

1. 按材料分类

按材料可分为砖基础、毛石基础、灰土基础、混凝土基础、钢筋混凝土基础等。

(1) 砖基础用于地基土质好、地下水位低、5 层以下的砖混结构建筑中。

(2) 毛石基础用于地下水位较高、冻结深度较深的低层民用建筑。

(3) 灰土基础用于地下水位低、冻结深度较浅的南方 4 层以下民用建筑。

(4) 混凝土基础用于潮湿的地基或有水的基槽中。

(5) 钢筋混凝土基础用于上部荷载大,地下水位较高的大、中型工业建筑和多层民用建筑。

2. 按受力特点分类

按受力特点可分为刚性基础和柔性基础。

(1) 刚性基础

刚性基础是指用刚性材料建造、受刚性角 α 限制的基础。如砖基础、毛石基础、灰土基础、混凝土基础、毛石混凝土基础等。这类基础放脚较高,体积较大,埋置较深。刚性基础常用于地基承载力较好、压缩性较小的中小型民用建筑。

(2) 柔性基础

柔性基础也称作非刚性基础,主要指钢筋混凝土基础。它以钢筋抵抗拉力,不受材料刚性角限制,因而放脚矮,体积小,挖方少,埋置浅。主要用于土质较差、荷载较大、地下水位较高等条件下的大中型建筑。在同样的情况下,与混凝土基础(刚性基础)相比,钢筋混凝土基础可节省大量的材料和挖土工作量。

刚性基础与柔性基础比较如图 2-1-5 所示。

3. 按构造形式分类

按基础构造形式可分为独立基础、条形基础、片筏基础、箱形基础、桩基础等。

(1) 独立基础

当建筑物上部采用框架结构或单层排架结构承重,且柱距较大时,基础常采用方形或矩形的独立基础(也称单独基础)。当柱为预制构件时,基础浇筑成杯口形,然后将柱子插入,并用细石混凝土将柱周围缝隙填实,使其嵌固其中,故称为杯形基础(也称杯口基础)。独立基础常用的断面形式有阶梯形、锥形、杯形等,如图 2-1-6 所示。

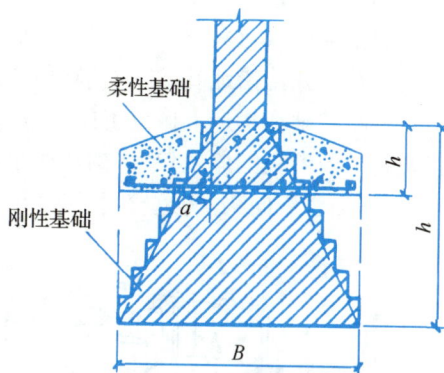

图 2-1-5　刚性基础与柔性基础

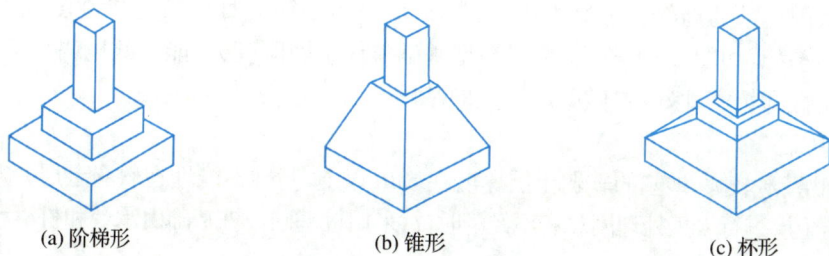

(a) 阶梯形　　　　　　(b) 锥形　　　　　　(c) 杯形

图 2-1-6　独立基础

(2) 条形基础

当建筑物为墙承重时,基础沿墙身设置成长条形,这样的基础称为条形基础(也称为带形基础)。条形基础有墙下条形基础和柱下条形基础两种,如图 2-1-7 所示。条形基础是墙承重基础的基本形式,条形基础可用砖、毛石、混凝土、毛石混凝土、钢筋混凝土等材料制作。

条形基础

(a) 墙下条形基础　　　　　　(b) 柱下条形基础

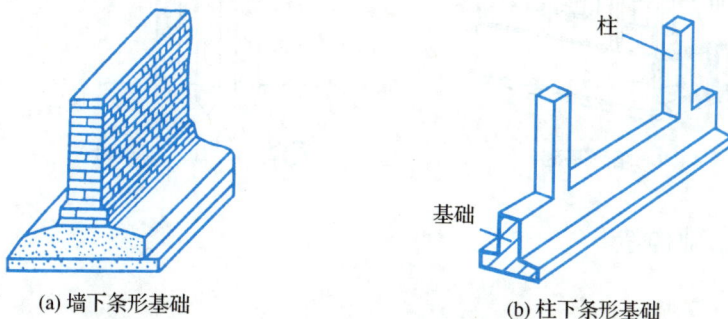

图 2-1-7　条形基础

（3）片筏基础

当上部荷载较大,地基承载力较低时,可选用整片的钢筋混凝土板承受整个建筑的荷载并传给地基,这种基础称片筏基础,也称为满堂基础。

片筏基础在构造上像倒置的钢筋混凝土楼盖,片筏基础可分为板式与梁板式两种。前者板的厚度较大,构造简单,如图 2-1-8(a)所示;后者板的厚度较小,但增加了双向梁,构造较复杂,如图 2-1-8(b)所示。

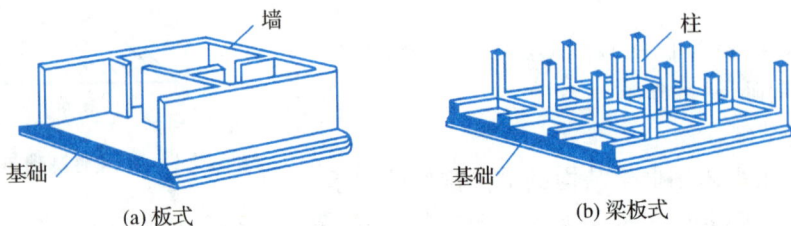

片筏基础

(a) 板式　　　　　　　　(b) 梁板式

图 2-1-8　片筏基础

（4）箱形基础

当建筑物荷载很大、浅层地质情况较差或建筑物很高,基础需深埋时,为增加建筑物的整体刚度,不致因地基的局部变形影响上部结构,常采用钢筋混凝土整浇成刚度很大的盒状基础,叫作箱形基础,如图 2-1-9 所示。箱型基础整体空间刚度大,能有效地调整基底压力,且埋深大,稳定性和抗震性好,常做高层建筑的基础。

（5）桩基础

当建筑物荷载较大,地基的软弱土层厚度在 5 m 以上,基础不能埋在软弱土层内,或对软弱土层进行人工处理困难和不经济时,常采用桩基础。桩基础由承台和桩柱组成。如图 2-1-10 所示。

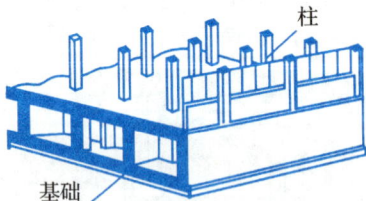

桩基础

图 2-1-9　箱形基础

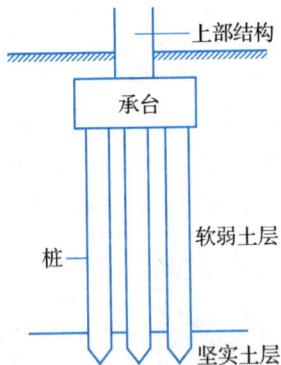

图 2-1-10　桩基础

二、刚性基础构造

1. 砖基础

砖基础主要材料为普通黏土砖。砖基础价格低廉,施工方便,但其强度、抗冻性、耐久性较差,适用于五层以下的砖混结构的房屋。

砖基础

砖基础一般由垫层、大放脚和基础墙三部分组成。砖基础常采用台阶式逐级向下放大的做法,即大放脚做法,大放脚的做法有间隔式和等高式两种(图 2-1-11)。为满足刚性角的限制,其台阶宽高比 $b/h \leqslant 1.5$。砖基础需要设置垫层,垫层厚度应根据上部结构的荷载和地基承载力的大小确定,一般不小于 100 mm,砖的强度等级不低于 MU10,砂浆强度等级不低于 M5 的水泥砂浆。

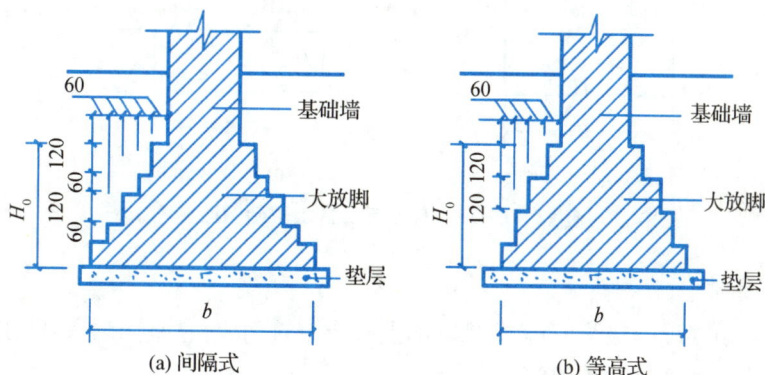

图 2-1-11　砖基础

2. 石基础

石基础主要有毛石和料石。毛石是一种中部厚度不小于 150 mm 的未经加工的、便于砌筑的块石。料石则是经过人工加工后具有一定规格的石料。

毛石基础常做成台阶形,基础顶面要比墙或柱每边宽出 100 mm,每个台阶挑出的宽度不应大于 200 mm,高度不小于 400 mm,且要满足宽高比不大于 1∶1.5 或 1∶1.25 刚性角的要求,毛石基础构造如图 2-1-12 所示。

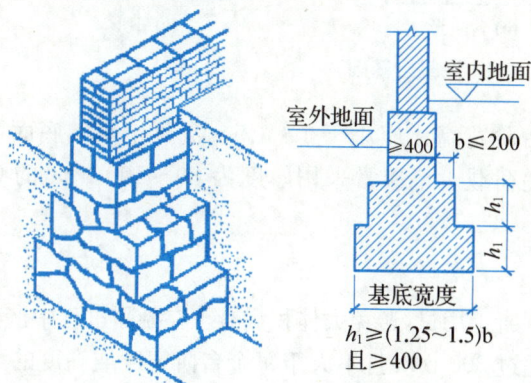

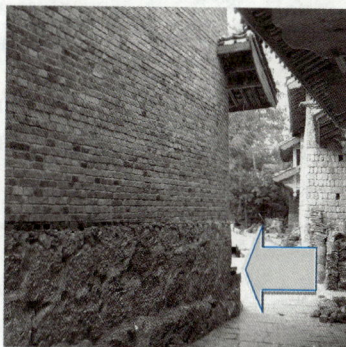

图 2-1-12　毛石基础构造

3. 灰土基础

在地下水位较低、五层以下砖混结构的条形砖石基础下面,可做灰土垫层,以提高基础的整体性。灰土厚度超过 100 mm 时须计算,所以较厚的灰土垫层也叫灰土基础。

灰土每边挑出基础不小于 100 mm,出挑宽高比不大于 1∶1.25 或 1∶1.5;三合土基础的总厚度大于 300 mm、宽度大于 600 mm 时,应满足宽高比不大于 1∶1.5 或 1∶1.20 的刚性角要求。如图 2-1-13 所示。

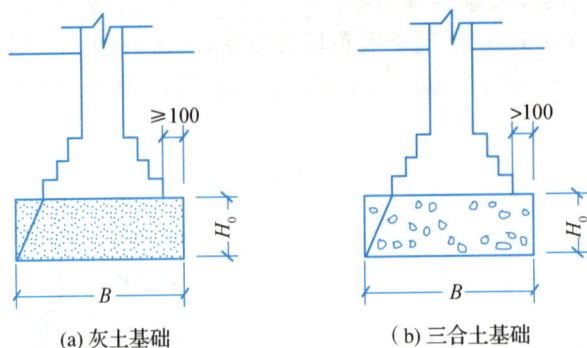

(a) 灰土基础　　　　　　　　(b) 三合土基础

图 2-1-13　灰土与三合土基础构造

4. 混凝土基础

这种基础多由强度等级为 C15 或 C20 的混凝土浇筑而成,它坚固耐久,防水抗冻,多用于地下水位较高或有冰冻情况的建筑。

一般有矩形、台阶形和锥形等三种形式,如图 2-1-14 所示。

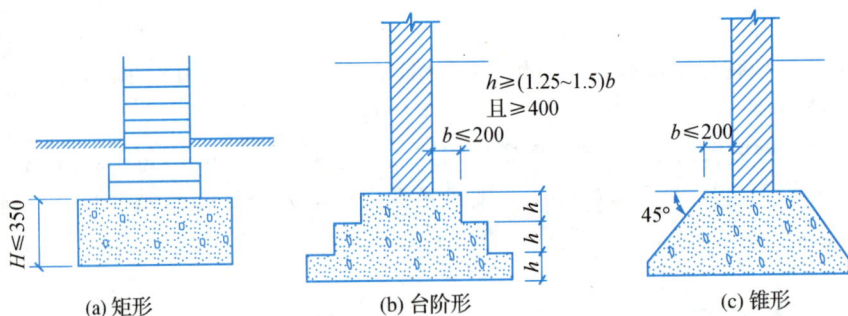

(a) 矩形　　　　　　　　(b) 台阶形　　　　　　　　(c) 锥形

图 2-1-14　混凝土基础

混凝土的刚性角为 45°,台阶形断面台阶宽高比应小于 1:1.5。混凝土基础底面可设置垫层,其作用是找平坑槽,便于放线和传递荷载。垫层常采用厚度为 80～100 mm 的 C10 混凝土或三合土,每侧加宽 100 mm。

5. 毛石混凝土基础

当混凝土基础的体积过大时,为节省混凝土用量,避免大体积混凝土在凝固过程中产生大量热量不易散发而引发开裂,可加入粒径不超过 300 mm 且不大于每个台阶宽度或高度的 1/3(台阶形基础)的毛石,加入的毛石体积为总体积的 20%～30%,且应分布均匀。

三、柔性基础构造

柔性基础主要指钢筋混凝土基础。钢筋混凝土基础由底板及基础墙(柱)组成,现浇底板是基础的主要受力结构,其厚度和配筋均由计算确定,受力筋直径不得小于 8 mm,间距不大于 200 mm,混凝土的强度等级不宜低于 C20。钢筋混凝土锥形基础底板边缘的厚度一般不小于 200 mm,也不宜大于 500 mm。

　　基础底板下均匀浇筑一层低标号素混凝土作为垫层,起找平、传力和隔潮作用,并保证基础钢筋和地基之间有足够的距离,以免钢筋锈蚀。垫层一般采用 C10 混凝土,厚度为 80～100 mm,垫层每边比底板宽 100 mm。设置垫层时基础底面钢筋保护层厚度不小于 35 mm,不设置垫层时基础底面钢筋保护层厚度不小于 70 mm。钢筋混凝土基础构造如图 2 - 1 - 15 所示。

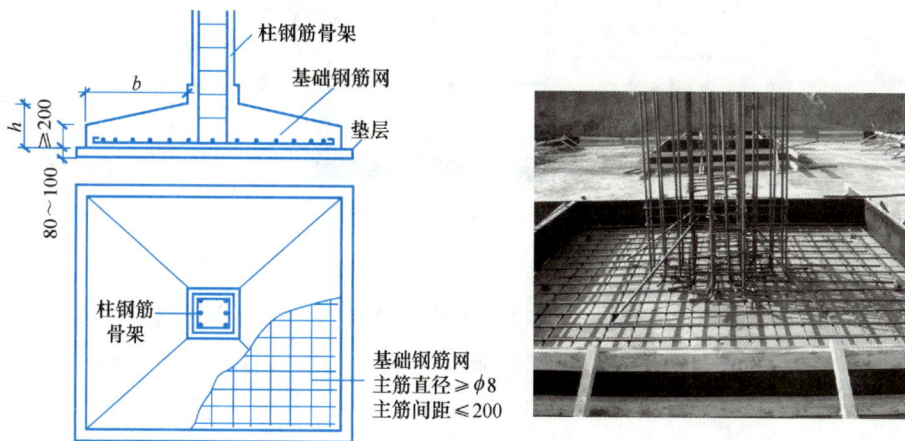

图 2 - 1 - 15　钢筋混凝土基础构造

▶ 2.1.3　地下室构造

　　建筑物底层地面以下的房间称为地下室。建造地下室不仅能够在有限的占地面积内增加使用空间,提高建设用地的利用率,还可以省掉房心回填土,充分利用地下空间,应用于地下商场、车库、餐厅、仓库、设备用房以及战备防空等。

一、地下室分类与构造

1. 按使用性质分类

按使用性质可分为普通地下室和防空地下室。

(1) 普通地下室

普通地下室的地下空间要满足多种建筑功能的要求,如储藏、办公、居住等。

(2) 防空地下室

防空地下室应妥善解决紧急状态下的人员掩蔽与疏散,应有保证人身安全的技术措施,同时还应考虑和平时期的使用。

思政案例 4

2. 按埋入地下深度分类

按埋入地下深度可分为地下室和半地下室。根据《民用建筑设计统一标准》(GB 50352—2019)的有关术语的解释,地下室和半地下室的定义如下。

(1) 地下室

房间地平面低于室外地平面的高度超过该房间净高的 1/2 者为地下室,如图 2 - 1 - 16 所示。由于防空地下室有防止地面水平冲击波破坏的要求,故多采用这种类型。

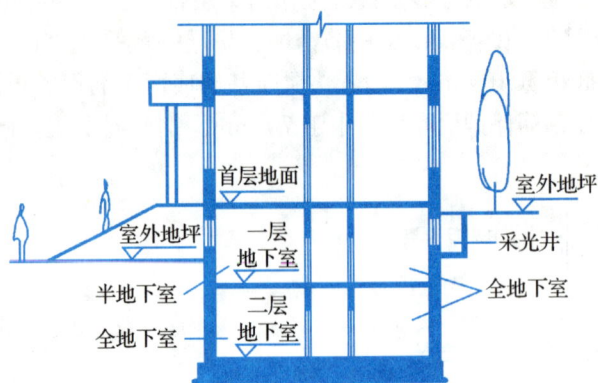

图 2-1-16　地下室类型

(2) 半地下室

房间地平面低于室外地平面的高度超过该房间净高的 1/3 且不超过 1/2 者为半地下室,如图 2-1-16 所示。这种地下室一部分在地面以上,易于解决采光、通风等问题,普通地下室多采用这种类型。

3. 按结构材料分类

按结构材料可分为砖墙地下室、钢筋混凝土地下室。

(1) 砖墙地下室

指地下室的墙体用砖来砌筑。这种地下室适用于上部荷载不大及地下水位较低的情况。

(2) 钢筋混凝土地下室

指地下室全部用钢筋混凝土浇筑。这种地下室适用于地下水位较高、上部荷载很大及有人防要求的情况。

4. 地下室的构造

地下室一般由墙体、底板、顶板、门窗、楼梯等五大部分组成(图 2-1-17)。

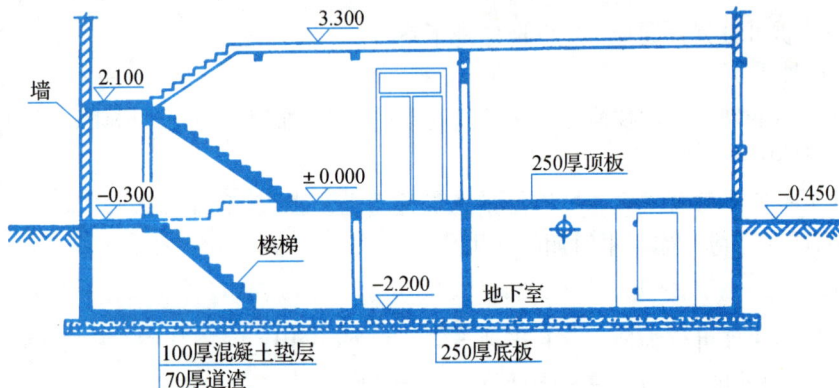

图 2-1-17　地下室的构造组成

(1) 墙体

地下室的墙体要承受上部的垂直荷载、土体侧压力、地下水侧压力及土壤冻胀时产生的侧压力等多种荷载,因此地下室墙体的厚度,应经计算确定。如用砖砌墙,最小厚度不小于490 mm;如用混凝土或钢筋混凝土墙,则应根据计算求得,其最小墙体厚度不低于200 mm,外墙还应做防潮或防水处理。

（2）顶板

地下室的顶板采用现浇或预制钢筋混凝土板。如为防空地下室的顶板,必须采用现浇板。当采用预制板时,往往在板上浇筑一层钢筋混凝土整体层,以保证顶板有足够的整体性。

（3）底板

地下室的底板不仅承受地面的垂直荷载,当地下水位高于地下室底板时,还必须承受底板下水的浮力,所以要求底板应具有足够的强度、刚度和抗渗能力。因此,地下室底板常采用现浇钢筋混凝土板,底板下垫层上还应设置防水层,以防渗漏。

（4）门窗

普通地下室的门窗与地上部分相同,地下室外窗在室外地坪以下时,应设置采光井和防护箅,以利室内采光通风和室外行走安全。防空地下室的门应符合相应等级的防护和密闭要求,一般采用钢门或钢筋混凝土门。防空地下室一般不允许设窗,如需开窗,应设置战时堵严措施。

（5）楼梯

楼梯可与地面上房间结合设置,由于地下室的层高较小,故多设单跑楼梯。用作防空的地下室,每幢至少要设置两部楼梯通向地面的安全出口,并且必须有一个是独立的安全出口,且安全出口与地面以上建筑物应有一定距离,一般不得小于地面建筑物高度的一半,以防因空袭倒塌堵塞出口影响疏散。

二、地下室防潮与防水构造

当地下水的常年水位和最高水位都在地下室地面标高以下时,地下室仅受到土层地潮的影响,没有水侧压力和上浮力的影响,这时只需做防潮处理,如图2-1-18(a)所示。

当设计最高地下水位高于地下室底板时,地下室的底板和部分外墙被浸在水中,如地下室防水性能不好,轻则引起室内墙面灰皮脱落,墙面生霉;重则进水,使地下室不能使用或降低建筑物的耐久性,此时,地下室须采取相应的防水措施,如图2-1-18(b)所示。

地下室防潮、防水与地下水位的关系如图2-1-18所示。

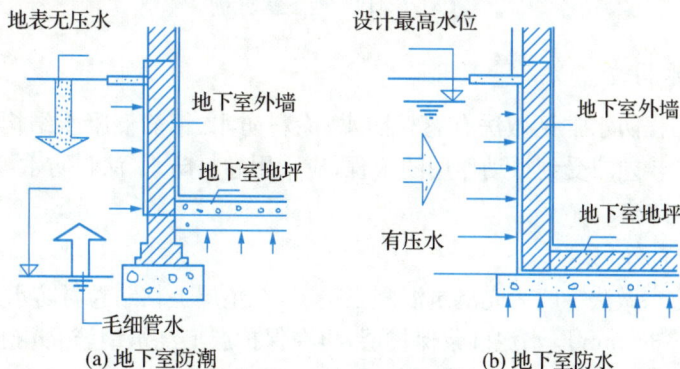

(a) 地下室防潮　　　　　　　　　　(b) 地下室防水

图 2-1-18　地下室防潮、防水与地下水位的关系

1. 地下室防潮构造

地下室防潮主要包括墙体防潮和底板防潮两部分。

(1) 墙体防潮

防潮构造要求地下室的所有墙体都必须设两道水平防潮层。一道设在地下室地坪附近,另一道设在室外地面散水以上150～200 mm的位置,以防地下潮气沿地下墙身或勒脚处侵入室内。凡在外墙穿管、接缝等处,均应嵌入油膏防潮。

当地下室的墙体为砖墙时,垂直防潮的构造要求是:墙体必须采用水泥砂浆砌筑,灰缝要饱满,在墙面外侧设垂直防潮层。做法是在墙体外表面先抹一层20 mm厚的1:3水泥砂浆找平层,再涂一道冷底子油和两道热沥青,然后在防潮层外侧回填低渗透性土壤,如黏土、灰土等,并逐层夯实,回填土层宽500 mm左右。

当地下室墙体为混凝土或钢筋混凝土结构时,本身就有防潮作用,不必再做防潮层。

(2) 底板防潮

对于地下室地面,一般主要借助混凝土材料的憎水性能来防潮。但当地下室的防潮要求较高时,其地面也应做防潮处理,地面防潮层位置与墙身水平防潮层在同一水平面上。

地下室防潮构造如图2-1-19所示。

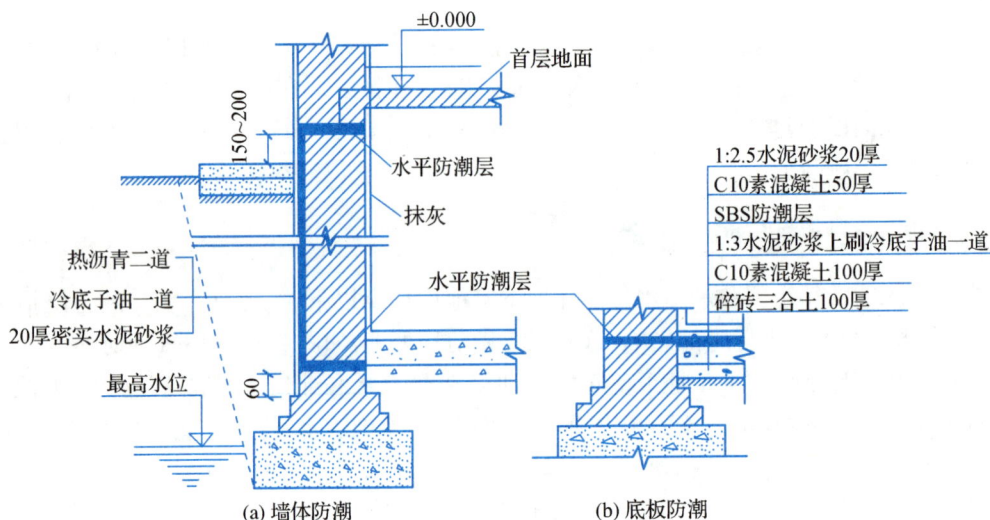

图2-1-19　地下室防潮

2. 地下室防水构造

我国地下室工程防水常见做法有卷材防水、涂料防水、钢筋混凝土结构自防水等多种形式。对于结构刚度较差或受到振动作用的工程,应采用卷材防水、涂料防水等柔性防水做法。

(1) 卷材防水做法

① 外防水(也称外包法)

地下室底板防水做法一般为先浇筑混凝土垫层,在垫层上粘贴卷材防水层,在防水层上抹20～30 mm厚水泥砂浆保护层,再在保护层上浇筑钢筋混凝土底板。在铺粘防水卷材时,须在底板四周预留甩茬,以便与垂直防水卷材衔接。

地下室外墙防水一般做法为:墙外皮抹水泥砂浆20 mm厚,刷冷底子油一

地下室外防水构造

道,粘贴卷材防水层。此时各层卷材必须与底板卷材甩茬连接牢靠,在垂直防水层外侧紧贴砌筑半砖厚保护墙。外防水做法如图 2-1-20 所示。

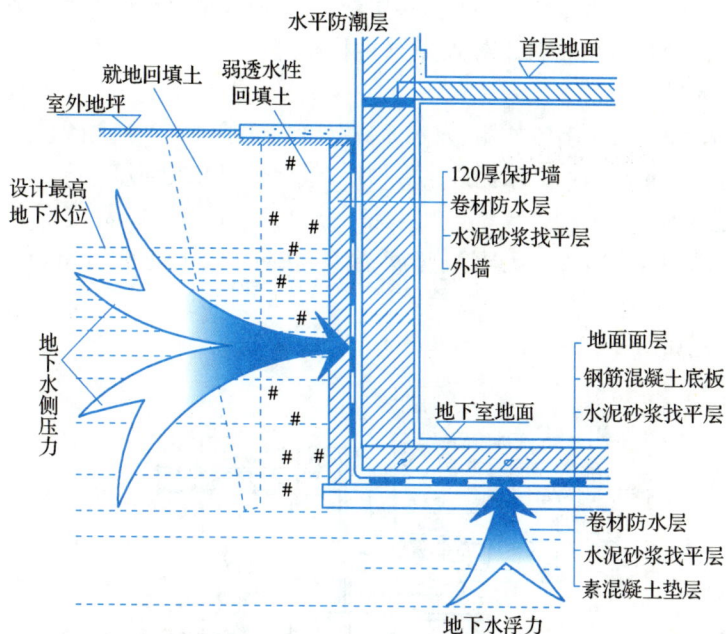

水平防潮层

首层地面

就地回填土　弱透水性回填土

室外地坪

设计最高地下水位

120厚保护墙
卷材防水层
水泥砂浆找平层
外墙

地下水侧压力

地面面层
钢筋混凝土底板
水泥砂浆找平层

地下室地面

卷材防水层
水泥砂浆找平层
素混凝土垫层

地下水浮力

图 2-1-20　地下室外防水

② 内防水(也称内包法)

　　其做法是将防水层做在地下室室内。内防水是将防水层置于背水面,防水效果不如外防水(位于迎水面)效果好,但这种做法施工简便,便于修补,一般多用于修缮工程。内防水做法如图 2-1-21 所示。

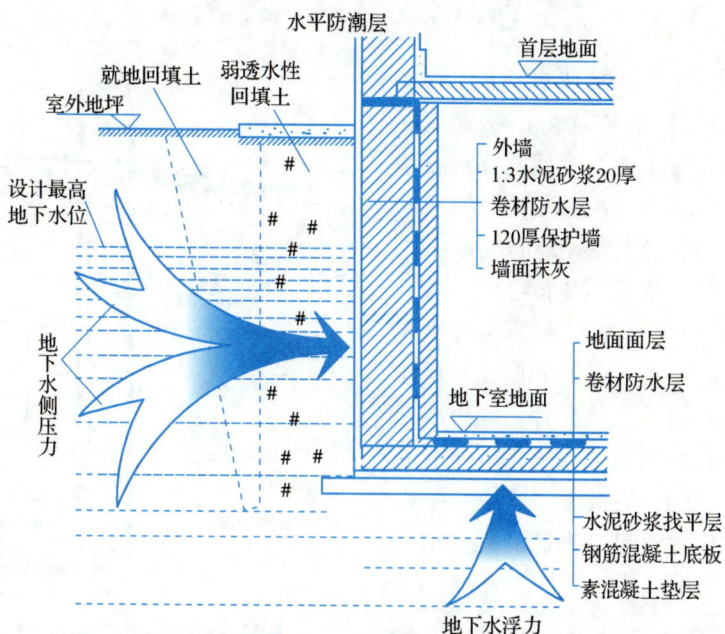

水平防潮层

首层地面

就地回填土　弱透水性回填土

室外地坪

设计最高地下水位

外墙
1:3水泥砂浆20厚
卷材防水层
120厚保护墙
墙面抹灰

地下水侧压力

地面面层
卷材防水层

地下室地面

水泥砂浆找平层
钢筋混凝土底板
素混凝土垫层

地下水浮力

图 2-1-21　地下室内防水

（2）涂料防水做法

涂料防水是指在施工现场以刷涂、刮涂、滚涂等方法将无定型液态冷涂料在常温下涂敷于地下室结构表面的一种防水做法。一般为多层敷设,涂层厚度以设计为准。为增强防水效果,可夹铺1～2层纤维制品,如玻璃纤维、玻璃丝网格布等。

涂料防水一般做法为:

① 地下室外墙做法:在墙体外侧（迎水面）用20 mm厚1:2水泥砂浆找平,分遍涂刷防水涂料,然后再抹20 mm厚1:2水泥砂浆保护层,最后分层夯实回填土。

② 地下室底板做法:在基槽上素土夯实,铺一层100 mm厚C10混凝土垫层,在垫层上铺20 mm厚1:2水泥砂浆找平层,分遍涂刷防水涂料,在防水层上铺60 mm厚C20细石混凝土底板。

涂料防水做法如图2-1-22所示。

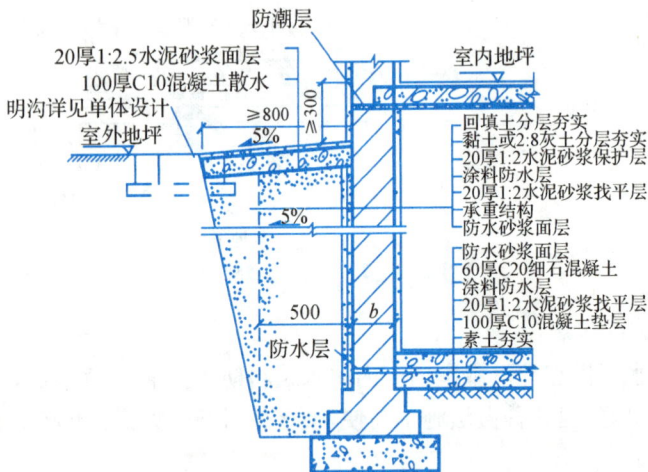

图2-1-22　地下室涂料防水

（3）钢筋混凝土结构自防水

当地下室底板和墙体均采用钢筋混凝土时,通过调整混凝土的配合比或在混凝土中掺入外加剂等手段,改善混凝土的密实性,提高混凝土的抗渗性能,钢筋混凝土地下室结构起着承重、围护、防水功能三者合一的作用。为防止地下水对钢筋混凝土构件侵蚀,一般在地下室墙体的外侧抹一层水泥砂浆,然后再涂刷一层热沥青。同时要求钢筋混凝土外墙、底板均不宜太薄,一般外墙厚为200 mm以上,底板厚在150 mm以上,否则会影响抗渗效果。钢筋混凝土结构自防水如图2-1-23所示。

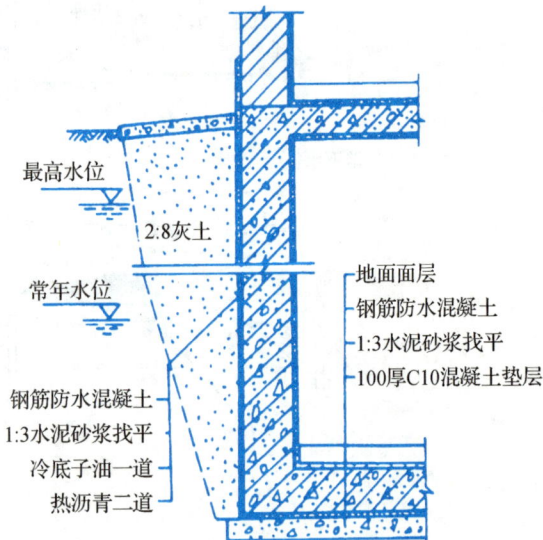

图2-1-23　钢筋混凝土结构自防水

▶ 模块学习小结 ◀

1. 基础和地基是两个不同的概念,基础是建筑物的墙或柱埋在地下的扩大部分,它是建筑物的组成部分;而地基不是建筑物的组成部分,地基是承受建筑物全部荷载的土层或岩层。

2. 室外设计地面到基础底面的垂直距离称为基础的埋置深度。埋深大于等于 5 m 为深基础,小于 5 m 为浅基础。

影响基础埋深的因素有土层构造、地下水位、冰冻深度及相邻建筑物基础的影响等。

3. 基础按受力特点的不同有刚性基础和柔性基础之分;按构造形式不同分条形基础、独立基础、片筏基础、箱形基础和桩基础等。

4. 地下室是建造在地面以下的使用空间。由于地下室的外墙、底板受到地下潮气和地下水的侵袭,因此,必须重视地下室的防潮、防水处理。

目前我国地下工程防水常用的措施有卷材防水、涂料防水、钢筋混凝土结构自防水等。

▶ 模块课后作业 ◀

一、名词解释

1. 地基　2. 基础　3. 基础埋深

二、填空题

1. 地基按土层性质的不同,分为_____和_____两大类。

2. 为了避免地下水位的变化对基础影响,应将基础埋在_____不小于 200 mm。在地下水位较高的地区,宜将基础埋在当地的_____ 200 mm。

3. 地基土冻结和解冻的过程会对建筑物产生不良影响,一般要求基础埋置在_____以下 200 mm。

4. 基础按构造形式分为_____、_____、_____、箱型基础、桩基础等。

5. 当混凝土基础的体积过大时,可采用毛石混凝土,毛石的粒径不超过_____mm 的,加入的毛石体积为总体积的_____,且应分布均匀。

6. 对于钢筋混凝土基础,其垫层一般采用_____混凝土,厚度为_____mm,垫层每边比底板宽_____mm。

7. 对于结构自防水的钢筋混凝土地下室,其外墙厚度为_____mm 以上,底板厚在_____mm 以上,否则会影响抗渗效果。

三、填图题

1. 仔细阅读下图,请在图形中用文字标注出:室内地面标高、室外地面标高、基顶标高、基底标高、持力层、下卧层、基础埋深等。

N

基础　　G

埋头

基高

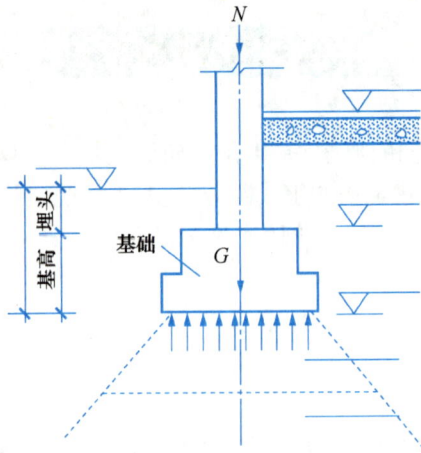

2. 下图为地下室外防水做法，请在图中用文字标注出地下室墙体和底板的卷材外防水构造做法。

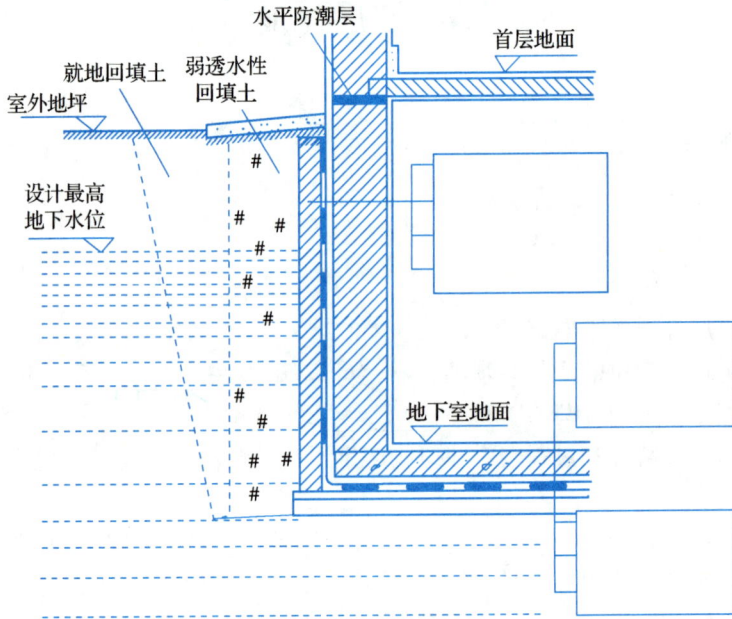

水平防潮层

首层地面

就地回填土

弱透水性回填土

室外地坪

设计最高地下水位

地下室地面

▶ 技能实训 ◀

1. 抄绘以下独立式钢筋混凝土基础构造图。

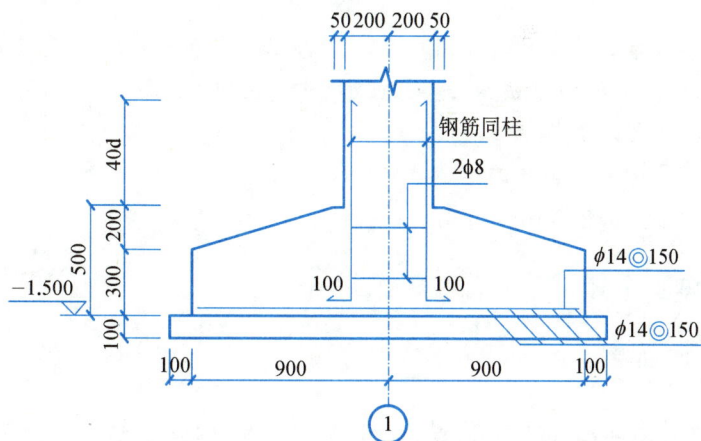

$\underline{1-1}$ 1:20

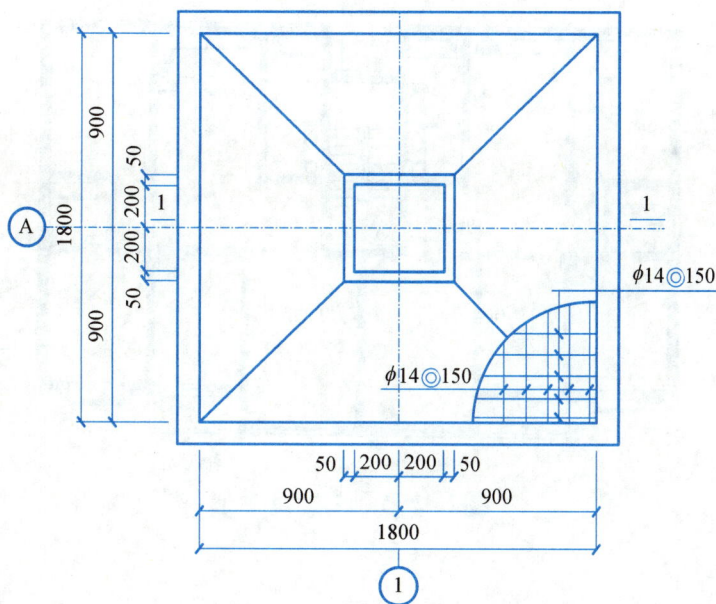

$\underline{DJ-1}$ 1:20

2. 阅读第 1 题中钢筋混凝土基础构造图,完成下列填空:

(1) 基础垫层长宽尺寸分别为_____mm 和_____mm,垫层厚度为_____mm。

(2) 基础底板长宽尺寸分别为_____mm 和_____mm,基础底板边缘厚度为_____mm。

(3) 柱子截面尺寸为_____mm 和_____mm。

(4) 基础底板为双向钢筋网,钢筋直径为_____mm,钢筋间距为_____mm。

2.2　墙体构造

学习目标

1. 能够叙述各类墙体的名称与作用
2. 能够叙述墙体勒脚、散水明沟、过梁、圈梁、构造柱的构造做法
3. 能够理解各种隔墙的构造
4. 能够叙述常见的墙面装修的构造做法
5. 能够识读外墙节点构造图

2.2.1　墙体基本知识

一、墙体的类型

墙体的类型多种多样,通常按其位置、方向、受力情况、构造形式、施工方法等进行分类。常见的墙体名称如图2-2-1所示。

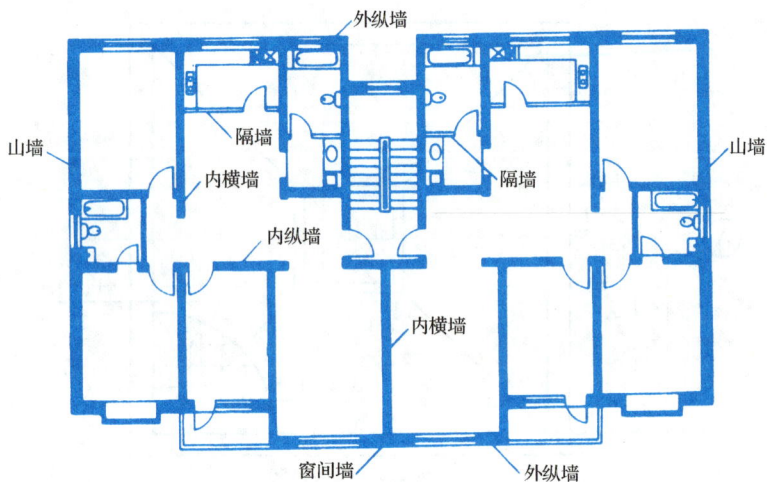

图2-2-1　墙体的名称

1. 按墙所处位置分类

可分为外墙和内墙。外墙是位于房屋的四周与外界接触的墙体,主要起围护作用,能抵抗大气侵袭,保证室内空间舒适。内墙是位于建筑内部的墙体,主要起分隔内部空间的作用。

2. 按墙的方向分类

可分为纵墙和横墙。纵墙是沿建筑物长轴方向布置的墙体。纵墙又可分为内纵墙和外纵墙。横墙是沿建筑物短轴方向布置的墙。横墙又可分为内横墙和外横墙(也称山墙)。

3. 按受力情况分类

可分为承重墙和非承重墙。如图2-2-2所示。承重墙是直接承受由梁、板、屋顶传来荷

载的墙体,主要起承重作用。非承重墙是不承受外来荷载的墙体,它仅承受自重荷载,如自承重墙、隔墙、填充墙、幕墙等,主要起分隔内部空间或围护或装饰的作用。

(a) 承重墙:砖混结构

(b) 非承重墙:框架结构

(b) 非承重墙:幕墙

图 2-2-2　墙体类型

4. 按墙体构造形式分类

可分为实体墙、空体墙和组合墙,如图 2-2-3 所示。实体墙是指砌筑材料和砌筑方式为实心无孔洞的墙体,如普通砖墙、灰砂砖墙、毛石墙等。空体墙是指砌筑材料或砌筑方式为空心的墙体,如空心砖墙、空斗墙等。组合墙是指由两种或两种以上的材料组合而成的墙体。

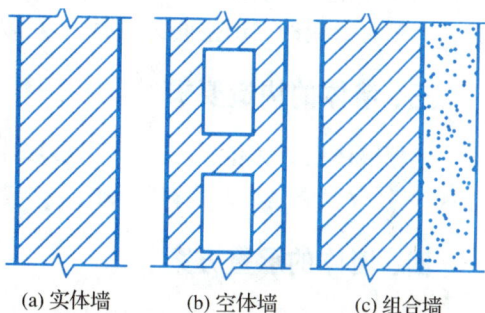
(a) 实体墙　　(b) 空体墙　　(c) 组合墙

图 2-2-3　墙体构造形式

5. 按施工方法分类

可分为块材墙、板材墙和板筑墙,如图 2-2-4 所示。块材墙是用零散材料通过砌筑叠加而成的墙体,如砖墙、石墙、小型砌块墙。板材墙是在工厂制作的大、中型墙板,用机械吊装拼合而成的墙体,如预制混凝土大板墙、各种轻质条板内隔墙等。板筑墙是指现场支模板,然后浇筑墙体材料,如古代的夯土墙,大模板、滑模等现浇的混凝土墙。

(a) 块材墙:砌块墙

(b) 板筑墙:钢筋混凝土墙

(c) 板材墙

(d) 预制板材

图 2-2-4　墙体示例

二、墙体的作用

墙体既可作为围护构件,又可作为承重构件,是建筑物的重要组成部分。它对空间限定、建筑节能起着重要作用。墙体的主要作用有承重、分隔、围护。

1. 承重作用

墙体承受屋顶、楼板传给它的荷载以及自重荷载和风荷载等。

2. 分隔作用

墙体分隔房屋内部空间,划分为若干个房间和使用空间。

3. 围护作用

墙体隔住了自然界的风、雨、雪、太阳辐射、噪声等对建筑物室内空间的干扰,使建筑物形成一个相对封闭的内部空间。同时,还可以起保温、隔热、防水等作用。

三、墙体的构造要求

根据墙体所处的位置和功能不同,墙体设计应满足以下要求:(1) 具有足够的强度和稳定性;(2) 具有保温隔热性能;(3) 满足隔声要求;(4) 满足防火要求;(5) 满足防水防潮要求。

四、墙体的承重方案

墙体的承重方案有横墙承重、纵墙承重、纵横墙承重、内框架承重四种。

1. 横墙承重

当楼板支承在横向墙上时,称为横墙承重(图 2 - 2 - 5a)。由于横墙起主要承重作用且间距较密,因此建筑物的横向整体刚度大,整体性好,有利于抵抗水平荷载和调整地基不均匀沉降。

由于横墙间距受到限制,建筑开间尺寸不够灵活,墙体结构所占的面积较大,这种做法多用于横墙较多的建筑中,如住宅、宿舍、办公楼等。

2. 纵墙承重

当楼板支承在纵向墙上时,称为纵墙承重(图 2 - 2 - 5b)。此时,横墙只起分隔空间和连接纵墙的作用。此种方案开间划分灵活,能分隔出较大的房间。但抵抗水平荷载能力比横墙承重差,其纵向刚度强而横向刚度差,纵墙上开设门洞受到限制,这种做法多用于纵墙较多的建筑中,以及使用上要求有较大空间的建筑,如中小学教室、阅览室等。

3. 纵横墙承重

当一部分楼板支承在纵向墙上,另一部分楼板支承在横向墙上时,称为纵横墙承重(图 2 - 2 - 5c)。此种方案平面布置灵活,两个方向的抗侧力都比较好。这种做法适用于房间开间、进深变化较多的建筑,也适用于中间有走廊或一侧有走廊的办公楼,如医院、幼儿园等。

4. 内框架承重

当建筑内部采用梁柱组成的框架承重,四周采用墙体承重,由墙和柱共同承受水平承重构件传来的荷载,称为内框架承重(图 2 - 2 - 5d)。此种方案房屋的刚度由框架保证,但水泥、钢材用量较多,这种做法适用于室内需要较大空间的建筑,如大型商店、综合楼等。

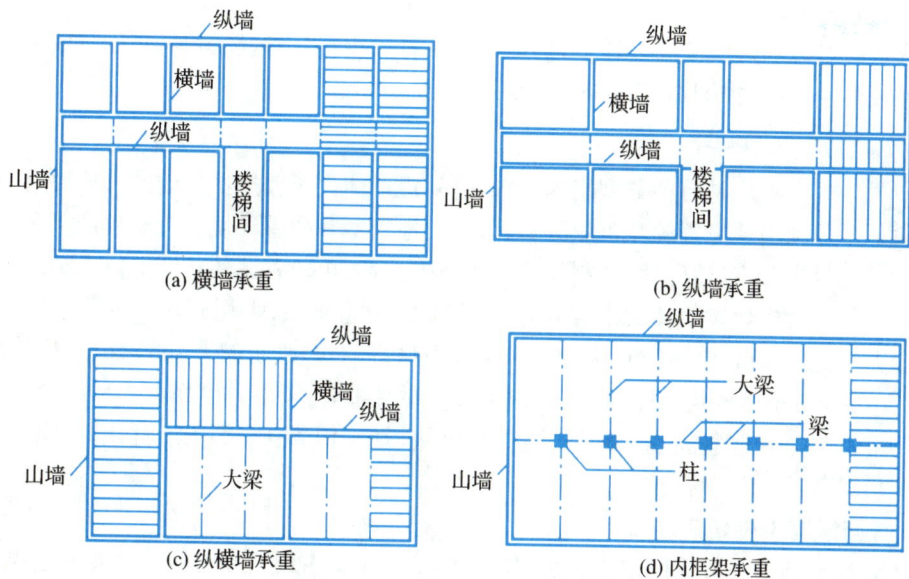

(a) 横墙承重　　　　　　　　　　　　(b) 纵墙承重

(c) 纵横墙承重　　　　　　　　　　　(d) 内框架承重

图 2 - 2 - 5　墙体结构布置方案

五、墙体的砌筑材料

常用墙体的砌筑材料有砖、砌块、石材、砂浆等。

1. 砖

砖的种类很多,常见的有黏土砖、灰砂砖、粉煤灰砖等。

(1) 黏土砖

黏土砖是指以黏土、页岩、煤矸石或粉煤灰等为主要原料,经成型、焙烧而成的实心或孔洞率不大于 15% 的砖(如图 2 - 2 - 6a)。黏土砖标准尺寸是 240 mm× 115 mm×53 mm。

因烧结黏土砖主要以毁田取土烧制,加上其自重大、施工效率低等缺点,已不能适应建筑发展的需要。烧结黏土砖已被其他墙体材料所取代。

(2) 灰砂砖

灰砂砖是以石灰和砂为主要原料,经过坯料制备、压制成型、蒸压养护而成的实心砖,简称为灰砂砖(如图 2 - 2 - 6b)。

黏土砖

(a) 黏土砖　　　　　　(b) 灰砂砖　　　　　　(c) 粉煤灰砖

图 2 - 2 - 6　砖的类型

(3) 粉煤灰砖

粉煤灰砖是以粉煤灰为主要原料,掺加适量石膏和集料,经过坯料制备、压制成型、高压蒸汽养护而成的实心砖(如图 2-2-6c)。

2. 砌块

砌块

砌块是一种新型墙体材料,是外观形体大于普通黏土砖的人造块材,可以充分利用地方资源和工业废料,节省土地资源和改善环境。具有生产工艺简单、原料来源广、适应性强、制作及使用方便灵活、可改善墙体功能等特点。

砌块按块体大小可分为小型砌块、中型砌块、大型砌块。一般情况下,大型砌块高度大于 980 mm,单块质量大于 350 kg;中型砌块高度为 380~980 mm,单块质量在20~350 kg 之间;小型砌块高度为 115~380 mm,单块质量不超过 20 kg。

砌块按材料分有普通混凝土砌块、轻骨料砌块、加气混凝土砌块以及利用各种工业废料(如炉渣、粉煤灰等)制成的砌块。

(1) 普通混凝土砌块

普通混凝土砌块一般采用空心砌块(如图 2-2-7a)。混凝土空心砌块主要有小型空心砌块和轻质混凝土小砌块,小型空心砌块的尺寸规格为 390 mm×190 mm×190 mm,轻质混凝土小砌块的尺寸规格为 390 mm×190 mm×190 mm。

(2) 轻骨料砌块

常见的轻骨料砌块有石膏砌块、陶粒混凝土砌块等。

石膏砌块是以建筑石膏为主要原料,经加水搅拌、浇筑成型、干燥而制成的块状轻质建筑石膏制品。石膏砌块的特点是具有较好的耐火性。石膏与混凝土相比,其耐火性能要高 5 倍,且具有良好的保温隔声特性,自重轻,抗震性好。

陶粒混凝土砌块是以页岩陶粒为主骨料,以水泥为胶凝材料,经机械搅拌、机械成型、自然养护而成的陶粒砌块(如图 2-2-7b)。具有质量轻、强度高、保温抗震、吸音隔热、干缩率低、砌体安全性能好等特性。与其他砌块相比,能减轻结构自重,便于施工,砂浆粉刷后不容易开裂、起壳。

(3) 加气混凝土砌块

加气混凝土砌块是一种轻质多孔、保温隔热、防火性能良好、可钉、可锯、可刨和具有一定抗震能力的优良的新型建筑材料(如图 2-2-7c),适用于高层建筑的填充墙和低层建筑的承重墙,目前在建筑中广泛采用。

(a) 混凝土小型空心砌块　　(b) 陶粒混凝土砌块　　(c) 加气混凝土砌块

图 2-2-7　砌块类型

3. 砂浆

砂浆是砌体的粘结材料,它将块材胶结成墙体,并具有填缝和密实作用,使墙体传力均匀。砂浆的强度等级分为 M15,M10,M7.5,M5,M2.5,M1.0 和 M0.4 七级。

常用的砂浆有水泥砂浆、石灰砂浆和混合砂浆等三种。

水泥砂浆由水泥、砂子和水拌和而成,水泥砂浆强度高且防潮性能好,主要用于受力和潮湿环境下的砌体。

石灰砂浆由石灰膏、砂子和水拌和而成,石灰砂浆的强度和防潮性能都比较差,但和易性好,用于砌筑强度要求较低的地面以上的砌体。

混合砂浆由水泥、石灰膏、砂子和水拌和而成,有一定强度,广泛应用于地面以上的砌体。

▶ 2.2.2　砖墙构造

一、砖墙的尺寸

1. 砖的尺寸

砖的种类较多,如黏土砖、灰砂砖、粉煤灰转等,其中黏土实心砖是我国传统的墙体材料。其标准砖的规格为 240 mm×115 mm×53 mm(长×宽×高),与灰缝 10 mm 组成了砖墙砌体的尺寸基数。普通砖的长、宽、高各加上灰缝宽构成了三者的比例关系:(240+10):(115+10):(53+10)=4:2:1。

2. 砖墙的厚度

砖墙的厚度是由多方面因素决定的,要同时满足承载能力要求、稳定性要求、保温隔热要求、隔声要求和防火要求等,并且还要符合砌墙砖的规格尺寸。几种常用砖墙厚度的尺寸规律见表 2-2-1。

表 2-2-1　砖墙厚度的组成 （单位:mm）

砖墙断面				
尺寸组成	115×1	115×1+53+10	115×2+10	115×3+20	115×4+30
构造尺寸	115	178	240	365	490
标志尺寸	120	180	240	370	490
工程称谓	一二墙	一八墙	二四墙	三七墙	四九墙
习惯称谓	半砖墙	3/4 砖墙	一砖墙	一砖半墙	两砖墙

3. 砖墙的高度

按照砖的尺寸要求,砖墙的高度应为 53+10=63 的整数倍。但现行统一模数协调系列多为 3M(300 mm),墙高如 2700 mm,3000 mm,3300 mm 等,无法与砖墙皮数相适应。因此在砌筑前必须先按设计尺寸反复推敲砌筑皮数和灰缝尺寸的灵活协调,并制作皮数杆作为砌筑墙体高度的依据。

4. 独立砖柱尺寸

独立砖柱的断面尺寸,应按砌墙砖的规格选定,并要求尽量减少砍砖和防止重缝(图2-2-8)。

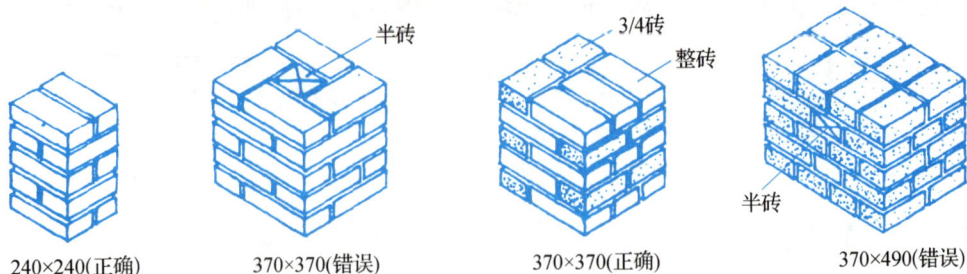

240×240(正确)	370×370(错误)	370×370(正确)	370×490(错误)

图2-2-8　独立砖柱尺寸

二、砖墙的组砌方式

砖墙的组砌方式是指砖在墙体中的排列方式。组砌方式多种多样,但它们共同的原则是墙面美观,施工方便。砖墙组砌的质量要求是横平竖直、错缝搭接、灰浆饱满、接槎可靠。

实心砖墙组砌的主要方式有一顺一丁、三顺一丁、梅花丁、两平一侧、全顺、全丁等。

1. 一顺一丁

一顺一丁砌法是一皮全部顺砖与一皮全部丁砖相互间隔砌成,上下皮间的竖缝相互错开1/4砖长,如图2-2-9(a)所示。

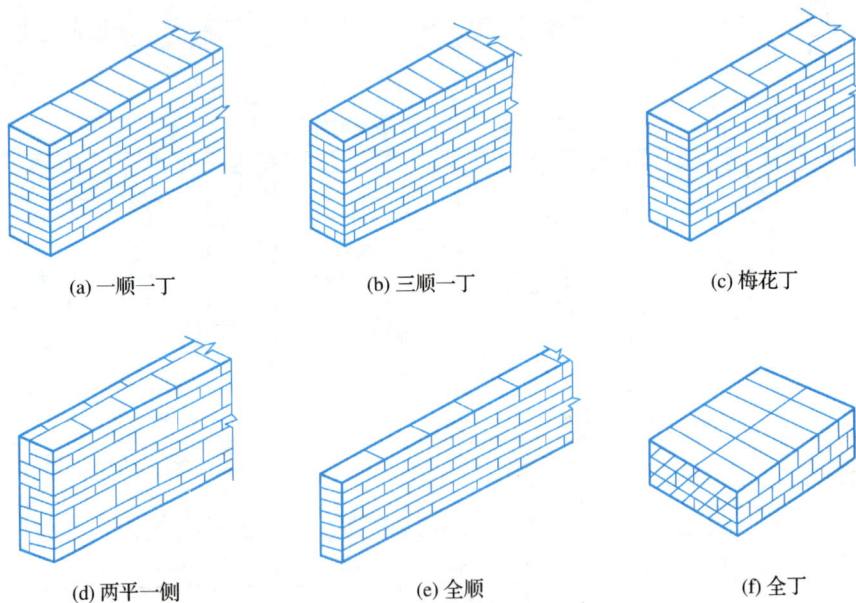

(a) 一顺一丁　　　　　(b) 三顺一丁　　　　　(c) 梅花丁

(d) 两平一侧　　　　　(e) 全顺　　　　　(f) 全丁

图2-2-9　砖墙组砌方式

2. 三顺一丁

三顺一丁砌法是采用三皮全部顺砖间隔一皮全部丁砖的组砌方法。上下皮顺砖间的竖缝应错开 1/2 砖长,上下皮顺砖与丁砖间的竖缝相互错开 1/4 砖长,如图 2-2-9(b)所示。

3. 梅花丁

梅花丁又称沙包式、十字式。梅花丁砌法是每皮中丁砖与顺砖相隔砌成,且上皮丁砖坐中于下皮顺砖,上下皮间竖缝相互错开 1/4 砖长,如图 2-2-9(c)所示。

4. 两平一侧

连砌两皮顺砖或丁砖,然后贴一层侧砖(条面朝下),顺砖层上下皮搭接 1/2 砖长,丁砖层上下皮搭接 1/4 砖长,每砌两皮砖后,将平砖和侧砖里外对调,如图 2-2-9(d)所示。

5. 全顺

全部采用顺砖砌筑,每皮砖搭接 1/2 砖长,适用于 120 mm 厚的半砖墙砌筑,如图 2-2-9(e)所示。

6. 全丁

全部采用丁砖砌筑,每皮砖搭接 1/4 砖长,适用于烟囱和窨井的砌筑,如图 2-2-9(f)所示。

三、砖墙的细部构造

砖墙的细部构造包括勒脚、散水与明沟、墙身防潮层、窗台、门窗过梁、圈梁、构造柱等(图 2-2-10)。

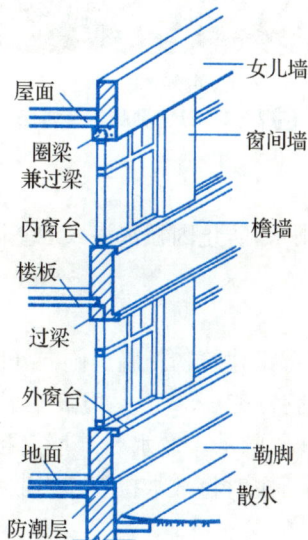

屋面　　　　　女儿墙
圈梁兼过梁　　窗间墙
内窗台
楼板　　　　　檐墙
过梁
外窗台
地面　　　　　勒脚
　　　　　　　散水
防潮层

图 2-2-10　外墙节点构造

1. 勒脚

建筑物四周与室外地面接近的那部分墙体称为勒脚,一般是指室内首层地面和室外地面之间的一段外墙体。勒脚的作用是防止外界机械碰撞、防止地表水对墙脚的侵蚀、增强建筑物立面美观,所以要求勒脚坚固、防水和美观。

勒脚一般采用以下几种构造做法(图 2-2-11)。

(1) 抹灰勒脚。对于一般建筑,可采用 20 mm 厚 1:3 水泥砂浆抹面或 1:2 水泥白石子水刷石或斩假石抹面。

勒脚

（2）**贴面勒脚**。可用天然石材或人工石材贴面，如花岗石、水磨石等。贴面勒脚装饰效果好，用于标准较高的建筑。

（3）**石砌勒脚**。采用条石、毛石等坚固耐久的材料砌筑，可取得特殊的艺术效果。

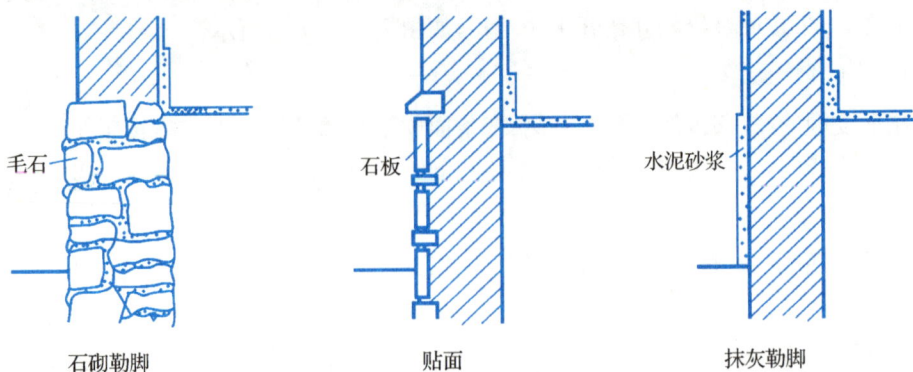

石砌勒脚　　　　　贴面　　　　　抹灰勒脚

(a) 石砌勒脚　　　　　(b) 贴面　　　　　(c) 抹灰勒脚

图 2-2-11　勒脚构造做法

2. 散水与明沟

为尽快排除建筑外墙周围的雨水，防止因积水渗入地基而造成建筑物的下沉，房屋四周须设置散水或明沟。

（1）散水

散水也称护坡，即靠近勒脚下部沿建筑物外墙周围向外倾斜的排水坡面，如图 2-2-12 所示。散水的厚度一般为 60～80 mm，宽度一般为 600～1000 mm，坡度为 3%～5%，构造如图 2-2-13 所示。散水与外墙交接处应设分格缝，分格缝用弹性材料嵌缝，以防止外墙下沉时将散水拉裂。当散水采用混凝土时，宜按 20～30 m 间距设置伸缩缝。

散水-伸缩缝

图 2-2-12　散水

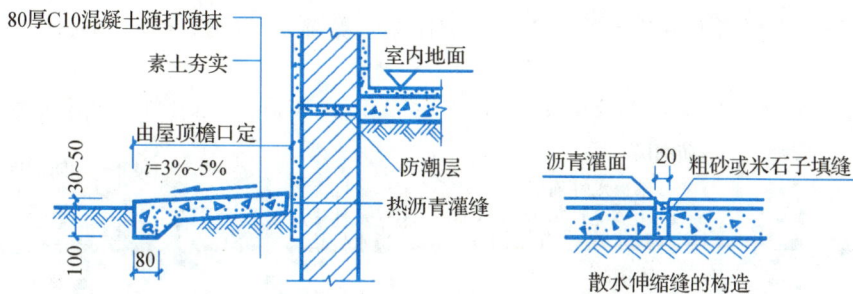

图 2 - 2 - 13　混凝土散水构造

(2) 明沟

明沟又称阳沟,即靠近勒脚下部设置的水平排水沟,如图 2 - 2 - 14 所示。主要作用是将雨水管流下的雨水或屋檐滴下的雨水迅速排出。一般用混凝土现浇或砖、石砌筑,沟宽一般为 200 mm,沟底坡度为 0.5%~1% 的纵坡,明沟常见做法如图 2 - 2 - 15 所示。

图 2 - 2 - 14　明沟

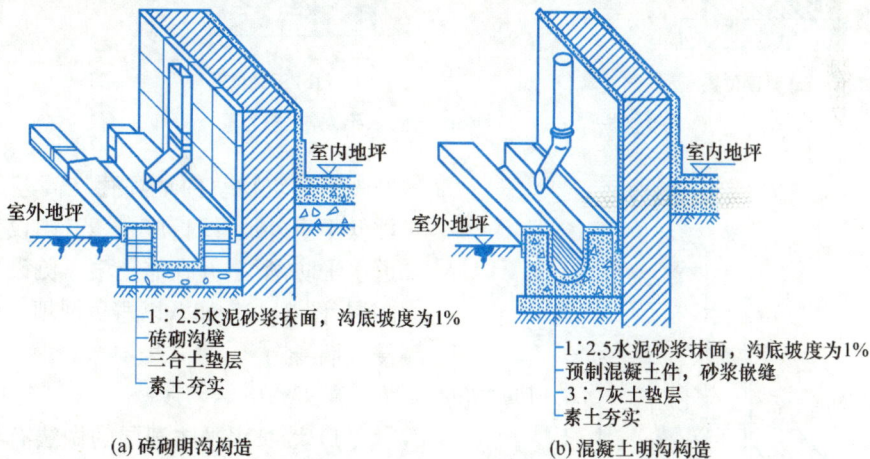

(a) 砖砌明沟构造　　　　(b) 混凝土明沟构造

图 2 - 2 - 15　明沟构造

3. 墙身防潮层

墙身防潮层的作用是隔断水分上升,阻止潮气向室内散发,从而保护墙体免受毛细水的侵害。构造形式上有水平防潮层和垂直防潮层两种。

(1) 防潮层的位置

水平防潮层一般应在室内地面不透水垫层(如混凝土)范围以内,通常在 -0.060 m 标高处设置,而且至少要高于室外地坪 150 mm,以防雨水溅湿墙身(图 2-2-16)。

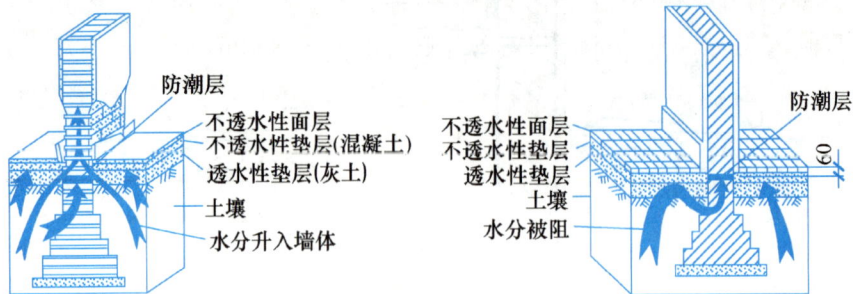

(a) 错误位置　　　　　　　　　　　　　(b) 正确位置

图 2-2-16　不透水地面水平防潮层位置

当地面垫层为透水材料(如碎石、炉渣等)时,水平防潮层的位置应平齐或高于室内地面 60 mm,即在 +0.060 m 处(图 2-2-17)。

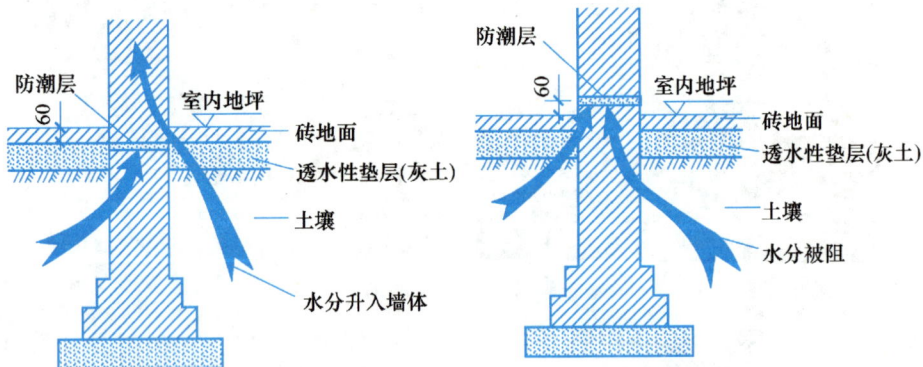

(a) 错误位置　　　　　　　　　　　　　(b) 正确位置

图 2-2-17　透水性地面水平防潮层位置

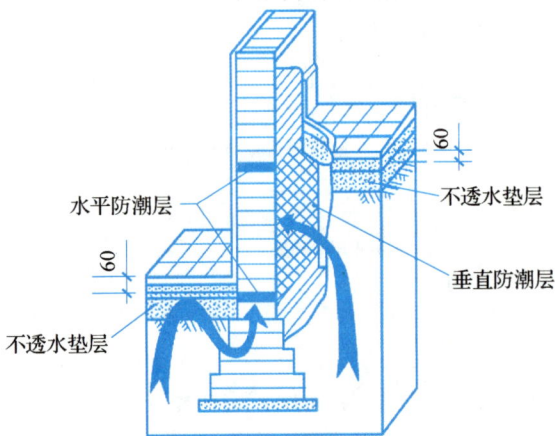

图 2-2-18　防潮层位置

当建筑物室内地坪存在高差或室内地坪低于室外地坪时,应在墙身内设置高低两道水平防潮层,并在靠土壤一侧设置垂直防潮层(图 2-2-18),以避免回填土中的潮气侵入墙身。

(2) 防潮层的做法

1) 墙身水平防潮层的做法有卷材防潮层、防水砂浆防潮层、配筋细石混凝土防潮层三种。

① 卷材防潮层。在防潮层部位先抹 20 mm 厚的水泥砂浆找平层,然后干铺防水卷材一层。由于防水卷材使墙体隔离,削弱了砖墙的整体性和抗震能力(图 2-2-19a)。

② **防水砂浆防潮层。**在防潮层位置抹一层 20 mm 或 30 mm 厚 1∶2 水泥砂浆掺 3%～5%的防水剂配制成的防水砂浆。用防水砂浆作防潮层适用于抗震地区、独立砖柱和振动较大的砖砌体中,但砂浆开裂或不饱满时影响防潮效果(图 2-2-19b)。

③ **配筋细石混凝土防潮层。**在防潮层位置铺设 60 mm 厚 C15 或 C20 细石混凝土,内配 3ϕ6 或 3ϕ8 钢筋用以抗裂。由于混凝土密实性好,有一定的防水性能,并与砌体结合紧密,故适用于整体刚度要求较高的建筑中(图 2-2-19c)。

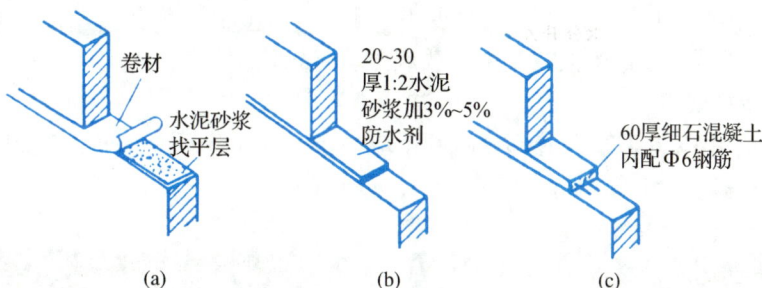

图 2-2-19　水平防潮层的做法

2) 墙身垂直防潮层做法:在需设垂直防潮层的墙面(靠回填土一侧)先用水泥砂浆抹面,刷上冷底子油一道,再刷热沥青两道,或采用防水卷材或涂料防水施工,也可以采用掺有防水剂的水泥砂浆抹面做法,墙身垂直防潮层构造如图 2-2-20 所示。

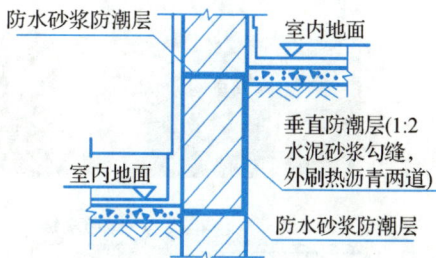

图 2-2-20　墙身垂直防潮层构造

4. 窗台

窗台的作用是排除沿窗面流下的雨水,防止其聚集在窗洞下部并渗入室内。窗台有不设悬挑窗台和悬挑窗台两种(图 2-2-21)。

悬挑窗台的构造要点:悬挑窗台向外出挑 60 mm,窗台表面应做抹灰或贴面处理,并做向外排水坡度,挑窗台下做滴水线或斜抹水泥砂浆,引导雨水沿滴水线聚集落下不致影响窗下墙面。

窗台按照位置可分为内窗台与外窗台。内窗台在窗扇内侧,水平放置,不设坡度;外窗台在窗扇的外侧,并向外设置不小于 5%左右的坡度,以利于排水。

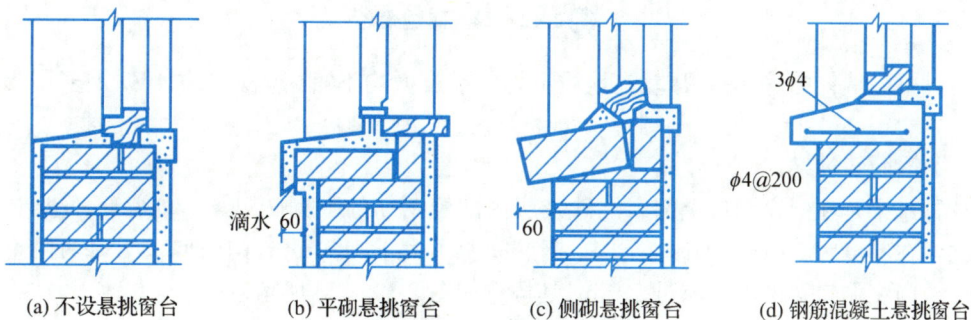

(a) 不设悬挑窗台　　　(b) 平砌悬挑窗台　　　(c) 侧砌悬挑窗台　　　(d) 钢筋混凝土悬挑窗台

图 2-2-21　窗台构造

5. 门窗过梁

过梁是门窗等洞口上设置的横梁,承受洞口上部墙体与其他构件(楼层、屋顶等)传来的荷载,并将荷载传至窗间墙。

门窗过梁常见类型有砖过梁(平拱砖过梁、弧拱砖过梁)、钢筋砖过梁、钢筋混凝土过梁三大类。

(1) 平拱砖过梁

这种过梁用竖砖砌筑,竖砖部分的高度不小于 240 mm,洞口宽度不超过 1.2 m,其构造如图 2 - 2 - 22(a)所示。当过梁上有集中荷载或振动荷载时,不宜采用。

(2) 弧拱砖过梁

这种过梁也用竖砖砌筑,竖砖部分高度不应小于 240 mm。弧拱的最大跨度与矢高 f 有关,洞口宽度不超过 2 m,其构造如图 2 - 2 - 22(b)所示。

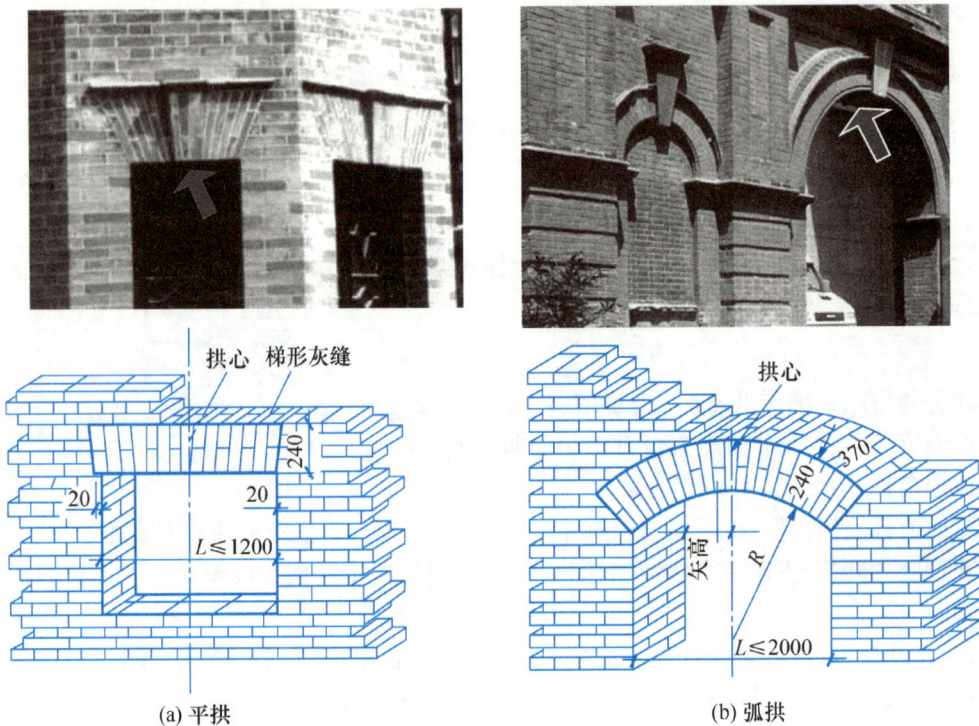

(a) 平拱　　　　　　　　　(b) 弧拱

图 2 - 2 - 22　砖过梁

砖过梁与墙体的整体性很差,在地质不均匀或震区均不宜采用。平拱和弧拱多用于清水砖墙。

(3) 钢筋砖过梁

这种过梁是在门窗洞口上部水泥砂浆层内配置钢筋的平砌砖过梁。通常将不少于 $2\phi6$ 的钢筋埋在厚度为 30 mm 的砂浆层内,钢筋间距不大于 120 mm,钢筋伸入洞口两侧不小于 240 mm,门窗洞口宽度不应超过 1.5 m,其构造如图 2 - 2 - 23 所示。

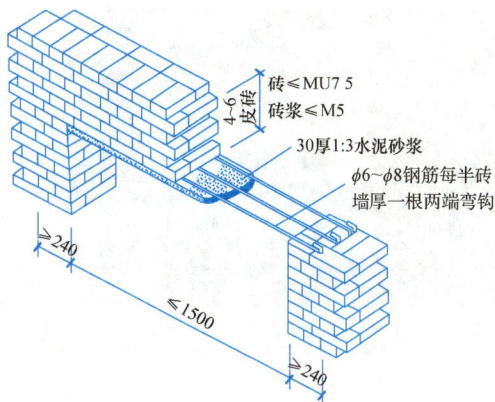

图 2-2-23　钢筋砖过梁

（4）钢筋混凝土过梁

由于钢筋混凝土过梁跨度不受限制,故适用于较宽的门窗洞口。因其施工方便,故已成为门窗过梁的基本形式。钢筋混凝土过梁宽度一般同墙厚,高度与砖的皮数相适应,常为120 mm,180 mm,240 mm 等,其配筋由计算确定,过梁伸入两侧墙内不少于 240 mm,其构造如图 2-2-24 所示。钢筋混凝土过梁有预制和现浇两种。

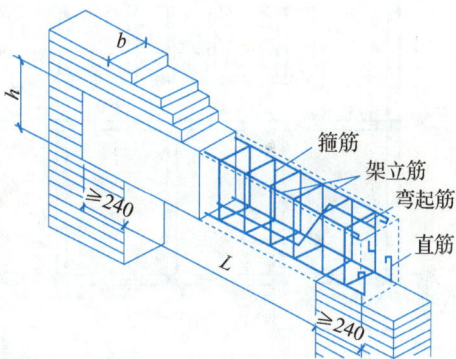

图 2-2-24　钢筋混凝土过梁

6. 圈梁

圈梁是沿外墙、内纵墙和主要横墙设置的处于同一水平面内的连续封闭梁(图 2-2-25)。圈梁有钢筋混凝土圈梁和钢筋砖圈梁两种。圈梁的宽度同墙厚,高度不小于 120 mm。

圈梁的作用是提高建筑物的空间刚度和整体性,增加墙体稳定,减少由地基不均匀沉降引起的墙体开裂,提高抗震能力。

在多层砖混结构的建筑物中,基础和屋顶必须设置圈梁,中间层可以视具体情况逐层设置或隔层设置圈梁。

如果圈梁被门窗洞口截断而不能封闭,应在洞口上部设置截面不小于圈梁的附加圈梁,附加圈梁与圈梁的搭接长度应大于其垂直间距的 2 倍,且不小于 1000 mm(图 2-2-26)。

圈梁的数量和位置与建筑物的高度、层数、地基状况和地震烈度有关。

图2-2-25 圈梁

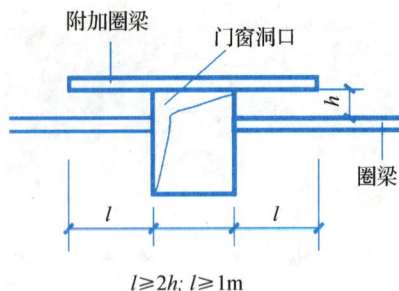

图2-2-26 附加圈梁设置

7. 构造柱

构造柱的作用是与圈梁一起形成封闭骨架,提高砌体结构的整体性、稳定性和抗震能力。构造柱是不承受竖向荷载的构件。

构造柱一般设置在建筑物四角、纵横墙相交处、楼梯间与电梯间的转角处以及长墙的中部等位置(图2-2-27),并沿整个建筑高度贯通,与圈梁、地梁现浇成一体,形成一个空间骨架。

砖墙构造柱

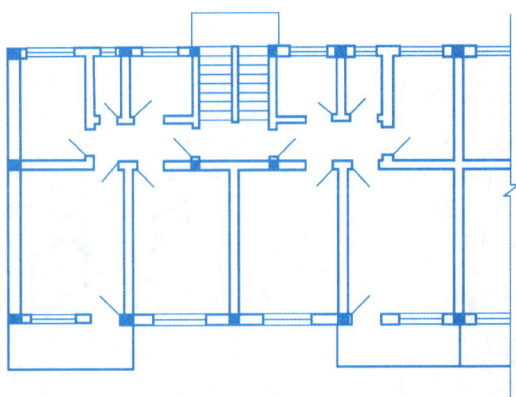

图2-2-27 构造柱位置(图中黑色方块)

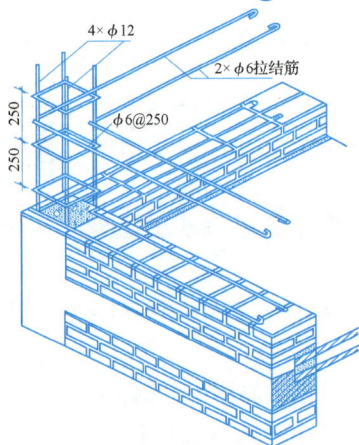

图2-2-28 构造柱配筋

墙体砌筑时,要留出马牙槎形状的构造柱柱洞。构造柱截面尺寸宜采用240 mm×240 mm,最小截面尺寸不得小于240 mm×180 mm,最小配筋一般为主筋$4\phi12$,箍筋$\phi6@250$,为了能更好地与墙体连接,沿墙身每隔500 mm处设置$2\phi6$的拉结筋,并伸入两端墙体内的长度不小于1000 mm(图2-2-28)。

在长墙体的中部、丁字墙交接处、十字接头处、转角墙等位置设置的构造柱,应注意做好与墙体的构造连接,如图2-2-29所示。

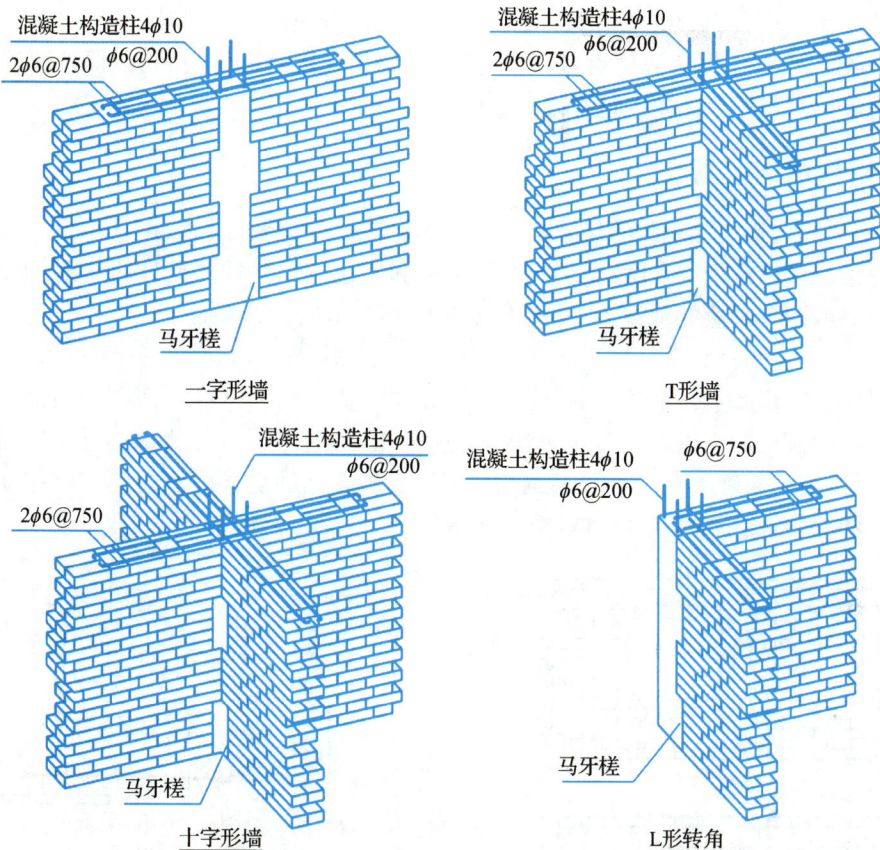

混凝土构造柱4φ10
2φ6@750 φ6@200
马牙槎
一字形墙

混凝土构造柱4φ10
2φ6@750 φ6@200
马牙槎
T形墙

混凝土构造柱4φ10
φ6@200
2φ6@750
马牙槎
十字形墙

混凝土构造柱4φ10 φ6@750
φ6@200
马牙槎
L形转角

图 2-2-29　构造柱与墙体连接

8. 壁柱和门垛

当墙上开设门洞口处于两墙转角处或丁字墙交接处时,为了保证墙体的承载能力及稳定性,便于门框的安装,应设置门垛,门垛的长度不应小于 120 mm(图 2-2-30a)。

在长墙中部设置壁柱,突出墙面,并一直到顶,可提高墙体的刚度和稳定性,壁柱突出砖墙的尺寸一般为 120 mm×370 mm,240 mm×370 mm,240 mm×490 mm 等(图 2-2-30b)。

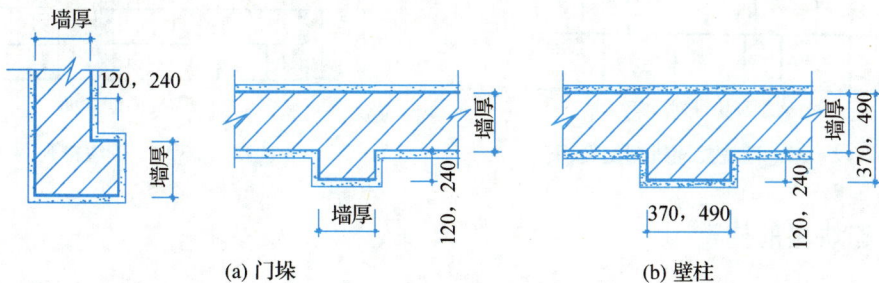

墙厚
120,240
墙厚
(a) 门垛

墙厚
墙厚
120,240
墙厚
(b) 壁柱
370,490
120,240
370,490

图 2-2-30　门垛与壁柱

2.2.3　砌块墙构造

砌块有承重砌块与非承重砌块。承重砌块需满足建筑物内墙、外墙对强度以及抗渗指标的要求,非承重砌块多用做框架填充墙或隔墙。砌块与普通黏土砖相比,具有单块体积大、砌筑效率高、便于工业化生产的优点,还可以充分利用工业废料和地方材料,保护环境,节约能源,是我国墙体材料改革的主要途径之一。

一、砌块墙的组砌

砌块的尺寸比普通黏土砖的尺寸要大得多,砌筑不够灵活。因此,在设计时,应作出砌块的排列,并给出砌块排列组合图,施工时按图进料和安装。砌块排列设计的原则:正确选择砌块的规格尺寸,减少砌块的规格类型,优先选用大规格砌块作主砌块。

砌块排列组合图一般有各层平面、内外墙立面分块图等(图2-2-31、图2-2-32)。

为了使砌块合理组合、搭接牢固,提高砌块墙体的整体性和稳定性,要求砌块在组砌时应做到:正确选择砌块的规格尺寸,减少砌块的规格类型;尽量多使用主砌块,并使其占砌块总数的70%以上;上下皮应错缝搭接,避免通缝;内外墙、转角墙的交接处应咬砌;空心砌块上下皮应孔对孔、肋对肋,便于穿钢筋灌注混凝土构造柱。

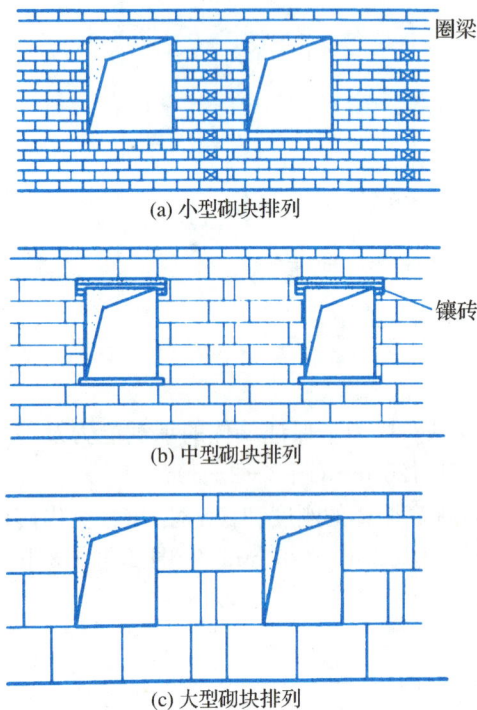

(a) 小型砌块排列

(b) 中型砌块排列

(c) 大型砌块排列

图2-2-31　砌块立面排列组合图

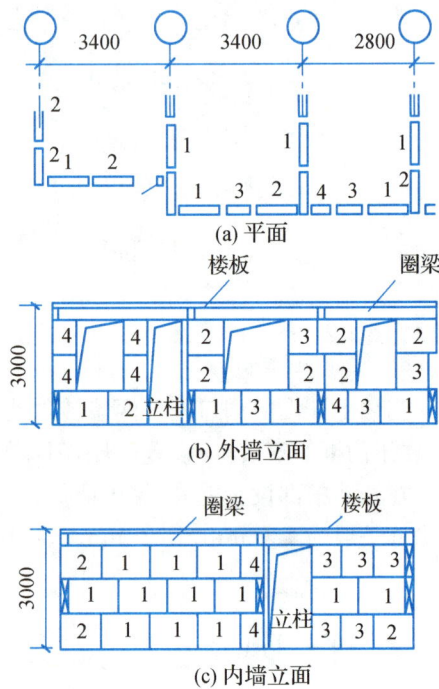

(a) 平面

(b) 外墙立面

(c) 内墙立面

图2-2-32　砌块排列图

二、砌块墙的构造

砌块墙是采用砌块块材按照一定技术要求砌筑而成的墙体。为了提高砌块墙体的整体性、稳定性和抗震能力,在构造上必须有适当的处理措施。

1. 砌块墙的砌筑

砌筑时,必须保证灰缝横平竖直、砂浆饱满。水平和垂直灰缝的宽度不仅要

砌块墙

考虑到安装方便、易于灌浆捣实,以保证足够的强度和刚度,而且还要考虑隔声、保温、防渗等问题。小型砌块水平灰缝宽度为 10～15 mm,中型砌块水平灰缝宽度为 15～20 mm,一般采用 M5 砂浆砌筑,寒冷地区则用导热系数小的保温砂浆。当垂直灰缝宽度大于 30 mm 时,须用 C20 细石混凝土灌实。

2. 砌块墙的接缝处理

砌筑砌块时,在长度方向的搭接要求比较高。小型砌块上下皮搭接不应小于 90 mm,中型砌块上下皮的搭接长度不少于砌块高度的 1/3,且不小于 150 mm。当搭接长度不能满足要求时,应在水平灰缝内增设 2 根 ϕ 4 的钢筋网片,钢筋网片两端均应超过该垂直灰缝不小于 300 mm。砌块的砌缝处理如图 2-2-33 所示。

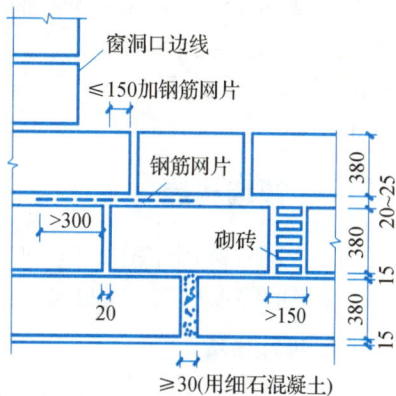

图 2-2-33　接缝处理

3. 设置过梁、圈梁

当砌块墙遇到门窗洞口时,应设置过梁。它起连系梁和承受门窗洞口上部荷载的作用,另外可以借助过梁尺寸的变化来调节高度,从而增加砌块的通用性。砌块墙大多采用钢筋混凝土过梁。当圈梁与过梁位置接近时,两者可以统一考虑。砌块墙中的圈梁一般采用现浇,现浇圈梁整体性强,对加固墙身有利,其做法同砖墙。

4. 设置构造柱

在地震设防区,为了加强多层砌块房屋墙体竖向连接,增强房屋的整体刚度和稳定性,空心砌块常常在房屋转角和必要的内、外墙交接处设置构造柱,其做法有两种:

一种做法为:构造柱大多利用空心砌块的孔洞做成,施工时将砌块上下孔对齐,孔中配 2ϕ10～2ϕ12 的钢筋,然后用 C20 细石混凝土分层灌实(图 2-2-34b)。

另一种做法为:为了增强砌块墙的抗震能力,提高砌块墙体的稳定性,构造柱与砌块墙体应有可靠的连接,其做法同砖墙。此种做法施工方便,目前在施工中应用广泛。砌块墙中的构造柱如图 2-2-34 所示。

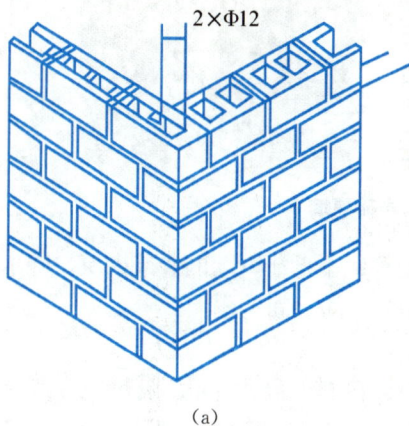

(a)　　　　　　　　　　　　　　　　(b)

图 2-2-34　砌块墙中的构造柱

▮▶ 2.2.4　隔墙与隔断构造

　　隔墙与隔断是建筑物用来分隔室内空间,具有一定功能和装饰作用的非承重构件。其共同点是:具有分隔室内空间的功能,不具有承重作用。其区别点是:隔墙固定,一般到顶,能在较大程度上限定空间,满足隔声、遮挡视线等要求;隔断可以不固定,移动或拆装方便,一般不到顶,也可以到顶,具有一定的空透性,使分隔空间具有一定的视觉交流,产生一种是隔非隔的空间效果。

一、隔墙构造

　　隔墙是用来分隔室内空间的非承重墙,要求具有自重轻、厚度薄、隔声、防水、防火等性能。常见的隔墙形式有块材隔墙、骨架隔墙、板材隔墙三大类。

1. 块材隔墙

　　块材隔墙又称砌筑隔墙,是指由普通砖、空心砖、各种轻质砌块等块材砌筑的墙体,常见的有普通砖隔墙和砌块隔墙。

(1) 普通砖隔墙

　　普通砖隔墙有半砖隔墙(120 mm)和1/4砖隔墙(60 mm)两种。半砖隔墙一般能满足隔声、防火、防水的要求。当砌筑砂浆强度等级为M2.5时,墙体高度不宜超过3.6 m,长度不宜超过5 m;当砌筑砂浆强度等级为M5时,墙体高度不宜超过4 m,长度不宜超过6 m。否则在构造上除砌筑时应与承重墙或柱牢固搭接外,还应在墙身每隔1.2 m高度处增设2根$\phi6$钢筋进行拉结加固。半砖隔墙构造如图2-2-35所示。

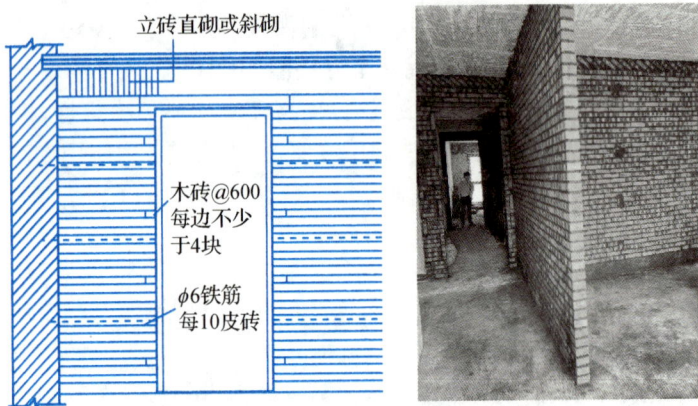

立砖直砌或斜砌

木砖@600
每边不少
于4块

$\phi6$铁筋
每10皮砖

图2-2-35　半砖隔墙

　　1/4砖隔墙由于厚度薄、稳定性差,需用强度等级不低于M5的砂浆砌筑。隔墙的长度不宜超过3.0 m,高度不宜超过2.8 m,多用于厨房、卫生间之间的隔墙。

(2) 砌块隔墙

　　为减轻隔墙的重量,可采用砌块隔墙。砌块具有质轻、孔隙率大、隔热性好等优点。砌块隔墙常用加气混凝土砌块、粉煤灰硅酸盐砌块、水泥炉渣空心砌块等砌筑而成。砌块隔墙的厚度一般为(90～120)mm,为了加强墙体稳定性,一般沿墙身每隔1 m左右加设混凝土带一道,砌块墙与柱的连接处沿高度每隔0.5 m左右用$\phi6$钢筋拉固,如图2-2-36所示。

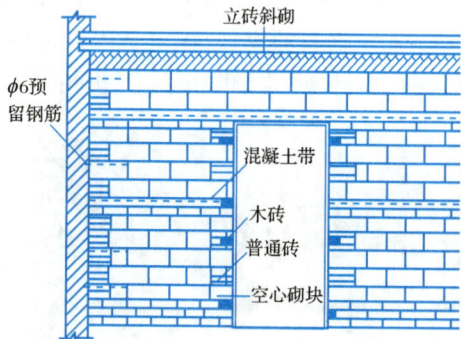

图 2 - 2 - 36　砌块隔墙

2. 骨架隔墙

骨架隔墙又称立筋隔墙,是指在骨架上镶钉面板的一种隔墙。骨架由上槛、下槛、立筋及横撑等组成。骨架常用的有木骨架和金属骨架两类;面板常用的有吸声板、钙塑板、胶合板、纤维板、石膏板等。

金属骨架一般采用薄壁钢板、铝合金薄板或拉眼钢板网加工而成。立筋的间距视面板的规格而定,以保证板的接缝在立筋与横撑上,但间距不宜大于 600 mm。

面板与骨架的连接方法有两种:一是钉(粘)在骨架的一面或两面,用压条盖住板缝;二是将板材镶嵌到骨架中间,四周用压条固定。

金属骨架隔墙和木骨架隔墙如图 2 - 2 - 37、图 2 - 2 - 38 所示。

图 2 - 2 - 37　金属骨架隔墙

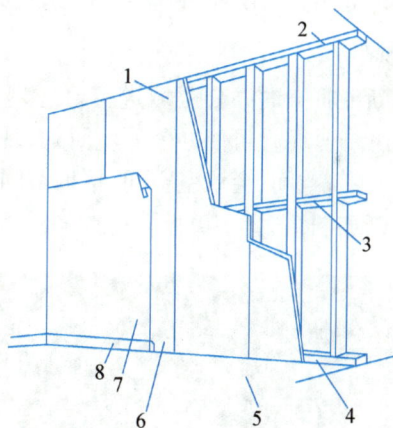

图 2 - 2 - 38　木骨架隔墙
1—螺钉;2—上槛;3—横撑;4—下槛
5—楼面;6—石膏板;7—壁纸;8—踢脚线

3. 板材隔墙

板材隔墙又称条板隔墙,是用各种轻质材料制成的各种预制薄型板材直接装配而成的隔墙。板材单板高度相当于房间净高,面积较大,且不依赖骨架。具有自重轻、安装方便、隔声性能好等特点。

常见的板材有碳化石灰板、加气混凝土板、增强石膏空心板、泰珀板、各种复合板等。板材的厚度大多为(60～100)mm,宽度为(600～1200)mm。板材的安装、固定是用各种粘结砂浆或粘结剂进行粘结,待安装完毕,再在表面进行装饰。板材隔墙如图2-2-39所示。

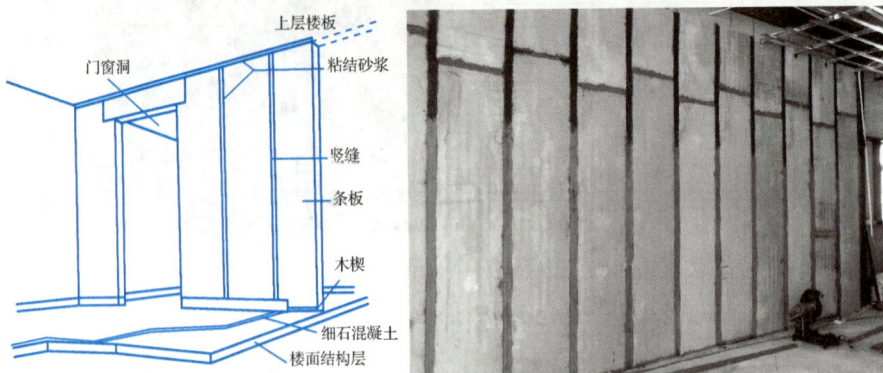

图2-2-39　板材隔墙

二、隔断构造

传统意义上,所谓隔断是指专门分隔室内空间的不到顶的半截立面墙体。而在如今的装饰过程中,许多有形隔断却由家具、屏风、展示架、酒柜、移动板材等充当,这样的隔断既能打破固有格局、区分不同性质的空间,又能使居室环境富于变化、实现空间之间的相互交流,为居室提供更大的艺术与品位相融合的空间。

下面简单介绍办公隔断、镂空隔断、家具隔断、移动隔断等。

1. 办公隔断

办公隔断能将大的办公区域进行合理划分空间。隔断不仅设计灵活、重复拆装、围合方便、节约办公空间,而且可使办公环境简约、现代、富有个性。可用于公共空间、接待、洽谈、休闲区域、经理主管空间、会议室空间、培训空间、职员空间等。

办公隔断如图2-2-40所示。

图2-2-40　办公隔断

图2-2-41　镂空隔断

2. 镂空隔断

镂空隔断是公共建筑门厅、客厅等处分隔空间常用的一种形式。有竹制、木制、金属制的,也有混凝土预制构件的,形式多种多样。镂空隔断与地面、顶棚的固定也因材料不同而变化,可用钉、焊等方式连接。

镂空隔断如图 2-2-41 所示。

3. 家具隔断

家具隔断是巧妙地把分隔空间与贮藏物品两种功能结合起来,既节约费用,又节省使用面积;既提高了空间组合的灵活性,又使家具与室内空间相协调。这种形式隔断多用于住宅的室内设计和办公室分隔等。

家具隔断有多种形式,如橱柜、书柜、鞋柜、酒柜、吧台、博古架以及桌椅等均可作为家具隔断,家具隔断如图 2-2-42 所示。

4. 移动隔断

移动隔断是一种根据需要随时把大空间分割成小空间或把小空间连成大空间、具有一般墙体功能的活动墙。这种隔断使用灵活,在关闭时能起限定空间和遮挡视线的作用,能起一厅多能,一房多用作用。多用于展览馆、宾馆的多功能会议室等建筑中。

移动隔断如图 2-2-43 所示。

图 2-2-42　家具隔断　　　　　　图 2-2-43　移动隔断

▌▶ 2.2.5　墙面装饰构造

一、墙面装饰的作用

墙面装饰是墙体构造不可缺少的组成部分,其主要作用有:

1. 保护墙体,延长墙体使用年限

墙体暴露在大气中,会受到风、霜、雨、雪、太阳辐射等各种不利因素的影响,墙面装饰可以有效隔离各种自然因素对墙体的侵害,增强墙体抵御各种人为因素破坏的能力,延长墙体的使用寿命。

2. 改善性能,提高墙体使用功能

墙面装饰增加了墙体厚度和密实性,提高墙体的保温性能、隔声能力。同时,对改善建筑内外卫生条件,提高室内光照度,创造良好的生活、生产空间有十分明显的作用。

3. 美化环境,提高墙体艺术效果

墙体装饰是建筑空间艺术处理的重要手段之一。墙面的色彩、质感、线脚和纹理等都在一定程度上改善了建筑的内外形象和气氛,给人们营造出一个优美、舒适的室内外环境,给人以美的感受。

二、墙面装饰的类型

墙面装饰的类型主要从以下两个方面考虑:

1. 按照材料和施工方式的不同

常见的墙面装饰可分为清水墙、抹灰类、贴面类、涂料类、裱糊类、铺钉类以及幕墙等,详见表2-2-2。

表2-2-2　墙面装饰分类

序号	类别	室外装饰	室内装饰
1	清水墙	清水砖墙、清水混凝土墙	清水砖墙、清水混凝土墙
2	抹灰类	水泥砂浆、混合砂浆、聚合物水泥砂浆、水刷石、干粘石、水磨石、斩假石、假面砖、喷涂、滚涂等	纸筋灰、麻刀灰粉面、石膏粉面、膨胀珍珠岩灰浆、混合砂浆、拉毛、拉条等
3	贴面类	外墙面砖、马赛克、玻璃马赛克、人造水磨石板、天然石板等	釉面砖、人造石板、天然石板等
4	涂料类	石灰浆、水泥浆、溶剂型涂料、乳液涂料、彩色胶砂涂料、彩色弹涂等	大白浆、石灰浆、油漆、乳胶漆、水溶性涂料、弹涂等
5	裱糊类		塑料墙纸、金属面墙纸、木纹壁纸、花纹玻璃纤维布、纺织面墙纸及锦缎等
6	铺钉类	各种金属饰面板、石棉水泥板、玻璃	各种木夹板、木纤维板、石膏板及各种装饰面板等

2. 按其所处的部位不同

墙面装饰可分为室外装饰和室内装饰。室外墙面装饰容易受到风、霜、雨、雪的侵蚀和大气中的腐蚀气体的影响,所以室外装饰应选用强度高、耐水性好、抗冻性强、抗腐蚀和耐风化的建筑材料;室内装饰应根据房间的功能要求及装饰的标准来选择材料。

三、墙面装饰的构造

下面主要介绍清水墙、抹灰类、贴面类、涂料类、裱糊类、铺钉类以及幕墙等墙面装饰构造。

1. 清水墙墙面装饰

清水墙墙面装饰是指墙体砌成后,墙面不加其他覆盖性饰面层,只利用原结构砖墙或混凝土墙的表面进行勾缝或模纹处理的一种墙体装饰方法。这种饰面是利用墙体材料本身的质感和色彩获得装饰性,具有淡雅凝重的独特效果,其耐久性好,不易变色,也没有明显的褪色和风化现象。清水墙墙面装饰主要有清水砖墙和清水混凝土墙两种。

思政案例 5

(1)清水砖墙饰面

清水砖墙常用普通黏土砖砌筑,通过对灰缝的处理,有效地调整整个墙面的色调和明

暗程度,起到装饰效果,如图 2-2-44 所示。因此,清水砖墙构造处理的重点是勾缝,多采用 1:1.5 的水泥细砂砂浆,并可根据需要在砂浆中掺入一定量的颜料。勾缝形式主要有平缝、平凹缝、斜缝、弧形缝(图 2-2-45)。

(a) 红砖　　　　　　　　　　　　　　(b) 青砖

图 2-2-44　清水砖墙

平缝　　　　　平凹缝　　　　　斜缝　　　　　弧形缝

图 2-2-45　砖墙勾缝的形式

(2) 清水混凝土墙饰面

清水混凝土墙具有强度高、耐久性好、塑性成型容易等特点,只要配合比与工艺合理,模板符合要求,完全可以做到墙面平整,不需抹灰找平,也无需饰面保护。如进一步利用混凝土的塑性变形及材料构成特点,在墙体构件成型时采取措施,使其表面具有装饰性的线形,从而满足立面装饰要求,形成装饰混凝土饰面,如图 2-2-46 所示。

清水混凝土墙

(a) 清水混凝土外墙　　　　　　　　(b) 清水混凝土内墙

图 2-2-46　清水混凝土墙

2. 抹灰类墙面装饰

抹灰又称粉刷,是我国传统的墙面装饰做法,它是用砂浆或石碴浆涂抹在墙体表面上的一种装饰做法。

在室内墙面进行抹灰,可以使墙面平整光洁,增加美观,使室内光亮,提高装饰效果,改善室内居住条件。在室外墙面进行抹灰,保护墙体不受风、雨和大气的侵蚀,可以提高墙体的耐久性,并提高墙体防潮、隔热的性能,弥补和改善墙体在功能方面的不足。同时,对房屋建筑立面进行建筑艺术处理,提高质感、线型及色彩装饰效果。

抹灰工程分为一般抹灰、装饰抹灰和特种抹灰三类:① 一般抹灰,有石灰砂浆抹灰、混合砂浆抹灰、水泥砂浆抹灰、聚合物水泥砂浆抹灰、麻刀灰、纸筋灰、石膏浆罩面等;② 装饰抹灰,有水磨石、水刷石、干粘石、斩假石、拉毛灰、喷涂、滚涂、弹涂、彩色抹灰等;③ 特种抹灰,有对X射线起阻隔作用的重晶石砂浆抹灰、防静电砂浆抹灰、耐酸砂浆抹灰、防水砂浆抹灰、保温砂浆抹灰等。

(1) 一般抹灰饰面

为了避免抹灰后墙面出现裂缝,保证抹灰层牢固和表面平整,施工时须分层操作。抹灰饰面分层构造由底层抹灰、中层抹灰和面层抹灰三个层次组成(图2-2-47)。

底层抹灰的作用是与墙体基层粘结和初步找平。厚度一般为(5~15)mm。对于湿度较大的房间或有防水、防潮要求的墙体,底层抹灰应选用水泥砂浆抹灰。

中层抹灰的作用是进一步找平。其所用的材料与底层抹灰基本相同,也可以根据装饰要求选用其它材料,厚度一般为(5~10)mm。

面层抹灰的作用是装饰美观。要求其表面平整、色彩均匀、无裂纹,可以做成光滑或粗糙等不同质感的表面。

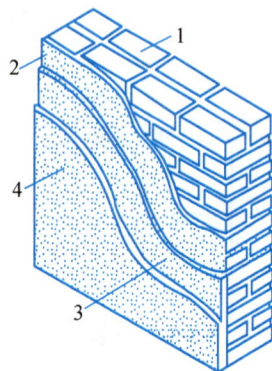

图2-2-47 抹灰的构造组成
1—基层;2—底层;3—中层;4—面层

(2) 装饰抹灰饰面

装饰抹灰饰面与一般抹灰饰面做法基本相同,区别只是分层材料和施工工艺有所不同,装饰抹灰更注重罩面抹灰的装饰性,它在材料、工艺、外观和质感等方面具有特殊形式的装饰效果。装饰抹灰饰面做法见表2-2-3。

表2-2-3 抹灰类饰面的材料做法

名　称	材料做法	名　称	材料做法
1. 纸筋灰墙面	用钢板抹子轧光；纸筋灰；纸筋灰抹面；石灰膏砂浆找平；石灰膏砂浆打底；墙体	2. 水泥墙面	用钢板抹子抹光或用水抹抹平；水泥砂浆；1:25~1:3水泥砂浆抹面木引条分格(后取下)；1:3水泥砂浆打底；墙体

续表

名称	材料做法	名称	材料做法
3. 水刷石墙面	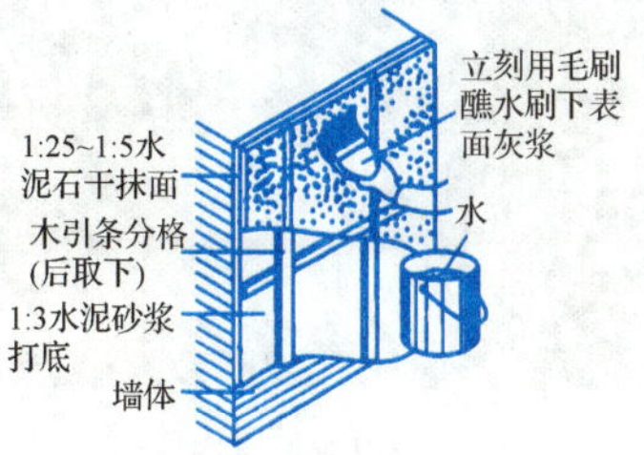 立刻用毛刷蘸水刷下表面灰浆 1:25~1:5水泥石干抹面 木引条分格(后取下) 水 1:3水泥砂浆打底 墙体	6. 喷沙墙面	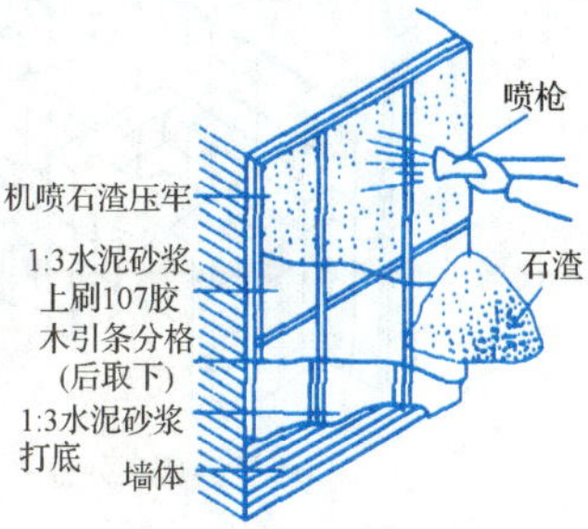 喷枪 机喷石渣压牢 1:3水泥砂浆上刷107胶 木引条分格(后取下) 石渣 1:3水泥砂浆打底 墙体
4. 水磨石墙面	 终凝后用油石蘸水磨光 1:25水泥石碴浆抹面 铜条或皮条分格 水 1:3水泥砂浆打底 墙体	7. 干粘石墙面	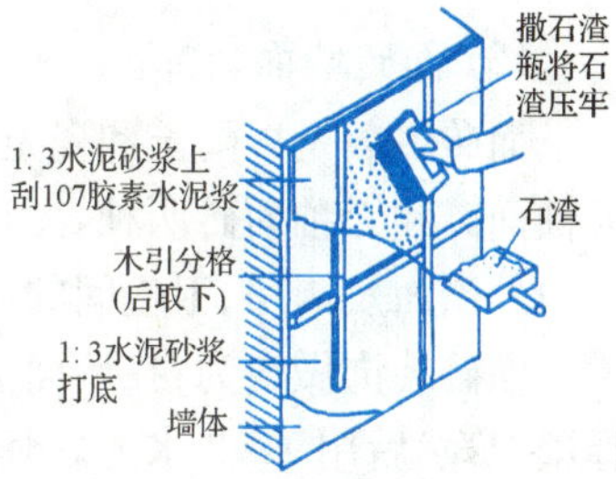 撒石渣瓶将石渣压牢 1:3水泥砂浆上刮107胶素水泥浆 木引分格(后取下) 石渣 1:3水泥砂浆打底 墙体
5. 刮腻子墙面	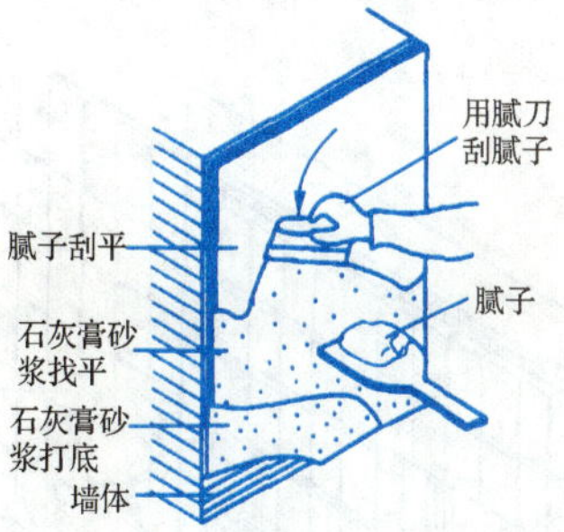 用腻刀刮腻子 腻子刮平 石灰膏砂浆找平 腻子 石灰膏砂浆打底 墙体	8. 斩假石墙面	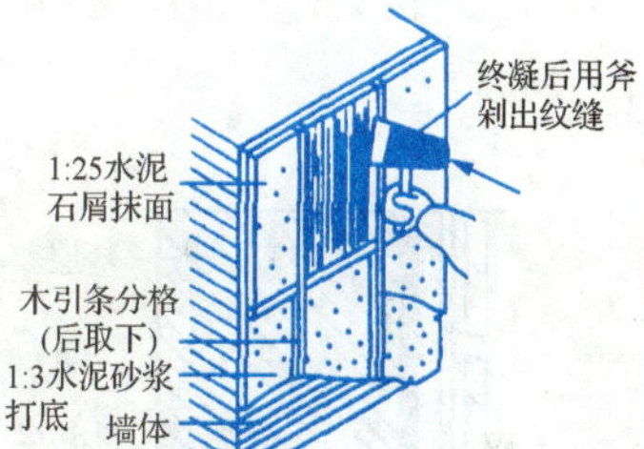 终凝后用斧剁出纹缝 1:25水泥石屑抹面 木引条分格(后取下) 1:3水泥砂浆打底 墙体

3. 贴面类墙面装饰

贴面类装饰是指将各种天然石材或人造板、块,通过绑、挂或直接粘贴于基层表面的装饰做法。它具有耐久性好、装饰性强、容易清洗等优点。

常用的贴面材料有:① 花岗岩板和大理石板等天然石板;② 水磨石板、水刷石板、剁斧石板等人造石板;③ 面砖、瓷砖、锦砖等陶瓷以及玻璃制品。

质地细腻、耐酸性差的各种大理石、瓷砖等一般适用于内墙面的装饰,而质感粗糙、耐酸性好的材料,如面砖、锦砖、花岗岩板等适用于外墙装饰。

(1) 瓷砖墙面装饰

瓷砖是用陶土制成坯块经过焙烧而成,厚度为 5 mm,底胎为白色,正面挂白釉或兼有彩色图案,背面有凹槽,施工方法与面砖类似,缝隙用白水泥擦缝。瓷砖适用于室内墙壁、墙裙、水池、案台等贴面装饰,不宜用于室外装饰。其构造同面砖,瓷砖墙面装饰如图 2-2-48 所示。

底层上弹墨线

粘结剂

水泥石灰膏砂浆

瓷砖

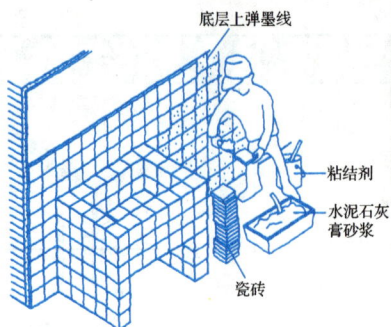

(a) 瓷砖施工示意图　　　　　　　　　(b) 瓷砖室内墙面

图2-2-48　瓷砖墙面装饰

(2) 面砖墙面装饰

面砖多数是以陶土和瓷土为原料,压制成型后煅烧而成的饰面块材,也称为墙砖。面砖分为釉面砖和无釉面砖两种,无釉面砖主要用于高级建筑外墙面装饰,釉面砖主要用于高级建筑的内外墙面及厨房、卫生间的墙裙装饰。

面砖装饰做法为:在墙面上抹1:3水泥砂浆打底找平后并扫毛,按面砖尺寸在找平层上弹墨线,然后用1:2水泥砂浆粘贴面砖,用橡皮锤敲牢找平,用1:1细砂水泥砂浆勾缝。

面砖构造如图2-2-49所示,面砖施工示意如图2-2-50所示。

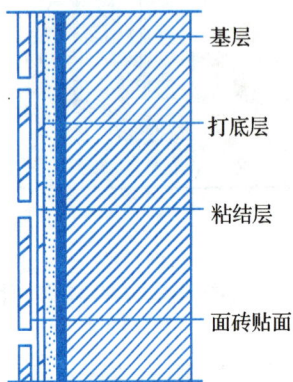

基层

打底层

粘结层

面砖贴面

图2-2-49　面砖构造

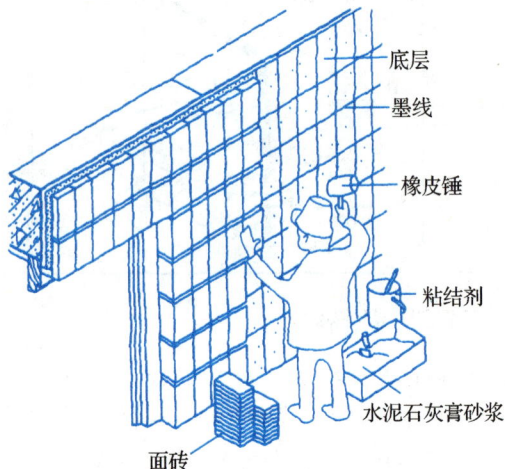

底层

墨线

橡皮锤

粘结剂

水泥石灰膏砂浆

面砖

图2-2-50　面砖施工示意图

(3) 锦砖墙面装饰

锦砖也称为马赛克,它是小尺寸的小方片状的装饰材料。为了方便施工和简化操作,工厂生产锦砖时,每(300～500)mm见方按图案要求组成一张,在正面用牛皮纸粘贴在一起备用,一般用于室内装饰,有陶瓷锦砖和玻璃锦砖两种。

锦砖装饰做法:在墙体上用1:3水泥砂浆打底找平并扫毛,根据锦砖每片的尺寸大小在找平层上弹墨线,用1:1水泥细砂浆将锦砖粘贴于墙面上(牛皮纸一面向外),用木压条压平,待砂浆凝结后,在牛皮纸上刷水,揭掉牛皮纸,同时修整饰面。锦砖墙面装饰如图2-2-51所示。

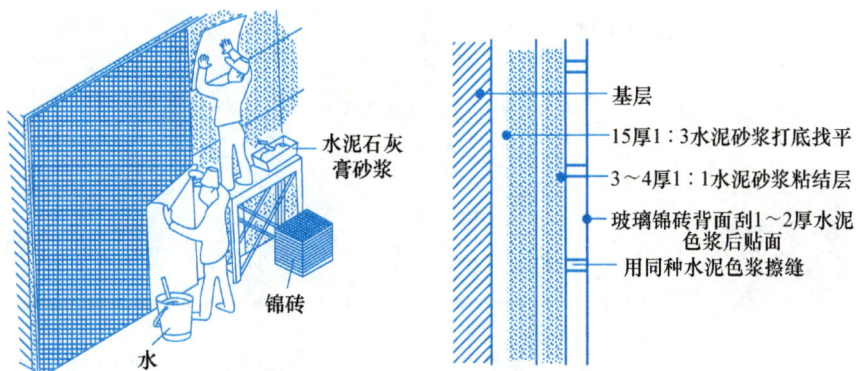

　　　　　(a) 锦砖墙面施工示意图　　　　　　　(b) 玻璃锦砖构造

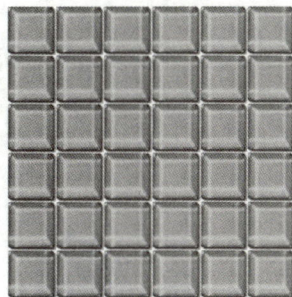

　　　　　　(c) 陶瓷锦砖　　　　　　　　　　　(d) 玻璃锦砖

图 2 - 2 - 51　锦砖墙面装饰

（4）石板材墙面装饰

　　石板材可分为天然石板材和人造石板材两大类。常见天然石板材有花岗岩板、大理石板和青石板等，具有强度高、耐久性好，多用于高级装饰；常见人造石板材有人造大理石、预制水磨石板、水刷石板、剁斧石板等。天然石板材和人造石板材的安装方法相同，其施工方法有粘贴法、挂贴法和干挂法等。

① 粘贴法

　　石板材粘贴法施工基本同面砖施工。粘贴法适用于面积小于 400 mm×400 mm 厚度小于 12 mm 的石板材，即小规格石板材。

　　对于尺寸和厚度较大的石板材，因自重大，背面较光滑，极易脱落伤人，因此采用挂贴法或干挂法施工。

② 挂贴法

　　石板材挂贴法装饰做法为：先在墙内或柱内预埋 $\phi 6$ 铁箍，间距依石材规格而定，铁箍内立 $\phi 6 \sim \phi 10$ 竖筋，在竖筋上绑扎横筋，形成钢筋网。在石板上下边钻小孔，用双股 16 号铜丝绑扎固定在钢筋网上。上下两块石板用不锈钢卡销固定。板与墙面之间预留（20～30）mm 缝隙，上部用定位活动木楔做临时固定，校正无误后，在板与墙之间浇筑 1∶3 水泥砂浆，待砂浆初凝后，取掉定位活动木楔，继续上层石板的安装，挂贴法如图 2 - 2 - 52 所示。

③ 干挂法

　　干挂石材的施工方法是用一组高强耐腐蚀的金属锚固件，将饰面石材与结构可靠地连接，

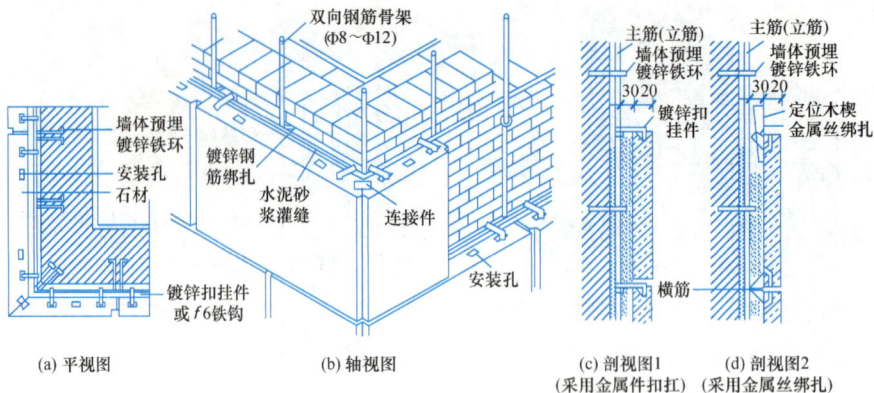

图 2-2-52　挂贴法

(a) 平视图　　　(b) 轴视图　　　(c) 剖视图1　　(d) 剖视图2
　　　　　　　　　　　　　　　　(采用金属件扣扛)　(采用金属丝绑扎)

其间形成空气间层不做灌浆处理。

　　其装饰做法为：在基层上按板材的尺寸固定骨架，根据板材的高度在骨架上对应位置固定金属锚固件，在板材上下沿开槽口，将锚固件上的不锈钢销子插入板材上下槽口与锚固件连接，在板材表面的缝隙中填嵌粘结防水油膏。干挂法如图 2-2-53 所示。

石板材干挂法

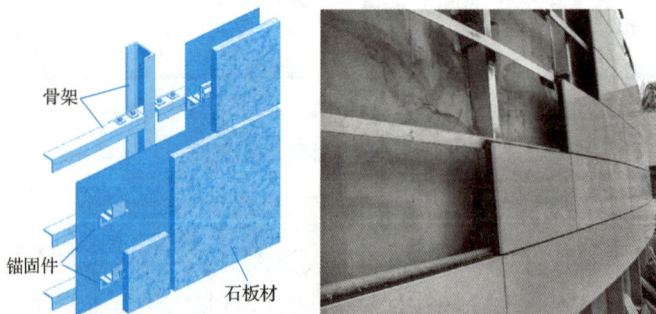

图 2-2-53　干挂法

4. 涂料类墙面装饰

　　涂料类墙面装饰是指喷、涂、刷于基层表面后，能与基层形成完整而牢固的保护膜的涂层饰面装饰（图 2-2-54）。它具有省工、省料、工期短、功效高、自重轻、更新方便和造价低廉等优点，是一种有发展前途、广泛采用的装饰做法。

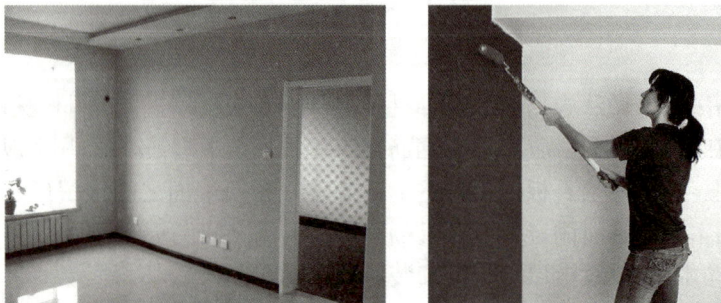

图 2-2-54　室内墙面涂料装饰

(1) 涂料分类

涂料按其主要成膜物质的不同,可以分为有机涂料和无机涂料两大类。

常用的无机涂料有石灰浆、大白浆、可赛银浆、无机高分子涂料等;有机涂料依其主要成膜物质和稀释剂的不同,可分为溶剂型涂料、水溶性涂料和乳液型涂料三种。

溶剂型涂料有传统的油漆涂料、苯乙烯内墙涂料、过氯乙烯内墙涂料等;水溶性涂料有106涂料、108内墙涂料、ST-803内墙涂料、改性水玻璃内墙涂料等;乳液涂料有乙丙乳胶涂料、苯丙乳胶涂料等。

建筑涂料的品种很多,选用时应根据建筑物的使用功能、墙体周围环境、墙身不同部位以及施工和经济条件等因素综合考虑,选择附着力强、耐久、无毒、耐污染、装饰效果好的涂料。

涂料类施工方法

(2) 涂料施工方法

涂饰类墙面装饰常用的施工方法有刷涂、弹涂、滚涂、喷涂等(图2-2-55),每种施工方法都是在做好基层后施涂,不同的基层对涂料施工有不同的要求。

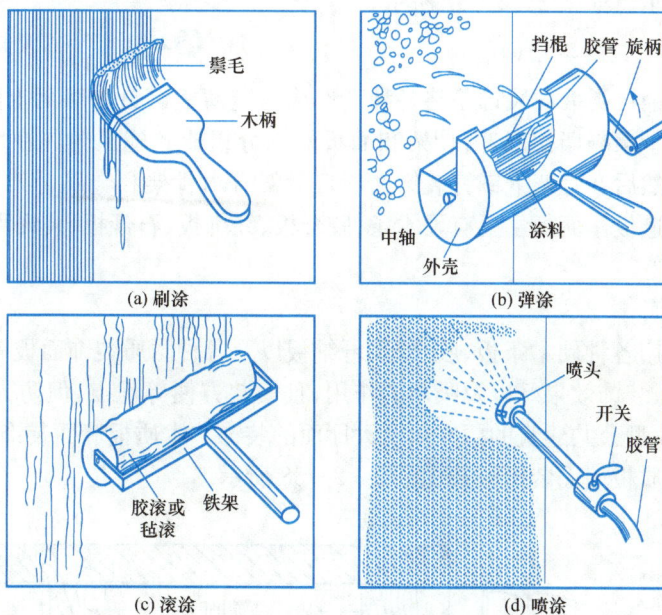

(a) 刷涂　　(b) 弹涂

(c) 滚涂　　(d) 喷涂

图2-2-55　涂料类施工示意图

5. 裱糊类墙面装饰

裱糊类饰面

裱糊类墙面装饰是将各种装饰性的墙纸、墙布、织锦等材料裱糊在内墙面上的一种装饰饰面(图2-2-56)。裱糊类装饰具有效果好、造价适中、易于更换、施工方便等特点。墙纸品种很多,目前国内使用最多的是塑料墙纸、玻璃纤维墙布、织锦等。

墙纸装饰做法为:

图2-2-56　裱糊类墙面装饰

(1) 基层处理

基层要求：基层表面平整、光洁、干净、不掉粉（如水泥砂浆、混合砂浆、石灰砂浆抹面等基层）。

基层刮腻子：满刮腻子遍数，应视基层情况的不同而定，每遍均待腻子干后再用砂纸磨平。

封闭处理：为避免基层吸水太快，在基层表面满刮一遍 107 胶水。

(2) 墙纸的预处理

塑料墙纸在裱贴前要进行胀水处理。将墙纸浸泡在水中(2～3)秒，取出后静置 15 秒再刷胶。

(3) 裱贴墙纸

采用 107 胶粘贴墙纸。粘贴时保持纸面平整，防止气泡，压实拼缝处。

墙纸裱糊施工示意如图 2-2-57 所示。

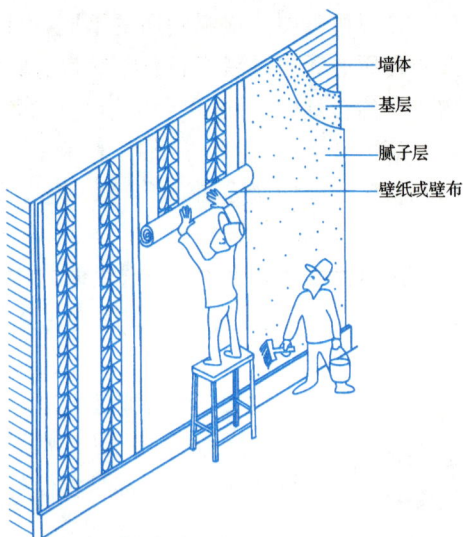

图 2-2-57　墙纸裱糊施工示意图

6. 铺钉类墙面装饰

铺钉类墙面装饰是将各种天然或人造薄板镶钉在墙面上的装饰做法，其构造与骨架隔墙相似，由骨架和面板两部分组成。施工时先在墙面上立骨架（墙筋），然后在骨架上铺钉装饰面板。骨架有木骨架和金属骨架之分，装饰面板多为人造板。面板主要有硬木条、胶合板、纤维板、石膏板、装饰吸音板、钙塑板、彩色钢板及铝合金板等。

铺钉类饰面

(1) 木质板墙面

木质板墙面是用各种硬木条板、胶合板、纤维板以及各种木质装饰面板等作为墙面装饰材料。具有美观大方、装饰效果好以及吸声的作用，且安装方便等优点，但防火、防潮性能欠佳，一般多用作宾馆、大型公共建筑的门厅以及大厅面的装饰。木质板墙面装饰构造是先立墙筋，然后外钉面板。木质板墙面装饰构造如图 2-2-58 所示。

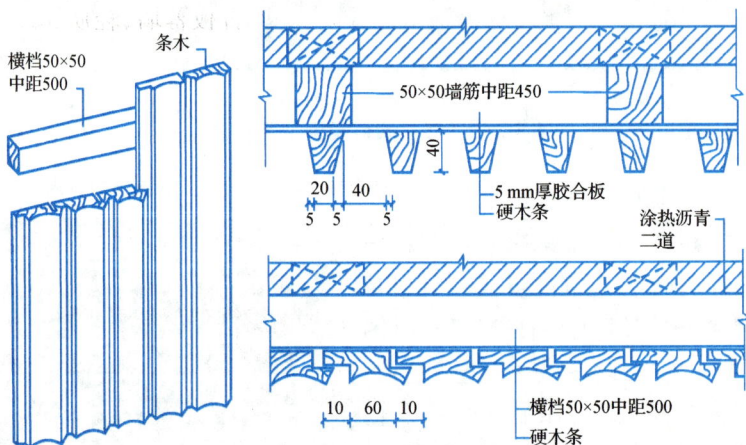

横档50×50中距500
条木
50×50墙筋中距450
40
20　40
5　5　5
5mm厚胶合板
硬木条
涂热沥青二道
10　60　10
横档50×50中距500
硬木条

图 2-2-58　木质板墙面装饰构造

（2）金属薄板墙面

金属薄板墙面是指利用薄钢板、不锈钢板、铝板或铝合金板等作为墙面装饰材料。金属薄板的表面一般通过烤漆、喷漆、镀锌、搪瓷、电化覆盖塑料等处理，做成墙面装饰面板，其特点是坚固耐久、美观新颖装饰效果较好。薄板表面可做成平形、波形、卷边或凹凸条纹，铝板网可做吸声墙面。

金属薄板墙面装饰构造，也是先立墙筋，然后外钉面板。墙筋用膨胀铆钉固定在墙上，间距为（60～90）mm。金属板用自攻螺丝或膨胀铆钉固定，也可先用电钻打孔后用木螺丝固定。铝合金薄板墙面装饰如图2-2-59所示。

图2-2-59　铝合金薄板墙面

7.幕墙

幕墙是由金属构件与各种板材组成的悬挂在建筑主体结构上的轻质外围护墙。它只承受自重和风力，不承受其他荷载，属于非承重墙。幕墙是现代建筑经常使用的一种装饰性外墙。幕墙按饰面材料划分为玻璃幕墙、金属板幕墙、石板幕墙、轻质钢筋混凝土墙板幕墙等。

（1）玻璃幕墙

玻璃幕墙是一种美观新颖的建筑墙体装饰方法，是现代主义高层建筑时代的显著特征。它赋予建筑的最大特点是将建筑美学、建筑功能和建筑结构等因素有机地统一起来，建筑物从不同角度呈现出不同的色调，随阳光、月色、灯光的变化给人以动态的美。但玻璃幕墙也存在着一些局限性，例如光污染、能耗较大等问题。

玻璃幕墙按照骨架构件的位置分为明框玻璃幕墙和隐框玻璃幕墙两种。

① 明框玻璃幕墙

明框玻璃幕墙是金属框骨架构件显露在外表面的玻璃幕墙（图2-2-60a）。它以特殊断面的铝合金型材为框架，玻璃面板全嵌入型材的凹槽内。其特点在于铝合金型材本身兼有骨架结构和固定玻璃的双重作用。明框玻璃幕墙是最传统的形式，应用最广泛，工作性能可靠。

② 隐框玻璃幕墙

隐框玻璃幕墙的金属框骨架隐蔽在玻璃的背面,室外看不见金属框。隐框玻璃幕墙又可分为全隐框玻璃幕墙和半隐框玻璃幕墙两种,半隐框玻璃幕墙可以是横明竖隐(2-2-60b),也可以是竖明横隐(2-2-60c)。隐框玻璃幕墙的构造特点是:玻璃在铝框外侧,用硅酮结构密封胶把玻璃与铝框粘结。

(a) 明框玻璃幕墙　　　　　(b) 横明竖隐　　　　　(c) 竖明横隐

图 2-2-60　玻璃幕墙

(2) 点式玻璃幕墙

点式玻璃幕墙是一种新型玻璃幕墙,它的全称为金属支承结构点式玻璃幕墙(图 2-2-61)。金属支承结构点式玻璃幕墙是用金属材料做支承结构体系,通过金属连接件(图 2-2-62)和紧固件将玻璃牢固地固定在它上面,十分安全可靠。

图 2-2-61　点式玻璃幕墙

图 2 - 2 - 62 点式玻璃幕墙的连接件

它充分利用金属结构的灵活多变以满足建筑造型的需要,人们可以透过玻璃清楚地看到支承玻璃的整个结构体系。点式玻璃幕墙视野开阔,使人赏心悦目,建筑物室内空间达到最大程度的视觉交融。

(3) 其他幕墙

除了最为常见的玻璃幕墙外,还有石板幕墙、金属板幕墙、轻质钢筋混凝土墙板幕墙等。

① 石板幕墙

石板幕墙主要采用天然花岗石做幕墙板,骨架多为型钢骨架,骨架的分格不宜过大,一般不超过 900 mm×1200 mm,石板厚度一般为 30 mm。石板与金属骨架的连接多采用金属连接件钩或挂接。

花岗石色彩丰富、质地均匀、强度高且抗大气污染性能强,石板幕墙多用于高层建筑。

② 金属板幕墙

金属板幕墙的金属板既是建筑物的围护构件,也是墙体的装饰面层。多用于建筑物的入口处、柱面等部位。

用于幕墙的金属板有铝合金、不锈钢、彩色钢板、铜板、铝塑板等薄板,铝合金板为最常用的幕墙金属板。

铝合金板幕墙安装的基本方式是:通过固定钢角码将金属(钢或铝)骨架与建筑主体结构连接,铝合金板通过 90°折边或采用边框铝合金龙骨制成盒子状,用螺丝将其固定在背后的金属骨架上。

▶ 模块学习小结 ◀

1. 墙体是建筑物的主要构件之一,它起着承重、围护、分隔的作用。

2. 墙体的承重方案有四种:横墙承重、纵墙承重、纵横墙承重、内框架承重。

3. 常用墙体的砌筑材料有:砖块、砌块、石材、砂浆等。

4. 实心砖墙的砌筑方式有一顺一丁、三顺一丁、全顺、全丁、两平一侧、梅花丁等。

5. 墙体节点构造包括墙身防潮、勒脚、散水明沟、窗台、门窗过梁、圈梁、构造柱、壁柱与门垛等。

6. 隔墙与隔断是非承重构件,主要作用是分隔室内空间。常见的隔墙有块材隔墙、骨架隔墙和板材隔墙三大类。

7. 常见的墙面装饰类型主要有清水墙、抹灰类、贴面类、涂料类、裱糊类、铺钉类、幕墙等。其中抹灰类的构造层次主要有底层抹灰、中层抹灰、面层抹灰三大部分;贴面类(粘贴法)、裱糊类的构造层次主要有打底层、粘结层、饰面层三大部分;贴面类(石板材挂贴法和干挂法)、铺钉类、幕墙的构造层次有基层(即墙体)、骨架和饰面层三大部分。

▶ 模块课后作业 ◀

一、填空题

1. 墙体的承重方案有四种：_____、_____、_____、_____。

2. 墙体的主要作用有_____、_____、_____等。

3. 普通标准砖的规格为_____mm,灰缝宽度为_____mm。

4. 砖墙组砌的质量要求：_____、_____、_____、_____。

5. 散水也称护坡,散水与外墙交接处应设_____,以防止外墙下沉时将散水拉裂。当散水采用混凝土时,宜按 20~30 m 间距设置_____。

6. 门窗过梁的常见类型有弧拱砖过梁、_____、_____、_____。

7. 钢筋砖过梁通常将不少于_____的钢筋埋在厚度为 30 mm 的砂浆层内,钢筋伸入洞口两侧不小于_____mm。

8. 构造柱最小截面尺寸为_____,最小配筋一般为:主筋_____,箍筋ϕ6@250。

9. 砌筑砌块时,在长度方向小型砌块上下皮搭接不应小于_____mm,中型砌块上下皮的搭接长度不少于砌块高度的1/3,且不小于_____mm。当搭接长度不能满足要求时,应在水平灰缝内增设_____的钢筋网片。

10. 常见的隔墙形式有_____、_____、_____三大类。

11. 按照材料和施工方式的不同,常见的墙面装饰可分为清水墙、_____、_____、涂料类、_____、铺钉类以及幕墙。

12. 抹灰饰面分层构造由_____、_____和_____三个层次组。

13. 天然石板材的施工方法有_____、_____和_____等。

14. 幕墙按饰面材料划分为_____、_____、_____等。

15. 点式玻璃幕墙是用金属材料做支承结构体系,通过_____和_____将玻璃牢固地固定在它上面。

二、简述题

1. 简述圈梁的作用和构造要求。

2. 简述构造柱的作用、设置位置以及构造要求。

3. 简述砌块墙体的砌缝如何处理?

4. 简述石板材挂贴法装饰的做法。

5. 简述石板材干挂法装饰的做法。

三、填图题

1. 仔细识读下面的图形,熟悉墙体的主要节点及其位置,根据所学知识,写出图中 1—7 的名称。

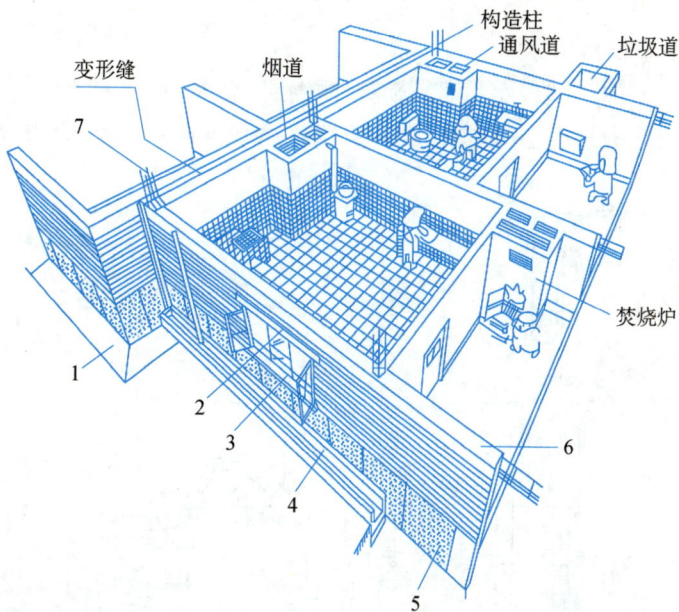

序号	名称	序号	名称
1		5	
2		6	
3		7	
4			

2. 仔细识读下侧的图形,请在图中标注出散水、勒脚、内外窗台、圈梁、过梁、窗间墙、女儿墙等。

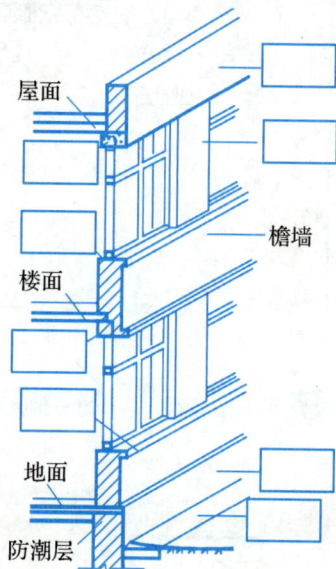

▶ **技能实训** ◀

1. 识读外墙节点构造图。

识读内容包括:墙体(外墙、女儿墙)、勒脚、防潮层、散水、窗台、过梁、圈梁等位置以及各种标高、连接符号所表达的意思,并根据所学知识叙述各细部节点构造所采用的建筑材料。

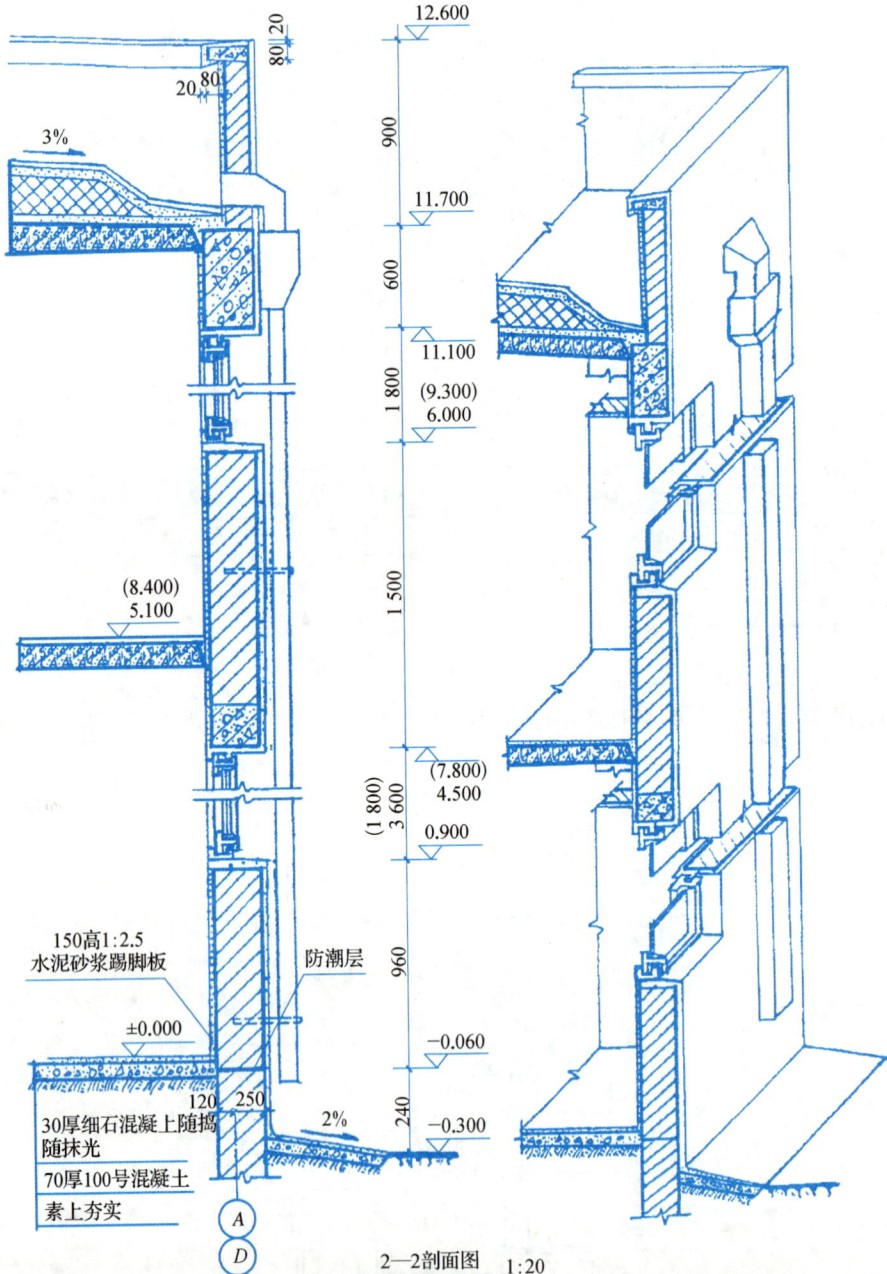

2—2剖面图 1:20

▷▶ 2.3　楼地层构造 ◀◁

模块学习目标

1. 能够叙述楼地层的有关概念、组成与作用
2. 能够叙述钢筋混凝土楼板的类型与构造
3. 能够叙述楼地面的类型，识读其构造图
4. 能够叙述顶棚的类型与构造
5. 能够了解阳台、雨篷的构造

▮▶ 2.3.1　楼地层基本知识

楼地层是房屋的重要组成部分，二者具有承重、隔声、保温、防水、水平支撑等功能。楼面上的荷载通过楼板传给墙或柱，最后传给墙或柱下的基础。地面上的荷载则通过地坪层传给下面的地基。

一、基本概念

(1) 楼地层:楼地层是楼板与地坪的总称。
(2) 楼板:楼板是房屋楼层间的水平分隔构件。
(3) 地坪:地坪是建筑物底层与土壤直接接触的水平构件。
(4) 楼地面:楼地面是楼面与地面的总称。
(5) 楼面:楼面是楼板的面层。
(6) 地面:地面是地坪的面层。

二、地坪的组成

地坪一般由面层、垫层、地基组成，对有特殊要求的地坪可在面层与垫层之间增设附加层，如图 2-3-1 所示。

1. 面层

面层是地坪最上面的部分，也称为地面，应满足耐磨、平整、易清洁、不起尘、防水等要求，同时起着保护结构层和美化室内的作用。

2. 垫层

垫层是地坪的承重和传力部分，也称为结构层。它必须具有足够的强度和刚度，以承受面层的荷载并均匀地传给下面的地基。地坪垫层材料可以采用混凝土、片石灌水泥砂浆、碎砖三合土等。

3. 地基

地基是垫层下面的土层。它必须具有足够的强度和刚度，以承受垫层传递下来的荷载。对于较好的土层，一般采用原土夯实，也称为素土夯实;对于较差的土层，可用换土或加入碎

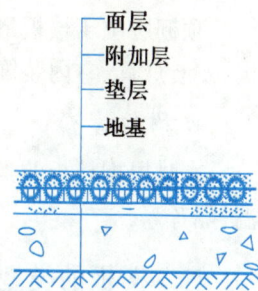

面层
附加层
垫层
地基

图 2-3-1　地坪的组成

砖、碎石等方法对地基进行加固。

4. 附加层

为满足房间特殊使用要求而设置的构造层,如防潮层、防水层、保温层、隔声层等。

三、楼板的组成

楼板主要由面层、结构层、顶棚层等组成。根据使用要求,可增设附加层,如防水层、保温层等,如图 2 - 3 - 2 所示。

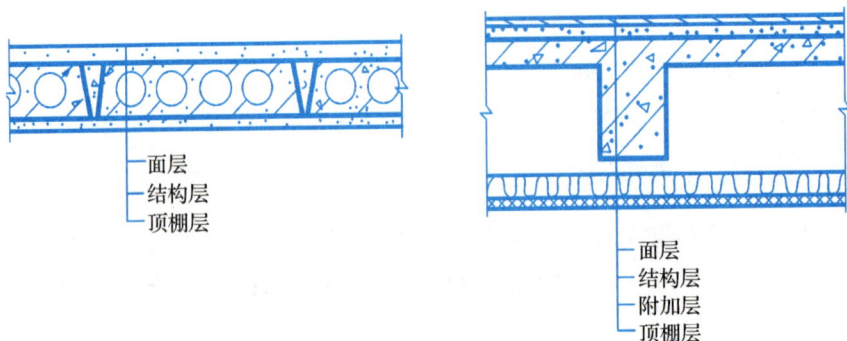

面层
结构层
顶棚层

面层
结构层
附加层
顶棚层

图 2 - 3 - 2　楼板的组成

1. 面层

面层位于楼板上表面,也称为楼面。面层与人、家具设备等直接接触,起到保护结构层、承受并传递荷载、装饰等作用。

2. 结构层

结构层是楼板的承重部分,由梁、板等承重构件组成。结构层承受荷载并将其传给墙或柱,同时对墙身起水平支撑作用,增强建筑物的整体刚度和墙体的稳定性。

3. 顶棚层

顶棚层位于楼板最下表面,也是室内空间上部的装修层,俗称天棚。顶棚主要起保护楼板、安装灯具、室内装饰、敷设管线等作用。

4. 附加层

有时根据楼板的具体功能要求还应设置附加层,主要是满足楼板的使用要求,如防水、保温、隔音等。

四、楼板的类型

1. 按使用的材料划分

楼板可分为木楼板、砖拱楼板、钢筋混凝土楼板和钢衬板组合楼板。

(1) 木楼板

木楼板是在木搁栅上铺钉木板所形成的楼板。具有构造简单、施工方便、自重轻、保温性能好的优点,但防火、耐久性差,而且木材消耗量大,故目前极少采用。如图 2 - 3 - 3(a)所示。

（2）砖拱楼板

它是用砖砌成拱形结构来承受楼板层的荷载。可以节约木材、钢筋、水泥,但自重大、抗震性能差、施工繁琐,目前基本不采用。如图 2-3-3(b)所示。

（3）钢筋混凝土楼板

钢筋混凝土楼板具有强度高、刚度大、耐久性好、防火及可塑性能好的优点,是目前采用极为广泛的一种楼板。如图 2-3-3(c)所示。

（4）钢衬板组合楼板

钢衬板组合楼板利用压型钢板作为楼板的承重构件和底模板,相当于替代了钢筋混凝土楼板中的一部分钢筋、模板。具有强度高、刚度大、施工快、节约模板等优点,但用钢量大,是目前大力推广的一种新型楼板。如图 2-3-3(d)所示。

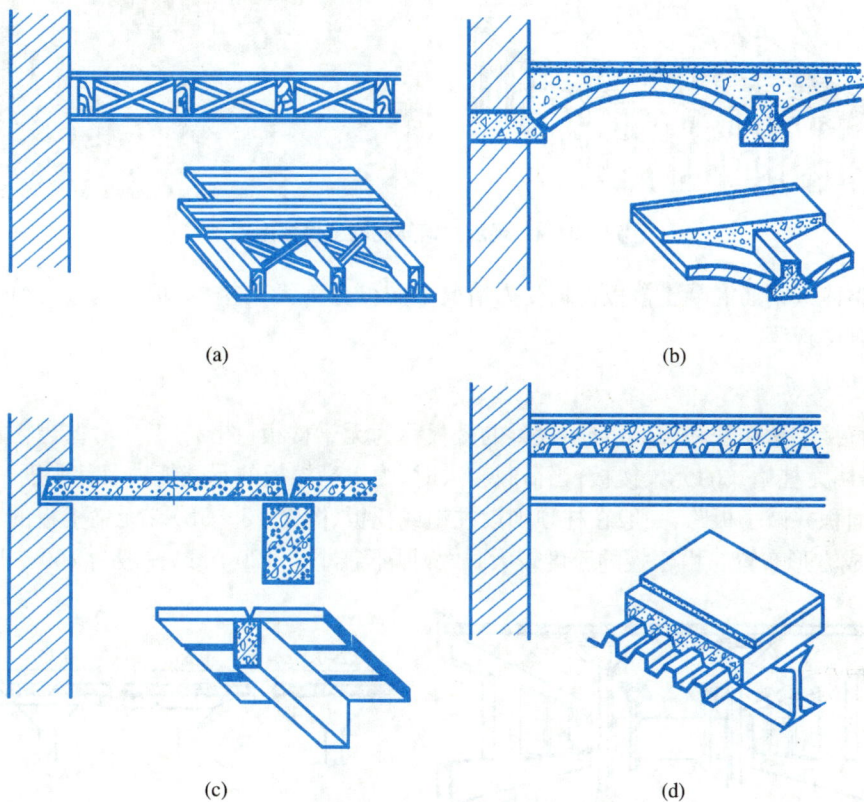

(a)　　　　　　　　　　　　　　(b)

(c)　　　　　　　　　　　　　　(d)

图 2-3-3　楼板的类型

2. 按施工方法划分

楼板可分为现浇式钢筋混凝土楼板、预制式钢筋混凝土楼板、装配整体式钢筋混凝土楼板三种类型。

▶ 2.3.2　钢筋混凝土楼板构造

按照施工方法不同,钢筋混凝土楼板可分为现浇式钢筋混凝土楼板、预制式钢筋混凝土楼板、装配整体式钢筋混凝土楼板三种类型。

一、现浇式钢筋混凝土楼板

现浇式钢筋混凝土楼板是经现场支设模板、绑扎钢筋、浇灌振捣混凝土、养护等施工工序而制成的楼板(图 2-3-4)。这种楼板具有整体性好、刚度大、抗震性好、梁板布置灵活、自由成型等特点,但存在现场湿作业量大、模板耗材大、工人劳动强度大、施工工期长、施工受季节影响等缺点。适用于地震区及平面形状不规则或防水要求较高的房间。

图 2-3-4　现浇式钢筋混凝土楼板施工

现浇整体式钢筋混凝土楼板根据受力情况不同可分为无梁楼板、板式楼板、梁板式楼板、钢衬板组合楼板等。

1. 无梁楼板

将板直接支承在柱和墙上,且不设梁的楼板称为无梁楼板(图 2-3-5a)。当楼面荷载较小时,可采用无柱帽式的无梁楼板;当荷载较大时,为提高楼板的承载能力及其刚度,增加柱对板的支托面积并减小板跨,一般在柱顶加设柱帽或托板(图 2-3-5b)。无梁楼板的柱间距一般为 6 m,成方形布置。由于板的跨度较大,故板厚不宜小于 120 mm,一般为 160~200 mm。

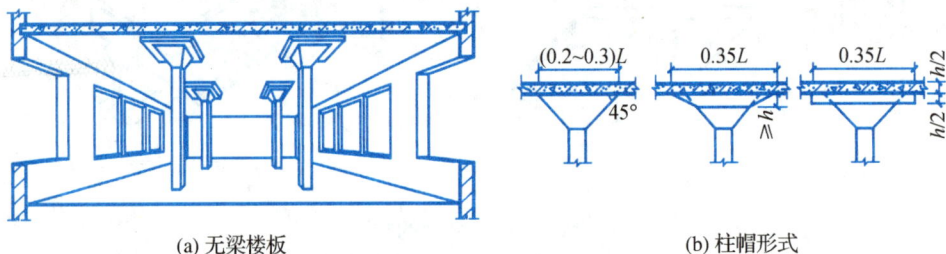

(a) 无梁楼板　　　　　　　　　　(b) 柱帽形式

图 2-3-5　无梁楼板

无梁楼板的特点为板下无梁有柱,顶棚平整,楼层净空大,采光、通风好。多用于楼板上活荷载较大的商店、仓库、展览馆等建筑。

2. 板式楼板

板内不设梁,板直接支承在四周墙上的板称为板式楼板。其特点为板下无梁无柱,这种楼板具有所占建筑空间小、板底平整、施工支模简单等优点,缺点是板的跨度较小。

板的跨度一般为 2~3 m,板的厚度通常为跨度的 1/40~1/30 且不小于 60 mm,适用于小跨度的房间,如厨房、卫生间、走廊等。

板有单向板与双向板之分(图 2-3-6)。

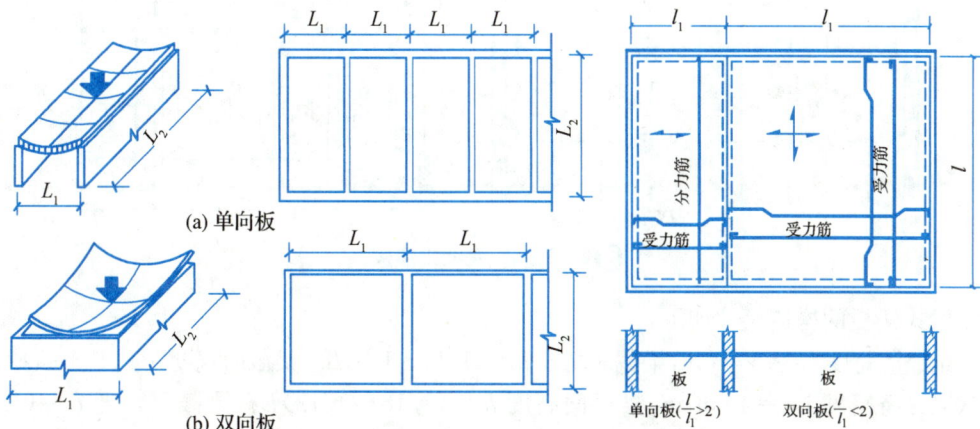

图 2-3-6　单向板和双向板

(1) 单向板

当板的长边与短边之比大于 2 时,板基本上沿短边方向传递荷载,这种板称为单向板,板内受力钢筋沿短边方向布置。单向板的代号如 B/80,其中 B 代表板,80 代表板厚为 80 mm。

(2) 双向板

双向板的长边与短边之比不大于 2,荷载沿双向传递,短边方向内力较大,长边方向内力较小,受力主筋平行于短边,并摆在板底。双向板的代号如 B100,B 代表板,100 代表板厚为 100 mm。

单向箭头表示单向板,双向箭头表示双向板(图 2-3-6),二者的板厚均由计算确定。

3. 梁板式楼板

由板、梁组合而成的楼板称为梁板式楼板,又称为肋形楼板,是目前最常用的一种楼板形式,其特点为板下有梁有柱。

根据梁的构造情况又可分为单梁式、复梁式和井式楼板。

(1) 单梁式楼板

当房间尺寸不大时,仅在一个方向设梁,梁直接支承在承重墙上,这种形式称为单梁式楼板(图 2-3-7)。一般梁的跨度为 5～8 m,梁的高度为跨度的 1/12～1/10,梁的宽度为高度的 1/3～1/2,板跨取 2.5～3.5 m。

(2) 复梁式楼板

有主次梁的楼板称为复梁式楼板(图 2-3-8)。次梁与主梁一般垂直相交,板搁置在次梁上,次梁搁置在主梁上,主梁搁置在墙或柱上。其构造简单,刚度好,施工方便,造价经济,广泛应用于公共建筑、居住建筑和工业建筑中。

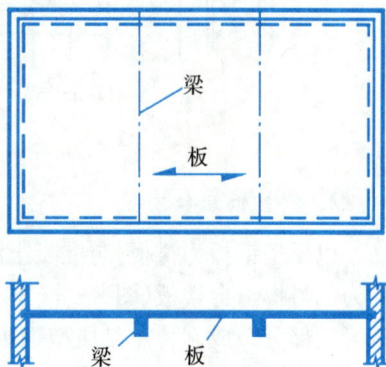

图 2-3-7　单梁式楼板

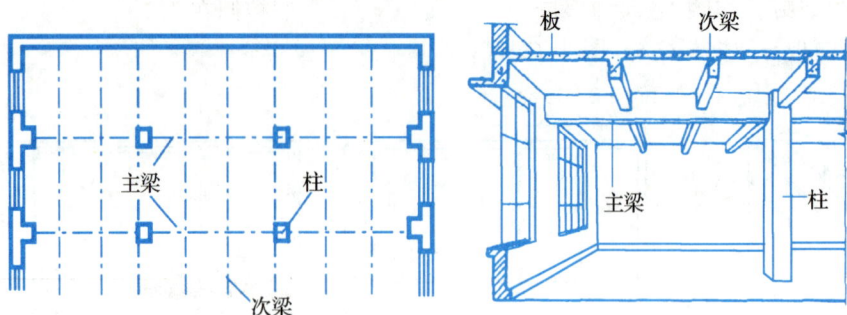

图 2-3-8　复梁式楼板

复梁式楼板的构造尺寸如下:

主梁经济跨度 $L_1=5\sim8$ m,梁截面高度 $h=(1/14\sim1/8)L_1$,梁截面宽度 $b=(1/3\sim1/2)h$。

次梁经济跨度 $L_2=4\sim6$ m,梁截面高度 $h=(1/18\sim1/12)L_2$,梁截面宽度 $b=(1/3\sim1/2)h$。

板的跨度一般为 1.5~3.0 m,板厚一般为 60~80 mm。

(3) 井式楼板

井式楼板是梁板式楼板的一种特殊形式。当房间尺寸较大并接近于正方形时,常沿两个方向布置等距离、等截面的梁(即不分主次梁),与板整浇形成井格式的梁板结构。井式楼板梁的跨度一般为 6~10 m,板的跨度一般为 3 m 左右,板厚 70~80 mm。适用于平面形状为方形或接近于方形($l_2/l_1\leqslant1.5$)的房间,如门厅、大厅、会议室、小型礼堂等。

井式楼板有正井式和斜井式两种。梁与墙之间成正交的为正井式(图 2-3-9a);长方形房间梁与墙之间常作斜向布置形成斜井式(图 2-3-9b)。

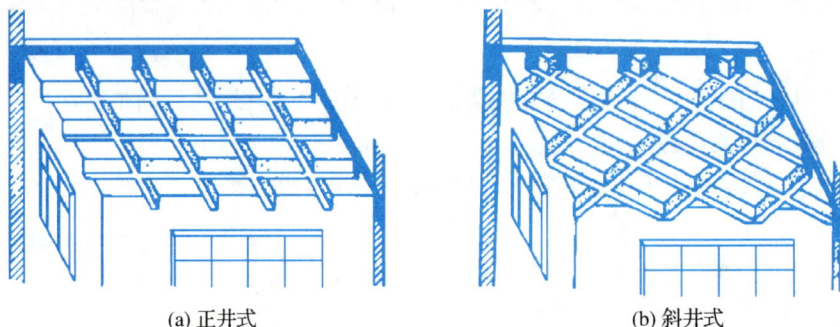

(a) 正井式　　　　　　　　　　　　　(b) 斜井式

图 2-3-9　井式楼板

4. 钢衬板组合楼板

以压型钢板为衬板,与混凝土浇筑在一起,搁置在钢梁上构成的整体式楼板称为钢衬板组合楼板(图 2-3-10)。这种楼板主要由楼面混凝土、压型钢板和钢梁三部分组成。特点是压型钢板起到了永久性模板和受拉钢筋的双重作用,同时,简化了施工程序,加快了施工进度。另外,可利用压型钢板的肋部空间敷设各类管线。主要用于大空间的高层民用建筑或大跨度工业建筑。

压型钢板的跨度一般为 2~3 m,铺设在钢梁上,与钢梁之间用栓钉连接,上面浇筑的混凝

钢衬板组合楼板

土厚 100～150 mm。压型钢板净厚度不小于 0.75 mm,最好控制在 1.0 mm 以上。为了便于浇筑混凝土,要求压型钢板平均槽宽不小于 50 mm,当在槽内设置圆柱头焊钉时,压型钢板总高度(包括压痕在内)不应超过 80 mm。

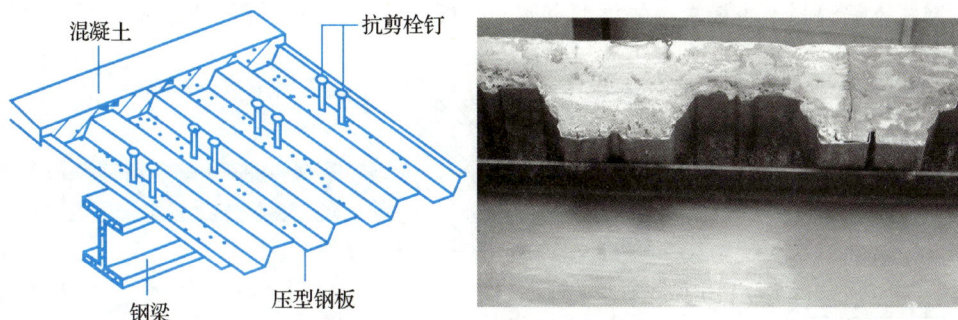

图 2 - 3 - 10　钢衬板组合楼板

按照构造形式分为单层钢衬板组合楼板和双层钢衬板组合楼板两类(图 2 - 3 - 11),钢衬板之间、钢衬板与钢梁之间的连接,一般采用焊接、螺栓连接、铆钉连接等方法。

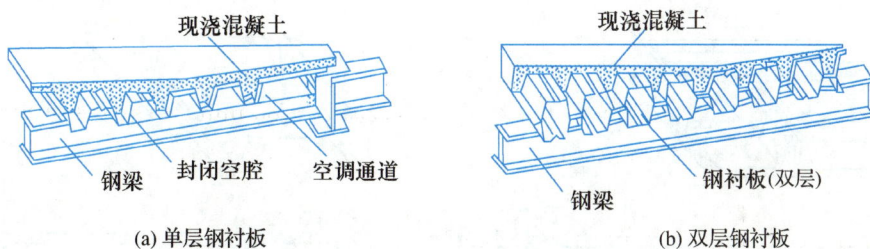

(a) 单层钢衬板　　　　　　　　　　(b) 双层钢衬板

图 2 - 3 - 11　钢衬板组合楼板类型

二、预制式钢筋混凝土楼板

预制式钢筋混凝土楼板是指在预制厂或施工现场制作,在施工现场进行安装而成的楼板(图 2 - 3 - 12)。这种楼板具有节约模板,减轻工人劳动强度,施工速度快,便于组织工厂化、机械化的生产和施工等优点。但这种楼板的整体性和抗震性均较差,且在施工时需要一定的起重安装设备。

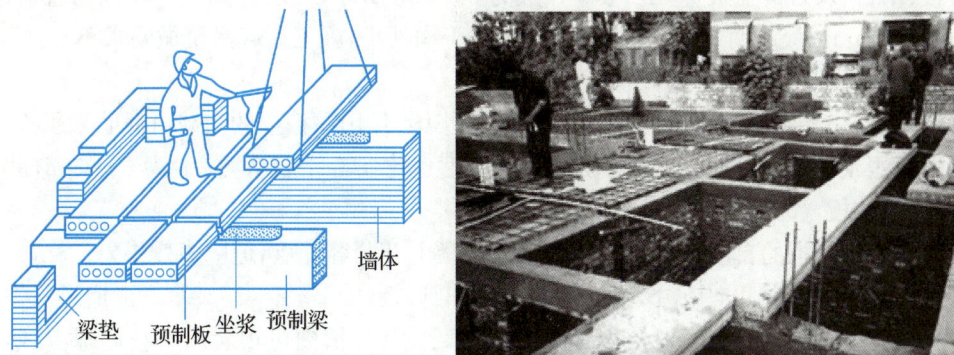

图 2 - 3 - 12　预制式钢筋混凝土楼板施工

预制板的长度一般与房屋的开间或进深一致,为 3 M 的倍数;板的宽度一般为 1 M 的倍数;板的截面尺寸须经结构计算确定。

1. 预制式钢筋混凝土楼板类型

预制式钢筋混凝土楼板常用的类型有实心平板、槽形板、空心板三种(图 2 - 3 - 13)。

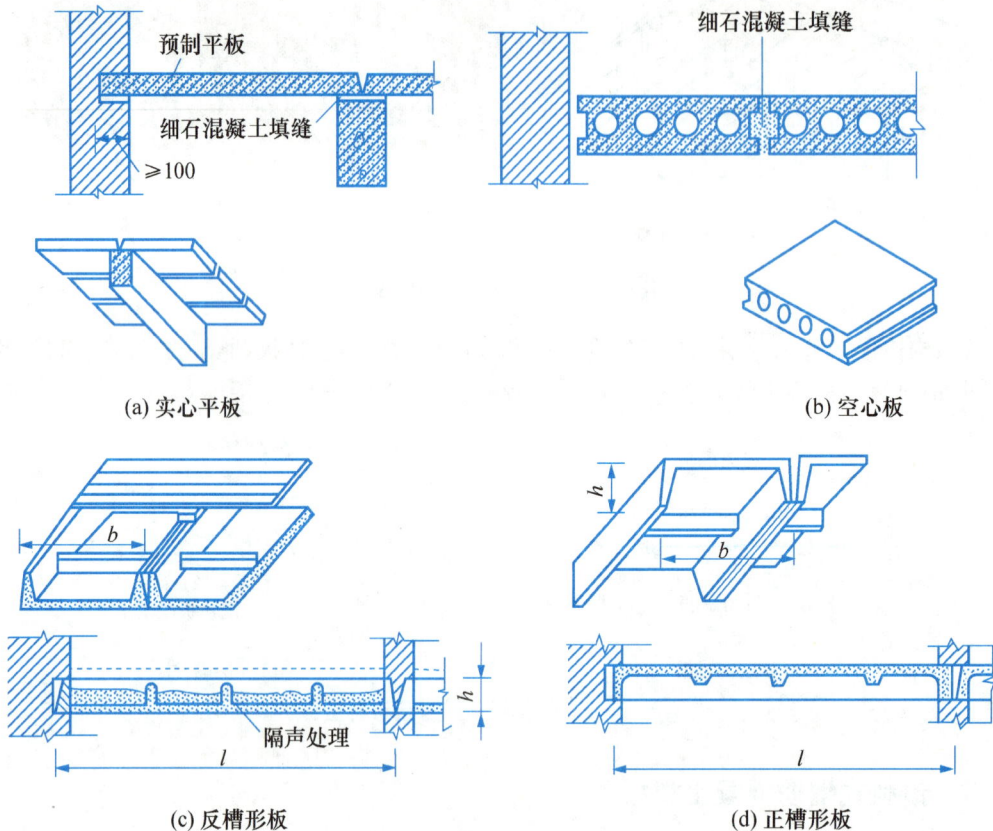

(a) 实心平板

(b) 空心板

(c) 反槽形板

(d) 正槽形板

图 2 - 3 - 13　预制钢筋混凝土楼板类型

(1) 实心平板

实心平板上下板面平整,制作简单,但自重较大,隔声效果差。宜用于跨度小的走廊板、楼梯平台板、阳台板、管沟盖板等处。板厚一般为 60～100 mm,跨度在 2.5 m 以内为宜,板宽约为 500～900 mm。板的两端支承在墙或梁上,由于构件小,施工对起吊机械要求不高。

(2) 槽形板

槽形板是一种梁、板合一的构件,板肋相当于小梁,作用在板上的荷载由板肋来承担,因而板可以做得很薄,仅有 25～30 mm,板的经济跨度也比实心平板大,一般为 3～6 m,肋高为 150～300 mm,板宽为 500～1200 mm。

槽形板减轻了板的自重,具有省材料、便于在板上开洞等优点,但隔声效果差。

根据板的槽口向上和向下分为反槽形板和正槽形板(图 2 - 3 - 13c、d)。正槽形板常用做厨房、卫生间、库房等楼板。当对楼板有保温、隔声要求时,槽内可填轻质材料起保温、隔声作用,可考虑采用反槽形板。

（3）空心板

空心板是一种板腹抽孔的钢筋混凝土楼板（图 2-3-13b）。空心板的孔洞有矩形、方形、圆形、椭圆形等，矩形孔较为经济但抽孔困难；圆形孔的板刚度较好，制作也较方便，因此使用较广。空心板的优点是上下板面平整、节省材料、隔声隔热性能较好，缺点是板面不能任意打孔。

楼板的厚度与楼板的长度有关，非预应力空心板的厚度大多在 120～240 mm 之间，板宽度大多为 600 mm，900 mm，1200 mm 等多种规格。楼板的长度应符合 3 M 模数，一般多采用 1800～6900 mm 等 18 种规格。预应力空心板的长度可达到 6000 mm，6600 mm，7200 mm 等，板的厚度为 120～300 mm。

2. 预制板的结构布置

板的支承方式有板式和梁板式两种。预制楼板直接搁置在墙上的称为板式布置，如图 2-3-14(a)所示；预制楼板支承在梁上，梁再搁置在墙上的称为梁板式布置，如图 2-3-14(b)所示。

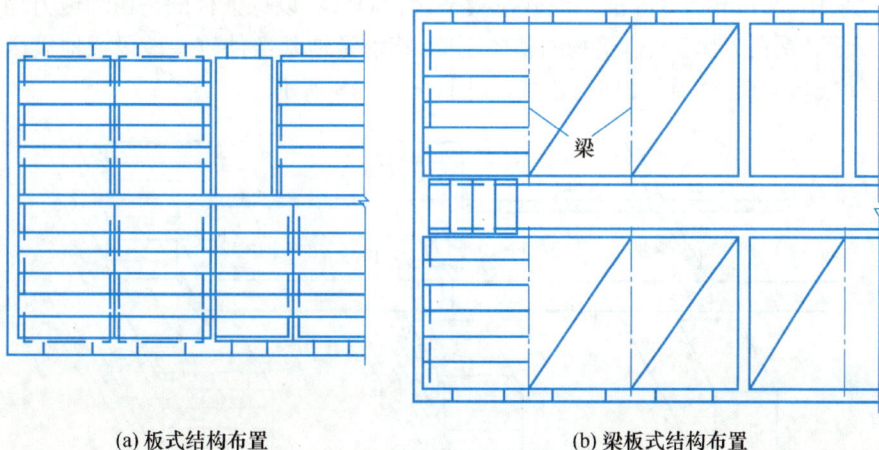

(a) 板式结构布置　　　　　　　(b) 梁板式结构布置

图 2-3-14　预制楼板的结构布置

在进行板的结构布置时，首先应根据房间的开间和进深尺寸确定板的支撑方式，然后根据板的规格进行合理安排，选择一种或几种板进行布置，布置时应注意以下几点原则：

（1）尽量减少板的规格、类型。板的规格过多，施工复杂，且容易混淆出错。

（2）为减少板缝的现浇混凝土量，应优先选用宽板，窄板作调剂之用。

（3）板的布置应尽量避免出现三面支撑情况，防止板在荷载作用下产生裂缝（图 2-3-15）。

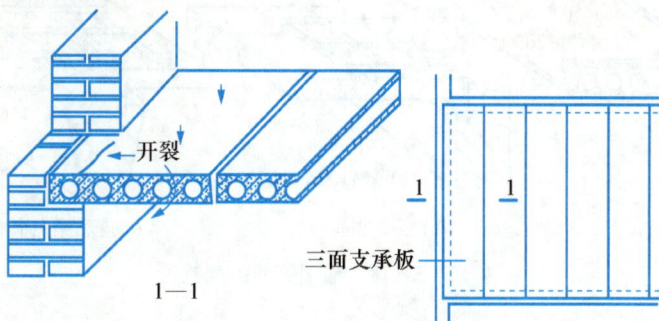

图 2-3-15　三面支承楼板

（4）按板支承在墙上或梁上的净尺寸计算楼板的块数，不够整块数的尺寸可以通过调整板缝、墙边挑砖或局部现浇混凝土板等办法解决，如图 2-3-16 所示。

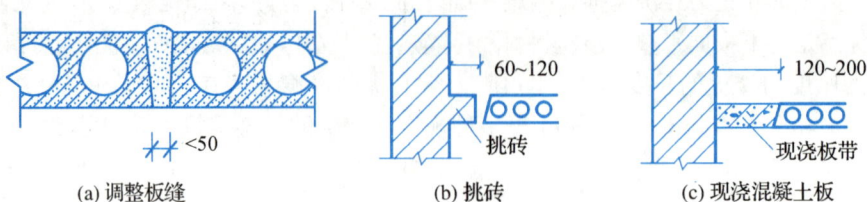

(a) 调整板缝   (b) 挑砖   (c) 现浇混凝土板

图 2-3-16　板缝的处理

3. 预制板的搁置构造

预制板直接搁置在墙或梁上时，均应有足够的支承长度。支承于梁上时其搁置长度≥80 mm，支承于内墙上时其搁置长度≥100 mm，支承于外墙上时其搁置长度≥120 mm。并在梁或墙上采用 20 mm 厚 M5 的水泥砂浆找平，俗称坐浆，以保证板的平稳和传力均匀，如图 2-3-17 所示。另外，为增强建筑物的整体刚度，特别是地基条件较差地段或地震区，应在板与墙、梁之间或板与板之间设置钢筋拉结，如图 2-3-18 所示。

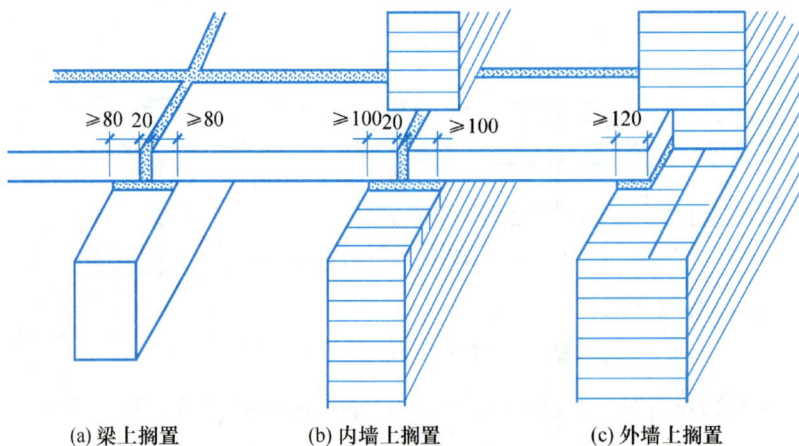

(a) 梁上搁置   (b) 内墙上搁置   (c) 外墙上搁置

图 2-3-17　预制楼板的搁置要求

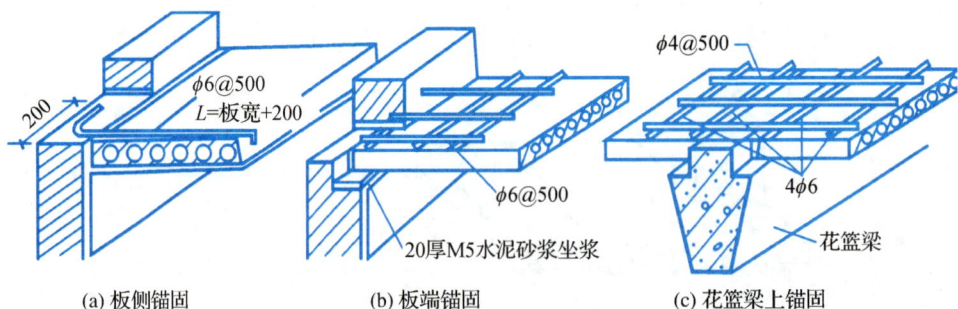

(a) 板侧锚固   (b) 板端锚固   (c) 花篮梁上锚固

图 2-3-18　锚固钢筋的配置

4. 板缝处理

预制板板缝起着连接相邻两块板使其协同工作,使楼板成为一个整体的作用。在具体布置楼板时,板的排列受到板宽规格的限制,因此,排板时常出现较大的缝隙的情况。根据排板数量和缝隙的大小,可考虑采用调整板缝的方式解决。当板的缝隙存在不同宽度时,按以下方式处理:

(1) 当缝隙宽度≤60 mm 时,可调节板缝,使其≤30 mm,然后在缝中灌入 C20 细石混凝土(图 2-3-19a);

(2) 当缝隙宽度在 60～120 mm 之间时,可在灌缝的混凝土中加配 $2\phi6$ 通长钢筋或挑砖(图 2-3-19b,c);

(3) 当缝隙宽度在 120～200 mm 之间时,设现浇钢筋混凝土板带,且将板带设在墙边或有穿管的部位(图 2-3-19d);

(4) 当缝隙宽度大于 200 mm 时,调整板的规格。

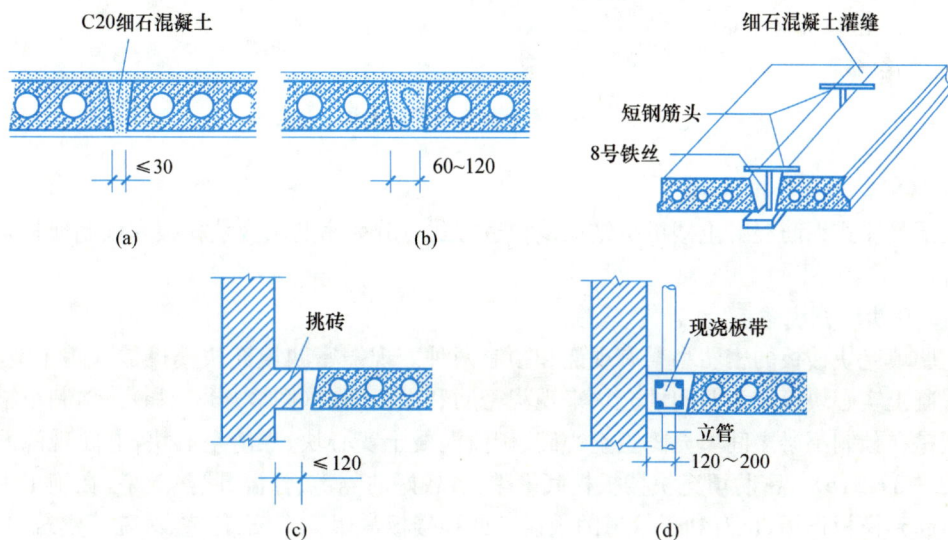

图 2-3-19　不同板缝处理

三、装配整体式钢筋混凝土楼板

装配整体式钢筋混凝土楼板是先预制部分构件,然后现场安装,再以整体现浇的方法将其连成一体的楼板。它综合了现浇式楼板整体性好和预制式楼板施工简单、工期短的优点,适用于有振动荷载或有地震设防要求的地区。

1. 装配整体式楼板的做法

装配整体式钢筋混凝土楼板常见的做法有两种。

(1) 预制楼板安装好后,再在上面浇筑 30～50 mm 厚的钢筋混凝土面层,这样既加强楼板的整体性,又提高了楼板的强度;

(2) 将预制楼板拉开 60～150 mm 的距离,然后在两块板中间配置钢筋,最后再与钢筋混凝土面层同时浇筑。

装配整体式钢筋混凝土楼板

装配整体式钢筋混凝土楼板如图 2 - 3 - 20 所示。

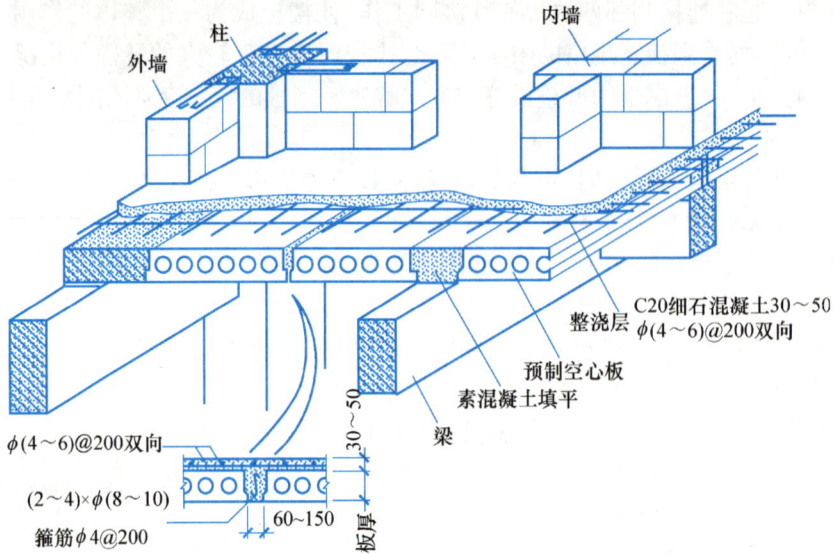

图 2 - 3 - 20　装配整体式钢筋混凝土楼板

2. 装配整体式楼板类型

装配整体式钢筋混凝土楼板按结构及构造方式可分为密肋填充块楼板和预制薄板叠合楼板两种。

(1) 密肋填充块楼板

密肋填充块楼板的密肋小梁有现浇和预制两种。现浇密肋填充块楼板是以陶土空心砖、矿渣混凝土实心块等作为肋间填充块来现浇密肋和面板而成(图 2 - 3 - 21a)。预制小梁填充块楼板是在预制小梁之间填充陶土空心砖、矿渣混凝土实心块、煤渣空心块,上面现浇面层而成(图 2 - 3 - 21b)。密肋填充块楼板板底平整,有较好的隔声、保温、隔热效果,在施工中空心砖还可起到模板作用,也有利于管道的敷设。此种楼板常用于学校、住宅、医院等建筑中。

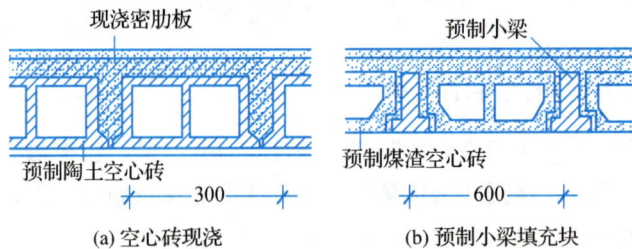

图 2 - 3 - 21　密肋填充块楼板

(2) 预制薄板叠合楼板

预制薄板叠合楼板是由预制薄板和现浇钢筋混凝土层叠合而成的装配整体式楼板,其构造如图 2 - 3 - 22(b),(c)所示。

为了保证预制薄板与叠合层有较好的连接,薄板上表面需作处理。如将薄板表面作刻槽处理、板面露出较规则的三角形结合钢筋等(图 2 - 3 - 22a)。预制薄板跨度一般为 4～6 m,最大可达到 9 m,板宽为 1.1~1.8 m,板厚通常不小于 50 mm。现浇叠合层厚度一般为 100~120 mm,以大于或等于薄板厚度的 2 倍为宜,叠合楼板的总厚度一般为 150~250 mm。

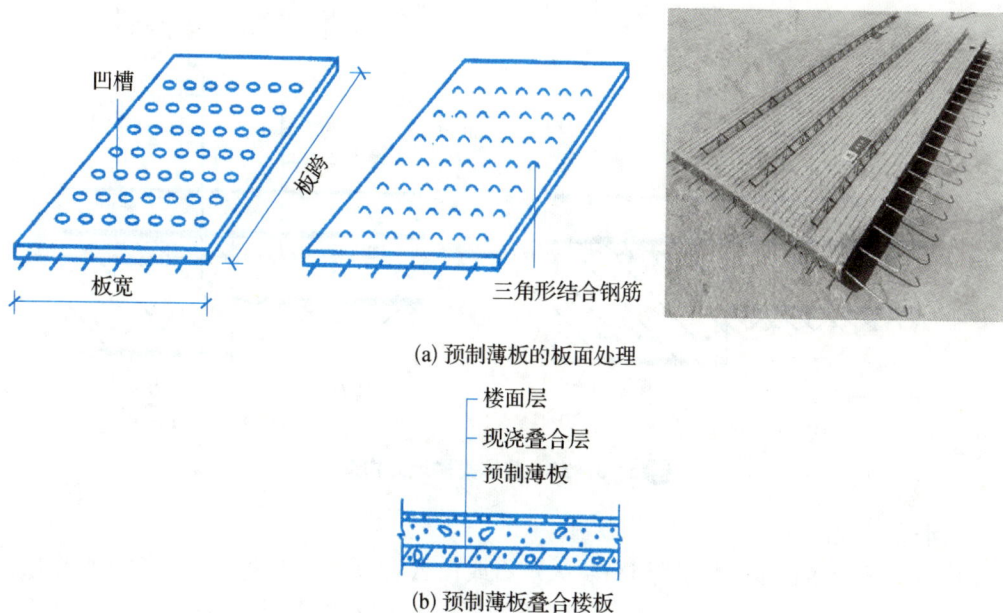

(a) 预制薄板的板面处理

(b) 预制薄板叠合楼板

图 2-3-22　预制薄板叠合楼板

2.3.3　楼地面装饰构造

一、楼地面装饰一般构造

楼地面装饰按面层使用材料和施工方式不同,可分为整体类地面、块材类地面、卷材类地面、涂料类地面等四种。

1. 整体类楼地面

整体类楼地面没有缝隙,整体效果好,一般是整片施工,也可分区分块施工。按材料不同有水泥砂浆地面、细石混凝土地面、水磨石地面等。

(1) 水泥砂浆楼地面

水泥砂浆楼地面具有构造简单、施工方便、造价低等特点,但易起尘、易结露。适用于标准较低的建筑物中。水泥砂浆地面有单层与双层两种做法。

单层做法是先刷素水泥浆结合层一道,铺 20 mm 厚 1:2 或 1:2.5 水泥砂,表面撒适量水泥粉抹平整。双层做法是先以 15~20 mm 厚 1:3 水泥砂浆打底找平,再以 5~10 mm 厚 1:2 或 1:2.5 水泥砂浆抹压平整。双层做法虽然增加施工工序,却容易保证质量,减少地面干缩时产生裂缝的可能。

水泥砂浆楼地面单层做法见图 2-3-23(a)。

(2) 细石混凝土楼地面

这种楼地面刚性好、强度高且不易起尘。其做法是在基层(垫层或楼板)上浇筑 30~40 mm 厚 C25 细石混凝土随打随压光,构造做法如图 2-3-23(b)。为提高整体性、满足抗震要求,可内

整体类楼地面

配ϕ4@200 的钢筋网,也可用沥青代替水泥做胶结剂,做成沥青砂浆和沥青混凝土地面,增强地面的防潮与耐水性。

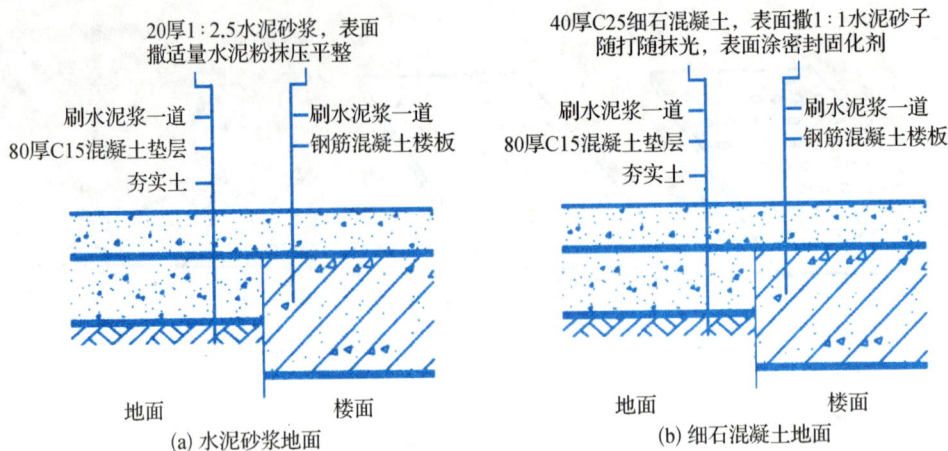

(a) 水泥砂浆地面　　　　　　　(b) 细石混凝土地面

图 2 - 3 - 23　整体类楼地面构造

(3) 水磨石地面

水磨石楼地面是将水泥做胶结材料、大理石或白云石等中等硬度的石屑做骨料形成的水泥石屑面层,经磨光打蜡而成。这种地面坚硬、耐磨、光洁、不透水、装饰效果好,常用于有较高要求的地面,如图 2 - 3 - 24 所示。

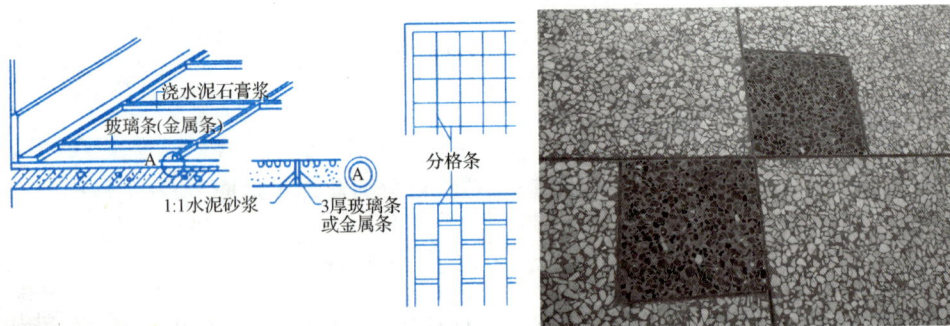

图 2 - 3 - 24　水磨石楼地面

水磨石楼地面一般分为两层施工。先在刚性垫层或结构层上用 10~20 mm 厚的 1∶3 水泥砂浆找平,然后在找平层上按设计图案嵌 10 mm 高的分格条,如玻璃条、铜条、铝条等,并用 1∶1 水泥砂浆固定。最后,将拌和好的水泥石屑浆铺入压实,经浇水养护后磨光,草酸清洗,打蜡保护。

2. 块材类楼地面

块材类楼地面是指利用各种人造或天然的预制板材、块材镶铺在基层上的楼地面。按面层材料不同有砖铺楼地面、陶瓷板块楼地面、石板材楼地面、木地板楼地面等。

(1) 砖铺地面

砖铺楼地面有黏土砖楼地面、水泥花砖楼地面等。其构造做法如图 2 - 3 - 25 所示,在基层(垫层或楼板)上刷水泥浆一道,铺 20 厚 1∶3 水泥砂浆结合层,表面撒水泥粉,铺设水泥花砖,最后干水泥擦缝。

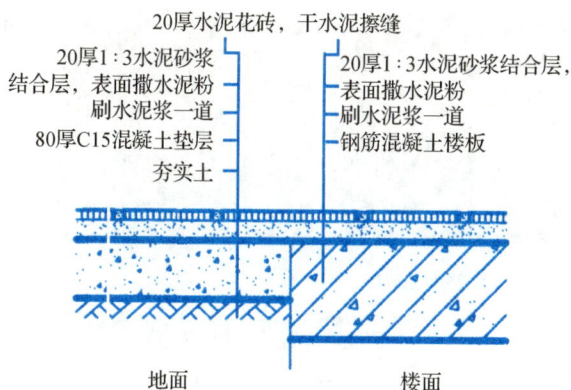

图 2 - 3 - 25　水泥花砖楼地面构造

（2）陶瓷板块楼地面

用于楼地面的陶瓷板块有陶瓷地砖、陶瓷锦砖等。

① 陶瓷地砖。陶瓷地砖又称墙地砖,其类型有釉面地砖、无光釉面砖和无釉防滑地砖及抛光地砖。陶瓷地砖色调均匀,砖面平整,抗腐耐磨,施工方便,装饰效果好,特别是防滑地砖和抛光地砖越来越多地用于办公、商店、旅馆和住宅的地面装修。

思政案例 6

② 陶瓷锦砖。陶瓷锦砖又称马赛克,其质地坚硬,经久耐用,色泽多样,耐磨,防水,耐腐蚀。陶瓷锦砖主要用于防滑、卫生要求较高的卫生间、浴室等房间的地面,也可用于外墙面。

陶瓷地砖构造做法（图 2 - 3 - 26）:在基层（垫层或楼板）上刷水泥浆结合层一道,铺 20 厚 1:3 水泥砂浆结合层,表面撒水泥粉,铺设陶瓷地砖,最后用干水泥擦缝。陶瓷锦砖做法同陶瓷地砖,铺设陶瓷锦砖后,用滚筒压平,使水泥胶挤入缝隙,用水洗去牛皮纸,用白水泥擦缝。

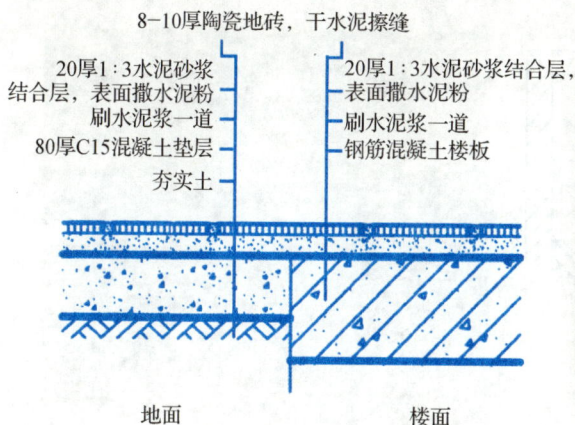

图 2 - 3 - 26　陶瓷板块楼地面构造

（3）石板材楼地面

石板材楼地面包括天然石板材楼地面和人造石板材楼地面。

天然石板材有大理石和花岗岩板,如图 2 - 3 - 27 所示;人造石板材有预制水磨石板、人造大理石板等。天然石板材质地坚硬,色泽丰富艳丽,属高档地面装饰材料,一般多用于高级宾馆、会堂、公共建筑的大厅和门厅等处。

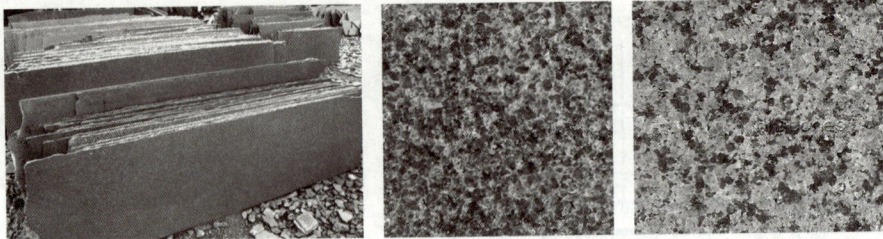

图 2 - 3 - 27　天然石板材

其构造做法是:先在基层(垫层或楼板)上刷水泥浆一道,铺1:3水泥砂浆结合层,表面撒水泥粉,铺贴石板材,最后用水泥浆擦缝并清理卫生,如图 2 - 3 - 28 所示。

(4) 木地板楼地面

木地板楼地面主要特点是有弹性、不起灰、易清洁、保温性好,但耐火性差、需保养、造价较高,适用于装修标准较高的住宅、宾馆、健身房、舞台等建筑。

木地板楼地面按照构造分为空铺式、实铺式、粘贴式三种。

① **空铺式**。空铺式木地面常用于底层地面,主要用于舞台、运动场等有弹性要求的地面。其做法是砌筑地垄墙,将木地板架空,以防止木地板受潮腐烂,如图 2 - 3 - 29 所示。

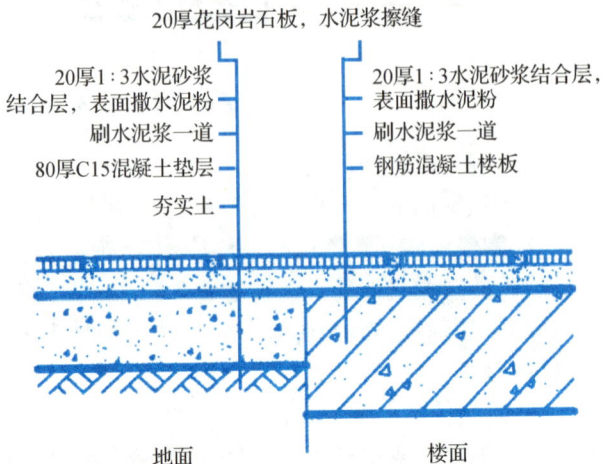

20厚花岗岩石板,水泥浆擦缝

20厚1:3水泥砂浆结合层,表面撒水泥粉
刷水泥浆一道
80厚C15混凝土垫层
夯实土

20厚1:3水泥砂浆结合层,表面撒水泥粉
刷水泥浆一道
钢筋混凝土楼板

地面　　　　　　楼面

图 2 - 3 - 28　石板材地面构造

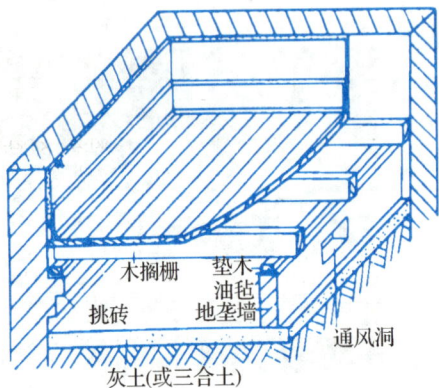

木搁栅　垫木
油毡
挑砖　地垄墙
通风洞
灰土(或三合土)

图 2 - 3 - 29　空铺式木地面

② **实铺式**。实铺式木地面是在刚性垫层或结构层上直接钉铺小搁栅,再在小搁栅上固定木板,木板可做成单层或双层,其搁栅间的空档可用来安装各种管线,如图 2 - 3 - 30 所示。

③ **粘贴式**。粘贴式木地面是将木地板用沥青胶或环氧树脂等粘结材料直接粘贴在找平层上。若为建筑物底层地面时,找平层上应做防潮处理,如图 2 - 3 - 31 所示,板底铺设的是白色防潮布。

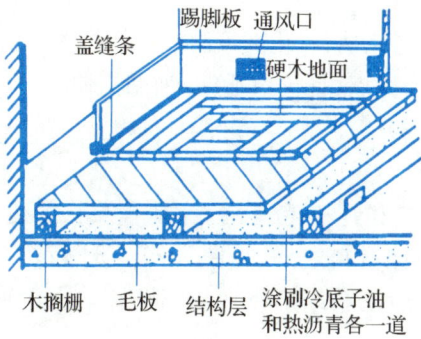

图 2 - 3 - 30　实铺式木地面

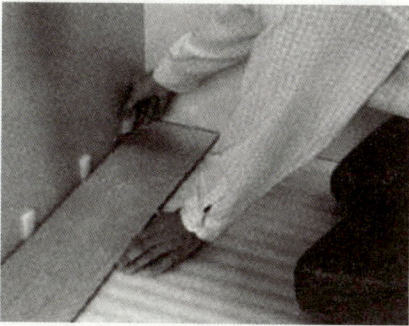

图 2 - 3 - 31　木地板下铺设防潮布

3. 卷材类楼地面

常见的卷材有塑料地毡、橡胶地毡以及各种地毯等。这些材料表面美观、干净,装饰效果好,具有良好的保温、消声性能,适用于公共建筑和居住建筑。

(1) 塑料地毡楼地面

塑料地毡以聚乙烯树脂为基料,加入增塑剂、稳定剂、石棉绒等经塑化热压而成。有卷材和片材两种。片材采用粘结剂粘贴在水泥砂浆找平层上;卷材可干铺,也可用粘结剂粘贴。它具有步感舒适、耐磨、绝缘、防腐、易清洁等特点,且价格低廉。

塑料地毡铺设效果如图 2 - 3 - 32 所示。

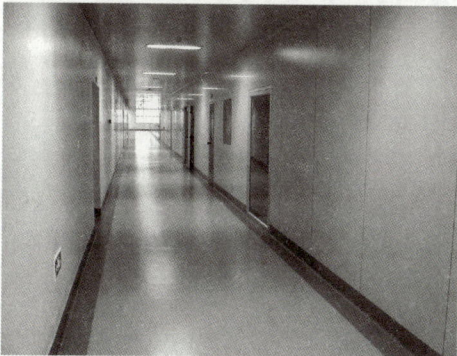

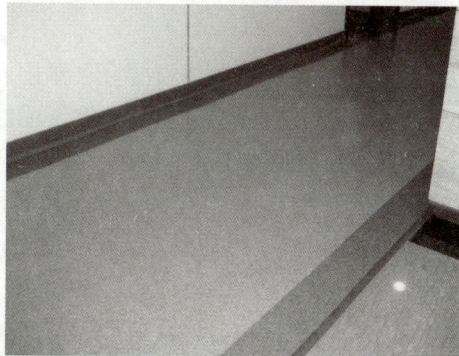

图 2 - 3 - 32　塑料地毡地面

(2) 橡胶地毡楼地面

橡胶地毡是以橡胶粉为基料,掺入填充料、防老化剂、硫化剂等制成的卷材,它具有步感舒适、耐磨、柔软、防滑、消声、易清洁以及富有弹性等特点,且价格适中,铺贴简便,可以干铺,也可用粘结剂粘贴在水泥砂浆找平层上(图2-3-33)。

(3) 地毯楼地面

地毯类型较多,常见的有化纤地毯、棉织地毯和纯羊毛地毯等,具有柔软舒适、清洁吸声、保温、美观适用等特点,是美化装饰房间的最佳材料之一,如图2-3-34所示。其有局部铺、满铺、干铺、固定铺等不同铺法。固定铺一般用粘结剂将地毯满贴在地面上或将其四周钉牢。

图 2-3-33　橡胶地毡楼地面

图 2-3-34　地毯楼地面

4. 涂料类楼地面

涂料楼地面是利用涂料刷涂或涂刮而成。它是水泥砂浆地面的一种表面处理方式,用以改善水泥砂浆地面在使用和装饰方面的不足。

地面涂料是采用耐磨树脂和耐磨颜料制成的用于地面涂刷的涂料。与一般涂料相比,地面涂料的耐磨性和抗污染性特别突出,因此广泛用于商场、车库、跑道、工业厂房等地面装饰。地面涂料也称为地坪涂料,最常见的地面涂料有环氧涂料和聚氨酯涂料,它们都属于人工合成高分子涂料。

(1) 环氧涂料楼地面

环氧涂料是一种高强度、耐磨损、美观的地面涂饰材料,具有无接缝、质地坚实、防腐、防水、防尘、保养方便、维护费用低廉等优点。环氧涂料只适用于各类建筑物室内混凝土地面的装饰,如图2-3-35所示,如医疗、卫生、食品工业、医院、电子、微电子、无尘无菌实验室、洁净室、轻工业行业等。

环氧涂料楼地面构造做法:在基层(垫层或楼板)上刷水泥浆一道,铺20厚1:2.5水泥砂浆压实抹光,环氧涂层底漆一道,环氧涂层面涂3～4道。

(2) 聚氨酯涂料楼地面

聚氨酯地坪涂料具有优异的耐水、耐油、耐化学品性;具有良好的附着力、耐磨性、耐冲击等物理性能;具有固化速度快、防尘、易清洁等优异性能。聚氨酯涂料是在室内外均可使用的地坪涂料,尤其是弹性聚氨酯涂料,广泛应用在跑道、过街天桥等地面装饰,如图2-3-36所示。

聚氨酯涂料楼地面构造做法:在基层(垫层或楼板)上刷水泥浆一道,铺20厚1:2.5水泥砂浆压实抹光,1.2 mm厚聚氨酯涂层,含底漆一道和面涂3～4道。

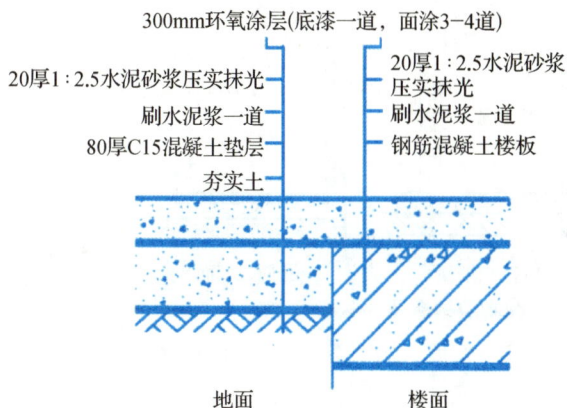

图 2 - 3 - 35　室内环氧涂料楼地面构造

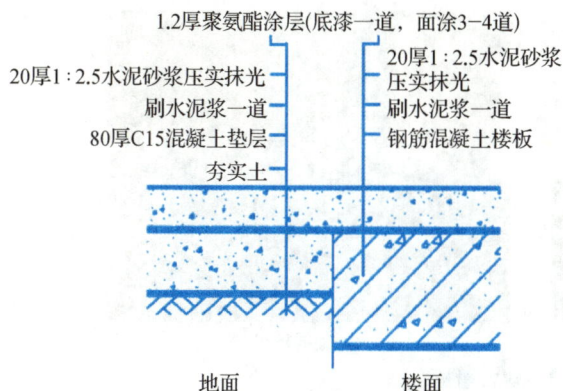

图 2 - 3 - 36　室外聚氨酯涂料楼地面构造

二、踢脚线与墙裙

1. 踢脚线

踢脚线是地面与墙面交接处的构造处理,也称为踢脚板,如图 2 - 3 - 37 所示。主要作用是遮盖墙面与地面的接缝,并保护墙面,防止清洗地面时对墙面的污染。在构造上通常按地面的延伸部分来处理,高度一般为 100～150 mm。常用的踢脚线材料有水泥砂浆、水磨石、釉面砖、石材、木板、塑料板等,其构造如图 2 - 3 - 38 所示。

图 2 - 3 - 37　踢脚线

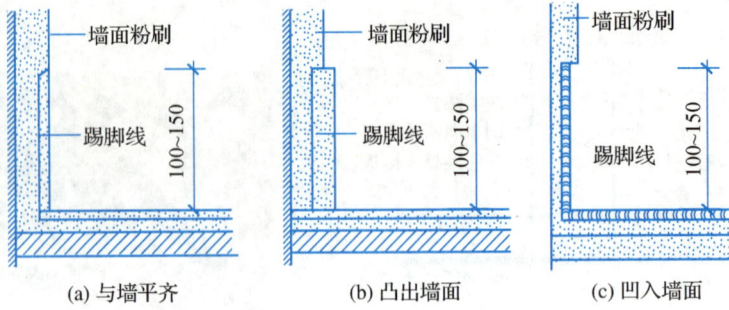

(a) 与墙平齐   (b) 凸出墙面   (c) 凹入墙面

图 2－3－38　踢脚线构造图

2. 墙裙

在墙体的内墙面抹灰中,门厅、走廊、楼梯间、卫生间等处因常受到碰撞、摩擦、潮湿的影响而变质,常在这些部位采取适当保护措施,称为墙裙,又称台度,如图 2－3－39 所示。

(a) 木板墙裙   (b) 面砖墙裙

图 2－3－39　墙裙

一般居室内的墙裙,主要起装饰作用,常用水泥漆、面砖、木板、大理石板等板材来饰面,墙裙的高度一般为 900～1200 mm。卫生间、厨房的墙裙,作用是防水和便于清洗,多采用水泥砂浆、釉面瓷砖,其高度为 900～2000 mm。墙裙构造如图 2－3－40 所示。

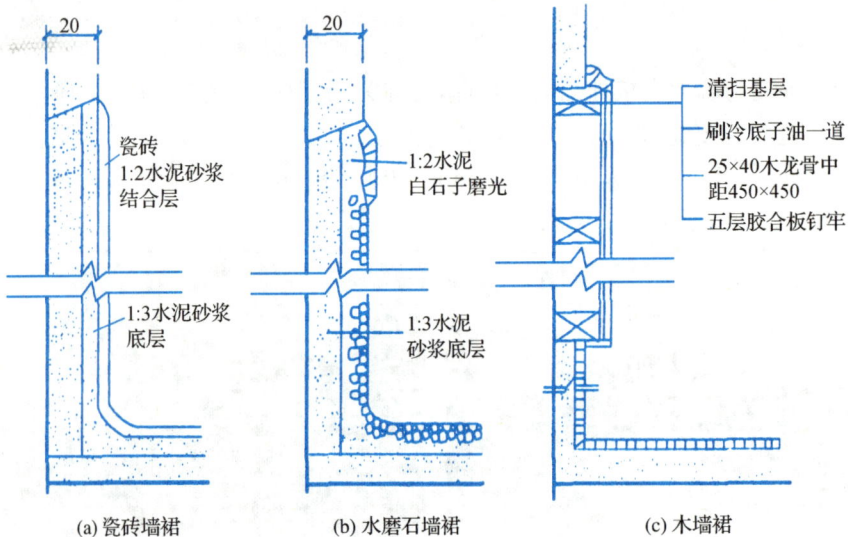

(a) 瓷砖墙裙   (b) 水磨石墙裙   (c) 木墙裙

图 2－3－40　墙裙构造图

▶ 2.3.4 顶棚构造

顶棚又称天棚、天花板,是建筑内部的上部界面,是室内装修的重要部位。顶棚要求光洁、美观,能通过反射光照来改善室内采光及卫生状况,对某些特殊要求的房间,还要求顶棚具有隔声、防水、保温、隔热等功能。

顶棚按饰面与基层的关系可归纳为直接式顶棚与吊挂式顶棚两大类。

一、直接式顶棚构造

直接式顶棚是在楼板底面直接喷浆和抹灰,或粘贴其他装饰材料。直接式顶棚构造简单,构造层厚度小,可充分利用空间,装饰效果多样,用材少,施工方便,造价较低,但不能隐藏管线等设备,常用于装饰性要求不高的建筑及室内空间高度受到限制的场所。

直接式顶棚的基本构造为底层抹灰、中层抹灰、面层(各种饰面材料)。

根据面层的材料不同,直接式顶棚通常分为抹灰顶棚、涂刷顶棚、贴面顶棚(如贴壁纸、装饰吸声板等)以及其他各类板材顶棚等。

1. 抹灰顶棚

抹灰顶棚是在楼板底面刷素水泥浆后进行底层抹灰和面层抹灰(图2-3-41a)。抹灰顶棚的面层可以采用纸筋灰抹灰、石灰砂浆抹灰、水泥砂浆抹灰等。普通抹灰用于一般房间,装饰抹灰用于要求较高的房间。

2. 涂刷顶棚

涂刷顶棚是在楼板底面填缝刮平后直接喷或刷大白浆、石灰浆、水泥浆等涂料的顶棚(图2-3-41b),以增加顶棚的反射光照作用,通常用于观瞻要求不高的房间。

3. 贴面顶棚

贴面顶棚是在楼板底面用砂浆打底找平后,用胶粘剂粘贴墙纸、泡沫塑胶板或装饰吸声板等材料的顶棚(图2-3-41c)。一般用于楼板底部平整、不需要顶棚敷设管线而装修要求又较高的房间,或有吸声、保温隔热等要求的房间。

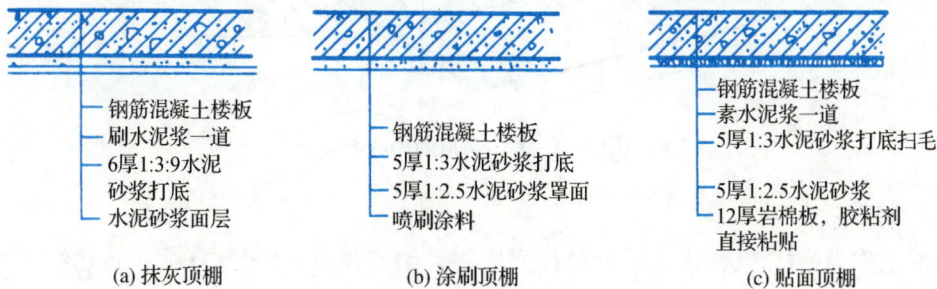

(a) 抹灰顶棚

钢筋混凝土楼板
刷水泥浆一道
6厚1:3:9水泥
砂浆打底
水泥砂浆面层

(b) 涂刷顶棚

钢筋混凝土楼板
5厚1:3水泥砂浆打底
5厚1:2.5水泥砂浆罩面
喷刷涂料

(c) 贴面顶棚

钢筋混凝土楼板
素水泥浆一道
5厚1:3水泥砂浆打底扫毛
5厚1:2.5水泥砂浆
12厚岩棉板,胶粘剂
直接粘贴

图2-3-41 直接式顶棚构造图

4. 装饰线脚

直接式顶棚装饰线脚是安装在顶棚与墙顶交界部位的线材,简称装饰线,如图2-3-42所示。其作用是满足室内的艺术装饰效果和接缝处理的构造要求。直接式顶棚的装饰线可采用粘贴法或直接钉固法与顶棚固定。

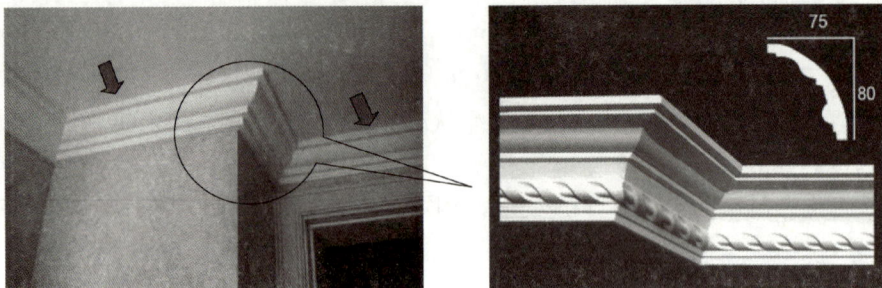

图 2-3-42　装饰线脚

常用的装饰线脚有木线、石膏线和金属线等。

二、吊挂式顶棚构造

吊挂式顶棚,又称为吊顶,是室内装饰工程的一个重要组成部分。吊顶具有保温、隔热、隔声和吸声作用,又可以增加室内亮度和美观,对于设计有空调的建筑,也是节约能耗的一个根本途径。

吊式顶棚

1. 吊顶的组成

吊顶一般由吊筋、骨架、面层三个部分组成(图 2-3-43)。

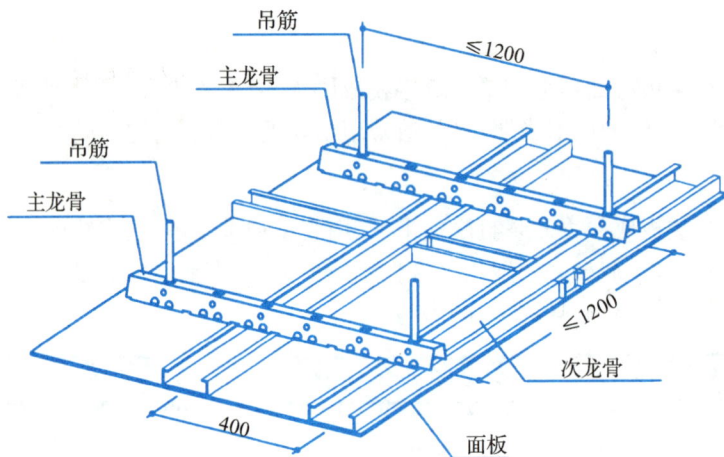

图 2-3-43　吊顶的构造组成

(1) 吊筋

吊筋也称为吊杆,其作用是承受吊顶面层和骨架的荷载,并将这些荷载传递给承重结构层,如屋面板、楼板、大梁等。吊筋的材料大多使用钢筋或型钢,对于木骨架的吊筋也可以采用木吊筋。

(2) 骨架

骨架也称为龙骨,可分为主龙骨、次龙骨。骨架的作用是承受吊顶面层的荷载,并将荷载通过吊筋传给承重结构层。骨架的结构主要是由主龙骨、次龙骨和搁栅、次搁栅等形成的网架体系。骨架的材料常用的有木骨架和金属骨架,金属骨架如轻钢骨架、型钢骨架、铝合金骨架等,轻钢龙骨和型钢龙骨有 T 型、U 型、LT 型及各种异型龙骨等。

吊顶骨架如图 2-3-44 所示。

(a) 木骨架　　　　　　　　　　　　　　(b) 金属骨架

图 2-3-44　吊顶骨架

(3) 面层

面层是吊顶的装饰层,具有装饰美化室内空间,以及吸声、反射等功能。

面层材料常见的有纸面石膏板、纤维板、胶合板、钙塑板、矿棉吸声板、铝合金等金属板、PVC 塑料板等。

2. 吊顶的构造

(1) 吊筋、吊点的连接构造

吊筋与楼板或屋面板连接的节点为吊点。在荷载变化处和龙骨被截断处要增设吊点。钢筋吊筋的直径一般为 6～8 mm,用于一般悬吊式顶棚;型钢吊筋用于重型悬吊式顶棚或整体刚度要求高的悬吊式顶棚,其规格尺寸要通过结构计算确定。木吊筋一般用 40×40 mm 或 50×50 mm 的方木制作,用于木龙骨悬吊式顶棚。

吊筋安装应注意的问题:

① 吊筋距主龙骨端部距离不得大于 300 mm,当大于 300 mm 时,应增加吊筋。吊筋间距一般为 900～1200 mm。

② 吊筋长度大于 1.5 m 时,应设置反支撑。

③ 当预埋的吊筋需接长时,必须搭接焊牢。

常见的吊筋的连接构造如图 2-3-45 所示。

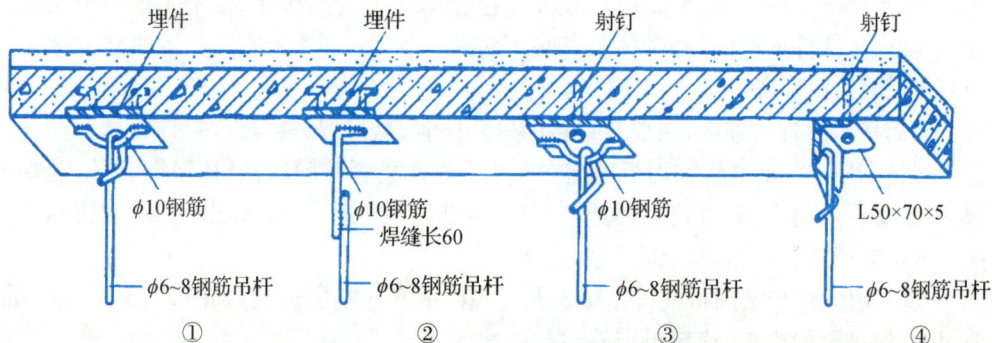

图 2-3-45　吊筋与楼板的连接

(2) 龙骨的连接构造

① 木龙骨。木龙骨的断面一般为方形或矩形。主龙骨为 50 mm×70 mm,间距一般 1.2~1.5 m;主龙骨的底部钉装次龙骨,其间距由面板规格而定。次龙骨一般双向布置,其中一个方向的次龙骨为 50 mm×50 mm 断面,垂直钉于主龙骨上;另一个方向的次龙骨断面尺寸一般为 30 mm×50 mm,可直接钉在 50 mm×50 mm 的次龙骨上。木龙骨使用前必须进行防火、防腐处理。龙骨与吊筋之间可用扁铁固定、方木固定、角铁固定等形式连接,龙骨与龙骨之间可采用侧面加固、龙骨凹槽榫接等形式连接,如图 2-3-46 所示。

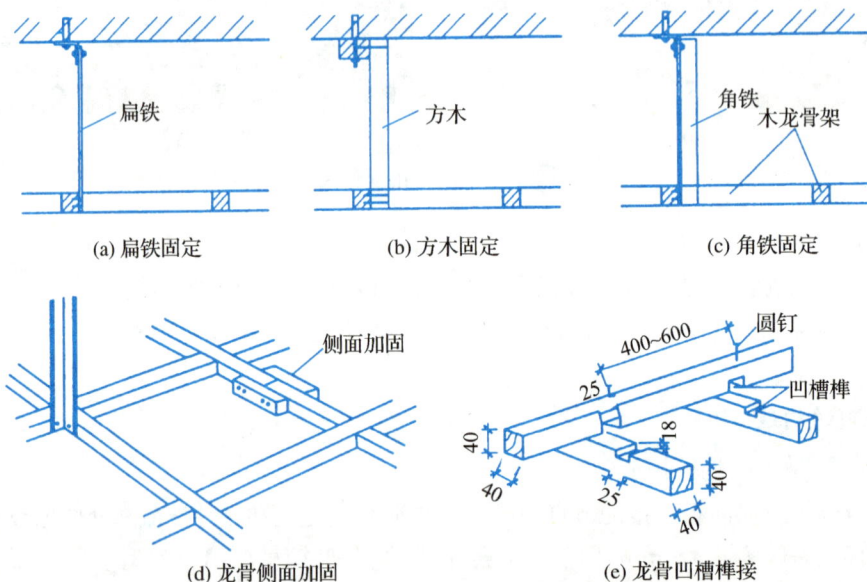

(a) 扁铁固定　　　　　　(b) 方木固定　　　　　　(c) 角铁固定

(d) 龙骨侧面加固　　　　　　　　(e) 龙骨凹槽榫接

图 2-3-46　木龙骨连接构造

② 型钢龙骨。型钢龙骨的主龙骨间距为 1.0~2.0 m,其规格应根据荷载的大小确定。主龙骨与吊筋常用螺栓连接,主次龙骨之间采用铁卡子、弯钩螺栓连接或焊接。当荷载较大、吊点间距很大或在特殊环境下时,必须采用角钢、槽钢、工字钢等型钢龙骨。

③ 轻钢龙骨。轻钢主龙骨按其承载能力分为 38,50,60 三个系列。38 系列龙骨适用于吊点距离 0.9~1.2 m 的不上人悬吊式顶棚;50 系列龙骨适用于吊点距离 0.9~1.2 m 的上人悬吊式顶棚,主龙骨可承受 80 kg 的检修荷载;60 系列龙骨适用于吊点距离 1.5 m 的上人悬吊式顶棚,可承受 80~100 kg 检修荷载。吊筋与主龙骨、主龙骨与中龙骨、中龙骨与小龙骨之间是通过吊挂件、接插件连接的,如图 2-3-47 所示。

(3) 面板的连接构造

各类饰面板与龙骨的连接,主要有钉接、粘接、搁置、卡接、吊挂等几种方式。

① 钉接。用铁钉、螺钉将饰面板固定在龙骨上。木龙骨一般用铁钉,轻钢、型钢龙骨用螺钉,钉距视板材材质而定,要求钉帽要埋入板内,并作防锈处理,如图 2-3-48(a)所示。适用于钉接的板材有植物板、矿物板、铝板等。

② 粘接。用各种胶粘剂将板材粘贴于龙骨底面或其他基层板上,如图 2-3-48(b)所示。也可采用粘、钉结合的方式,连接更牢靠。

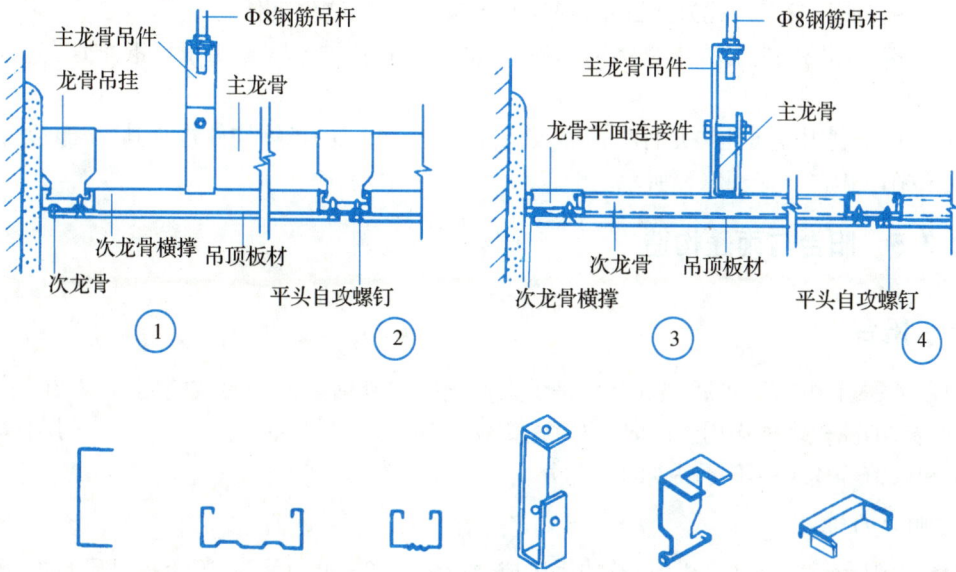

图 2-3-47　轻钢龙骨连接构造

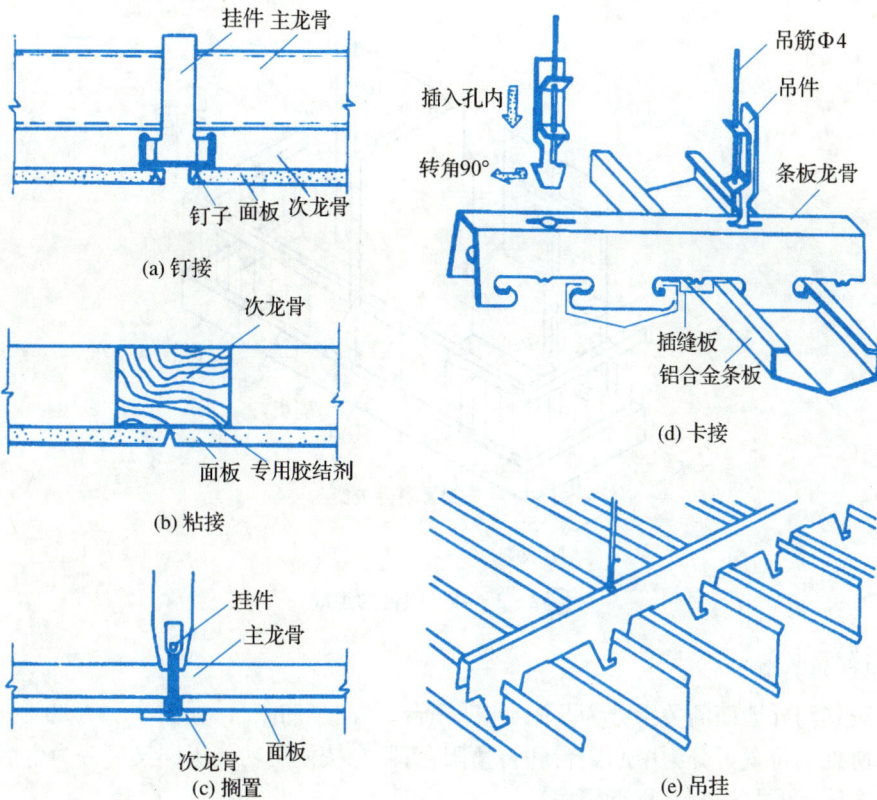

(a) 钉接

(b) 粘接

(c) 搁置

(d) 卡接

(e) 吊挂

图 2-3-48　悬吊式顶棚饰面板与龙骨的连接构造

③ **搁置**。将饰面板直接搁置在倒 T 形断面的轻钢龙骨或铝合金龙骨上,如图 2 - 3 - 48(c)所示。有些轻质板材采用此方式固定,遇风易被掀起,应用物件夹住。

④ **卡接**。用特制龙骨或卡具将饰面板卡在龙骨上,这种方式多用于轻钢龙骨、金属类饰面板,如图 2 - 3 - 48(d)所示。

⑤ **吊挂**。利用金属挂钩龙骨将饰面板按排列次序组成的单体构件挂于其下,组成开敞式悬吊式顶棚,如图 2 - 3 - 48(e)所示。

▶ 2.3.5　阳台与雨篷构造

一、阳台

阳台是建筑物中常见的组成部分,是供人们进行户外活动的平台或空间,可以起到休息、观景、晒衣、纳凉等多种作用。同时,也对建筑物的外部造型起到一定的作用,是多层住宅、高层住宅和旅馆等建筑中不可缺少的一部分。

1. 阳台的组成

阳台由阳台板、栏杆(或栏板)及扶手组成,如图 2 - 3 - 49 所示。阳台板是阳台的承重构件,栏杆、栏板是阳台的围护构件,并设在阳台临空一侧。

阳台应满足安全适用、坚固耐久、排水顺畅、形象美观的要求。

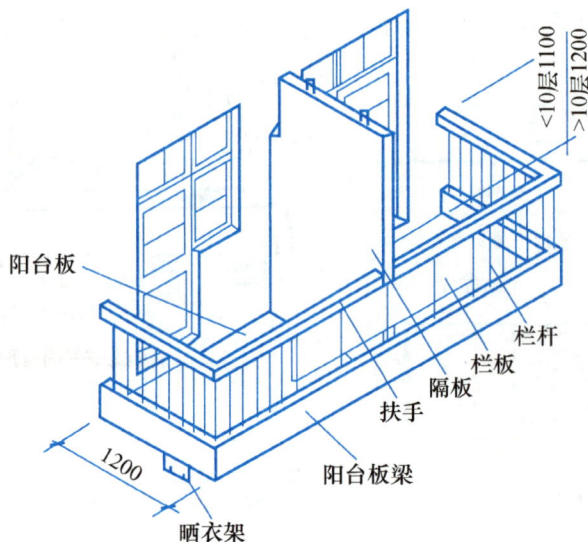

图 2 - 3 - 49　阳台的组成

2. 阳台的类型

阳台按其与外墙面的关系分为凸阳台、凹阳台、半凸半凹阳台,如图 2 - 3 - 50 所示。按其在建筑中所处的位置可分为中间阳台和转角阳台;阳台按使用功能不同又可分为生活阳台(靠近卧室或客厅)和服务阳台(靠近厨房)。

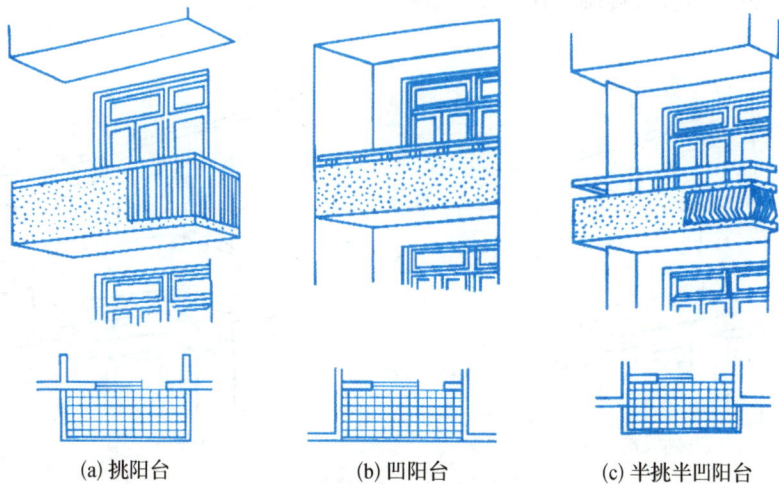

(a) 挑阳台　　　　　(b) 凹阳台　　　　(c) 半挑半凹阳台

图 2-3-50　阳台的类型

3. 阳台的结构类型

阳台的结构类型有搁板式、挑板式、挑梁式三种。凹阳台的承重方案采用搁板式布板方法。凸阳台的承重方案大体可分为挑梁式和挑板式两种类型。

(1) 搁板式

搁板式也称为墙承式，是将阳台板搁置于阳台两侧凸出来的墙上，即形成搁板式阳台（图 2-3-51），多用于凹阳台中。

图 2-3-51　搁板式阳台

(2) 挑板式

挑板式阳台有两种做法。一种做法是利用楼板从室内向外延伸，即形成挑板式阳台（图 2-3-52a）。这种阳台构造简单，施工方便，是纵墙承重住宅阳台的常用做法，阳台的长宽可不受房屋开间的限制而按需要调整。

另一种做法是将阳台板与墙梁整浇在一起，墙梁可用加大的圈梁代替。这种形式的阳台必须注意阳台板的抗倾覆问题，故阳台悬挑不宜过长，一般为 1.20 m 左右。当悬挑长度大于 1.20 m 时，可采用挑梁式。

(3) 挑梁式

从墙内向墙外伸出挑梁，其上搁置预制板（或现浇梁板），形成挑梁式阳台（图 2-3-

52b)。挑板厚度不小于挑出长度的 1/12,预制楼板挑梁压在内墙中的长度应不小于 1.5 倍的挑出长度。

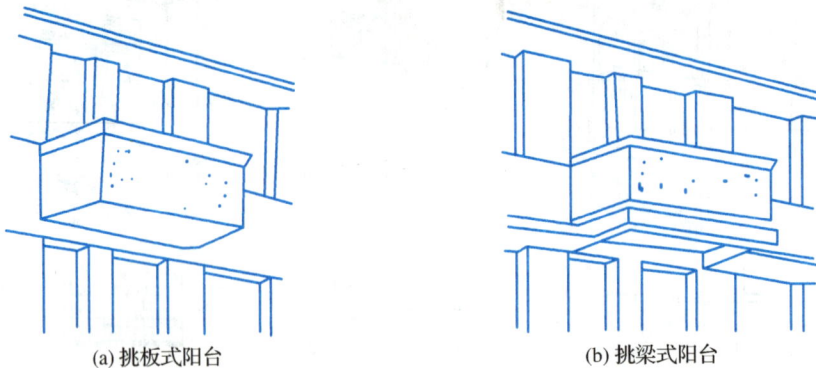

(a) 挑板式阳台　　　　　　　(b) 挑梁式阳台

图 2 - 3 - 52　挑阳台

4. 阳台细部构造

(1) 阳台栏杆(板)与扶手

栏杆(板)是为保证人们在阳台上活动安全而设置的竖向构件,其净高应高于人体的重心,其高度为 1.05~1.20 m。中高层、高层及寒冷地区住宅阳台宜采用实体栏板。

栏杆的形式有空花栏杆、组合栏杆、实心栏板三种,如图 2 - 3 - 53 所示。

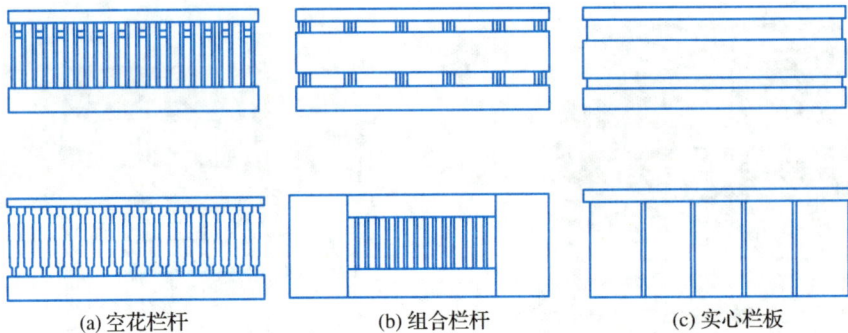

(a) 空花栏杆　　　　　　(b) 组合栏杆　　　　　　(c) 实心栏板

图 2 - 3 - 53　阳台栏杆形式

栏杆一般由金属杆或混凝土杆制作,其垂直杆件间净距不应大于 110 mm,它上与扶手、下与阳台板连接牢固。金属栏杆一般由圆钢、方钢、扁钢或钢管组成,它与阳台板的连接有两种方法,一是直接插入阳台板的预留孔内,用砂浆灌注(图 2 - 3 - 54a);二是与阳台板中预埋的通长扁钢焊接牢固。

根据扶手材料的不同,扶手与金属栏杆的连接有焊接、螺栓连接等。预制钢筋混凝土栏杆可直接插入扶手和面梁上的预留孔中,也可通过预埋件焊接固定。

栏板有钢筋混凝土栏板和玻璃栏板等。钢筋混凝土栏板可与阳台板整浇在一起(图 2 - 3 - 54b),也可在地面上预制,利用预埋铁件与阳台板或面梁焊牢(图 2 - 3 - 54c)。

阳台栏杆(板)

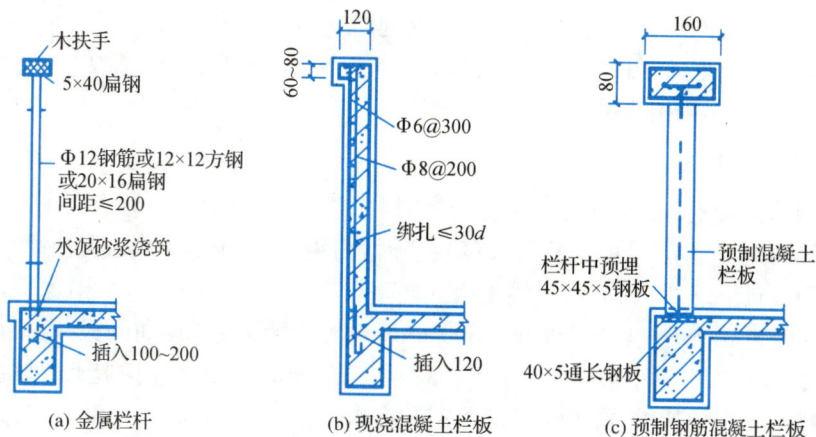

(a) 金属栏杆　　　　　(b) 现浇混凝土栏板　　　　(c) 预制钢筋混凝土栏板

图 2 - 3 - 54　阳台栏杆(板)与扶手构造

(2) 阳台排水

为防止雨水流入室内,阳台需做好排水处理。阳台地面应低于室内地面 30 mm 以上,并设有 0.5%～1% 的排水坡,坡向排水口。

排水口可以设置在阳台外侧,埋设泄水管(俗称水舌)将水排出,泄水管采用直径 40 mm 或 50 mm 镀锌钢管或 PVC 塑料管,向外伸出至少 80 mm,以防排水时落到下层的阳台,如图 2 - 3 - 55(a)所示。

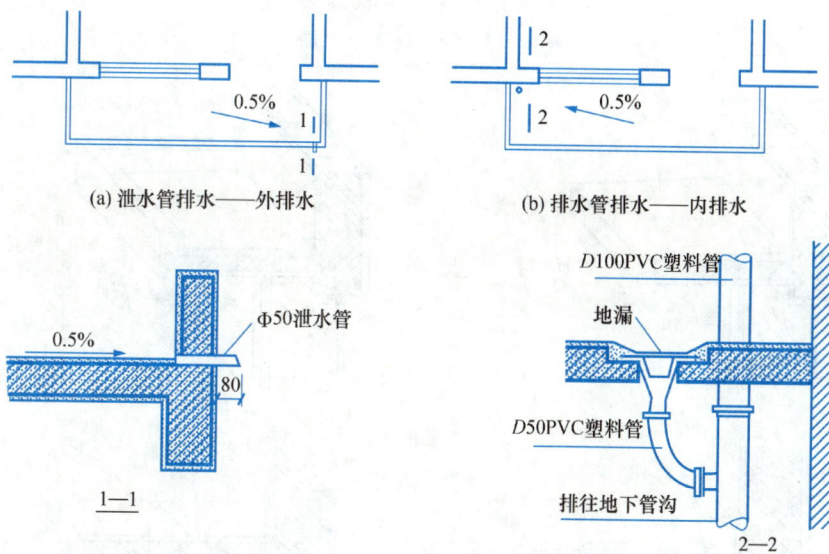

(a) 泄水管排水——外排水　　　　　　　(b) 排水管排水——内排水

图 2 - 3 - 55　阳台排水构造

为了避免阳台排水影响建筑物的立面形象,可以在阳台板的内侧设置地漏,将地漏与室外雨水管相连,由雨水管排除阳台积水,如图 2 - 3 - 55(b)所示。高层建筑阳台排水宜用雨水管排水,单层、低层或低标准建筑阳台排水可采用泄水管排水。

二、雨篷

雨篷设置在建筑入口处的上方,用来遮挡雨雪,保护外门免受雨淋。雨篷给人们提供一个从室外到室内的过渡空间,并起到保护门和丰富建筑立面的作用。

当代建筑的雨篷形式多样,按材料和结构可分为钢筋混凝土雨篷、钢结构悬挑雨篷、玻璃采光雨篷、软面折叠多用雨篷等。

1. 钢筋混凝土雨篷

传统的钢筋混凝土雨篷,当挑出长度较大时,雨篷由梁、板、柱组成,称为柱支承雨篷(图2-3-56),其构造与楼板相同;当挑出长度较小时,雨篷与挑阳台一样做成悬臂构件,其做法有悬挑板式雨篷(图2-3-57a)和悬挑梁板式雨篷(图2-3-57b)两种。雨篷板的悬挑长度一般为900～1500 mm,宽出门洞两边各500 mm以上。可做成变截面的板,但根部厚度应不小于洞口跨度的1/8,且不小于100 mm,端部不小于50 mm。雨篷在构造上要解决好两个问题,一是抗倾覆,保证使用安全;二是立面美观和排水。

图2-3-56　柱支承雨篷

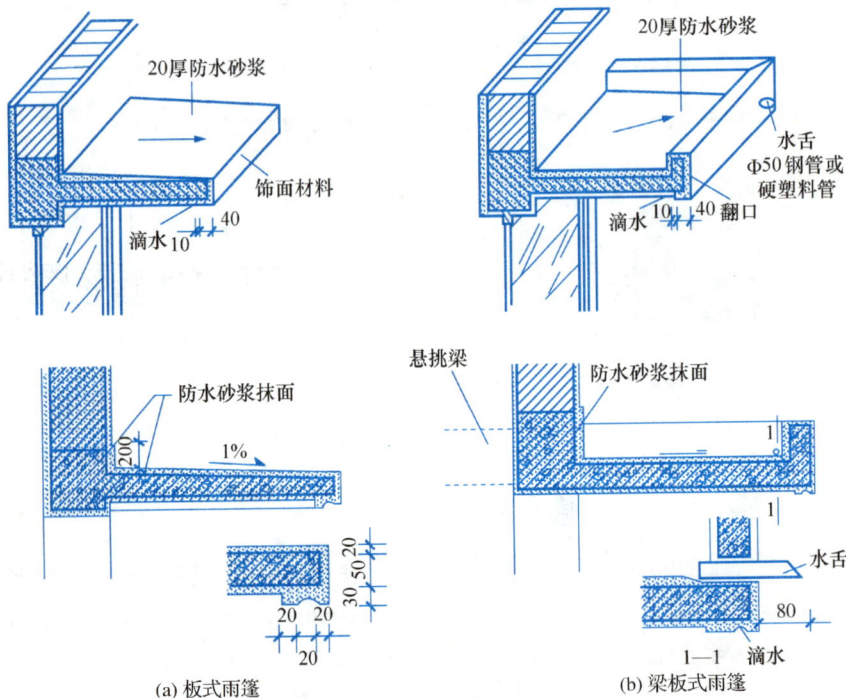

(a) 板式雨篷　　　(b) 梁板式雨篷

图2-3-57　钢筋混凝土雨篷

2. 钢结构悬挑雨篷

钢结构悬挑雨篷由支撑系统、骨架系统和板面系统三部分组成（图 2-3-58）。这种雨篷具有结构轻巧、造型美观、透明新颖、施工便捷、灵活的特点，同时富有现代感，在现代建筑中使用越来越广泛。

图 2-3-58　钢结构悬挑雨篷

▶ 模块学习小结 ◀

1. 楼板和地坪的面层称楼面和地面。楼板主要由面层、结构层、顶棚层和附加层四部分组成；地坪一般由面层、垫层、地基组成。有特殊要求的地坪可在面层与垫层之间增设附加层。

2. 钢筋混凝土楼板根据施工方法的不同又可分为现浇式楼板、预制式楼板、装配整体式楼板三种类型。

3. 现浇式钢筋混凝土楼板根据受力情况不同可分为板式楼板、梁板式楼板、无梁楼板、钢衬板组合楼板等。

4. 预制式钢筋混凝土楼板有实心平板、槽形板和空心板三种类型。

5. 装配整体式钢筋混凝土楼板可分为密肋填充块楼板和预制薄板叠合楼板两种。

6. 楼地面常见做法可分为整体类地面、块材类地面、卷材类地面、涂料类地面等四种。

7. 顶棚又称天棚、天花板。顶棚按饰面与基层的关系可归纳为直接式顶棚与吊挂式顶棚两大类。

直接式顶棚的基本构造由底层抹灰、中层抹灰、面层组成；吊式顶棚一般由吊筋、骨架、面层三个部分组成。

8. 阳台由阳台板（或梁板）、栏杆（板）及扶手组成。阳台按其与外墙面的关系分为挑阳台、凹阳台、半挑半凹阳台。

阳台的细部构造主要包括栏杆、栏板、扶手及阳台排水等细部处理。

9. 雨篷是建筑入口处的上方用来遮挡雨雪、保护外门免受雨淋的构件。按照材料和结构可分为钢筋混凝土雨篷、钢结构悬挑雨篷、玻璃采光雨篷、软面折叠多用雨篷等。

▶ 模块课后作业 ◀

一、填空题

1. 钢筋混凝土楼板根据施工方法的不同可分为_____、_____、_____三种类型。

2. 现浇整体式钢筋混凝土楼板可分为_____、_____、_____、钢衬板组合楼板等。

3. 复梁式楼板的次梁与主梁一般_____相交,板搁置在次梁上,次梁搁置在_____上,主梁搁置在墙或柱上。

4. 预制板直接搁置在梁上时其搁置长度≥_____mm;搁置于内墙上时其搁置长度≥100 mm,搁置于外墙上时其搁置长度≥_____mm,并在梁或墙上采用20 mm厚M5水泥砂浆找平。

5. 装配整体式钢筋混凝土楼板的做法之一是在预制楼板安装好后,再在上面浇注30～50 mm厚的_____面层,这样既加强了楼板的_____,又提高了楼板的_____。

6. 地面装饰的常见做法可分为_____、_____、_____、_____等四种。

7. 木地面按照构造分为_____、_____、_____三种。

8. 踢脚线也称作踢脚板,其高度一般为_____mm;墙裙又称为台度,居室内墙裙的高度一般为_____mm。

9. 顶棚按饰面与基层的关系可归纳为_____顶棚与_____顶棚两大类。

10. 阳台由承重构件_____、_____及_____组成。

二、简述题

1. 何为单向板、双向板?其各自的受力钢筋如何布置?

2. 简述钢衬板组合楼板的组成、特点与适用范围。

3. 简述石板材地面的构造做法。

三、填图题

1. 阅读下图,用文字标注出地坪的各组成名称。

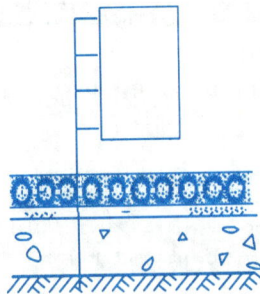

地坪的组成

2. 请在下图中标注出吊顶各组成名称。

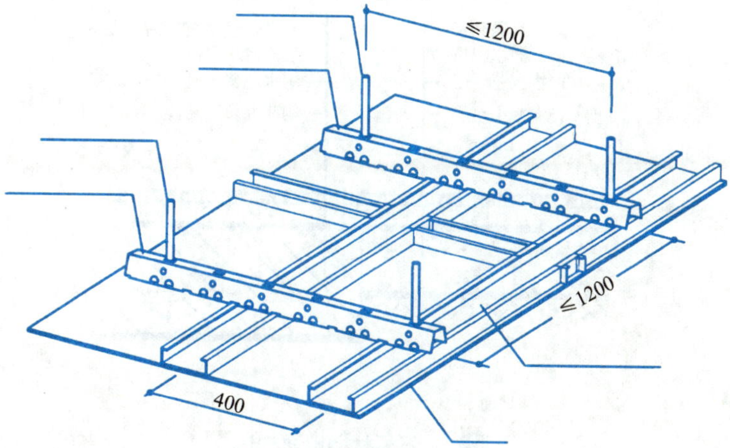

≤1200

≤1200

400

吊顶的组成

▶ 技能实训 ◀

1. 识读并抄绘陶瓷板块楼地面构造图

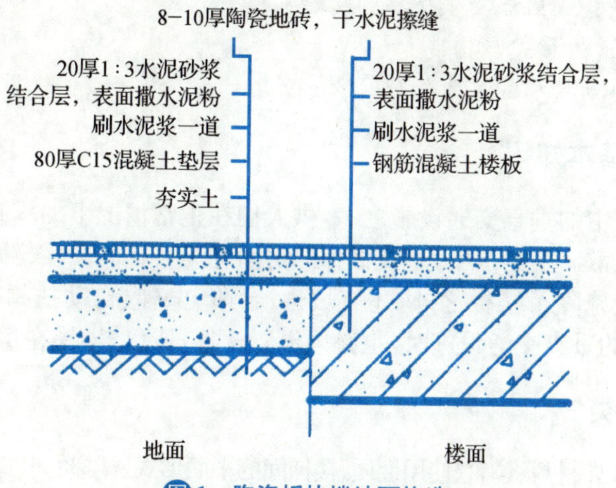

8-10厚陶瓷地砖，干水泥擦缝

20厚1:3水泥砂浆
结合层，表面撒水泥粉
刷水泥浆一道
80厚C15混凝土垫层
夯实土

20厚1:3水泥砂浆结合层，
表面撒水泥粉
刷水泥浆一道
钢筋混凝土楼板

地面　　　　楼面

图1　陶瓷板块楼地面构造

2. 识读并抄绘石板材楼地面构造图。

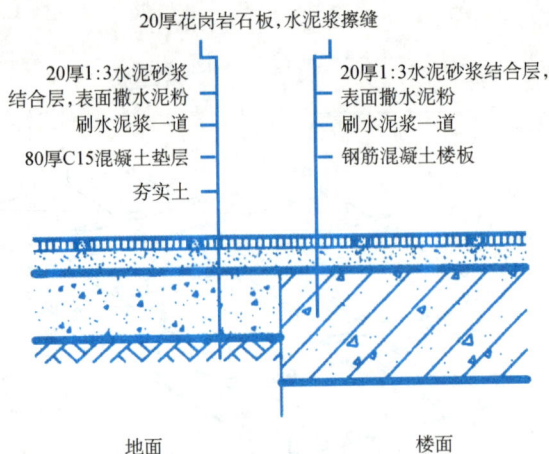

20厚花岗岩石板,水泥浆擦缝

20厚1:3水泥砂浆
结合层,表面撒水泥粉
刷水泥浆一道
80厚C15混凝土垫层
夯实土

20厚1:3水泥砂浆结合层,
表面撒水泥粉
刷水泥浆一道
钢筋混凝土楼板

地面　　　　　　　　　　楼面

图2　石板材楼地面构造

▶ 2.4　楼梯构造 ◀

模块学习目标

1. 能够叙述楼梯的组成与主要尺度,识读双跑平行楼梯平面图
2. 能够叙述现浇式钢筋混凝土楼梯的构造
3. 理解台阶、坡道的形式与构造
4. 了解电梯与自动扶梯的基本知识

▶ 2.4.1　楼梯基本知识

　　楼梯是房屋建筑中的垂直交通设施之一,供人们在正常情况下的垂直交通、搬运家具和在紧急状态下的安全疏散。在建筑中,布置楼梯的房间称为楼梯间。楼梯间要注意采光和通风。建筑中的垂直交通设施除了楼梯之外,还有坡道、台阶、电梯、自动扶梯及爬梯等。一般建筑中,当采用其他形式的垂直交通设施时,也必须设置楼梯,所以,楼梯在房屋建筑中广泛采用。

一、楼梯的分类

　　根据不同的要求,如材料、位置、使用性质、楼梯间的平面形式、楼梯的形式等,楼梯有多种分类。

1. 按照材料划分

　　根据楼梯选用的主要材料不同,可分为钢筋混凝土楼梯、钢楼梯、木楼梯等。

2. 按照位置划分

　　根据楼梯在建筑物中所处的位置不同,可分为室内楼梯和室外楼梯。

3. 按照使用性质划分

　　根据楼梯在建筑物中的使用性质不同,可分为主要楼梯、辅助楼梯、疏散楼梯、消防楼梯等。

4. 按照楼梯间的平面形式划分

根据建筑物中楼梯间的不同平面布置形式,可分为封闭式楼梯、非封闭式楼梯、防烟楼梯等(图 2-4-1)。

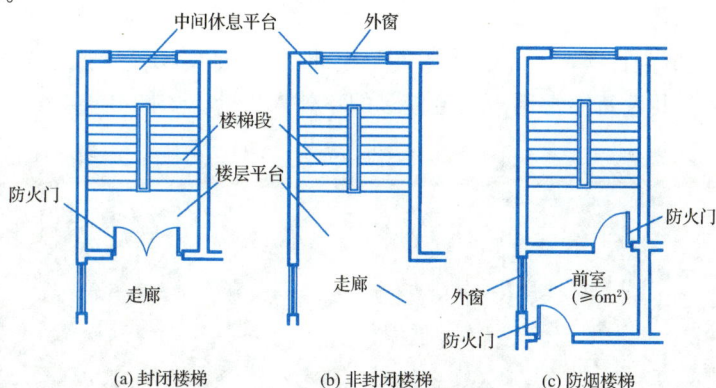

图 2-4-1　楼梯的平面形式

(a) 封闭楼梯　　(b) 非封闭楼梯　　(c) 防烟楼梯

5. 按照楼梯的形式划分

根据楼梯的不同形式,可分为直跑楼梯(分为单跑和多跑)、双跑折角楼梯、双跑平行楼梯、双跑直楼梯、三跑楼梯、四跑楼梯、双分式楼梯、双合式楼梯、八角形楼梯、圆形楼梯、螺旋形楼梯、弧形楼梯、剪刀式楼梯、交叉式楼梯等(图 2-4-2)。

楼梯类型

(a) 直跑楼梯　(b) 双跑折角楼梯　(c) 双跑平行楼梯　(d) 双跑直楼梯

(e) 三跑楼梯　(f) 四跑楼梯　(g) 双分式楼梯　(h) 双合式楼梯

(i) 八角形　(j) 圆形　(k) 螺旋形　(l) 弧形

(m) 剪刀式　　(n) 交叉式

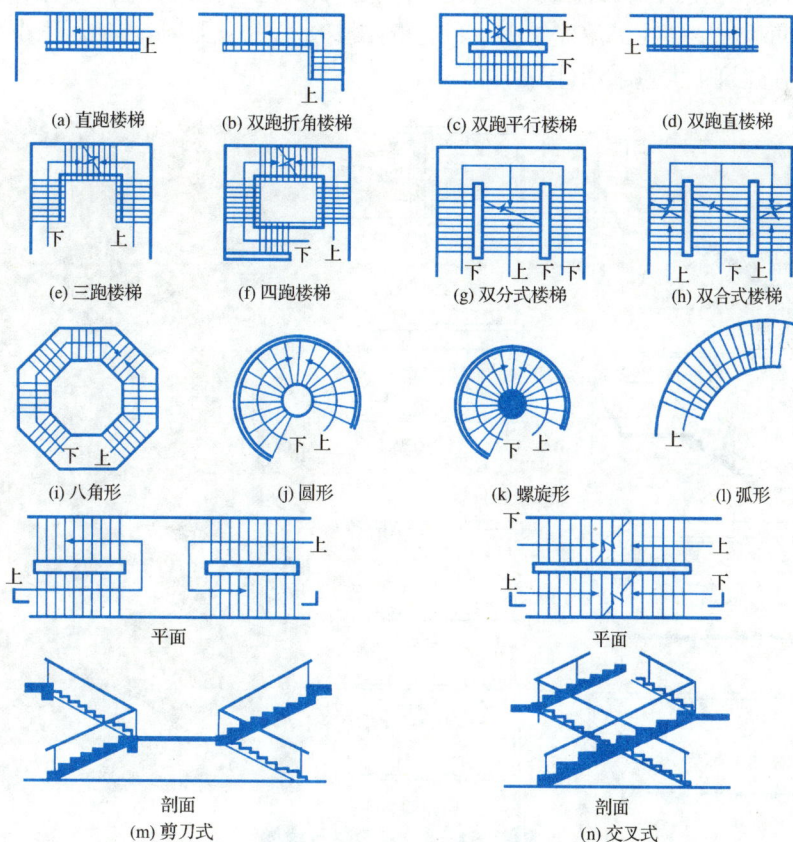

图 2-4-2　楼梯的形式

(1) 单跑直楼梯

此种楼梯无中间平台,踏步数一般不超过18级,故一般用于层高较小的建筑室内,也可以用于室外。如图2-4-3(a)所示。

(2) 多跑直楼梯

此种楼梯是在单跑直楼梯的基础上增设了中间平台,将单梯段变成了多梯段。适用于层高较大的建筑,在公共建筑中常用于人流较多的室外入口处。如图2-4-3(b)所示。

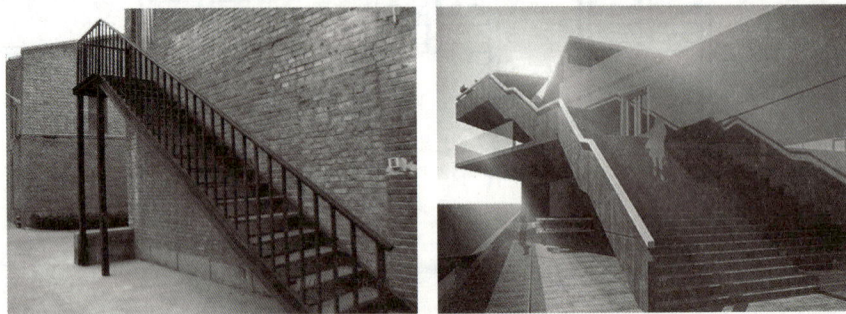

(a) 单跑直楼梯　　　　　　　　(b) 多跑直楼梯

图2-4-3　直跑楼梯

(3) 双跑平行楼梯

双跑平行楼梯由两个梯段组成,中间设置休息平台。这种楼梯通过平台改变人流方向,导向较自由,折角可改变。在民用建筑中,双跑平行楼梯平面布置紧凑,占地面积小,空间结构较为简单,因此在建筑中大量采用(图2-4-4)。

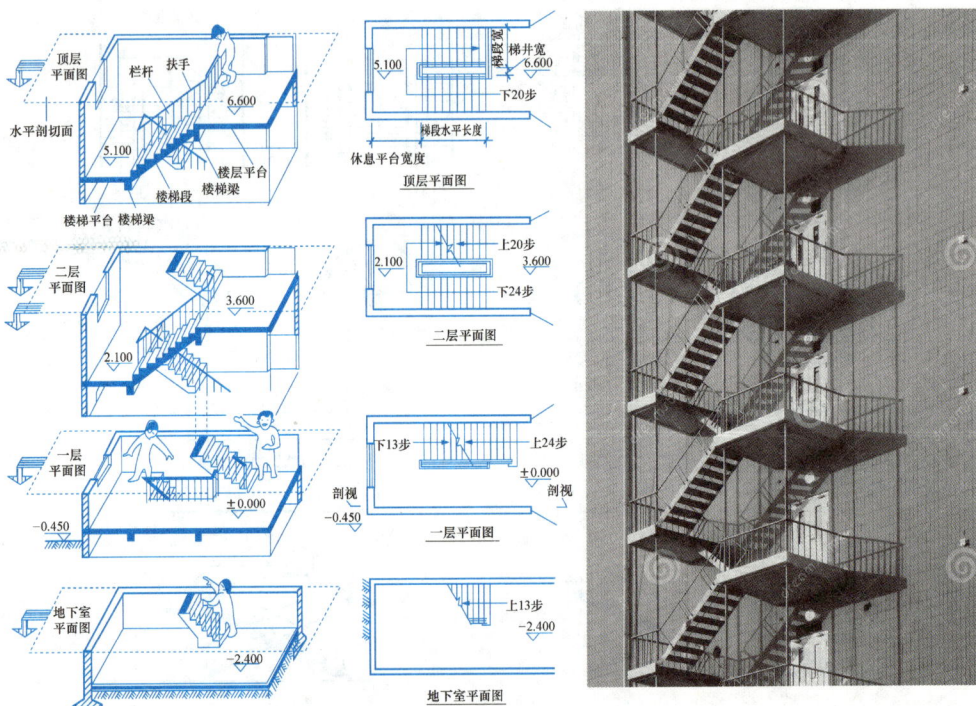

图2-4-4　双跑平行楼梯

（4）三跑楼梯

此类型楼梯为折行三跑楼梯,在楼梯中部形成了较大空间的梯井,有时可利用其作为电梯井的位置。由于三跑楼梯的梯段、踏步数量较多,常用于层高较大的公共建筑中。

（5）双分式楼梯

此类型楼梯是在双跑平行楼梯的基础上演变而成的,第一跑在中部上行,然后在中间平台处往两边各上一跑到达上部楼层(图 2-4-5)。通常在人流多、楼梯宽度较大时采用。

（6）双合式楼梯

此类型楼梯与双分式楼梯类似,区别在于双分式楼梯起步第一跑的梯段在中间,而双合式楼梯起步第一跑的梯段在两边(图 2-4-6)。

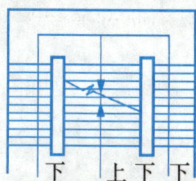

图 2-4-5　双分式楼梯

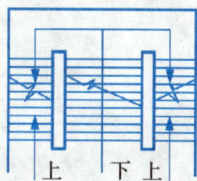

图 2-4-6　双合式楼梯

（7）剪刀式楼梯

剪刀式楼梯实际上是由两个双跑直楼梯交叉并列布置而成的,在梯段交叉处互通,如图 2-4-7所示。它既增大了人流通行能力,又为人流变换行进方向提供了便利。适用于商场、多层食堂等人流量大,且行进方向有多向性选择要求的建筑。

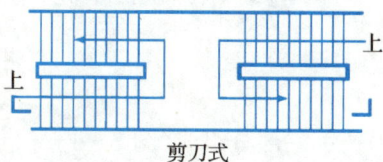

剪刀式

交叉式

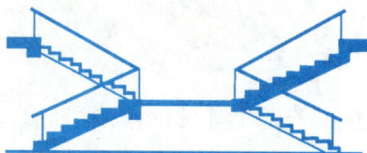

剖面

剖面

图 2-4-7　剪刀式与交叉式楼梯

(8) 交叉式楼梯

由两个单跑直楼梯梯段交叉并列布置而成,在梯段交叉处不互通,如图2-4-7所示。通行的人流量较大,且为上下楼层的人流提供了两个方向,对于空间开敞、楼层人流多方向进入有利,但仅适合于层高小的建筑。

剪刀式楼梯与交叉式楼梯最主要区别是在梯段交叉处是否互通。

(9) 螺旋形楼梯

此类型楼梯通常是围绕一根单柱布置,平面投影呈圆形,如图2-4-8所示。其平台和踏步均为扇形平面,踏步宽度为内窄外宽,行走时不安全,不能用做主要人流交通和疏散楼梯。螺旋形楼梯构造复杂,但由于其流线型造型比较优美,故常作为观赏性楼梯。

(10) 弧形楼梯

此类型楼梯与螺旋楼梯类似,不同之处在于:它围绕一个较大轴心空间旋转,平面投影未成圆形,如图2-4-9所示。弧形楼梯常布置在大空间公共建筑门厅里,用来通行一至二层之间较多的人流,也丰富和活跃了空间处理,但其结构和施工难度大,造价高。

图2-4-8　螺旋形楼梯

图2-4-9　弧形楼梯

二、楼梯的组成

楼梯一般由楼梯梯段、楼梯平台、栏杆(栏板)和扶手三部分组成(图2-4-10)。楼梯在建筑物中所处的空间称为楼梯间。

楼梯的组成

1. 楼梯梯段

楼梯梯段是楼梯的主要使用部分和承重部分,它由若干个连续的踏步组成。每个踏步又由两个互相垂直的面构成,水平面叫踏面,垂直面叫踢面。为减少人们上下楼梯时的疲劳和适应人们的行走习惯,我国规定了每个楼梯段上的踏步数不得超过18级,且不宜少于3级,否则步数太少容易被忽略而发生摔倒事故。

2. 楼梯平台

楼梯平台按其所处的位置分为楼层平台和中间平台,与楼层相连的平台为楼层平台,位于上下楼地层之间的平台为中间平台。楼梯平台主要用来解决楼梯段的转向问题,并使人们在上下楼层时能够缓冲休息。

3. 栏杆(栏板)和扶手

为了在楼梯上行走安全,楼梯梯段和平台临空一侧应设置栏杆(栏板)。栏杆(栏板)必须坚固可靠,并保证有足够的安全高度,并应在栏杆(栏板)上部设置供人们手扶持用的扶手。在公共建筑中,当楼梯段较宽时,常在楼梯段和平台靠墙一侧设置靠墙扶手。

三、楼梯的尺度

楼梯的尺度主要包括楼梯坡度、踏步尺寸、梯段宽度、梯段长度、平台宽度、梯井宽度、栏杆扶手高度以及楼梯净空高度等内容。

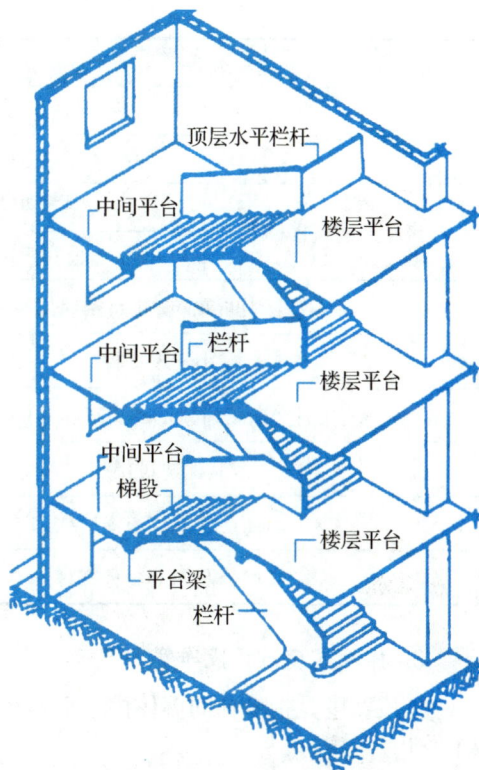

图 2 - 4 - 10　楼梯的组成

1. 楼梯坡度

楼梯的坡度越大,占地面积越小,越经济,但行走吃力;反之,行走舒适,但占地面积大,不经济。常见楼梯坡度范围在 23°~45° 之间,一般不宜超过 38°,其中 30° 左右较为适宜。坡度小于 23° 时,应采用坡道形式;坡度大于 45° 时,则采用爬梯。坡道、台阶、楼梯、爬梯的坡度范围如图 2 - 4 - 11 所示。

2. 踏步尺寸

楼梯踏步尺寸包括踏面宽度(b)和踢面高度(h)。踏步的尺寸可按经验公式 $b + 2h = 600~620$ mm(注:600~620 mm 为人的平均步距)来确定。

在建筑工程中,踏面宽度一般为 220~350 mm,踢面高度一般为 120~200 mm。踏步的具体尺寸应根据建筑物的实际情况来确定,根据《民用建筑设计统一标准》(GB 50352—2019)的规定,楼梯踏步最小宽度(b)和最大高度(h)见表 2 - 4 - 1。

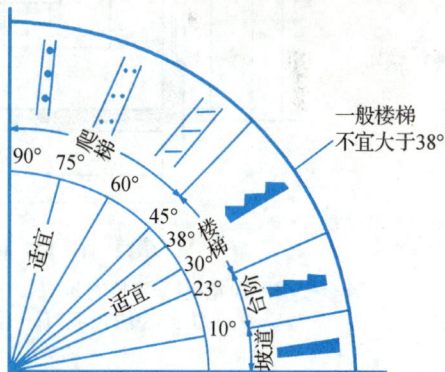

图 2 - 4 - 11　坡度范围

表 2 - 4 - 1　楼梯踏步最小宽度和最大高度(m)

楼梯类别		最小宽度	最大高度
住宅楼梯	住宅公共楼梯	0.260	0.175
	住宅套内楼梯	0.220	0.200

(续表)

楼梯类别		最小宽度	最大高度
宿舍楼梯	小学宿舍楼梯	0.260	0.150
	其他宿舍楼梯	0.270	0.165
老年人建筑楼梯	住宅建筑楼梯	0.300	0.150
	公共建筑楼梯	0.320	0.130
托儿所、幼儿园楼梯		0.260	0.130
小学校楼梯		0.260	0.150
人员密集且竖向交通繁忙的建筑和大、中学校楼梯		0.280	0.165
其他建筑楼梯		0.260	0.175
超高层建筑核心筒内楼梯		0.250	0.180
检修及内部服务楼梯		0.220	0.200

3. 梯段宽度与梯段净宽

梯段宽度是指楼梯间墙体内表面至梯井边缘的水平距离(如图 2-4-12 中的 B),此为楼梯尺寸计算宽度。

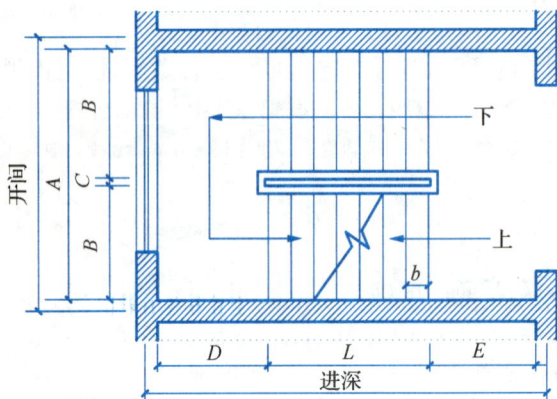

图 2-4-12　楼梯尺寸

A—楼梯间净宽;B—梯段宽度;C—梯井宽度;D—中间平台宽度;
L—梯段长度;E—楼层平台宽度

楼梯的尺度

当一侧有扶手时,梯段净宽是指墙体装饰面至扶手中心线的水平距离;当两侧有扶手时,梯段净宽为两侧扶手中心线之间的水平距离。一般情况下,楼梯净宽按每股人流为 0.55 m＋(0～0.15)m 的人流股数确定,并不应少于两股人流,0～0.15 m 为人流行进中人体的摆幅。实际工程中,满足单股人流通过的梯段净宽一般不小于 900 mm,双股人流通过的梯段净宽为(1100～1400)mm,三股人流通过的梯段净宽为(1650～2100)mm。一般公共建筑梯段净宽应至少保证两股人流通行。

4. 梯段长度

梯段长度(L)是楼梯段的水平投影长度,如图 2-4-12 所示。梯段长度取决于踏面宽度(b)和梯段上踏步数量(n)。梯段长度 $L=(n-1)b$。

5. 平台宽度

楼梯平台有中间平台和楼层平台之分。为了保证正常情况下人流通行和非正常情况下安全疏散,以及搬运家具设备的方便,楼梯平台宽度应不小于梯段宽度,并不得小于 1200 mm,且楼层平台宽度应大于中间平台宽度,平台宽度如图 2-4-12 中的 D、E。

6. 梯井宽度

梯井是指梯段之间形成的空档,此空档从底层到顶层贯通。梯井宽度是指此空档中两梯段之间的水平距离(图 2-4-12 中的 C)。在双跑平行楼梯中,为了安全,梯井宽度一般以 60~200 mm 为宜。当楼梯井净宽大于 110 mm 时,必须采取防止儿童攀滑的措施。

7. 栏杆和扶手高度

扶手高度是指踏步面前缘至扶手顶面的垂直距离。室内楼梯栏杆扶手高度一般不宜小于 900 mm,靠楼梯井一侧水平扶手长度超过 500 mm 时,其高度不应小于 1050 mm;室外楼梯栏杆高度不应小于 1050 mm;中小学和高层建筑室外楼梯栏杆高度不应小于 1100 mm;供儿童使用的楼梯应在 500~600 mm 高度增设扶手;为防止儿童穿过栏杆空当而发生危险,栏杆之间的水平距离不应大于 110 mm(图 2-4-13)。

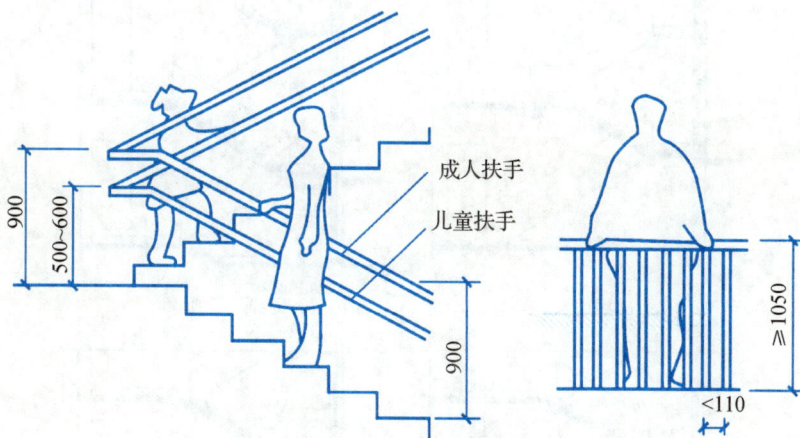

图 2-4-13 扶手高度

8. 楼梯净空高度

楼梯净空高度为自踏步前缘 300 mm 处至正上方突出物下缘间的垂直高度,是保证人流通行或家具搬运时所需的竖向净空高度。楼梯净空高度包括梯段下净空高度和平台下净空高度,楼梯平台下净空高度应不小于 2.00 m,梯段下净空高度应不小于 2.20 m(图 2-4-14)。

当楼梯底层中间平台下做通道时,为求得下面空间净高≥2000 mm,常采用以下几种处理方法:

(1)将楼梯底层设计成"长短跑"(图 2-4-15a),让第一跑的踏步数目多些,第二跑踏步数目少些,利用踏步的多少来调节下部净空的高度。

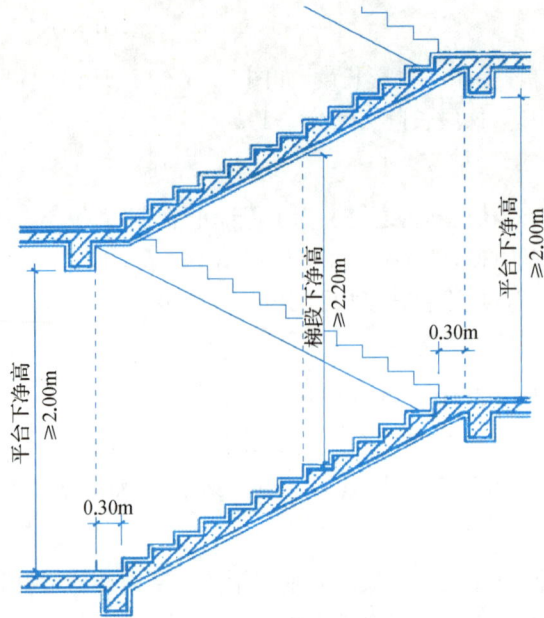

图 2-4-14　楼梯净空高度

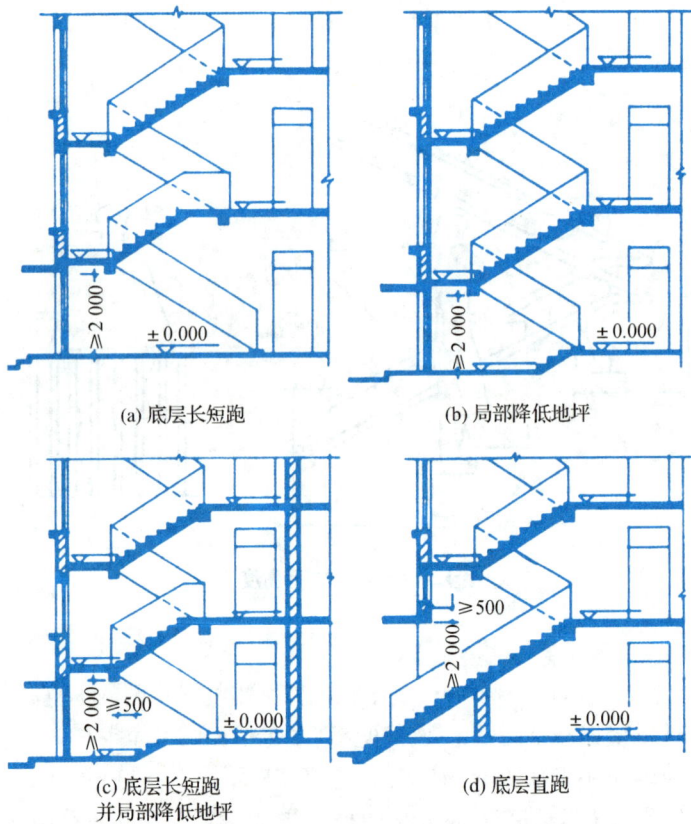

(a) 底层长短跑

(b) 局部降低地坪

(c) 底层长短跑
并局部降低地坪

(d) 底层直跑

图 2-4-15　底层中间平台下作通道时的处理

（2）局部降低地坪标高（图 2-4-15b）。楼梯段长度不变,降低楼梯间底层的室内地面标高,以增加平台下的净空高度,但是室内外地坪高差要满足使用要求。

(3) 将上述两种方法结合,即降低底层中间平台下的地面标高的同时增加楼梯底层第一个梯段的踏步数量(图 2 - 4 - 15c)。

(4) 底层采用单跑直楼梯,直达二楼(图 2 - 4 - 15d)。这种处理楼梯段较长,楼梯间相应也较长,这种方式多用于少雨地区的住宅建筑。

2.4.2　钢筋混凝土楼梯构造

钢筋混凝土楼梯具有坚固耐久、防火性能好等优点,在建筑工程中广泛应用。钢筋混凝土楼梯按照施工工艺不同分为现浇整体式和预制装配式两大类。

一、现浇整体式钢筋混凝土楼梯

现浇整体式钢筋混凝土楼梯是指在施工现场就地支模、绑扎钢筋,将楼梯段与平台浇筑在一起的楼梯。其特点是整体性好,刚度大,坚固耐久,抗震较为有利;但受外界环境因素影响较大,工人劳动强度大,施工速度慢,消耗模板多,施工工序复杂。适用于施工现场无起重设备、抗震要求高的建筑。

现浇式整体钢筋混凝土楼梯根据结构形式的不同,分为板式楼梯和梁板式楼梯。

1. 板式楼梯

板式楼梯梯段作为一块整浇板,斜向搁置在平台梁上,楼梯段相当于一块斜放的板,平台梁之间的水平距离即为板的跨度(图 2 - 4 - 16a)。也有带平台板的板式楼梯,即把两个或一个平台板和一个梯段组合成一块折形板,即折板式楼梯(图 2 - 4 - 16b)。这种处理方法平台下净空扩大了,但斜板跨度增加了。当楼梯荷载较大、楼梯段斜板跨度较大时,斜板的截面高度也将很大,钢筋和混凝土用量增加,经济性下降。板式楼梯结构简单,施工方便,底面平整,便于装修,但自重较大,耗用材料多,适用于楼梯段跨度及荷载较小的楼梯。

现浇整体式钢筋混凝土楼梯

板式楼梯一般由梯段板、平台梁、平台板组成,若为折板式楼梯,则无平台梁。

板式楼梯荷载传递过程为:荷载→梯段板→平台梁→楼梯间的墙(柱)。

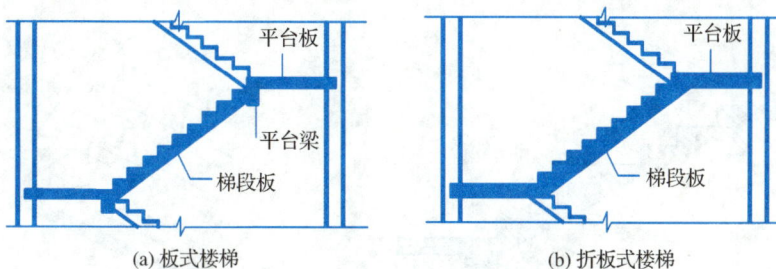

图 2 - 4 - 16　现浇式钢筋混凝土板式楼梯

(a) 板式楼梯　　　(b) 折板式楼梯

2. 梁板式楼梯

梁板式楼梯是指楼梯段中设有斜梁的楼梯。斜梁支承在上下两端的平台梁上,平台梁支承在墙或柱上。梁板式楼梯受力较好,用材比较经济,但模板较复杂,适用于各种长度的楼梯。梁板式楼梯一般由梯段板、斜梁、平台梁、平台板组成。

梁板式楼梯荷载传递过程为：荷载→梯段板→斜梁→平台梁→楼梯间的墙(柱)。

梁板式楼梯按结构布置方式不同，可分为单梁式楼梯和双梁式楼梯。

(1) 单梁式楼梯

单梁式楼梯造型新颖，轻巧美观，空间感好，但结构复杂，多用于公共建筑和庭园建筑的外部楼梯，如图2-4-17所示。

单梁式楼梯的每个楼梯段仅用一根梯梁支承踏步，完全依靠单根梯梁支撑在上下层楼板结构共同来受力。单梁式楼梯受力复杂，梯梁不仅受弯，而且受扭。

图2-4-17　单梁式楼梯

(2) 双梁式楼梯

双梁式楼梯的斜梁一般有两根，布置在踏步板的两侧。按斜梁位置的不同有明步和暗步之分，明步是将斜梁设置在踏步板之下(图2-4-18a)；暗步是把斜梁反到上面，使斜梁和踏步板的下表面取平(图2-4-18b)，目前大多数建筑采用明步做法。

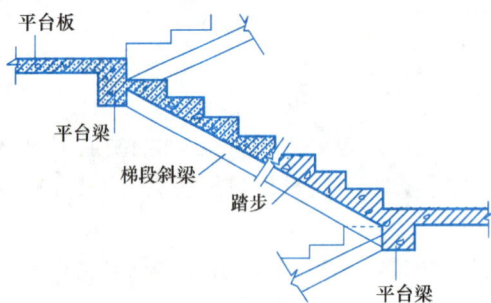
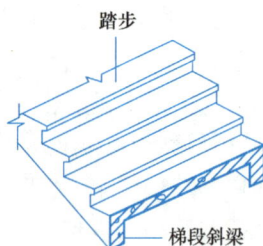

(a) 明步楼梯

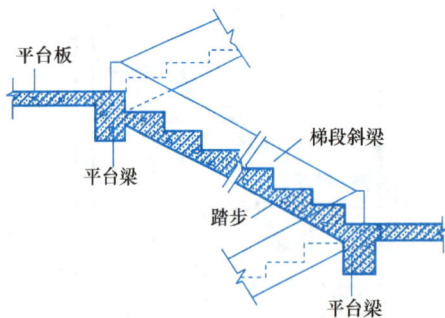
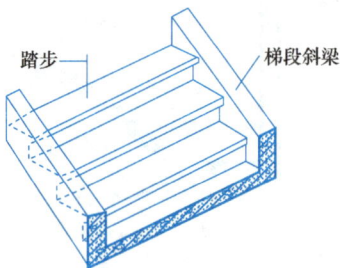

(b) 暗步楼梯

图2-4-18　双梁式楼梯

二、预制装配式钢筋混凝土楼梯

预制装配式钢筋混凝土楼梯是指用预制厂生产或现场制作的构件安装拼合而成的楼梯。其特点是施工速度快,受气候影响小,工业化生产,节约模板。但整体性、抗震性、灵活性等不及现浇式钢筋混凝土楼梯,且一次性投资较多。适用于工业化程度较高、工期要求紧的工程,但不适宜用于抗震区。

预制装配式钢筋混凝土楼梯根据构件尺度以及施工现场吊装设备能力的不同,可分为小型构件装配式、中型构件装配式、大型构件装配式等三种类型。

1. 小型构件装配式楼梯

小型构件装配式楼梯是将踏步、斜梁、平台梁、平台板等分别预制,然后进行装配,如图2-4-19所示。它具有构件小而轻、制作容易、便于安装的优点。但由于构件数量多,现场湿作业也较多,施工速度相对较慢,常用于施工机械化程度较低的建筑物中。

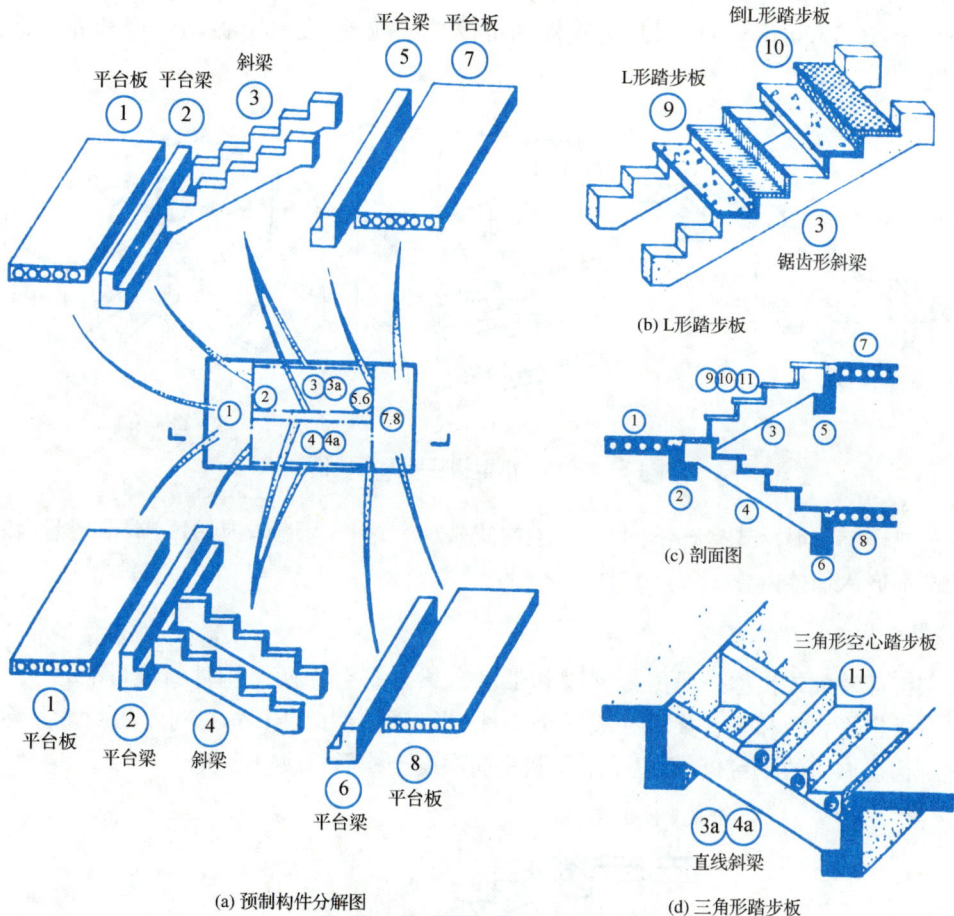

(a) 预制构件分解图

(b) L形踏步板

(c) 剖面图

(d) 三角形踏步板

图2-4-19　小型预制构件分解图

小型构件装配式楼梯按构造方式有梁承式、墙承式和悬挑式三种。

(1) 梁承式楼梯

由踏步、斜梁、平台梁、平台板组成。预制踏步搁置在斜梁上形成梯段,斜梁搁置在平台梁上,平台梁搁置在楼梯间的墙上,平台板搁置在平台梁以及楼梯间的纵墙和横墙上(图 2-4-20a)。

预制踏步可以做成一字形、L 形和三角形。斜梁的截面可做成矩形和锯齿形,矩形斜梁用于支承三角形踏步板,如图 2-4-19(d)所示;锯齿形斜梁用于支承一字形和 L 形踏步板,如图 2-4-19(b),(c)所示。

(2) 墙承式楼梯

墙承式楼梯是把预制的踏步板直接搁置在两侧墙上构成梯板,用承重墙代替斜梁来支承踏步板(图 2-4-20b)。在砌筑墙体时,随砌随安放踏步板。因此,墙承式楼梯具有造价低、施工方便的特点,但上下梯段的人们在通行时通视条件很差,目前已经很少采用。

(3) 悬挑式楼梯

悬挑式楼梯是将预制的 L 形或一字形踏步板的一端砌在楼梯间的侧墙内,另一端悬挑并安装栏杆(图 2-4-20c)。悬挑式楼梯通常不设楼梯梁和平台梁,因此构造简单,用料省,自重较轻,占用空间少,是一种经济型楼梯。因该楼梯是悬臂结构,楼梯的宽度不宜太大,一般不超过 1500 mm。由于悬挑式楼梯抗震性能较差,在具有振动荷载和地震区的建筑中不宜使用。

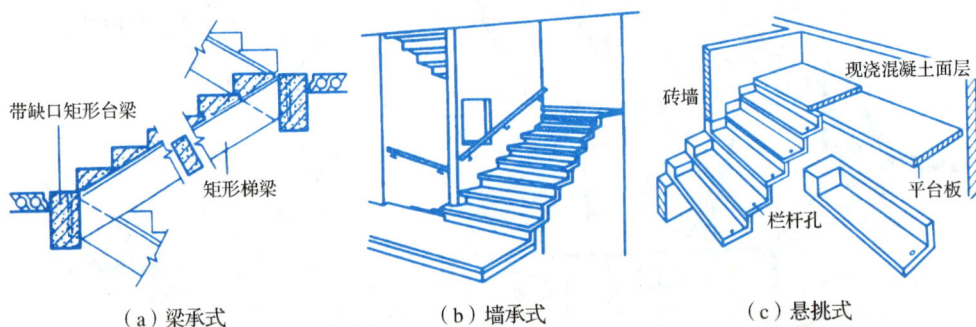

(a) 梁承式　　　　　　(b) 墙承式　　　　　　(c) 悬挑式

图 2-4-20　小型构件装配式楼梯

悬挑式楼梯与墙承式楼梯不同之处:悬挑式楼梯一端嵌入墙体内,另一端形成悬臂;墙承式是两端都嵌入墙体内。

2. 中型构件装配式楼梯

中型构件装配式楼梯一般由楼梯段和带平台梁的平台板两个构件组成(图 2-4-21)。带梁平台板把平台板和平台梁合并成一个构件,当起重能力有限时,可将平台梁和平台板分开。这种构造做法的平台板,可以采用预制钢筋混凝土槽形板或空心板。

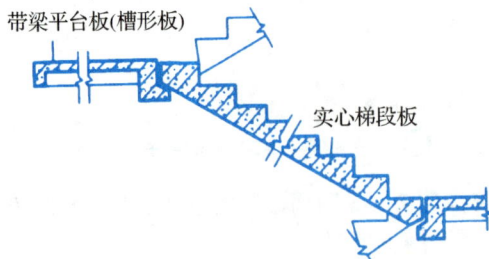

图 2-4-21　中型构件装配式楼梯

中型构件与小型构件相比,可减少构件数量,简化施工,减轻劳动强度,加快施工速度,但要求有一定的施工吊装能力。

3. 大型构件装配式楼梯

大型构件装配式楼梯是把整个梯段和平台预制成一个构件(图 2 - 4 - 22)。每层楼梯由两个形状相同的构件组成。为减轻构件的重量,可以采用空心楼梯段,楼梯段和平台这一整体构件支承在钢支托或钢筋混凝土支托上。

大型构件装配式楼梯,构件数量少,装配化程度高,施工速度快,但施工时需要大型的起重运输设备,主要用于大型装配式建筑中。

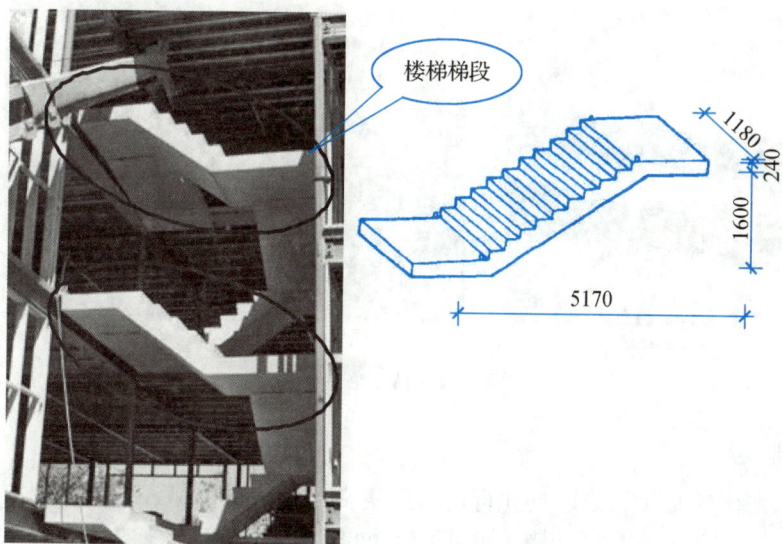

图 2 - 4 - 22　大型构件装配式楼梯

2.4.3　楼梯的细部构造

楼梯的细部构造主要有踏步和防滑措施、栏杆和栏板、扶手以及楼梯基础等。

一、踏步和防滑措施

1. 踏步面层

楼梯是供人行走之用的垂直交通设施,使用率很高,踏步面层容易磨损,影响行走与美观,因此,踏步面层应坚固、耐磨、防滑、便于清洁以及有较好的美观性。踏步面层的材料常与门厅或走道的楼地面面层材料一致,常用做法有天然石材面层、水泥砂浆面层、水磨石面层、缸砖面层、塑胶面层等,如图 2 - 4 - 23 所示。

(a) 天然石材面层　　　　　　　　　　(b) 水磨石面层

(c) 缸砖面层　　　　　　　　　　　　(d) 塑胶面层

图 2 - 4 - 23　踏步面层

2. 防滑措施

考虑行人在楼梯上行走安全,防止行走时滑跌,踏步表面应采取一定的防滑措施,一般做法是在踏步踏口处做防滑条、防滑凹槽或防滑包口,如图 2 - 4 - 24 所示。防滑条可用水泥金刚砂、马赛克、铜条、铜板、铝合金条、塑料条或橡胶条等摩擦阻力大的材料做成,工程上常见的防滑形式如图 2 - 4 - 25 所示。防滑条要求高出面层 2~3 mm,宽 10~20 mm,防滑条或防滑凹槽长度一般按踏步长度每边减去 150 mm。在标准较高的建筑,可铺地毯或防滑塑料或橡胶贴面。

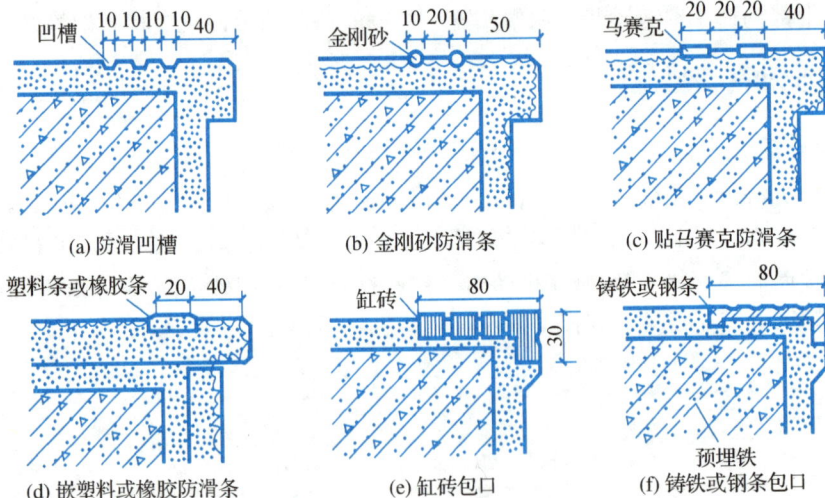

(a) 防滑凹槽　　　　　(b) 金刚砂防滑条　　　　(c) 贴马赛克防滑条

(d) 嵌塑料或橡胶防滑条　　　(e) 缸砖包口　　　(f) 铸铁或钢条包口

图 2 - 4 - 24　踏步防滑处理

(a) 石材凹槽防滑　　　　　　　　　　　(b) 马赛克防滑条

(c) 铜板防滑　　　　　　　　　　　　　(d) 面砖带防滑条

图 2 - 4 - 25　踏步防滑处理实景

二、栏杆和栏板

栏杆和栏板是在楼梯和平台临空一侧设置的围护构件,是保证安全的设施,并起到一定的装饰作用。

1. 栏杆

栏杆是透空构件,可采用木材、铸铁、型钢、不锈钢等材料制作,通过榫接、焊接或铆接成一定的图案,既起防护作用,又有一定的装饰效果(图 2 - 4 - 26)。栏杆与楼梯段应有可靠的连接,连接方法主要有预埋铁件焊接、预留孔洞插接、螺栓连接等(图 2 - 4 - 27)。

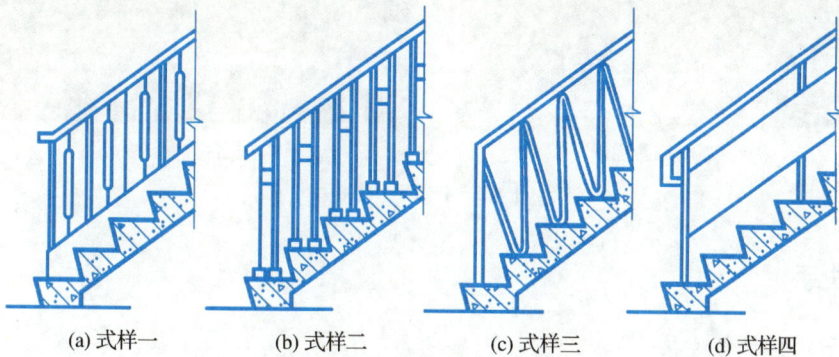

(a) 式样一　　　　(b) 式样二　　　　(c) 式样三　　　　(d) 式样四

图 2 - 4 - 26　金属栏杆形式

<table>
<tr><td>底座套环
预埋铁件焊接</td><td>底座套环
预留洞插接、细
石混凝土填实</td><td>膨胀螺栓
铆固</td></tr>
<tr><td>(a) 预埋铁件焊接</td><td>(b) 预留孔洞插接</td><td>(c) 螺栓连接</td></tr>
</table>

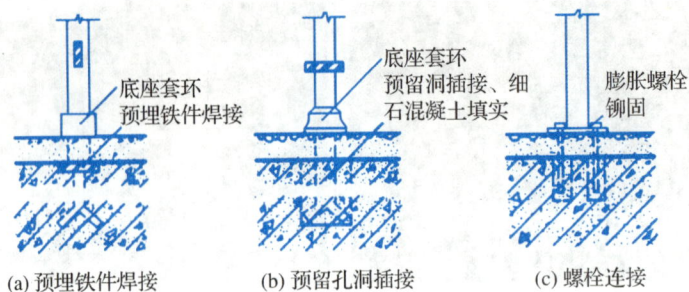

图 2 – 4 – 27　栏杆与梯段连接

2. 栏板

栏板是不透空构件,常用砖砌筑,或用预制或现浇钢筋混凝土板做成。在装饰等级要求较高的建筑中,常采用钢化玻璃栏板、不锈钢栏板以及在混凝土栏板上做饰面(如贴缸砖、大理石等),如图 2 – 4 – 28 所示。

(a) 钢化玻璃栏板　　　　　　　　　(b) 不锈钢栏板

(c) 石材饰面栏板　　　　　　　　　(d) 复合材料栏板

图 2 – 4 – 28　栏板

三、扶手

1. 扶手的材料与连接

栏杆和栏板的上部都要设置扶手,供人们上下楼梯时依扶之用。扶手一般用硬木、钢管、不锈钢管、塑料管等材料做成(图 2 – 4 – 29a,b,c),在栏板的上部可抹水泥砂浆或水磨石等,以制成栏板扶手(图 2-4-29d)。

扶手与栏杆的固定方法很多,木扶手与栏杆一般用螺钉连接,钢管扶手与钢栏杆一般用焊接连接。当楼梯较宽时,靠墙一侧应设置"靠墙扶手"以确保行走安全(图 2-4-29e)。

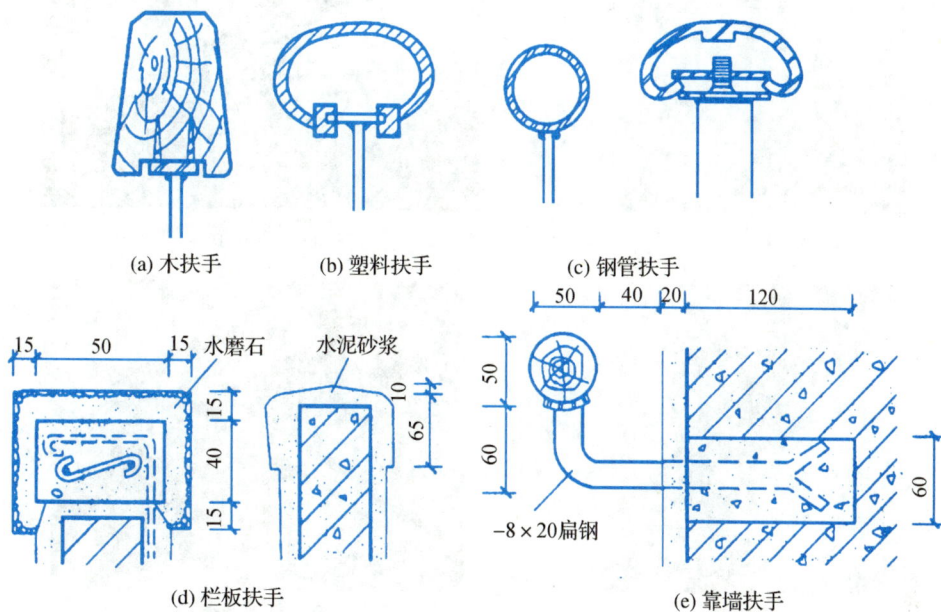

(a) 木扶手　　　　(b) 塑料扶手　　　　(c) 钢管扶手

(d) 栏板扶手　　　　　　　　(e) 靠墙扶手

图 2-4-29　栏杆及栏板的扶手构造

2. 扶手的转折处理

在双跑平行楼梯的平台转折处,当上下行梯段齐步时,上下行扶手同时伸进平台半步,扶手为平顺连接,转折处的高度与其他部位一致(图 2-4-30a,e)。

当平台宽度较窄时,扶手不宜伸进平台,应紧靠平台边缘设置,扶手为高低连接,在转折处形成向上弯曲的鹤颈扶手(图 2-4-30b,f)。

鹤颈扶手制作麻烦,可改用斜接(图 2-4-30c,g)

当上下行梯段错步时,将形成一段水平扶手(图 2-4-30d,h)。

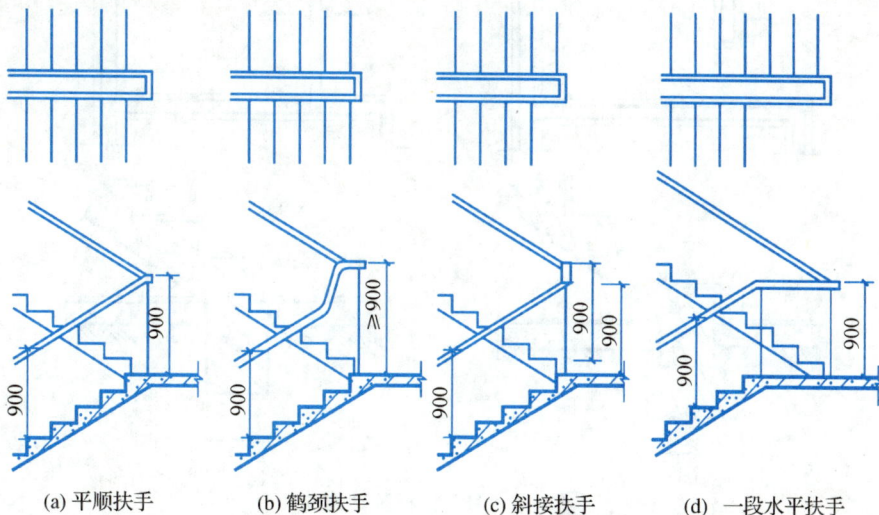

(a) 平顺扶手　　　(b) 鹤颈扶手　　　(c) 斜接扶手　　　(d) 一段水平扶手

(e) 平顺扶手

(f) 鹤颈扶手

(g) 斜接扶手

(h) 一段水平扶手

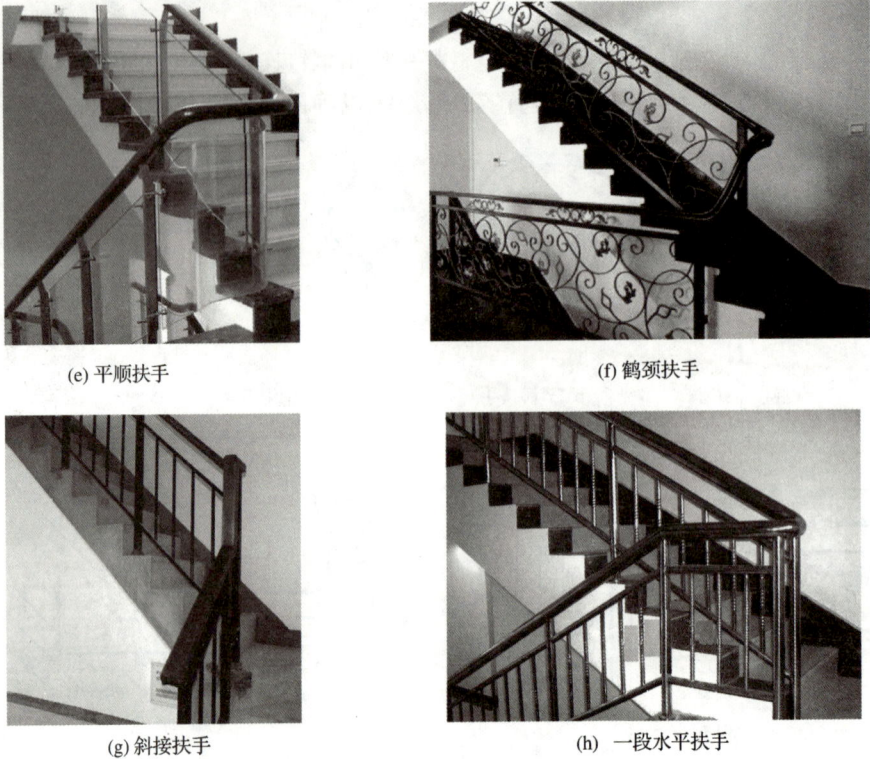

图 2‐4‐30　栏杆扶手转折处理

四、楼梯基础

首层地面第一个梯段不能直接搁置在地坪层上,需要在其下部设置楼梯基础,楼梯的基础简称梯基。梯基的做法有两种,一种是楼梯段下直接设置砖、石或混凝土基础,然后将楼梯梯段支承于基础之上(图 2‐4‐31a);另一种是楼梯梯段支承在钢筋混凝土地基梁上(图 2‐4‐31b)。

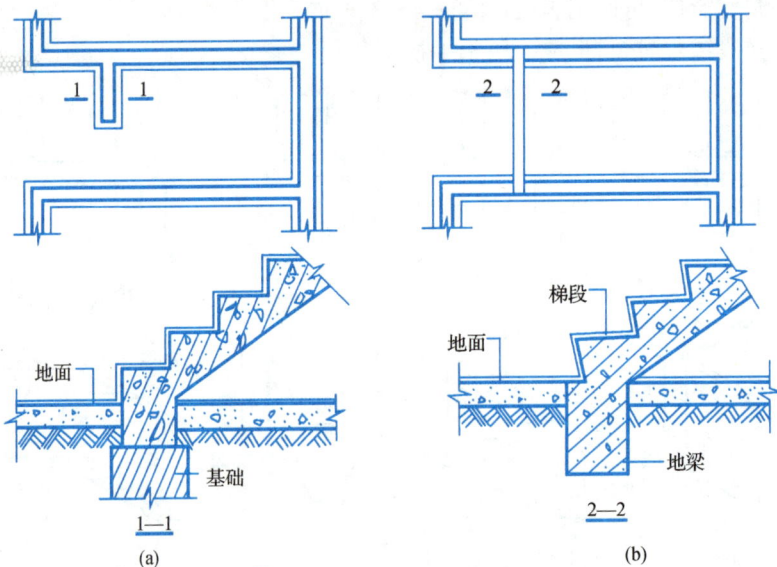

地面

基础

1—1

(a)

梯段

地面

地梁

2—2

(b)

图 2‐4‐31　楼梯基础构造

▶ 2.4.4　其他垂直交通设施

除了楼梯外,其他垂直交通设施还有坡道、台阶、电梯、自动扶梯以及爬梯等,其他垂直交通设施不能取代楼梯的安全疏散作用。

室外台阶与坡道是建筑物入口处连接室内外不同地面标高之间的交通联系部件。一般多采用台阶,当有车辆通行或室内外地面高差较小时,可采用坡道。台阶与坡道在建筑主入口处对建筑物的立面还具有一定的美观装饰作用(图2-4-32)。

 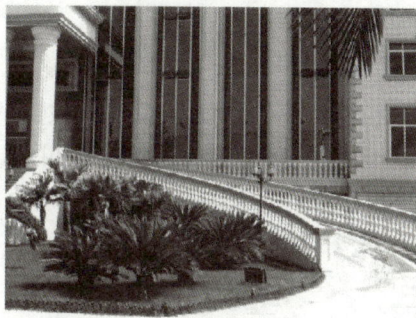

(a) 室外台阶　　　　　　　　　　　　　　　(b) 室外坡道

图2-4-32　台阶与坡道

一、坡道

1. 坡道的形式

坡道按照用途的不同,可分为行车坡道和轮椅坡道。行车坡道分为普通行车坡道和回车坡道两种(图2-4-33),轮椅坡道是专供残疾人使用的交通设施。

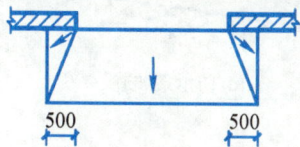 

(a) 普通行车坡道　　　　　　　　　　　　　(b) 回车坡道

 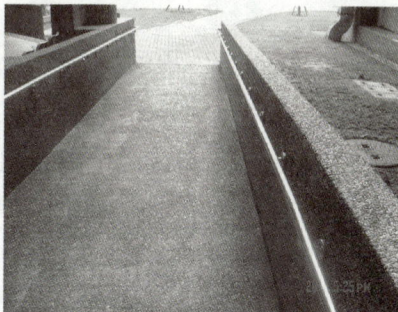

(c) 普通行车坡道　　　　　　　　　　　　　(d) 轮椅坡道

图2-4-33　坡道

大型公共建筑还常将可通行汽车的坡道与踏步结合,形成壮观的大台阶。

2. 坡道的尺寸

在车辆经常出入或不适宜做台阶的部位如电影院、剧场大门的安全疏散口,可采用坡道来进行室内室外的联系。根据《民用建筑设计统一标准》(GB 50352—2019)的相关规定,坡道有关尺寸要求如下:① 坡道尺寸比门洞口宽度每边≥500 mm;② 室内坡道坡度不宜大于1:8,室外坡道坡度不宜大于1:10;③ 坡道应采取防滑措施;④ 当坡道总高度超过0.7 m时,应在临空面采取防护措施;⑤ 当室内坡道水平投影长度超过15.0 m时,宜设休息平台。

3. 坡道的构造

坡道的构造一般与地面构造相似,坡道的垫层强度和厚度应根据坡道的长度及上部荷载大小进行选择,构造做法如图2-4-34(a),(b)所示。坡道面层应选择表面结实和抗冻性好的材料。为保证行人和车辆的安全,可将坡道面层做成锯齿形或设防滑条(图2-4-34c,d)。

坡道

(a) 混凝土坡道　　　1:2水泥砂浆抹面　　混凝土

(b) 石砌坡道　　混凝土面层　石块　大于冰冻深度　混砂垫层

(c) 锯齿形防滑坡道　　锯齿形　50~100

(d) 防滑条坡道　　水磨石　金刚砂防滑条　50~80

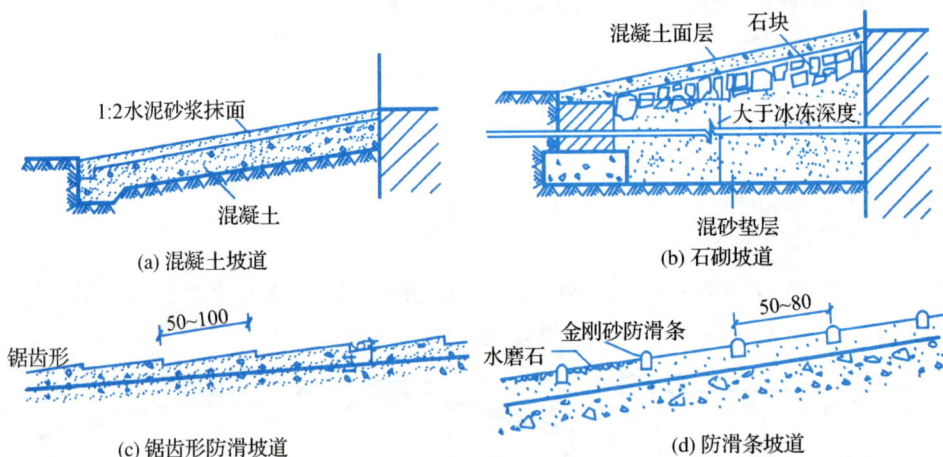

图 2-4-34　坡道构造做法

二、台阶

1. 台阶的形式

台阶由踏步和平台组成,它连接着不同高度的地面。台阶的形式多种多样,按照在建筑物中所处的位置可分为室外台阶和室内台阶;按照平面形式可分为单面踏步、两面踏步、三面踏步及单面踏步带花池或花台等形式(图2-4-35)。

(a) 单面踏步　　　　　　　　　　(b) 双面踏步

(c) 三面踏步　　　　　　　　　　(d) 单面踏步带花池

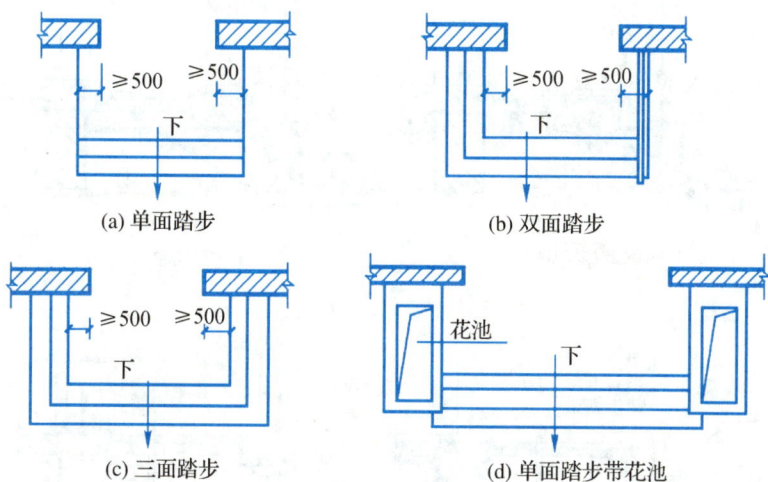

图 2-4-35　台阶的形式

2. 台阶的尺寸

为保证人流出入的安全和方便,室外台阶和建筑入口之间应留有一定宽度的缓冲平台。平台宽度一般为门洞口两边各宽出 500 mm,平台深度一般不小于 1000 mm,为防止雨水积聚或溢水室内,平台面宜比室内地面低 20~60 mm,并向外找坡 1‰~3‰,以利排水。

为了使台阶能满足交通和疏散的需要,根据《民用建筑设计统一标准》(GB 50352—2019)的相关规定,台阶的设置应满足如下要求:

(1) 公共建筑室内外台阶踏步宽度不宜小于 0.3 m,踏步高度不宜大于 0.15 m;

(2) 踏步应采取防滑措施;

(3) 室内台阶踏步数不应少于 2 级,不足 2 级时宜按坡道设置;

(4) 台阶的高度超过 0.7 m 时,应在临空面采取防护设施;

(5) 阶梯教室、体育馆和影剧院观众厅纵走道的台阶设置应符合国家现行相关标准的规定。

3. 台阶的构造

台阶的构造分实铺式和架空式两种,大多数台阶采用实铺式,其构造包括基层、垫层和面层(图 2-4-36a,b)。基层是素土夯实层(即夯实地基),垫层大多采用混凝土,面层可采用地面面层的材料,如水泥砂浆、水磨石、天然石材等。

台阶

当台阶尺寸较大或北方地区土壤冻胀严重时,为了避免过多填土产生不均匀沉降或台阶开裂,往往选用架空台阶。架空台阶的平台板和踏步板可选用预制钢筋混凝土板或花岗岩等天然石材板,分别搁置在钢筋混凝土斜梁或砖砌的地垄墙上,其构造如图 2-4-36(c),(d)所示。

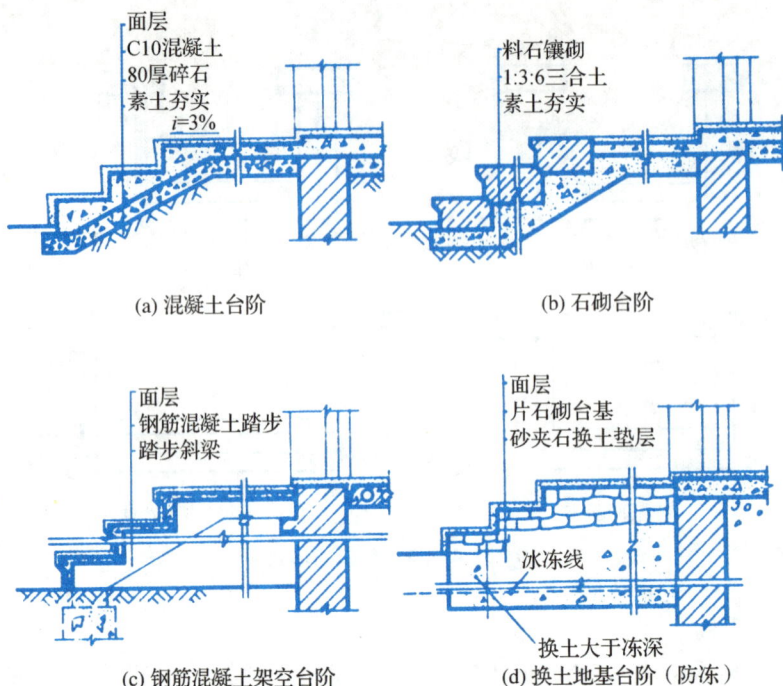

(a) 混凝土台阶　　　　　　　　(b) 石砌台阶

(c) 钢筋混凝土架空台阶　　　　(d) 换土地基台阶（防冻）

图 2 - 4 - 36　台阶构造图

三、电梯

电梯是多、高层建筑需要设置的垂直交通设施之一，它运行速度快，可以节省时间和人力，如住宅、医院、商场、多层厂房等。根据 GB 50096—2011《住宅设计规范》的规定，七层及七层以上住宅或住户入口层楼面距室外设计地面的高度超过 16 m 的住宅必须设置电梯。

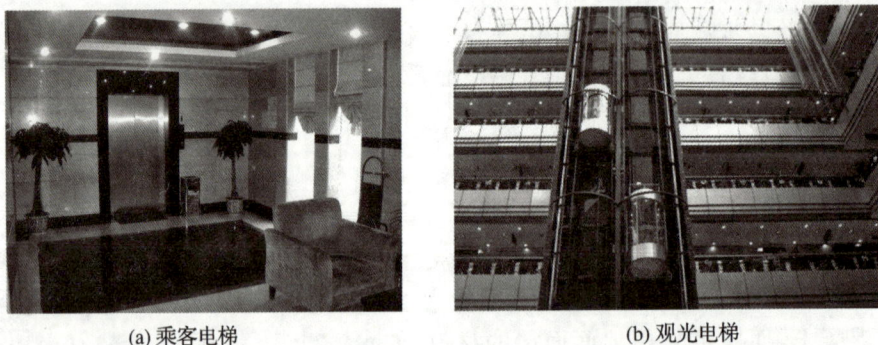

(a) 乘客电梯　　　　　　　　　　(b) 观光电梯

图 2 - 4 - 37　电梯

1. 电梯的类型

(1) 按使用性质分

电梯可分为乘客电梯、载货电梯、消防电梯、医用电梯、观光电梯等。

乘客电梯：主要用于人们在建筑物中的垂直联系，如图 2 - 4 - 37(a)所示。

载货电梯：主要用于运送货物及设备。

消防电梯：属于专用电梯，供发生火灾、爆炸等紧急情况下安全疏散人员和消防人员紧急救援使用。

医用电梯：属于专用电梯，主要用于医用病床、设备在建筑物中的垂直联系。

观光电梯：是将竖向交通工具和登高流动观景相结合的电梯。透明的轿厢使电梯内外景观相互沟通（图 2 - 4 - 37b），主要用于大商场、旅游景点等商业场所。

（2）按运行速度分

电梯无严格的速度分类，我国习惯按下述方法分类：

低速梯：常指速度低于 1.00 m/s 的电梯。

中速梯：常指速度在 1.00～2.00 m/s 的电梯。

高速梯：常指速度大于 2.00 m/s 的电梯。

超高速梯：速度超过 5.00 m/s 的电梯。

随着电梯技术的不断发展，电梯速度越来越高，区别高、中、低速电梯的速度限值也在相应地提高。

（3）按载重量分

目前，电梯大多以载重量作为划分电梯规格的标准，如载重量 400 kg、1000 kg、2000 kg 等。

2. 电梯的构造

电梯主要由机房、轿厢、井道三大部分组成（图 2 - 4 - 38）。井道、机房、地坑组成电梯间，它是电梯轿厢运行的空间，其构造和尺寸应符合电梯轿厢的安装要求。

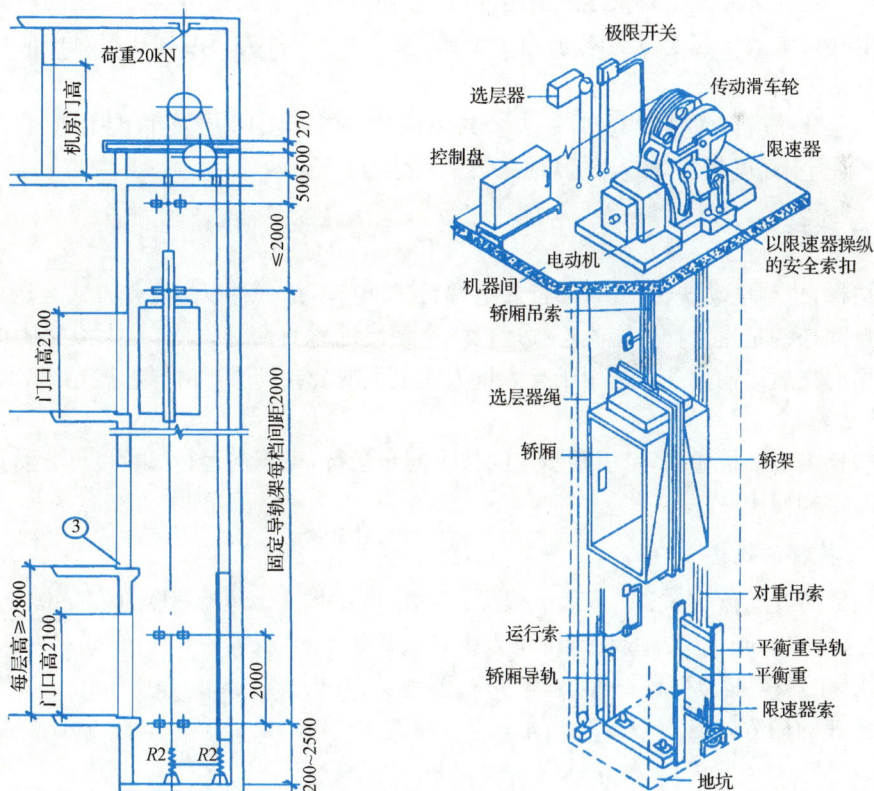

图 2 - 4 - 38　电梯的构造

(1) 电梯机房

电梯机房一般设在电梯到达的顶层之上,是安装电梯的起重动力设备及控制系统的场所,其平面位置尺寸均应按电梯厂家提出的要求进行,应具有良好的采光和通风条件,有利于维修和操作。为了减少电梯运行时设备的噪音,一般在机房的下部设置隔音层。

(2) 电梯轿厢

轿厢供载人或载物之用,是由电梯厂家生产的设备。轿厢内设有指示灯、控制器、排风扇、报警器、电话等,顶部应有疏散孔。轿厢门一般为推拉门,有一侧推拉和中分推拉两种。

在每楼层间应设出入口,即电梯厅门。为保证安全,在电梯升降过程中电梯厅门和轿厢门应全部封闭。

(3) 电梯井道

电梯井道是电梯运行的通道,它的尺寸应根据电梯的类型确定。电梯井道内有导轨、导轨撑架、平衡重等,电梯导轨固定在导轨撑架上,导轨撑架固定在井道壁上,轿厢沿导轨滑行。平衡重由金属块叠合而成,用吊索与轿厢相连,保持轿厢平衡。

在井道底部设有地坑,地坑地面设有缓冲器,以减缓电梯轿厢停靠时对坑底的冲撞。一般地坑的底面距首层地面标高的垂直距离不小于 1.4 m。

3. 消防电梯

消防电梯是在火灾发生时供运送消防人员与消防设备、抢救受伤人员之用的垂直交通工具。消防电梯设置数量与建筑主体每层的建筑面积有关,多台消防电梯在建筑中应设置在不同的防火分区之内。

下列高层建筑应设置消防电梯:一类公共建筑、塔式住宅、12 层及 12 层以上的单元式住宅或通廊式住宅、高度超过 32 m 的其他二类公共建筑。

四、自动扶梯

自动扶梯,也称电动扶梯,或自动行人电梯、扶手电梯,是一种以运输带方式运送行人的运输工具。自动扶梯是建筑物楼层间连续运输效率最高的垂直交通设施,是人流集中的大型公共建筑常用的交通运输设备。适用于有大量人流上下的公共场所,如商场、展览馆、火车站、航空港、地铁站等。

自动扶梯由电动机驱动,牵引踏步连同扶手同步运行,可正向运行,也可反向运行,停机时可当做临时楼梯使用。

1. 自动扶梯的规格

自动扶梯的坡度有 27.3°、30°、35°,一般优先采用 30°的坡度。运行速度为 0.5～0.7 m/s,自动扶梯的宽度为 600 mm(单人)、800 mm(单人携物)、1000 mm(双人)、1200 mm(双人)等几种尺寸。自动扶梯的载客能力很高,一般为 5000～10000 人/小时。

自动扶梯的构造如图 2 - 4 - 39 所示。

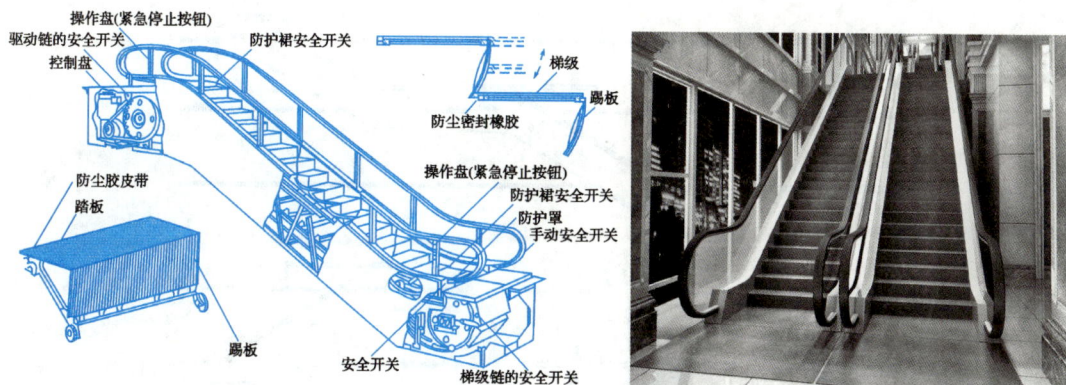

图 2 - 4 - 39　自动扶梯构造

2. 自动扶梯的布置方式

根据自动扶梯在建筑中的位置及建筑平面布局,自动扶梯的布置方式主要有以下几种:

(1) 平行排列式:安装占地面积小,但楼层交通不连续(图 2 - 4 - 40a)。

(2) 交叉排列式:楼层交通乘客流动可连续,升降两方向交通均分离清楚,外观豪华,但占地面积大(图 2 - 4 - 40b)。

(3) 串联排列式:楼层交通乘客流动可以连续(图 2 - 4 - 40c)。

(4) 并联排列式:乘客流动升降两方向均为连续,升降客流不发生混乱,安装占地面积小(图 2 - 4 - 40d)。

自动扶梯的电动机械装置设置在楼板下面,楼板上应预留足够的安装洞,并做装饰外壳处理,底层应设置地坑。

自动扶梯对建筑室内具有较强的装饰作用,扶手多为特制的耐磨胶带,有多种颜色。栏板类型有镶有钢化玻璃、有光源的全透明型和半透明型,以及两侧镶有不锈钢板、复合钢板、防火塑料板的不透明型。

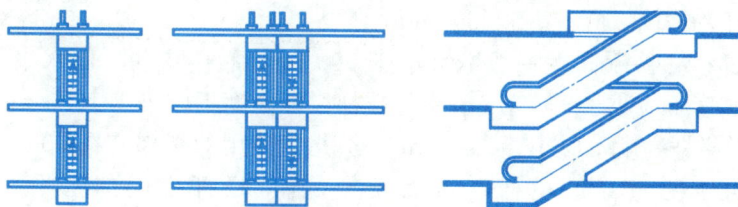

(a) 平行排列式

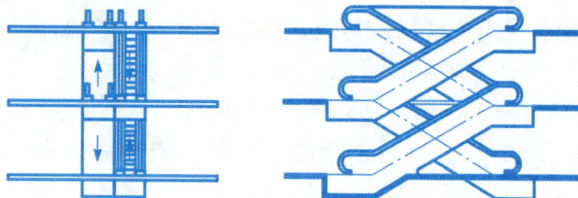

(b) 交叉排列式

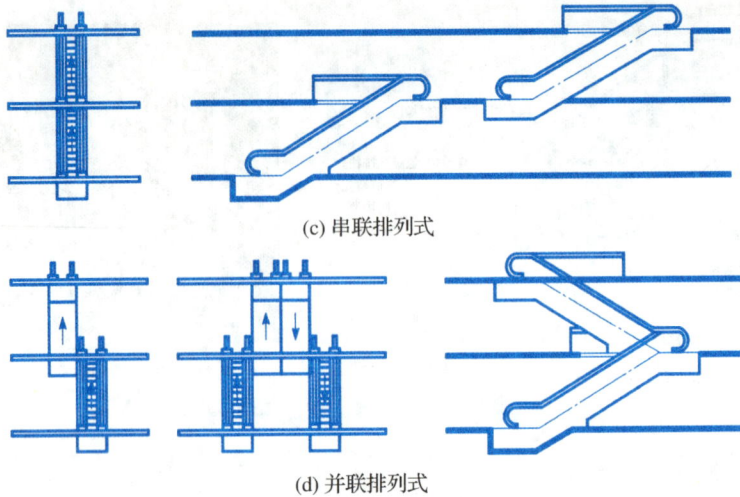

(c) 串联排列式

(d) 并联排列式

图 2 - 4 - 40　自动扶梯的布置形式

▶ 模块学习小结 ◀

1. 楼梯、电梯、自动扶梯、台阶、坡道及爬梯等均是房屋建筑中的垂直交通设施。一般建筑中,当采用其他形式的垂直交通设施时,也必须设置楼梯。

2. 楼梯一般由楼梯梯段、楼梯平台、栏杆(栏板)和扶手三部分组成。双跑平行楼梯平面布置紧凑,占地面积小,空间结构较为简单,因此在建筑中大量采用。

3. 双跑平行楼梯平台宽度应不小于梯段宽度,并不得小于 1200 mm,且楼层平台宽度应大于中间平台宽度。

4. 楼梯净空高度包括梯段下净空高度和平台下净空高度,楼梯平台下净空高度应不小于 2000 mm,梯段下净空高度应不小于 2200 mm。

5. 室内楼梯栏杆扶手高度一般不宜小于 900 mm,靠楼梯井一侧水平扶手长度超过 500 mm 时,其高度不应小于 1050 mm;室外楼梯栏杆高度不应小于 1050 mm;中小学和高层建筑室外楼梯栏杆高度不应小于 1100 mm;供儿童使用的楼梯应在 500~600 mm 高度增设扶手;为防止儿童穿过栏杆空当而发生危险,栏杆之间的水平距离不应大于 110 mm。

6. 钢筋混凝土楼梯按照施工方式不同可分为现浇整体式和预制装配式两大类。

现浇整体式钢筋混凝土楼梯分为板式楼梯和梁板式楼梯;预制装配式钢筋混凝土楼梯分为小型构件装配式、中型构件装配式、大型构件装配式三种形式。

7. 楼梯的细部构造包括踏步和防滑措施、栏杆和栏板、扶手以及楼梯基础等。

8. 室外台阶与坡道是设在建筑物出入口的垂直设施。台阶按构造可分为实铺和架空两种。

9. 电梯是多、高层建筑中非常重要的垂直交通运输设备,由机房、轿厢和井道三部分组成。自动扶梯适用于有大量人流上下的公共场所,坡度一般为 30°。

> ▶ **模块课后作业** ◀

一、填空题

1. 楼梯一般由_____、_____、_____三部分组成。

2. 我国规定了每个楼梯段上的踏步数不得超过_____级,且不宜少于_____级,否则步数太少容易被忽略而发生事故。

3. 按照楼梯的使用性质分,有_____、_____、_____、_____等。

4. _____楼梯平面布置紧凑、占地面积小,结构较为简单,因此在建筑中大量采。

5. 梯段常见坡度范围为 23°～45°,一般不宜超过_____,其中_____左右较为适宜。

6. 踏步的尺寸的经验公式为:_____。

7. 室内楼梯栏杆扶手高度一般不宜小于_____mm,靠楼梯井一侧水平扶手长度超过 500 mm 时,其高度不应小于_____mm。

8. 小型构件装配式楼梯按构造方式有_____、_____、_____三种。

9. 为保证人流出入的安全和方便,室外台阶和建筑入口之间应留有一定宽度的_____。当人流密集场所台阶的高度超过_____并侧面临空时,应有护栏设施。

10. 坡道按照用途的不同,可分为_____和_____。

二、简述题

1. 梯段宽度与平台宽度二者之间尺寸关系如何?

2. 现浇整体式钢筋混凝土楼梯的结构形式有哪些?各有什么特点?

3. 台阶的平面形式有哪几种?

三、填图题

1. 下图是不同类型楼梯平面图,看图填空。

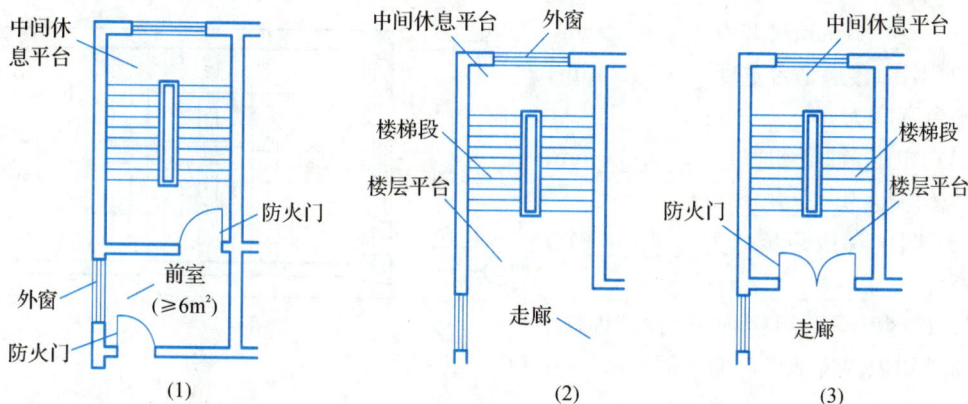

上图(1)是_____楼梯;(2)是_____楼梯;(3)是_____楼梯。

2. 认真识读楼梯平面图,请在图中标注出楼梯间的开间、进深、楼梯梯段宽度、楼层平台宽度、中间平台宽度、梯段长度、梯井宽度。

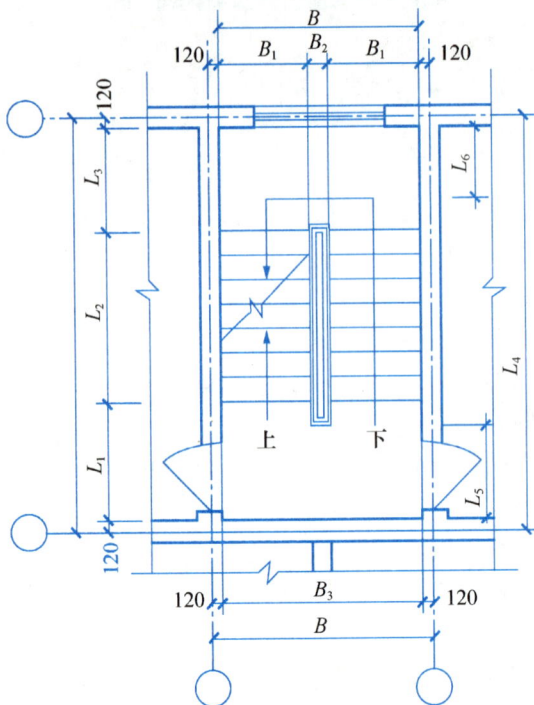

▶ 技能实训 ◀

1. 仔细识读楼梯平面图,然后填空。

(1) 图中楼梯间的开间和进深尺寸分别为:_____mm、_____ mm。

(2) 图中梯段长度为_____mm;梯段宽度为_____ mm;梯井为_____ mm。

(3) 图中楼层平台宽度_____mm;中间平台宽度为_____mm。

(4) 图中③轴墙体厚度为_____mm;②轴墙体厚度为_____mm。

(5) 图中梯段踏步数为_____个;踏面宽度 b 为_____mm。

2. 观察以下两组楼梯平面、剖面图,根据所学知识说说他们有何不同? 并绘制其中一组平面图。

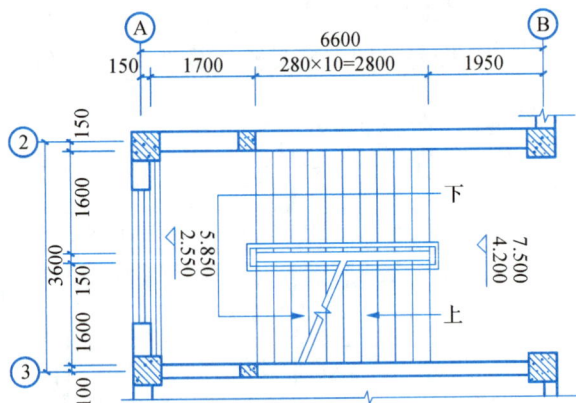

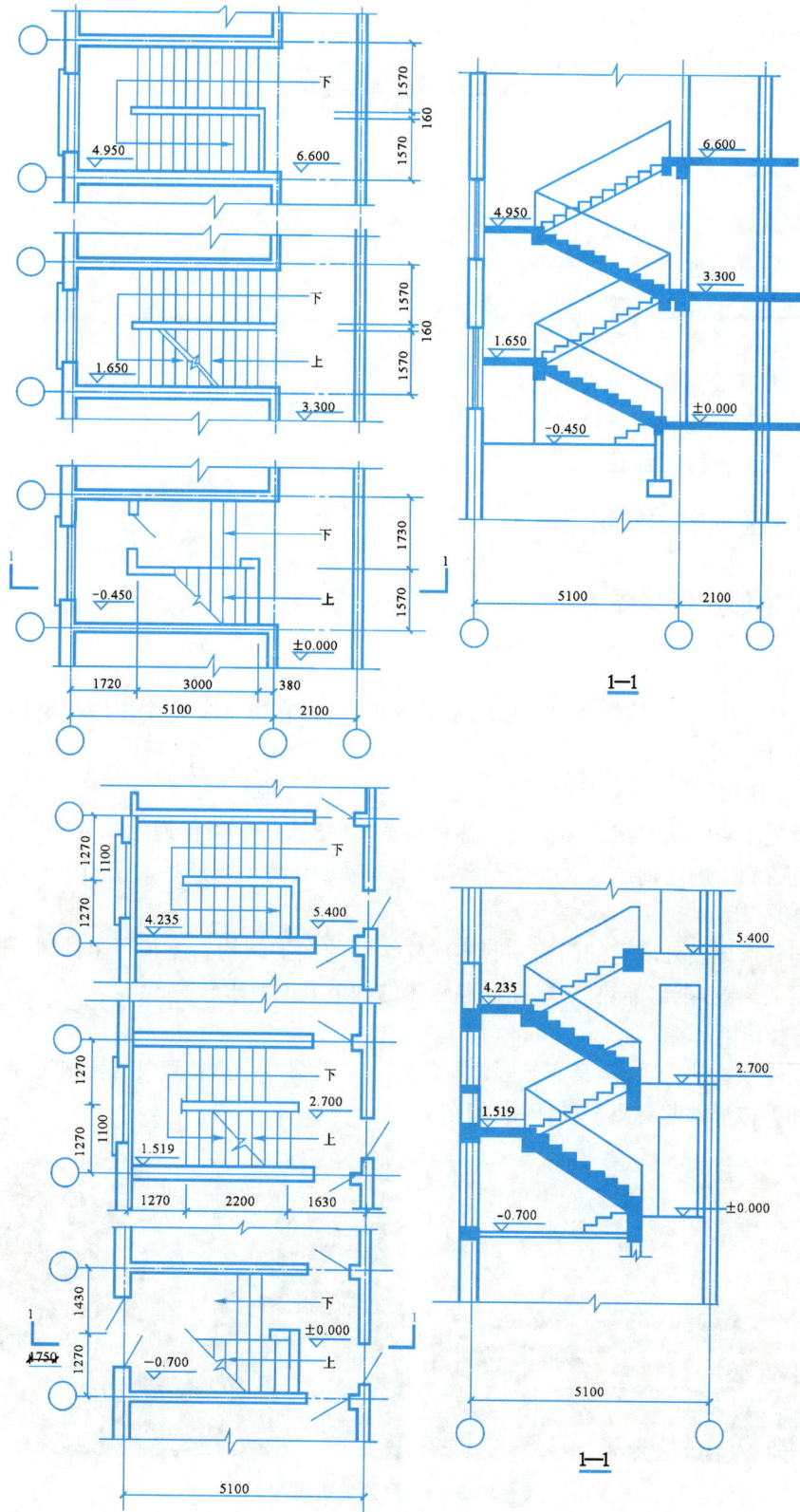

1—1

1—1

楼梯平面、剖面图

2.5 屋顶构造

1. 能够了解屋顶的作用和类型
2. 能够叙述平屋顶的构造和排水方式
3. 能够叙述平屋顶的防水和保温构造
4. 能够叙述坡屋顶的组成与构造
5. 能够了解坡屋顶的保温与隔热构造
6. 能够识读屋顶平面图

2.5.1 屋顶基本知识

一、屋顶的作用与要求

1. 屋顶的作用

屋顶也称为屋盖,是建筑物最上层的水平围护构件,它覆盖着整个房屋。屋顶具有承重、围护、美观的作用。

(1) 承重作用

屋顶承受本身结构自重和屋面上的各种荷载,并把这些荷载传递给墙或柱。这些荷载有风荷载、雨雪荷载、施工荷载以及设备荷载等,上人屋面还要考虑屋顶的使用荷载。

(2) 围护作用

屋顶与外墙以及外墙上的门窗一起构成建筑物的围护结构。屋顶可阻挡风、雨、雪、太阳辐射等因素的影响,抵御酷热严寒,在保温隔热的构造方面要求较高。

(3) 美观作用

屋顶在建筑物的最顶部,具有较强的标示性。变化多样、造型美观的屋顶造型,对建筑的立面装饰和整体形象起着重要的作用,如图2-5-1。

图2-5-1　屋顶的美观性

2. 屋顶的构造要求

(1) 具有足够的强度和刚度

屋顶既是建筑物的围护构件,同时又是建筑物的承重构件。首先要有足够的强度,以承受作用在屋顶上的各种荷载;其次要有足够的刚度,防止屋顶受力后产生过大的变形导致屋面防水层开裂造成屋面渗漏。

(2) 满足防水和排水的要求

屋顶的防排水功能是屋顶的基本要求。防水是通过选择不透水的屋面材料,以及合理的构造处理来达到目的;排水是利用屋面适合的坡度和排水管网系统,使降于屋面的雨水能迅速排去。

(3) 满足保温隔热的要求

屋顶作为建筑物最上层的外围护结构,应具有良好的保温隔热性能,以满足建筑物的使用要求。在北方寒冷地区,屋顶应满足冬季的保温要求,减少室内热量的损失;在南方炎热地区,屋顶应满足夏季隔热的要求,避免室外高温及强烈的太阳辐射对室内产生的不利影响。

(4) 具有美观形象

屋顶是建筑物外部形体的重要组成部分,屋顶的形式很大程度上影响建筑的整体造型。中国古建筑的重要特征之一就是有变化多样的屋顶外形和装修精美的屋顶细部,现代建筑在设计中应注重屋顶的建筑艺术效果。

此外,屋顶除了必须满足坚固耐久、保温隔热、抵抗侵蚀、造型美观、防水排水的要求外,还应做到自重轻、构造简单、施工方便、造价经济。

二、屋顶的类型

屋顶的类型很多,按屋顶的外形,可分为平屋顶、坡屋顶、曲面屋顶;按使用的材料可分为钢筋混凝土屋顶、瓦屋顶、金属屋顶、玻璃屋顶等;按照屋顶的结构形式,可分为拱结构屋顶、薄壳结构屋顶、网架结构屋顶、悬索结构屋顶、膜结构屋顶等。

1. 平屋顶

平屋顶通常是指屋面坡度小于 10% 的屋顶,常用坡度范围:上人屋面坡度常为 1%～2%,不上人屋面坡度常为 2%～3%。平屋顶具有坡度平缓、构造简单、施工方便等优点,但平屋顶排水慢,屋面积水机会多,易产生渗漏现象。由于钢筋混凝土梁板的普遍应用和防水材料的不断更新,平屋顶已经成为广泛采用的屋顶形式。平屋顶的主要形式有挑檐、女儿墙、挑檐女儿墙、盝(盒)顶等(图 2-5-2)。

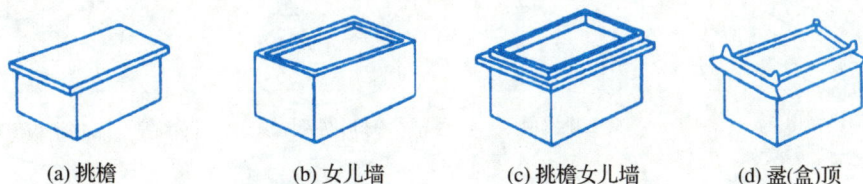

(a) 挑檐　　　　(b) 女儿墙　　　　(c) 挑檐女儿墙　　　　(d) 盝(盒)顶

图 2-5-2　平屋顶的形式

注:盝顶形式指四边为坡顶、顶部为平顶的屋面形式,元代宫室曾有盝顶殿,为平顶屋面与坡顶的结合形式。

2. 坡屋顶

坡屋顶通常是指屋面坡度大于 10% 的屋顶,常用坡度范围为 10%～60%。坡屋顶是中国传统的屋顶形式,根据建筑跨度和造型需要的不同,可分为单坡屋顶、双坡屋顶、四坡屋顶等形式。屋顶稍加变化,增加美观性,可形成庑殿顶、歇山顶、圆攒尖顶、卷棚顶等(图 2-5-3)。

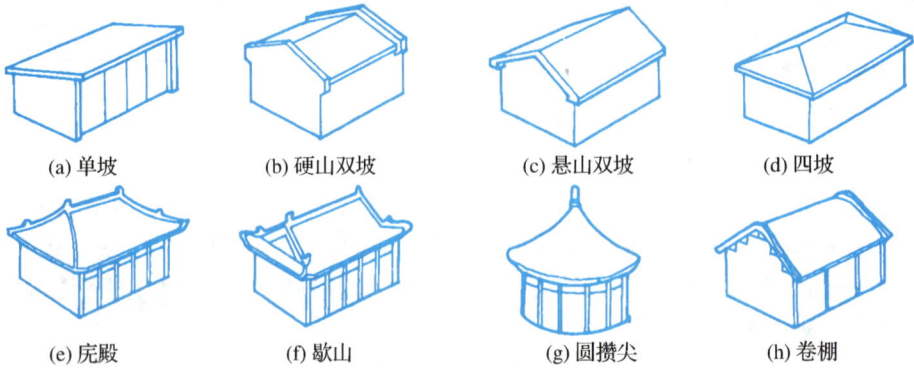

(a) 单坡　　　　　(b) 硬山双坡　　　　　(c) 悬山双坡　　　　　(d) 四坡

(e) 庑殿　　　　　(f) 歇山　　　　　(g) 圆攒尖　　　　　(h) 卷棚

图 2-5-3　坡屋顶的形式

3. 曲面屋顶

曲面屋顶的承重结构多为空间结构,如拱结构、薄壳结构、网架结构、悬索结构、张拉膜结构等,这些结构受力合理,能充分发挥材料的力学性能,节约材料,但施工工艺复杂,造价高,一般适用于大跨度、大空间的公共建筑和造型特殊的建筑屋顶,如图 2-5-4 所示。

(a) 空间网架结构　　　　　　　　　　　　(b) 张拉膜结构

双曲拱屋顶　　　砖石拱屋顶　　　球形网壳屋顶　　　V形折板屋顶

筒壳屋顶　　　扁壳屋顶　　　车轮形悬索屋顶　　　鞍形悬索屋顶

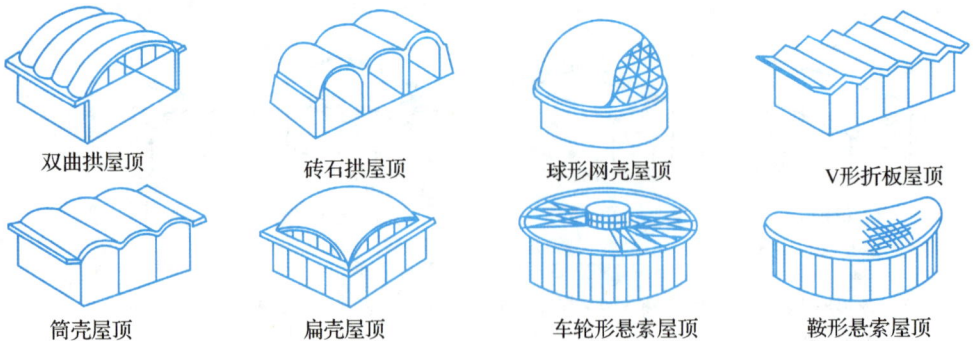

图 2-5-4　曲面屋顶

三、屋顶的排水

1. 排水坡度表示法

屋顶排水坡度表示法有角度法、斜率法、百分比法几种。

(1) 角度法

角度法是用屋面与水平面的夹角来表示屋面的坡度,可用于坡屋面的标注。表示方法为 $\theta = 25°、30°$等。

(2) 斜率法

斜率法是用屋顶坡面抬起高度(H)与坡面的水平投影长度(L)之比来表示屋面的坡度,即 H/L。一般常用于坡屋面的标注,如 $1/2$、$1/5$ 等,也可用于平屋面的标注。

(3) 百分比法

百分比法是用屋顶坡面抬起高度(H)与坡面的水平投影长度(L)的百分比来表示屋面的坡度,如 $i = 2\%$、3%等,主要用于平屋面的标注。

坡屋顶多采用斜率法,平屋顶多采用百分比法,角度法应用较少。三种屋顶坡度表示法见表 $2 - 5 - 1$。

表 2 - 5 - 1　屋顶坡度表示法

屋顶类型	平屋顶	坡屋顶	
常用排水坡度	$<10\%$,常 $2\%\sim3\%$	一般大于 10%	
屋顶坡度表示方式	百分比法	斜率法	角度法
应用情况	普通	普通	较少采用

2. 排水坡度的形成

屋顶排水坡度可通过材料找坡和结构找坡两种方法形成。

(1) 材料找坡

材料找坡也称垫置坡度,它是在水平搁置的屋面板上用轻质材料,如水泥炉渣、膨胀珍珠岩等垫置成所需的坡度(图 $2 - 5 - 5a$)。这种方法室内顶棚平整,施工方便,但增加了屋面自重,所以常利用屋面保温层兼做找坡层,多用于跨度不大的平屋顶。

(2) 结构找坡

结构找坡也称搁置坡度,它是将屋面板按所需的坡度倾斜搁置(图 $2 - 5 - 5b$)。这种做法施工方便,荷载轻,造价低,但室内顶棚是斜面,因此适用于需做吊顶的建筑。

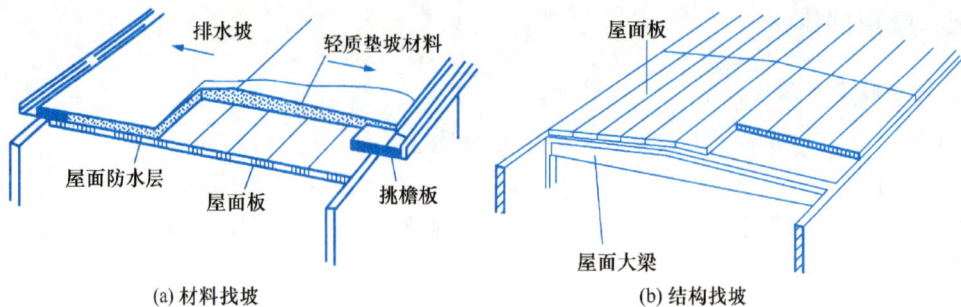

(a) 材料找坡　　　　　　　　　(b) 结构找坡

图 2-5-5　屋顶坡度的形成

3. 屋顶的排水方式

屋顶的排水方式分为无组织排水和有组织排水两类,如图 2-5-6 所示。

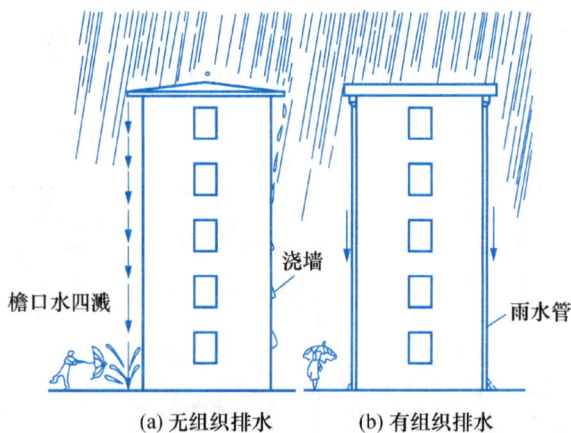

(a) 无组织排水　　　　(b) 有组织排水

图 2-5-6　无组织与有组织排水

(1) 无组织排水

无组织排水是指屋面雨水直接从檐口滴落至地面的一种排水方式。这种排水方式因不用天沟、雨水管导流雨水,故又称自由落水。它要求屋檐挑出外墙面,以防雨水顺外墙面漫流而浇湿和污染墙体。无组织排水构造简单、造价低,不易漏雨和堵塞,适用于少雨地区和低层建筑。

(2) 有组织排水

有组织排水是将屋面雨水通过排水系统,进行有组织地排除。所谓排水系统是把屋面划分成若干排水区,使雨水有组织地排到天沟中,通过雨水口排至雨水斗,再经雨水管排到室外。有组织排水构造复杂,造价高,但雨水不会冲刷墙面,因而广泛应用于各类建筑中。

在工程实践中,由于具体条件的千变万化,可能出现各式各样的有组织排水方式。有组织排水方式主要有外排水、内排水、内外排水三种。外排水构造简单,雨水管不占室内空间,故在南方地区优先采用。以下三种情况采用内排水更合适:一是因室外雨水管维修不便、不安全的高层建筑;二是因雨水结冰冻胀使雨水管破裂的严寒地区建筑;三是多跨单层厂房和大型公共建筑。有组织排水方式如图 2-5-7 所示。

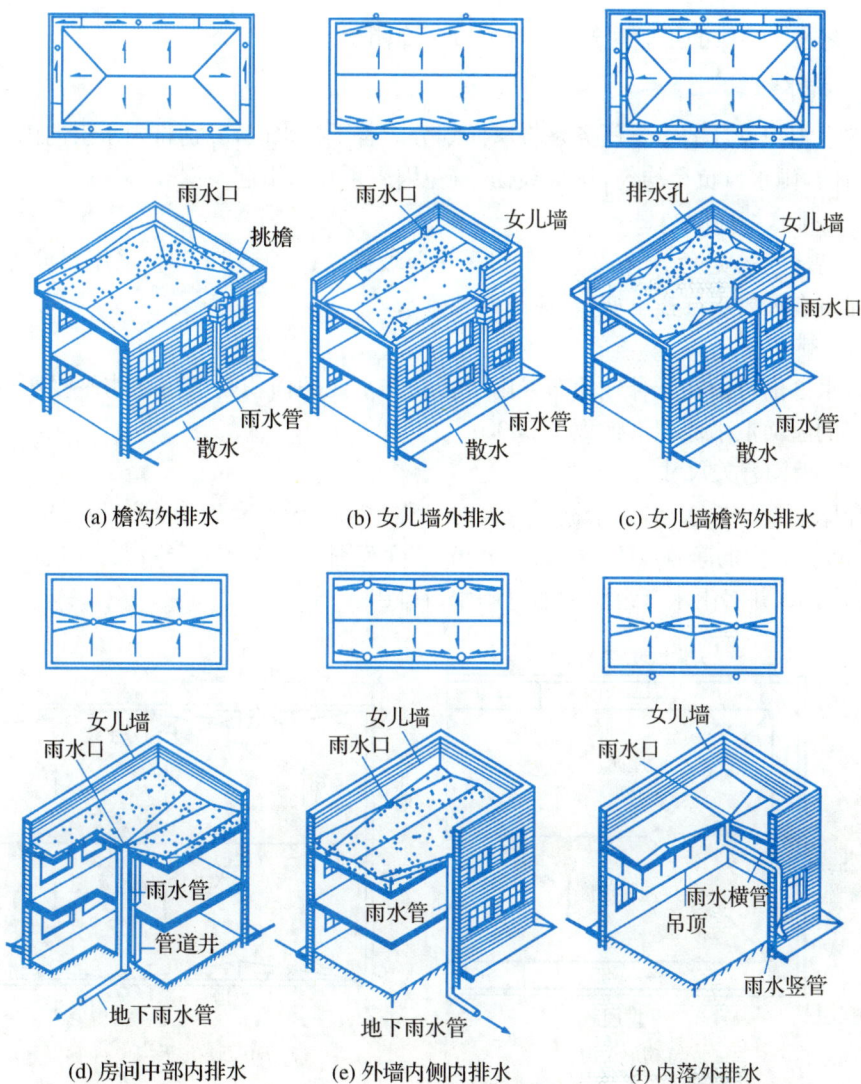

(a) 檐沟外排水　　　　(b) 女儿墙外排水　　　　(c) 女儿墙檐沟外排水

(d) 房间中部内排水　　　(e) 外墙内侧内排水　　　(f) 内落外排水

图 2 - 5 - 7　有组织排水方式

注：(a)、(b)、(c) 为外排水；(d)、(e) 为内排水；(f) 为内外排水

4. 排水方式的选择

确定排水方式应根据气候条件、建筑物的高度、使用性质、屋顶面积大小等多种因素加以考虑，一般可按下列原则进行选择：

（1）高度较低的简单建筑，为了控制造价，宜优先选用无组织排水；

（2）积灰多的屋面应采用无组织排水，以免大量的粉尘积于屋面，下雨时造成雨水通道堵塞；

（3）在降雨量大的地区或房屋较高的情况下，应采用有组织排水；

（4）临街建筑雨水排向人行道时宜采用有组织排水；

（5）严寒地区的屋面宜采用有组织的内排水，以免雪水的冻结导致挑檐的拉裂或室外雨

水管的损坏;

(6) 有腐蚀性介质的工业建筑也宜采用无组织排水。

5. 屋顶排水组织设计

屋顶排水组织设计的主要任务是将屋面划分成若干排水区,分别将雨水引向雨水管,确保排水线路简洁,雨水口负荷均匀,排水顺畅,避免因屋顶积水引起渗漏。

(1) 确定排水坡面的数目

一般临街建筑的宽度小于 12 m 时,可采用单坡排水;大于 12 m 时,采用双坡排水。坡屋顶应根据建筑造型要求选择单坡、双坡或四坡排水。

(2) 划分排水区

划分排水区的目的在于合理地布置雨水管。排水区的面积是指屋面水平投影的面积,每一根雨水管的屋面汇水面积不得大于 200 m²。

(3) 确定天沟有关尺寸

天沟即屋面上的排水沟,位于檐口部位时又称檐沟。天沟有槽形天沟和三角形天沟两种(图 2-5-8)。天沟的净宽应不小于 200 mm,坡度范围一般为 0.5%~1%。设置天沟的目的是汇集屋面雨水,并将雨水有组织的通过雨水口排出。

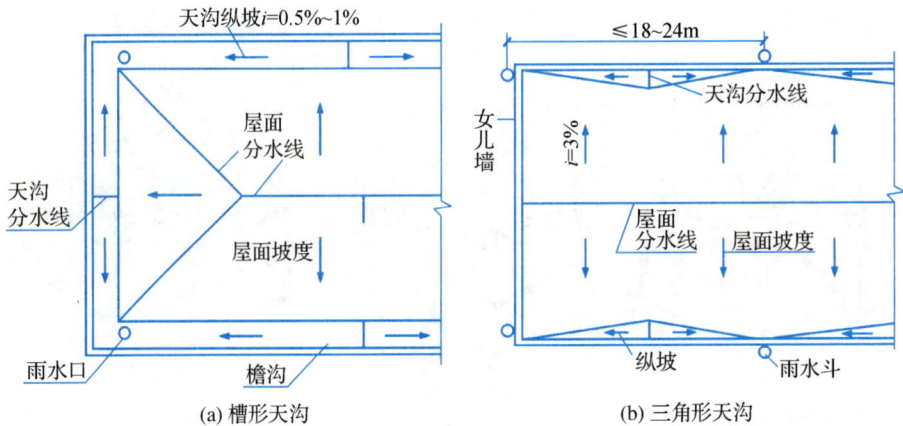

(a) 槽形天沟　　　　　　　(b) 三角形天沟

图 2-5-8　天沟平面图

(4) 确定雨水管规格及间距

雨水管目前多采用 PVC 塑料或塑钢复合雨水管,其直径有 50 mm、75 mm、100 mm、125 mm、150 mm、200 mm 等几种规格。一般民用建筑采用直径为 100 mm 的雨水管,面积较小的露台或阳台可采用直径为 50 mm 或 75 mm 的雨水管;工业建筑一般采用直径为100~200 mm 的雨水管。

一般情况下,民用建筑的雨水管的间距一般在 18 m 以内,最大间距不宜超过 24 m。工业建筑的雨水管最大间距不宜超过 30 m。

雨水口是设置在檐沟底部或女儿墙侧壁上的排水设施,用来将屋面雨水排至雨水管,如图 2-5-9 所示。雨水口应排水畅通,不易堵塞,避免渗漏。

(a) 水平雨水口　　　　　　　　　　　(b) 垂直雨水口

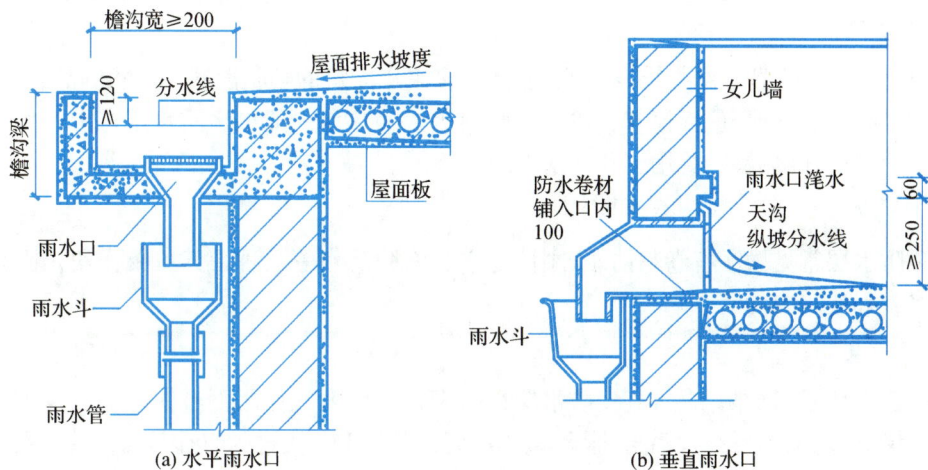

图 2 - 5 - 9　雨水口构造

▋▶ 2.5.2　平屋顶构造

一、平屋顶的组成

屋顶主要解决承重、保温隔热、防水三大问题。通常情况下,平屋顶主要由顶棚层、结构层、找平层、保温隔热层、防水层、保护层等组成(图 2 - 5 - 10)。有时由于构造要求需增加找坡层、隔汽层、隔离层等。

平屋顶构造

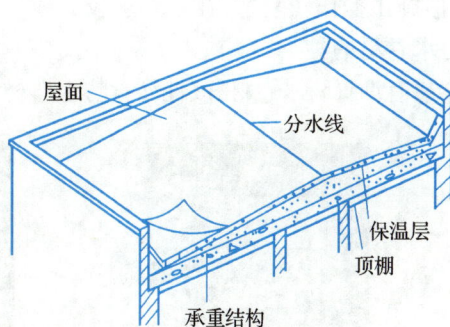

图 2 - 5 - 10　平屋顶的组成

1. 顶棚层

顶棚位于屋顶的底部,用来满足室内对顶部的平整度和美观要求。按照顶棚的构造形式不同,分为直接式顶棚和吊挂式顶棚两种。

2. 结构层

屋顶结构层主要作用是承受屋顶的自重和上部荷载,并将其传给屋顶的支承结构,如墙、柱、梁等。结构层可采用现浇钢筋混凝土板或预制钢筋混凝土板。

3. 找平层

找平层主要作用是找平。一般设置在结构层或保温层之上,通常采用 20～30 mm 厚 1∶2.5～1∶3 水泥砂浆找平。水泥砂浆找平层不能有起砂、起皮现象。

4. 保温隔热层

保温层一般宜设置在结构层与防水层之间,多采用无机的粒状散料或块状制品,如水泥珍珠岩、水泥蛭石、加气混凝土、聚苯乙烯泡沫塑料等。隔热层一般位于防水层之上。保温层主要用于寒冷地区,隔热层主要用于我国南方地区。

5. 防水层

屋顶防水层常见做法有卷材防水、刚性防水和涂膜防水等三种。其主要作用是阻止屋面上的雨水渗入建筑内部。

6. 保护层

其主要作用是保护防水层,避免防水层在阳光辐射和大气作用下过快老化。保护层常用的材料有绿豆砂(又称豆石)、铝箔、彩砂、涂料、细石混凝土及块材(如花岗岩、缸砖)等。

二、平屋顶的防水

平屋顶防水做法主要有卷材防水、涂膜防水和刚性防水等。

1. 卷材防水屋面

我国根据建筑物的性质、重要程度、使用功能要求、防水屋面耐用年限等,将屋面防水分为Ⅰ、Ⅱ、Ⅲ、Ⅳ等四个等级,对应的防水层耐用年限为 25 年、15 年、10 年、5 年。

卷材防水屋面也称柔性防水屋面,即将防水卷材或片材用胶结材料粘贴在屋面基层上,形成一个大面积的封闭的防水覆盖层。能适应温度、振动、不均匀沉降等因素的变化,整体性好,不易渗漏,但施工操作较复杂,技术要求较高。

(1) 防水卷材的种类

防水卷材有沥青防水卷材、改性沥青防水卷材和合成高分子防水卷材三大类(图 2-5-11)。

(a) 改性沥青防水卷材：SBS　　　　　(b) 合成高分子防水卷材：三元乙丙

图 2-5-11　防水卷材

沥青防水卷材如玻纤布胎沥青防水卷材、麻布胎沥青防水卷材等,此类防水卷材易老化,使用寿命短,低温脆裂,高温流淌,须热施工,污染环境,国内的一些大城市已禁止使用;改性沥青防水卷材如 SBS 改性沥青防水卷材、APP 改性沥青防水卷材、SBR 改性沥青防水卷材等;合成高分子防水卷材如三元乙丙橡胶防水卷材、聚氯乙烯防水卷材、氯化聚乙烯防水卷材等。改性沥青防水卷材和合成高分子防水卷材具有弹性好、耐低温、寿命长、冷施工等优点,目前在建筑中应用广泛。

（2）卷材防水屋面构造

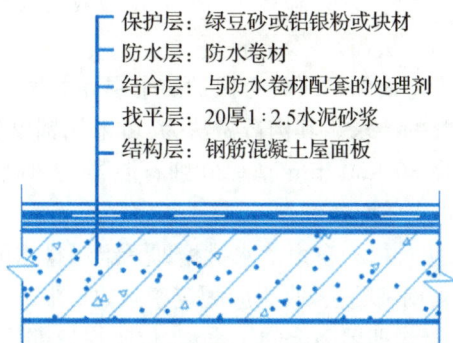

卷材防水屋面的主要构造层次有结构层、找平层、结合层、防水层、保护层等，如图 2 - 5 - 12 所示为无保温层卷材防水屋面构造，有保温层卷材防水屋面构造见本节"三、平屋面的保温"。

保护层：绿豆砂或铝银粉或块材
防水层：防水卷材
结合层：与防水卷材配套的处理剂
找平层：20厚1:2.5水泥砂浆
结构层：钢筋混凝土屋面板

卷材防水屋面构造

图 2 - 5 - 12　卷材防水屋面构造（无保温）

① 结构层。结构层即现浇或预制的钢筋混凝土屋面板。

② 找平层。找平层一般设在结构层或保温层上面，如果结构层表面平整，可以不做找平层，直接铺设保温层。找平层通常采用 20 mm 厚 1：2～1：3 水泥砂浆在基层上找平。

③ 结合层。结合层的作用是使防水卷材与基层胶结牢固。沥青类防水卷材通常采用冷底子油或稀释乳化沥青做结合层，高分子防水卷材则多用配套基层处理剂。

④ 防水层。目前常采用的防水卷材有 SBS、APP 改性沥青防水卷材和合成高分子类的三元乙丙橡胶卷材、聚氯乙烯（PVC）卷材、氯化聚乙烯卷材等。这些性能优良的新型防水材料都具有良好的延伸性、耐久性和防水性，而且宜冷施工，价格高一些。

防水卷材的铺贴方法有冷粘法、热熔法、热风焊接法、自粘法等。卷材一般分层铺设，当屋面坡度小于 3‰时，卷材宜平行屋脊铺设；当坡度为 3‰～15‰时，卷材可平行或垂直屋脊铺贴。上下层卷材及相邻两幅卷材的搭接应错开。

卷材搭接时，搭接宽度依据卷材种类和铺贴方法确定。卷材搭接缝处采用与卷材配套的专用胶粘剂粘接，接缝处用密封材料封严。

图 2 - 5 - 13 所示为防水卷材接缝构造，图 2 - 5 - 14 为卷材铺贴施工。

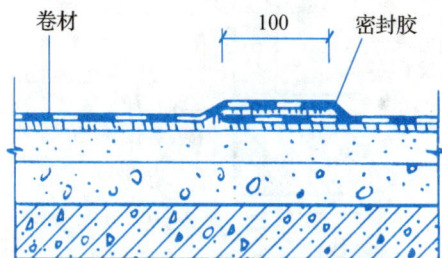

卷材　　100　　密封胶

图 2 - 5 - 13　卷材接缝构造图

图 2 - 5 - 14　卷材铺贴施工

⑤ 保护层。设置保护层的目的在于保护卷材防水层,延长其使用寿命,同时降低夏季室内温度。保护层分为不上人屋面和上人屋面两种做法。

不上人屋面指人一般不在屋顶上活动,保护层仅起保护防水层的作用。其构造做法为:沥青类防水层宜采用绿豆砂(粒径为 3~6 mm)或铝银粉涂料;高聚物改性沥青及合成高分子类防水层可用铝箔面层、彩砂及涂料等。

上人屋面指屋面保护层具有保护防水层和兼做行走地面双重作用的屋面,保护层应满足耐水、平整、耐磨的要求。其构造做法为:可采用铺贴缸砖、大阶砖、混凝土板、石材板等块材;也可以采用现浇 30~50 mm 厚 C20 细石混凝土,但须设置分格缝,缝内灌沥青胶密封。

(3) 卷材防水屋面的细部构造

① 自由落水挑檐。自由落水挑檐即无组织排水的檐口。防水层应做好收头处理,檐口范围内防水层应采用满贴法,收头应固定密封,如图 2-5-15 所示。

② 天沟。天沟即屋面上的排水沟,位于檐口部位时又称檐沟。卷材防水屋面的天沟应解决好卷材收头及与屋面交界处的防水处理,天沟与屋面的交接处应做成弧形,并增铺200 mm宽的附加层,如图 2-5-16 所示。

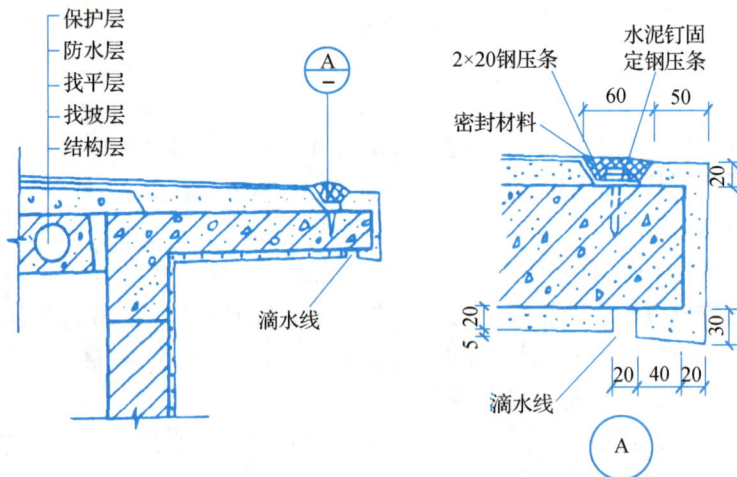

图 2-5-15　卷材防水屋面自由落水挑檐构造

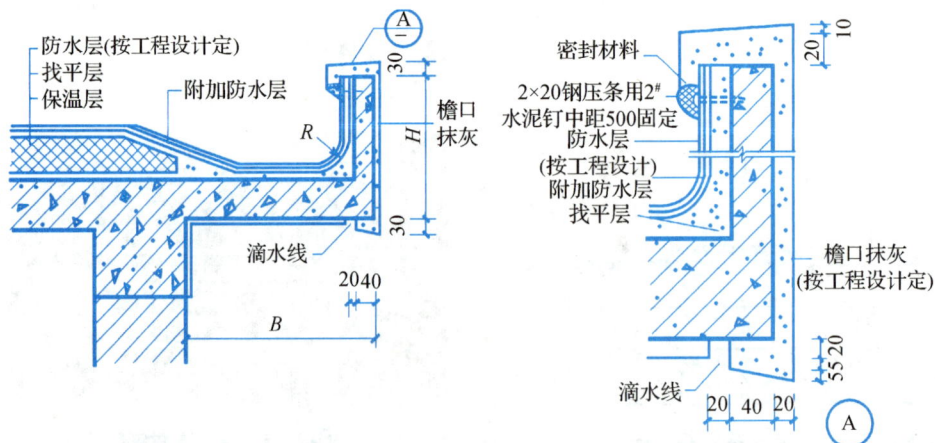

图 2-5-16　卷材防水屋面天沟构造

③ **泛水**。泛水指屋面防水层与垂直墙面或出屋面竖向构件相交处的防水构造。卷材防水屋面的泛水应重点做好防水层的转折、垂直墙面上的固定及收头。转折处应做成弧形或45°斜面(又称八字角)防止卷材被折断,如图 2 - 5 - 17 所示。

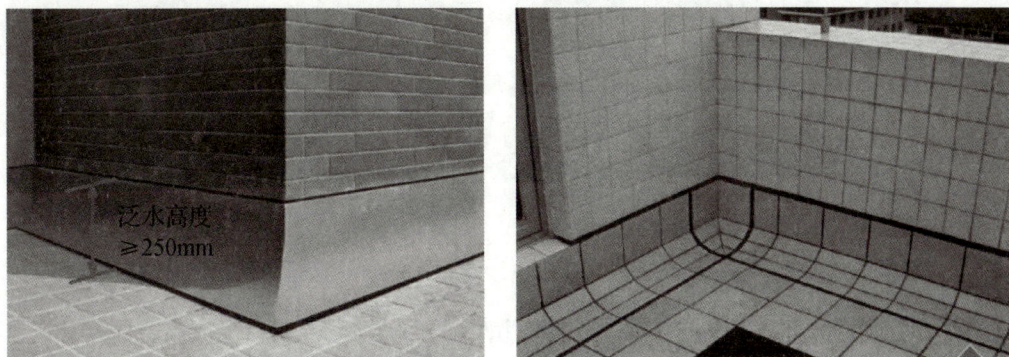

图 2 - 5 - 17　泛水

泛水处卷材应采用满贴法,泛水高度由设计确定,但最低不小于 250 mm。应根据墙体材料确定收头及密封形式。墙体为砖墙且不太高时,卷材收头可直接做到女儿墙压顶下,压顶做防水处理,如图 2 - 5 - 18(a)所示。墙较高时可在墙上留凹槽,卷材收头压入凹槽内固定密封,凹槽上部的墙也应做防水处理,如图 2 - 5 - 18(b)所示。钢筋混凝土墙泛水收头可采用金属条钉压,并用密封材料封固,如图 2 - 5 - 18(c)所示。

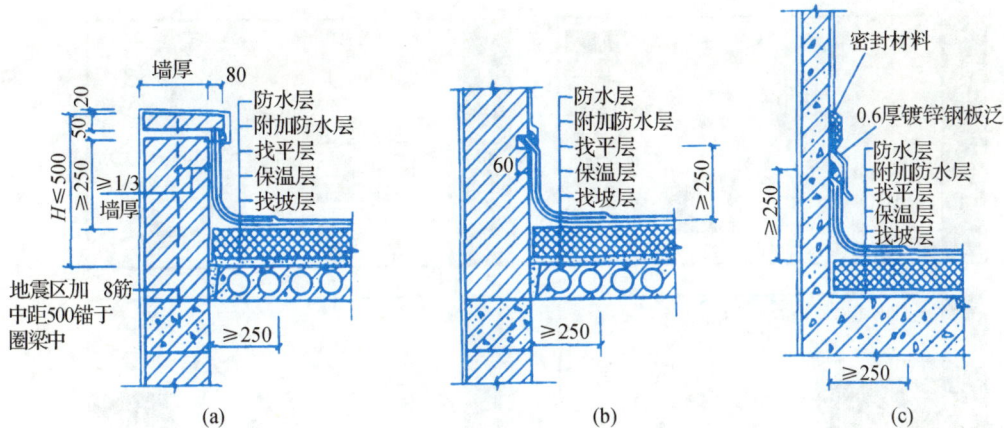

图 2 - 5 - 18　卷材防水屋面泛水构造

2. 涂膜防水屋面

涂膜防水屋面又称涂料防水屋面(图 2 - 5 - 19),是指用可塑性和粘结力较强的高分子防水涂料,直接涂刷在屋面基层上,形成不透水的薄膜层来达到防水目的。涂膜防水具有重量轻、防水性好、粘结力强、耐腐蚀、耐老化、无毒、冷作业、施工方便等诸多优点,已广泛用于各类防水工程中。

涂膜防水屋面基本构造如图 2 - 5 - 20 所示。

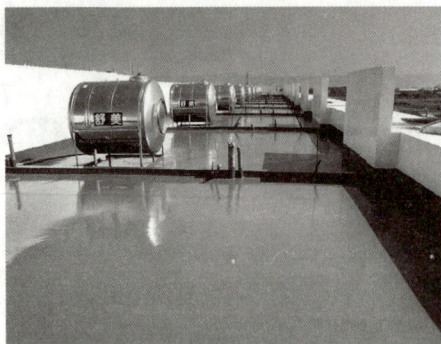

图 2-5-19　涂膜防水屋面

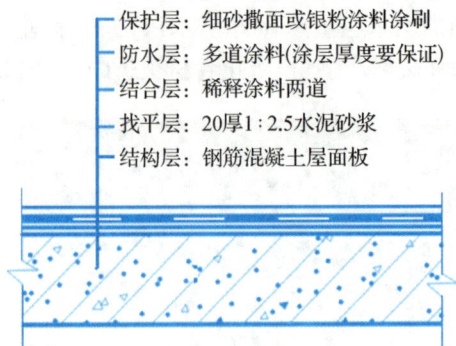

保护层：细砂撒面或银粉涂料涂刷
防水层：多道涂料(涂层厚度要保证)
结合层：稀释涂料两道
找平层：20厚1:2.5水泥砂浆
结构层：钢筋混凝土屋面板

图 2-5-20　涂膜防水屋面构造(无保温)

　　常用的防水涂料有沥青基防水涂料、高聚物改性沥青防水涂料和合成高分子防水涂料三大类。以焦油聚氨酯防水涂料施工为例,它是以异氰酸酯为主剂和以煤焦油为填料的固化剂构成的双组分型合成高分子防水涂料,其混合后经化学反应能在常温下形成一种耐久的橡胶弹性体,从而起到防水的作用。

　　其做法是:① 将异氰酸酯和煤焦油两种材料按比例混合搅拌均匀后备用;② 清理基层卫生,并做好雨水口、天沟、阴阳转角处等节点处理;③ 在平整干燥的基层上,分多次涂刷防水材料,直至涂层厚度达到 1.2 mm 或以上;④ 在成膜后的表面撒细砂做保护层,或加入适量银粉、颜料做着色以保护涂料。涂料施工过程如图 2-5-21 所示。

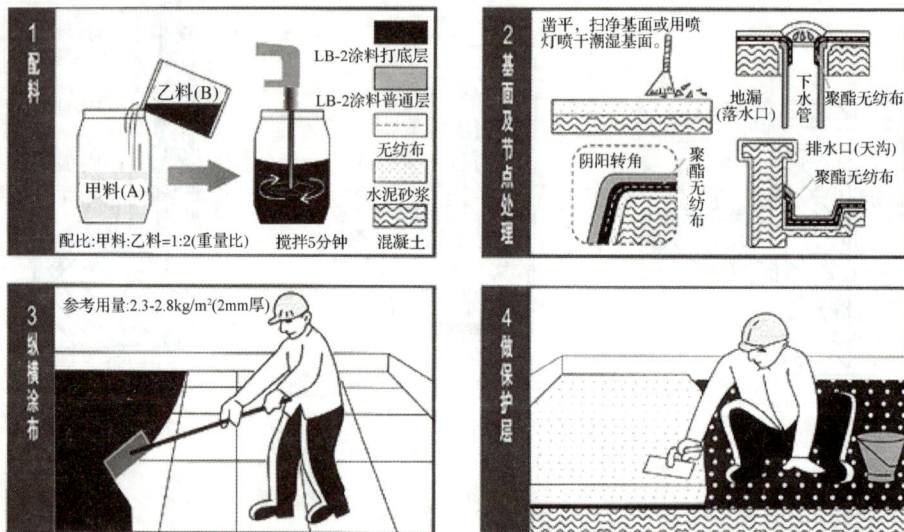

图 2-5-21　聚氨酯防水涂料施工示意图

3. 刚性防水屋面

　　刚性防水屋面是指用防水砂浆或现浇配筋细石混凝土做防水层的屋面。因混凝土属于脆性材料,抗拉强度较低,故称为刚性防水屋面。刚性防水屋面的主要优点是构造简单,施工方便,造价较低;缺点是易开裂,对气温变化和屋面基层变形的适应性较差。

（1）刚性防水屋面的基本构造

刚性防水屋面的基本构造层次有结构层、找平层、隔离层和防水层，如图 2-5-22 所示。

① 结构层。结构层即现浇或预制的钢筋混凝土屋面板，具有足够的强度和刚度，以尽量减少结构层变形对防水层的影响。为了施工方便，刚性防水屋面的排水坡度常采用结构找坡，坡度以 1%～3% 为宜。

② 找平层。当结构层为预制或现浇钢筋混凝土楼板时，结构表面不平整，通常抹 20 mm 厚 1:2.5 或 1:3 水泥砂浆找平。

③ 隔离层。隔离层可设置在防水层与结构层之间，使其上下分离，从而使刚性防水层免受屋面结构层变形的影响。黏土砂浆、石灰砂浆、纸筋灰、油毡、塑料薄膜、防水卷材等

防水层：40厚C20细石混凝土，配钢筋网
隔离层：干铺卷材或塑料薄膜一层
找平层：20厚1:2.5水泥砂浆
结构层：钢筋混凝土屋面板

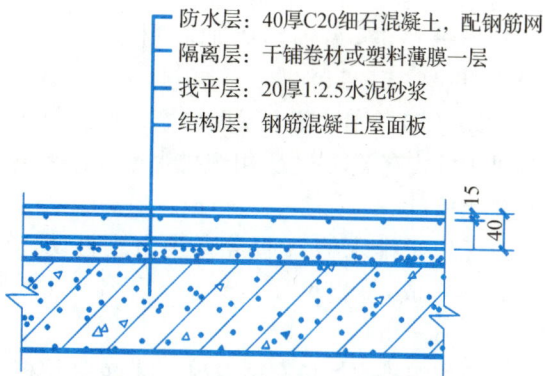

图 2-5-22　刚性防水屋面构造

均可作为隔离材料使用，其中油毡、卷材、薄膜要干铺。当有保温层时，可利用保温层兼做隔离层使用。

④ 防水层。刚性防水屋面防水层的做法有防水砂浆抹面和现浇配筋细石混凝土面层两种。前者是采用 1:2 或 1:3 的水泥砂浆，掺入水泥用量 3%～5% 的防水剂抹压两道而成，总厚度为 20～25 mm；后者具体做法是现浇厚度不小于 40 mm，混凝土强度等级不低于 C20 的细石混凝土，内配 $\phi 4$ 或 $\phi 6@100～200$ mm 的双向钢筋网片。由于裂缝容易出现在上部面层，钢筋网应居中偏上，使上面有 15 mm 厚的保护层即可。

（2）刚性防水屋面的细部构造

① 屋面分格缝。屋面分格缝又称分仓缝，应设置在结构变形敏感的部位及温度变形允许的范围以内（图 2-5-23）。结构变形敏感的部位主要是指装配式屋面板的支承端、屋面转折处、现浇屋面板与预制屋面板的交接处、泛水与立墙交接处等部位。

设置屋面分格缝的目的在于防止由于结构变形、温度变形及混凝土干缩等引起的刚性防水层开裂。

屋面分格缝构造要点：a. 钢筋网片在分格缝处必须断开；b. 防水层分格缝内应嵌填密封材料，缝口表面用防水卷材铺贴盖缝，卷材的宽度为 200～300 mm；c. 分格缝纵横间距不宜大于 6 m。

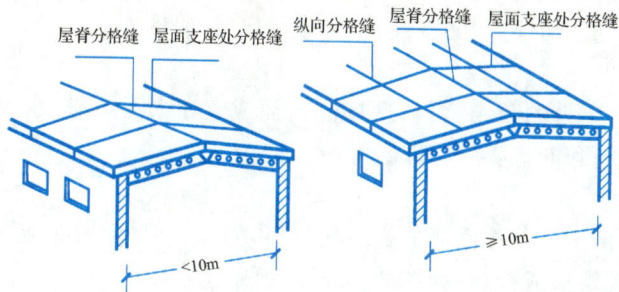

图 2-5-23　分格缝位置与划分

②泛水。刚性防水屋面的泛水构造要点与卷材屋面基本相同。不同的地方是刚性防水层与屋面突出物(女儿墙、烟囱等)间须留分格缝,另铺贴附加卷材盖缝形成泛水(图2-5-24)。

③檐口。刚性防水屋面的檐口形式与屋顶排水方式有关,分为无组织排水檐口和有组织排水檐口。

无组织排水檐口通常直接由刚性防水层挑出形成,挑出尺寸一般不大于450 mm(图2-5-25)。

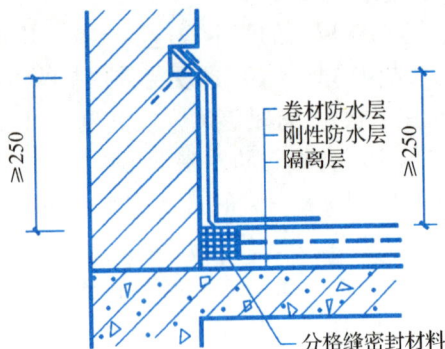

图2-5-24　泛水构造

有组织排水檐口有挑檐沟檐口、女儿墙檐口和斜板挑檐檐口等做法。挑檐沟檐口的檐沟底部应形成纵向排水坡度,铺好隔离层后再做防水层,防水层一般采用1:2的防水砂浆(图2-5-26)。

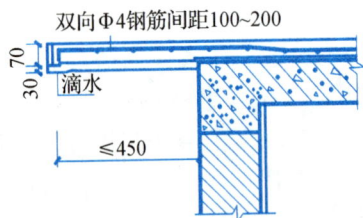

图2-5-25　无组织排水檐口构造

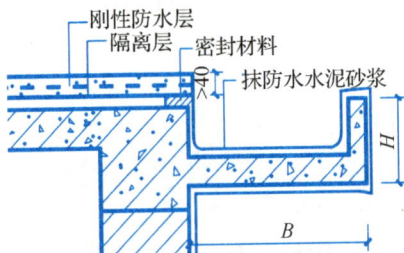

图2-5-26　挑檐沟檐口构造

女儿墙檐口和斜板挑檐檐口与刚性防水层之间按泛水处理,其构造与卷材防水屋面的相同。

三、平屋顶的保温

在寒冷地区或装有空调的建筑中,屋顶应采用保温屋顶,设置保温层。

1. 保温材料类型

保温材料多为轻质多孔材料,一般可分为以下三种类型:

(1) 散料类

常用的散料类保温材料有炉渣、矿渣、粉煤灰、膨胀蛭石、膨胀珍珠岩、矿棉等。

(2) 整体类

整体类是指以散料做骨料,掺入一定量的胶结材料,现场浇筑而成。如水泥炉渣、水泥膨胀蛭石、水泥膨胀珍珠岩、沥青膨胀蛭石和沥青膨胀珍珠岩等。

(3) 板块类

板块类是指利用骨料和胶结材料由工厂制作而成的板块状材料,如加气混凝土、泡沫混凝土、膨胀蛭石、膨胀珍珠岩、泡沫塑料等块材或板材,如图2-5-27所示。

图 2 - 5 - 27　屋面保温板

这三类保温材料中,散料类保温质量轻,效果好,但整体性差,施工操作困难;整体类和板块类相对于散料类施工方便,板块类保温是目前最为常用的方式。保温材料的选择应根据建筑物的使用性质、构造方案、材料来源、经济指标等因素综合考虑确定。

2. 平屋顶保温构造

平屋顶因屋面坡度平缓,适合将保温层放在屋面结构层上。在平屋顶的构造层中,保温层设置位置有正置式和倒置式两种(图 2 - 5 - 28)。

(1) 正置式保温

正置式保温是将保温层设置在结构层之上、防水层之下。保温层要求防水层有较好的防水性能,以确保保温材料不受潮。对于有水蒸气的房间,为了防止室内水蒸气透过结构层侵入保温层,进而受热膨胀影响防水层,在保温层下增设一道隔汽层,其材料为涂刷热沥青 1~2 道或铺油毡(一毡二油)。在设置隔汽层的同时,为了排除进入保温层的水蒸气,可以在保温层上部或中部设置排气道,在屋顶上设置排气孔。

平屋顶保温

(2) 倒置式保温

倒置式保温是将保温层设置于防水层之上,这种做法有效地保护了防水层,使防水层不直接受自然因素和人为因素的影响,但这种做法的保温材料,自身应具有吸水性小或憎水的性能,如聚苯乙烯泡沫塑料板、聚氨酯泡沫塑料板等憎水材料。在倒置式保温层上还应设置保护层,如混凝土板、粗粒径卵石层等。

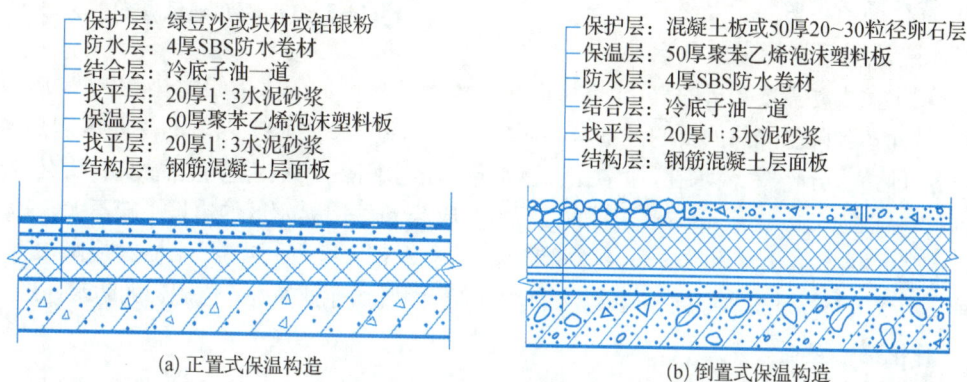

保护层:绿豆沙或块材或铝银粉
防水层:4厚SBS防水卷材
结合层:冷底子油一道
找平层:20厚1:3水泥砂浆
保温层:60厚聚苯乙烯泡沫塑料板
找平层:20厚1:3水泥砂浆
结构层:钢筋混凝土层面板

保护层:混凝土板或50厚20~30粒径卵石层
保温层:50厚聚苯乙烯泡沫塑料板
防水层:4厚SBS防水卷材
结合层:冷底子油一道
找平层:20厚1:3水泥砂浆
结构层:钢筋混凝土层面板

(a) 正置式保温构造　　　　　　　　　(b) 倒置式保温构造

图 2 - 5 - 28　平屋顶保温构造

四、平屋顶的隔热

平屋顶隔热的构造做法主要有通风隔热、蓄水隔热、种植隔热、反射降温等。

1. 通风隔热屋面

架空通风隔热屋面是指在屋顶中设置通风间层,使上层表面起遮挡阳光的作用,利用风压和热压作用把间层中的热空气不断带走,以减少传到室内的热量,从而达到隔热降温的目的。这种方法隔热好、散热快,多用于夏热冬暖而又多雨的地区。

通风隔热可分为架空通风隔热和吊顶通风隔热两种。

(1) 架空通风隔热

其通风层设在防水层之上,在屋顶构造层次的最顶部。架空层应有适当的净高,一般以180~300 mm 为宜,距女儿墙 500 mm 范围内不铺架空隔热板,隔热板的支点可做成砖垄墙或砖墩,间距视隔热板的尺寸而定,架空通风隔热构造如图 2-5-29 所示。

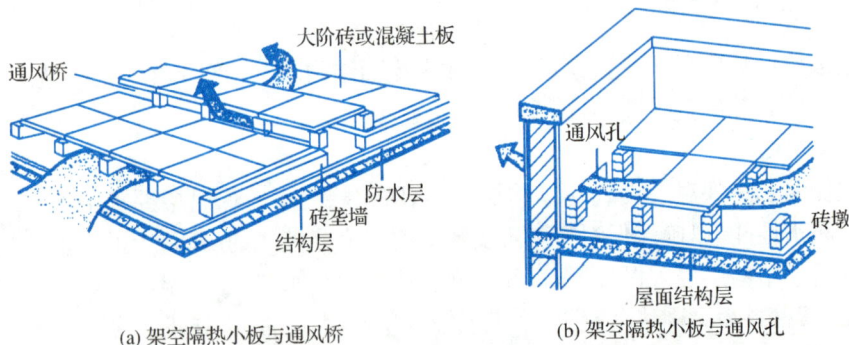

(a) 架空隔热小板与通风桥　　　　　(b) 架空隔热小板与通风孔

图 2-5-29　架空通风隔热构造

(2) 吊顶通风隔热

吊顶通风隔热即在结构层下做吊顶,檐墙开设通风口,利用结构层与吊顶之间形成的通风间层通风降温,如图 2-5-30 所示。

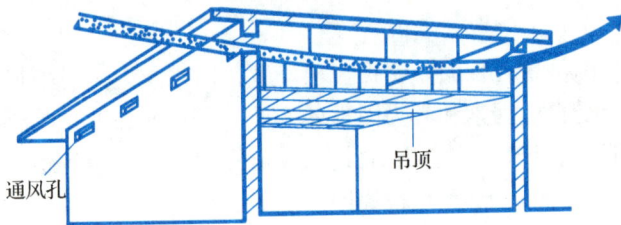

图 2-5-30　吊顶通风隔热

2. 蓄水隔热屋面

蓄水隔热屋面是指在屋顶蓄积一层水,利用水蒸发时需要大量的汽化热,从而大量消耗晒到屋面的太阳辐射热,以减少屋顶吸收的热能,从而达到降温隔热的目的。蓄水屋面构造与刚性防水屋面基本相同,主要区别是增加了一壁三孔,即蓄水分仓壁、溢水孔、泄水孔和过水孔。蓄水隔热屋面构造应注意以下几点:合适的蓄水深度,一般为 150~200 mm;根据屋面面积划分成若干蓄水区,每区的边长一般不大于10 m;足够的泛水高度,至少高出水面 100 mm;合理设置溢水孔和泄水孔,并应与排水檐沟或雨水管连通,以保证多雨季节不超过蓄水深度和检修屋面时能将蓄水排除,注意做好管道周边的防水处理。

3. 种植隔热屋面

种植隔热屋面是在屋顶上种植植物,利用植被的蒸腾和光合作用,吸收太阳辐射热,从而达到降温隔热的目的(图 2-5-31)。种植隔热屋面构造与刚性防水屋面基本相同,不同之处是需要增设挡墙和种植介质。

图 2 - 5 - 31　种植隔热屋面

4. 反射降温屋面

这类屋面是利用材料表面的颜色和光滑度对热辐射的反射作用,将一部分热量反射回去,从而达到降温的目的。屋顶表面铺浅颜色材料(如浅色的砾石),或刷白色的涂料及银粉,都能使屋顶产生降温的效果(图 2 - 5 - 32)。

图 2 - 5 - 32　涂刷反射降温材料

2.5.3　坡屋顶构造

坡屋顶建筑在我国广大地区有着悠久的历史。坡屋顶与平屋顶相比,防水和排水效果好,建筑立面造型丰富多彩。传统坡屋顶建筑至今在民居建筑、仿古建筑中仍有采用。

近十几年来,现浇钢筋混凝土坡屋顶在我国沿海经济发达地区大量采用,也是钢筋混凝土建筑屋顶常用类型之一。坡屋顶建筑如图 2 - 5 - 33 所示。

思政案例 7

(a) 传统建筑坡屋顶　　　　　　　　(b) 现浇钢筋混凝土坡屋顶

图 2 - 5 - 33　坡屋顶

古代建筑主要以瓦片坡屋顶为主,中国古代建筑屋顶主要形式有庑殿顶、歇山顶、硬山顶、悬山顶、卷棚顶、攒尖顶等(图2-5-34)。在中国的古建筑中,不同形式的屋顶具有不同的寓意和功能,它们分别代表着不同等级。帝王的宫殿可用庑殿式屋顶,五品以上官吏的住宅正堂只能用歇山式屋顶,六品以下官吏及平民住宅的正堂只能用悬山式或硬山式屋顶。

(a) 重檐庑殿顶　　　　(b) 歇山顶　　　　(c) 悬山顶

(d) 硬山顶　　　　(e) 卷棚顶　　　　(f) 攒尖顶

图2-5-34　中国古建筑屋顶形式

一、坡屋顶的组成

坡屋顶构造主要由承重结构层和屋面层两部分组成,根据需要还可以设置保温层、隔热层及顶棚等(图2-5-35)。

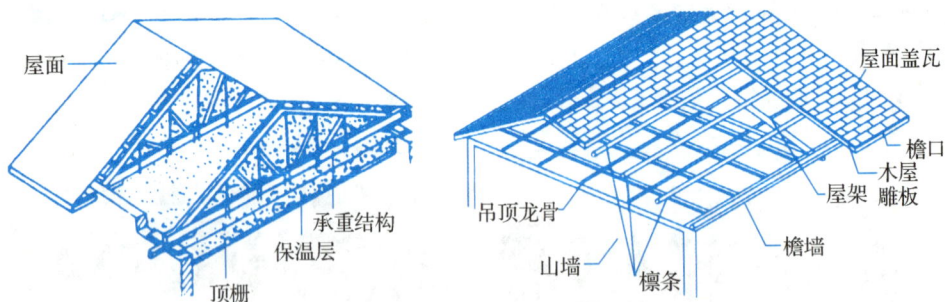

图2-5-35　坡屋顶的组成

1. 承重结构层

传统建筑坡屋顶的承重结构层是指屋架、檩条、椽子、屋面大梁等,现浇钢筋混凝土坡屋顶的承重结构层是指钢筋混凝土屋面板,它承受屋面荷载并把荷载传递给墙或柱。

2. 屋面层

屋面层是屋顶的上覆盖层,直接承受风、雨、雪和太阳辐射等大自然气候的作用。它包括屋面瓦材(如平瓦、小青瓦、波形瓦等)和屋面基层(如顺水条、挂瓦条、屋面板等)两部分(图 2-5-39)。

3. 保温或隔热层

保温或隔热层是屋顶对气温变化的围护部分。北方寒冷地区可用保温材料设保温层,南方炎热地区可在顶棚上设隔热层。

4. 顶棚

顶棚是屋顶承重结构层下面的遮盖部分。可使室内上部平整,起着装饰的作用。

二、坡屋顶的承重结构

坡屋顶的承重结构主要用来承受屋面传来的荷载,并把荷载传给墙或柱。其承重结构方式有山墙承重、屋架承重、木构架承重。

1. 山墙承重

山墙承重是指在山墙上搁置檩条,檩条上设椽子后再铺屋面板而形成的一种屋面承重方式(图 2-5-36),也称为横墙承重或硬山搁檩。这种承重方式的优点是节约钢材和木材,构造简单,施工方便,房间的隔音、防火效果好,但房间的开间尺寸受限制。一般适合于多数开间相同且并列的房屋,如住宅、旅馆、宿舍等。

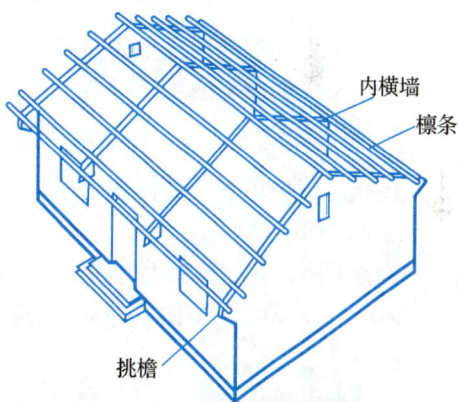

图 2-5-36　山墙承重

2. 屋架承重

屋架承重是指在建筑物的外纵墙或柱上支设屋架,然后在屋架上搁置檩条来承受屋面荷载的一种承重方式(图 2-5-37)。这种承重方式多用于要求有较大空间的建筑,如食堂、教学楼、影剧院等。与横墙承重相比,可以省去横墙,使房屋内部有较大的空间,增加建筑内部空间划分的灵活性。

3. 木构架承重

木构架承重是我国传统的结构形式,即用木立柱和木横梁组成屋顶和墙身的承重骨架,檩条把一排排梁架联系起来形成整体骨架(图 2-5-38)。这种承重系统的主要优点是结构牢固、抗震性好。但消耗木材多,耐火性和耐久性均较差,维修费用高,目前已很少使用。

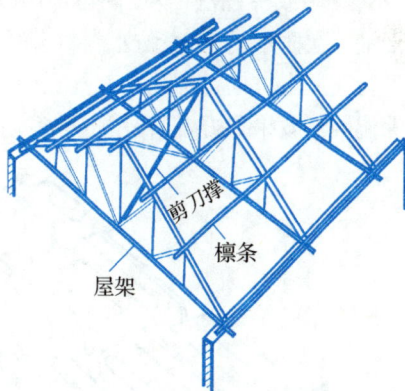

图 2-5-37　屋架承重

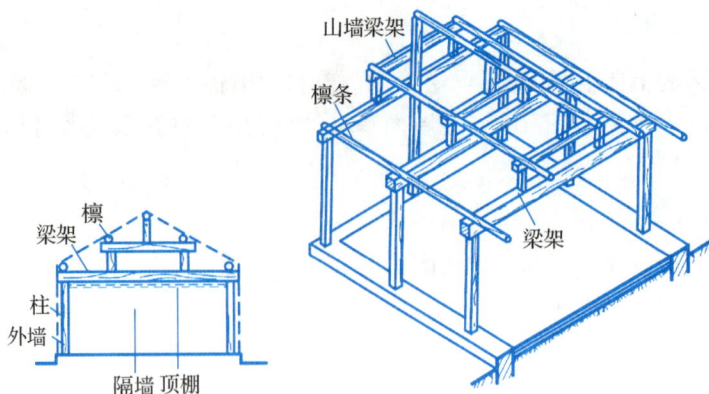

图 2 - 5 - 38　木构架承重

三、坡屋顶平瓦屋面构造

坡屋顶平瓦屋面构造主要介绍传统建筑坡屋顶平瓦屋面构造、钢筋混凝土坡屋顶平瓦屋面构造以及平瓦屋面的细部构造。

1. 传统建筑坡屋顶平瓦屋面构造

传统建筑坡屋顶平瓦屋面根据基层的不同可分为冷摊瓦屋面、木望板平瓦屋面两种做法。

(1) 冷摊瓦屋面

冷摊瓦屋面是在檩条上钉固椽条,然后在椽条上钉挂瓦条并直接挂瓦(图 2 - 5 - 39a)。这种做法构造简单,但雨雪易从瓦缝中飘入室内,通常用于南方地区质量要求不高的建筑。

冷摊瓦屋面

(2) 木望板瓦屋面

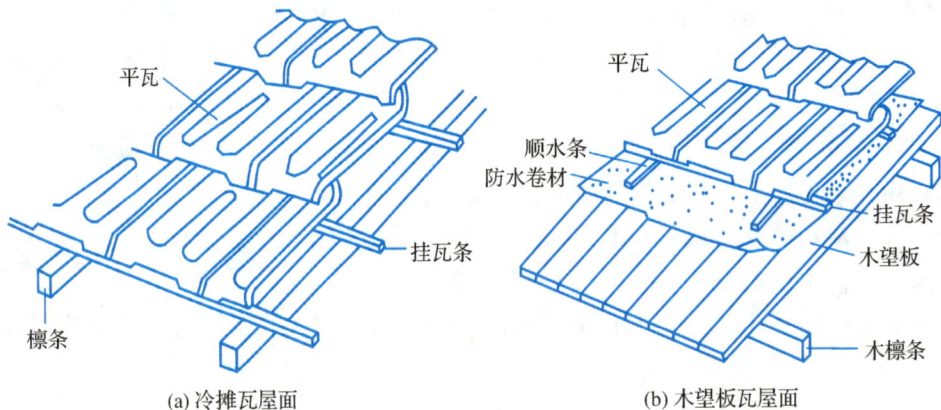

木望板瓦屋面是在檩条上铺钉木望板,亦称屋面板。木望板可采取密铺法(不留缝)或稀铺法(望板间留 20 mm 左右宽的缝),在木望板上平行于屋脊方向干铺一层防水卷材,在防水卷材上顺着屋面水流方向钉顺水条,然后在顺水条上面平行于屋脊方向钉挂瓦条并挂瓦(图2-5-39b)。这种做法比冷摊瓦屋面的防水、保温隔热效果要好,但耗用木材多,造价高,多用于质量要求较高的建筑物中。

木望板瓦屋面

(a) 冷摊瓦屋面　　　　　　　　　(b) 木望板瓦屋面

图 2 - 5 - 39　传统建筑平瓦屋面构造

（3）坡屋顶平瓦屋面构造

传统建筑坡屋顶平瓦屋面构造主要由檩条、椽子、屋面板、顺水条、挂瓦条、平瓦等组成。

① 檩条。檩条支承在横墙或屋架的上弦上，用三角形木块（俗称"檩托"）固定就位，檩条的间距与屋架的间距、檩条的截面尺寸以及屋面板的厚度有关。檩条可采用木材、钢材或钢筋混凝土制作，方木檩条截面尺寸一般为（75～100）mm×（100～180）mm，间距一般为 700～900 mm，檩条上可以直接钉屋面板，如檩条间距较大，也可以垂直于檩条铺放椽子。

② 椽子。当檩条间距较大时，可垂直于檩条布置椽子，间距 200～300 mm，可采用 50 mm×50 mm 的方木。当檩条间距较小时，也可以不用椽子。

③ 屋面板。屋面板也叫"望板"，因屋面板采用木板，因此称为"木望板"，一般采用 15～20 mm 厚的木板钉在檩条上。如果檩条间距较大，在檩条上铺设椽子，然后再铺木望板。

④ 顺水条。是钉于望板上的木条，断面一般为 10 mm×30 mm，其目的是压住防水卷材，方向为顺水流方向，故称为"顺水压毡条"。顺水条的间距为 400～500 mm。

⑤ 挂瓦条。挂瓦条钉在顺水条上，与顺水条方向垂直，断面为 20 mm×30 mm，间距应与平瓦的尺寸相适应，一般为 280～330 mm。

⑥ 平瓦。平瓦在坡屋顶的不同位置，其名称都不一样，主要有正脊瓦、斜脊瓦、沟瓦、山墙封檐瓦、封檐瓦以及平瓦等（图 2-5-40）。平瓦有陶瓦（颜色有青色、红色）和水泥瓦（颜色为灰白色）两种。

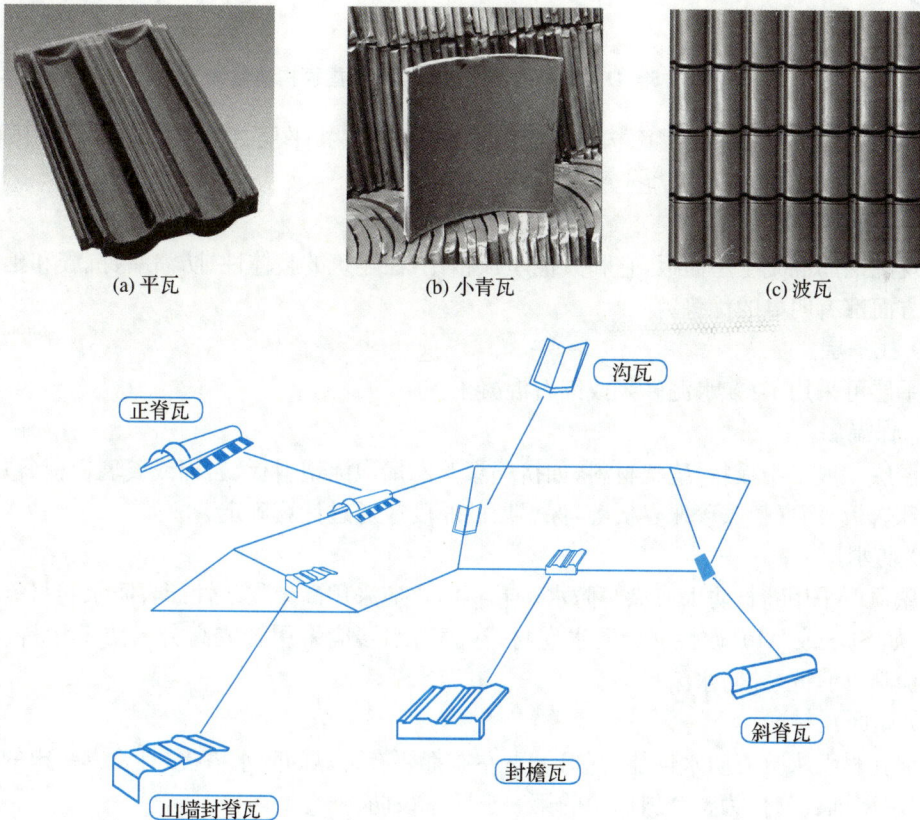

(a) 平瓦　　　　　　　(b) 小青瓦　　　　　　　(c) 波瓦

图 2-5-40　屋面瓦的类型

2. 钢筋混凝土坡屋顶平瓦屋面构造

在仿古建筑以及现浇钢筋混凝土坡屋顶中,也常采用钢筋混凝土瓦屋面。在钢筋混凝土屋面板上盖瓦,其做法有三种。一是挂瓦,即在水泥砂浆找平层上铺防水卷材一层,用压毡条钉嵌在板缝内的木楔上,再钉挂瓦条并挂瓦(图2-5-41a);二是窝瓦,即是在水泥砂浆找平层上直接用草泥窝瓦,泥背的厚度宜为30~50 mm(图2-5-41b);三是粘瓦,即用水泥砂浆贴瓦或贴面砖,即在屋面板上直接粉刷防水水泥砂浆并贴平瓦或陶瓷面砖(图2-5-41c)。

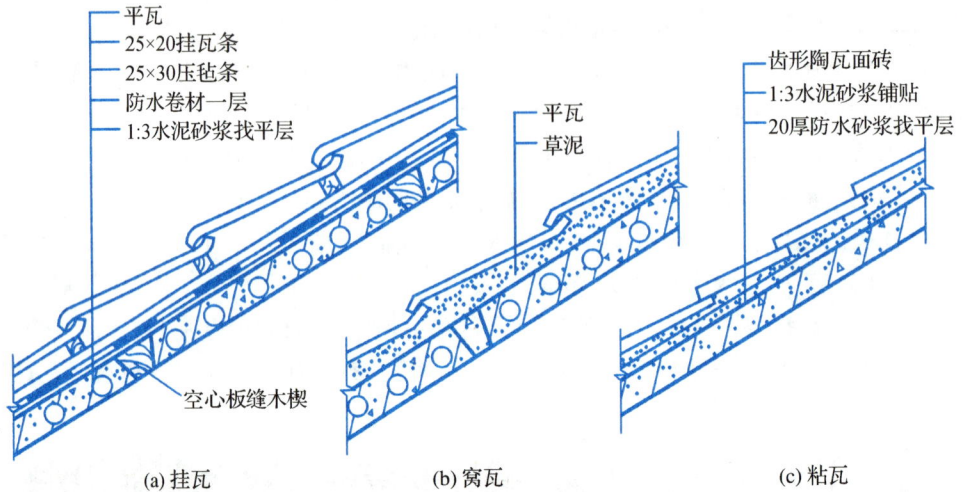

(a) 挂瓦　　　　　　(b) 窝瓦　　　　　　(c) 粘瓦

图 2-5-41　钢筋混凝土坡屋顶平瓦屋面构造做法

钢筋混凝土坡屋顶平瓦屋面构造主要由承重结构层、找平层、保温层、防水层和屋面瓦材等组成,其构造层次与钢筋混凝土平屋顶基本一致。

(1) 承重结构层

指现浇钢筋混凝土屋面板,它和其他屋顶相比,在建筑的整体性、防渗漏、抗震和延长使用寿命等方面都有明显的优势。

(2) 找平层

找平层可采用1∶3水泥砂浆或细石混凝土。

(3) 保温层

保温层一般采用板状、毡状材料,如挤塑聚苯乙烯泡沫塑料板、岩棉或玻璃棉板(毡)、憎水膨胀珍珠岩板、沥青膨胀珍珠岩板等,保温层的厚度应通过计算确定。

(4) 防水层

坡屋顶可采用卷材防水或涂膜防水。卷材防水应采用高聚物改性沥青防水卷材等新型防水卷材,如SBS或APP改性沥青防水卷材;涂膜防水层应采用合成高分子防水涂料,如聚氨酯防水涂料、丙烯酸酯防水涂料等。

(5) 屋面瓦材

屋面瓦材要求具有防水性能,瓦口上下左右都要有可靠的防水搭接,且要有一定的耐久年限,可以将屋面瓦材作为整个斜屋顶的第一道防水设防。

屋面瓦材的固定方式,一般采用在防水层上做顺水条(顺水条的作用是架空挂瓦条,可钉牢在屋面上),在顺水条上再做挂瓦条(挂瓦条的作用是固定屋面瓦,可以用来栓瓦或用螺钉、钉子固定瓦）。顺水条、挂瓦条的材料可选用木材、钢筋或型钢，并应做防腐处理。屋面瓦材的固定也可以采用砂浆卧瓦的方法。屋面瓦固定如图 2 - 5 - 42 所示。

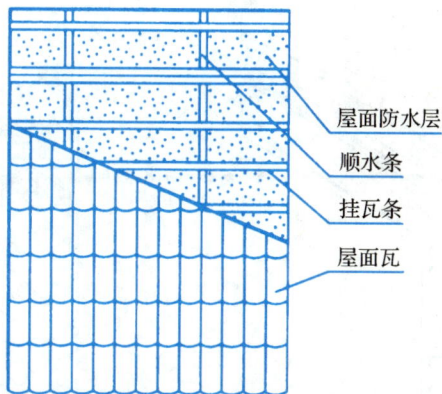

屋面防水层
顺水条
挂瓦条
屋面瓦

图 2 - 5 - 42　屋面瓦的固定

3. 平瓦屋面的细部构造

平瓦屋面应做好檐口、天沟、屋脊等部位的细部处理。

（1）檐口构造

檐口分为纵墙檐口和山墙檐口。

① 纵墙檐口。纵墙檐口可分为无组织排水檐口和有组织排水檐口两种，其构造分别如图 2 - 5 - 43 与图 2 - 5 - 44 所示。

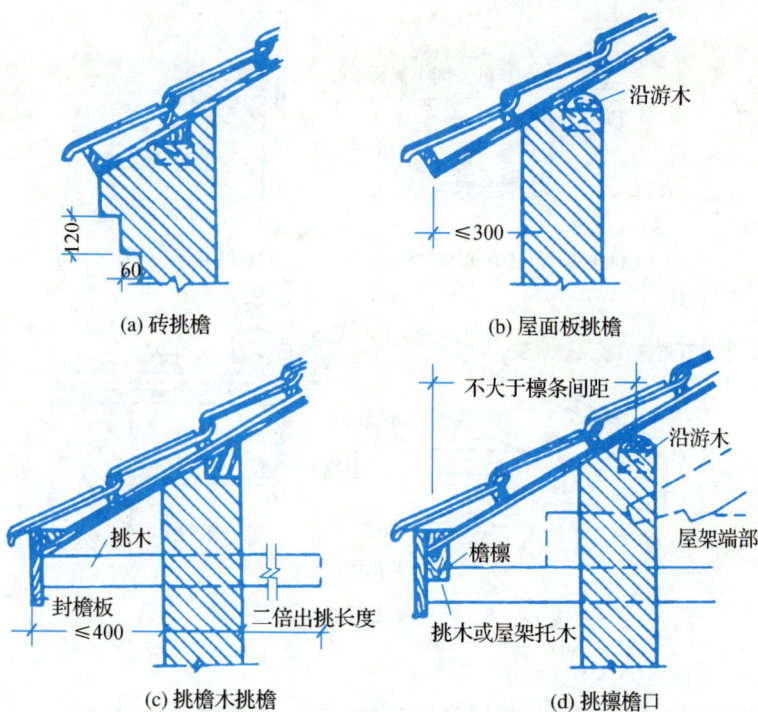

(a) 砖挑檐

(b) 屋面板挑檐

沿游木

(c) 挑檐木挑檐

挑木
封檐板
≤400
二倍出挑长度

(d) 挑檩檐口

不大于檩条间距
沿游木
屋架端部
檐檩
挑木或屋架托木

图 2 - 5 - 43　无组织排水纵墙挑檐

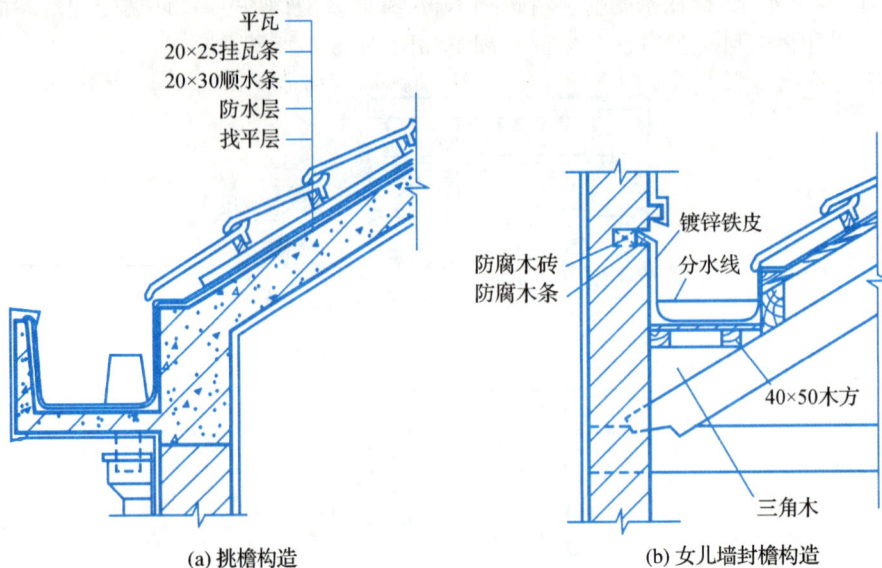

(a) 挑檐构造　　　　　　　　(b) 女儿墙封檐构造

图 2-5-44　有组织排水纵墙挑檐

② 山墙檐口。山墙檐口按屋顶形式分为硬山与悬山两种。

硬山是将山墙升起包住檐口,女儿墙与屋面交接处应做泛水处理,女儿墙顶应做压顶板,以保护泛水(图 2-5-45a、b)。

悬山是将檩条向外挑出形成悬山,檩条端部钉木封檐板,下部做顶棚进行处理,沿山墙挑檐的一行瓦,应用 1∶2.5 的水泥砂浆做出披水线,将瓦封固(图 2-5-45c)。

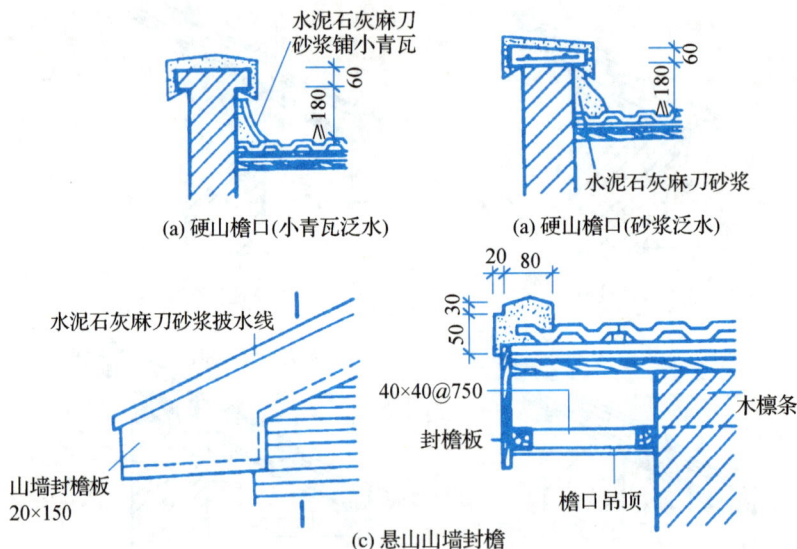

(a) 硬山檐口(小青瓦泛水)　　　　　(a) 硬山檐口(砂浆泛水)

(c) 悬山山墙封檐

图 2-5-45　硬山与悬山檐口构造

(2) 屋脊、天沟和斜天沟构造

互为相反的坡面在高处相交形成屋脊,屋脊处应用 V 形脊瓦盖缝(图 2-5-46a)。在等高跨或高低跨相交处,常常出现天沟,坡屋面两斜面相交形成斜天沟。天沟应有足够的断面面积,上口宽度一般为 300～500 mm,一般用镀锌铁皮或彩色钢板铺于木基层上,镀锌铁皮两边包钉在木条上;木条高度要使瓦片搁上后与其他瓦片平行,并起到防止溢水的作用。镀锌铁皮(或彩色钢板)伸入瓦片下至少 150 mm。天沟、斜天沟的构造如图 2-5-46(b)所示。

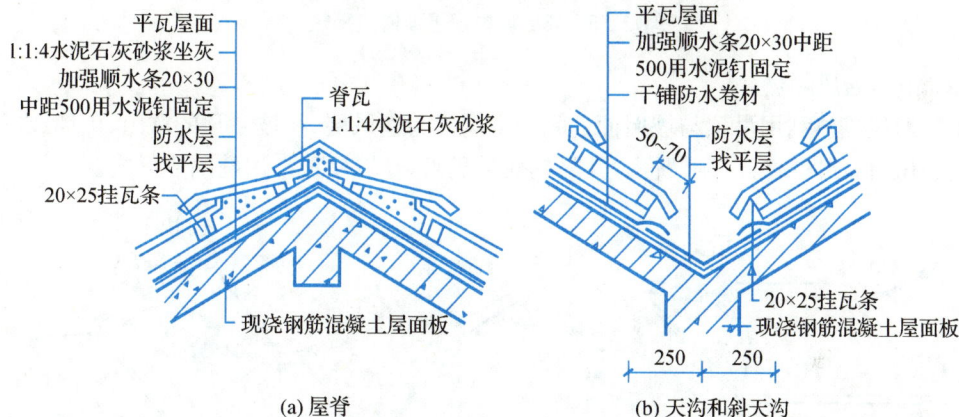

(a) 屋脊　　　　　　　　(b) 天沟和斜天沟

图 2-5-46　屋脊、天沟与斜天沟构造

四、坡屋顶的保温与隔热

1. 坡屋顶的保温

坡屋顶的保温有屋面保温和吊顶保温两种。当采用屋面保温时,其保温层设置在瓦材与檩条之间(图 2-5-47a、b)。当采用吊顶保温,通常需在吊顶龙骨上铺板,板上设保温层,可以收到保温和隔热双重效果(图 2-5-47c)。

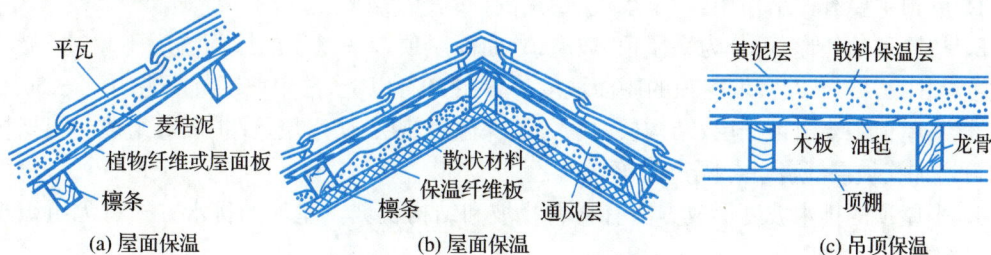

(a) 屋面保温　　　　　(b) 屋面保温　　　　　(c) 吊顶保温

图 2-5-47　坡屋顶保温构造

2. 坡屋顶的隔热

坡屋顶一般利用屋顶通风来隔热,有屋面通风隔热和吊顶通风隔热两种方式。

(1) 屋面通风隔热

屋面通风隔热是把屋面做成双层,在檐口设进风口,屋脊设出风口,利用空气流动带走间层的热量,以降低屋顶的温度,如图 2-5-48 所示。

(a) 檐口和屋脊通风　　　　(b) 歇山通风百叶窗　　　　(c) 双层瓦通风屋面

图 2-5-48　坡屋顶屋面通风隔热

(2) 吊顶通风隔热

吊顶通风隔热利用吊顶与坡屋面之间的空间作为通风层,在坡屋顶的歇山、山墙或屋面等位置设通风口,如图 2-5-49 所示,其隔热效果显著,是坡屋顶常用的隔热形式。

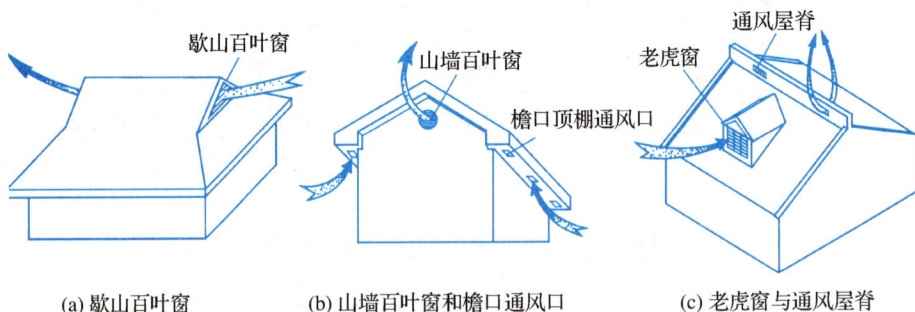

(a) 歇山百叶窗　　　　(b) 山墙百叶窗和檐口通风口　　　　(c) 老虎窗与通风屋脊

图 2-5-49　坡屋顶吊顶通风隔热

▶ 模块学习小结 ◀

1. 屋顶主要有三个作用:一是承重、二是围护、三是美观。

2. 按屋顶的外形,可分为平屋顶、坡屋顶、曲面屋顶。平屋顶的屋面坡度不超过 10%,常用坡度范围为 1%~3%;坡屋顶的屋面坡度一般在 10% 以上,常用坡度范围为 10%~60%。

3. 平屋顶主要由顶棚层、结构层、找平层、保温隔热层、防水层、保护层等组成。根据构造要求可增加找坡层、隔汽层、隔离层等。

4. 平屋顶的排水坡度形成方法有材料找坡和结构找坡。屋顶的排水方式有无组织排水和有组织排水两大类。

5. 平屋顶的屋面防水类型有卷材防水屋面、涂膜防水屋面、刚性防水屋面等多种做法。

防水屋面均应做好泛水、檐口、分格缝等处的细部构造处理。

6. 平屋顶的保温材料有三大类,一是散料类,二是整体类,三是板块类。平屋顶隔热的构造做法主要有通风隔热、蓄水隔热、种植隔热、反射降温等。

7. 坡屋顶主要由承重结构层和屋面层两部分组成,根据需要还可以设置保温层、隔热层及顶棚。

8. 坡屋顶的承重结构形式有山墙承重、屋架承重、木构架承重。

9. 传统建筑坡屋顶平瓦屋面有冷摊瓦屋面、木望板平瓦屋面两种做法。

钢筋混凝土坡屋顶平瓦屋面上盖瓦做法有三种,一是挂瓦,二是窝瓦,三是粘瓦。

10. 坡屋顶的保温有吊顶保温和屋面保温两种;坡屋顶隔热有屋面通风隔热和吊顶通风隔热两种方式。

▶ 模块课后作业 ◀

一、填空题

1. 屋顶主要有三个作用:_____、_____、_____。

2. 平屋顶常用的屋面坡度_____,其上人屋面坡度常为_____;坡屋顶常用坡度范围为_____。

3. 平屋顶的找平层一般设置在_____或_____之上,通常采用20～30 mm厚1∶2.5～1∶3_____进行找平。

4. 平屋顶排水坡度可通过_____和_____两种方法形成。

5. 每一根雨水管的屋面汇水面积不得大于_____ m^2。一般民用建筑最常用的雨水管直径为_____mm。雨水管的间距一般在_____m以内,最大间距宜不超过_____m。

6. 防水卷材有_____防水卷材、_____防水卷材和_____防水卷材三大类。

7. 卷材防水屋面的泛水节点处理在转折处应做成_____或_____防止卷材被折断。泛水处卷材应采用满贴法,泛水高度最低不小于_____mm。

8. 平屋顶隔热的构造做法主要有_____、_____、种植隔热、_____等。

9. 坡屋顶的承重结构形式有_____、_____、_____。

10. 坡屋顶的保温有_____和_____两种,隔热有_____隔热和_____隔热两种方式。

二、简述题

1. 简述平屋顶的组成。

2. 简述刚性防水屋面构造层以及所采用的建筑材料。

3. 简述坡屋顶构造主要由哪几部分组成?

三、填图题

1. 看图填空,写出平屋顶有组织排水的名称。

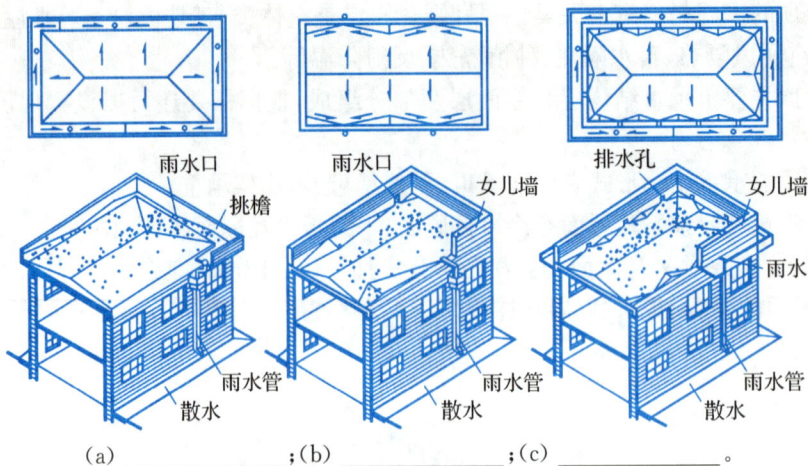

（a）＿＿＿＿＿＿；（b）＿＿＿＿＿＿；（c）＿＿＿＿＿＿。

2. 看图填空,写出防水卷材屋面(无保温)构造层以及所用材料。

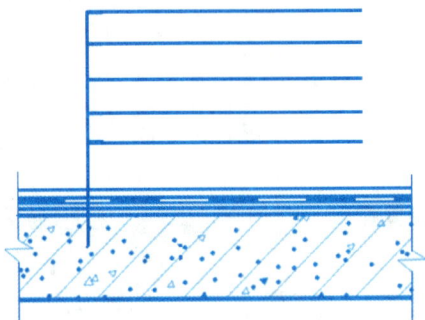

▶ **技能实训** ◀

1. 识读天沟平面图,在图中相应位置标注出天沟、天沟分水线、屋顶分水线、雨水口、屋面坡度、天沟排水坡度等;绘制屋面天沟平面图。

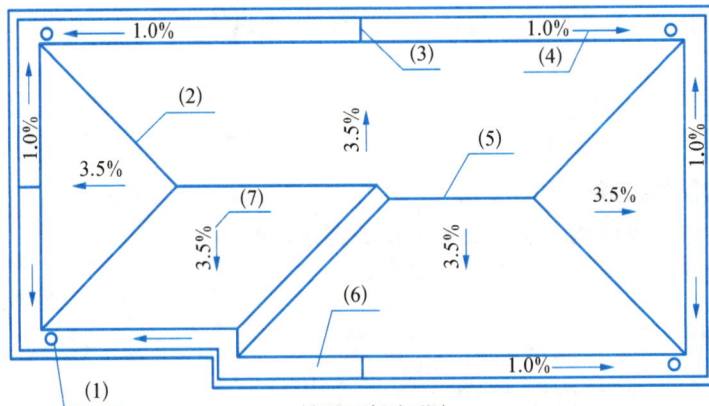

槽形天沟平面图

2. 识读并绘制雨水口构造图。

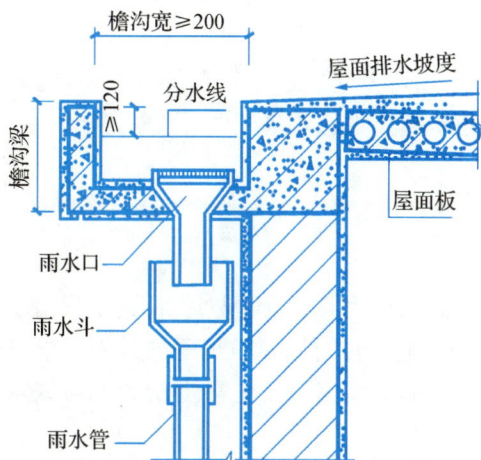

（a）水平雨水口

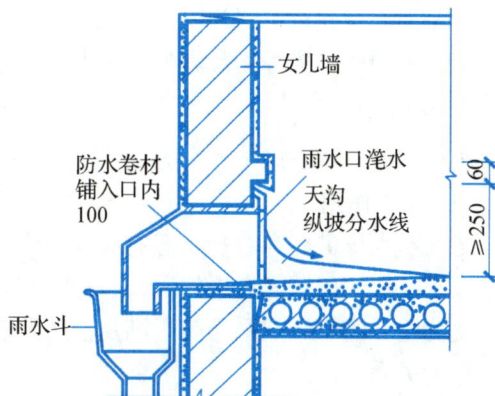

（b）垂直雨水口

2.6　门窗构造

学习目标

1. 能够了解门窗的常见类型，理解门窗的尺度要求
2. 能够叙述常见门窗的构造
3. 能够叙述门窗的安装位置和安装方法
4. 能够了解建筑遮阳设施的相关内容
5. 能够识读门窗节点构造图

2.6.1　门窗基本知识

一、门窗的作用

1. 门的作用

门的主要作用有以下几个方面：

（1）交通联系与疏散作用

门作为建筑的组成部分，主要解决建筑物内外各个空间的交通联系。同时，在紧急情况下能够满足安全疏散的要求。因此，门的数量、宽度、开启方式、开启方向以及用材等均应符合有关规范要求。

（2）分隔与围护作用

门在关闭状态下，是属于墙体的一部分，具有分隔建筑物内部空间和围护外部空间的作用，可以满足建筑物不同空间的隔音、保温、隔热、隔离视线等使用要求。

(3) 采光与通风作用

门在开启状态下,能够产生采光和通风的作用。

(4) 装饰与美观作用

门是人们在建筑空间当中活动的必经之路,与使用者密切接触。在建筑装饰中,门的造型、颜色、使用的材质等均会影响使用者的心理,对建筑整体观感效果产生很大的影响。

2. 窗的作用

窗的主要作用有以下几个方面:

(1) 采光作用

阳光对人体健康和心理状态有较大的影响,为了满足使用要求,我国对民用建筑提出了日照的要求。房间的采光有天然采光(日照)和人工采光(电灯)两种,建筑房间的采光尽量以天然采光为主。房间天然采光是否满足使用要求,与开窗的面积、数量、位置、透光材料等因素有着直接的关系。

(2) 通风作用

在窗户开启状态下,具有通风作用。为了使室内的空气清新,房间要有相应的通风设施,一般民用建筑的通风主要依靠开窗来解决。

(3) 围护作用

窗户在关闭状态下,也属于墙体的一部分,在外墙时具有围护的作用。从建筑节能角度来说,窗户是围护结构的薄弱环节,是建筑能耗的主要途径,也是建筑节能重点解决的问题之一。

(4) 观望作用

在窗户开启状态下,或者在关闭情况下通过透明玻璃,人们可以在室内通过窗户观望室外的景观以及人们活动的情况。

(5) 装饰作用

窗与门一样,对于建筑物的立面装饰和造型起着非常重要的作用。

二、门窗的类型

1. 门的类型

(1) 按位置划分

可分为外门和内门。外门位于外墙上,应满足保温、隔热、耐腐蚀、防风沙以及造型美观的要求。内门位于内墙上,应满足隔音、隔视线等要求。

(2) 按使用功能划分

可分为一般门和特殊门。特殊门是指有特别使用功能要求的门,其构造复杂,如防火门、保温门、防爆门、防盗门、防辐射门等。

(3) 按材料划分

可分为木门、铁门、铝合金门、塑钢门、无框玻璃门等,如图 2-6-1 所示。

① 木门。木门自重轻,密封性能好,制作简便,但不耐腐蚀,潮湿的房间不宜采用木门,木门最宜用于干燥房间的内门。

② 铁门。铁门具有强度高、坚固耐久的优点,但易生锈,保温性差,多用于有防盗要求的门。

③ 铝合金门。铝合金门具有关闭严密、质轻、不易变形、美观等优点,目前广泛应用于各

类建筑中。

　　④ **塑钢门**。塑钢门具有轻质、密封性强、保温性好、耐腐蚀、美观等优点，目前广泛应用于各类建筑中。

　　⑤ **无框玻璃门**。无框玻璃门外观上美观大方，但成本较高，多用于大型建筑和商业建筑的出入口。

木门　　　　　　　防盗铁门　　　　　　　塑钢门

铝合金门　　　　　　　　　　　　　无框玻璃门

图 2-6-1　各种材质的门

（4）按开启方式划分

　　可分为平开门、弹簧门、推拉门、折叠门、旋转门、卷帘门、翻板门等（图 2-6-2）。

　　① **平开门**。平开门是水平开启的门。铰链安装在门扇侧边，有内开和外开、单扇和双扇之分。其构造简单，开启灵活，安装维修方便，但开启时占用空间较大，在建筑中使用最为广泛。

　　② **弹簧门**。其开启方式同平开门，开启后可自动关闭，门扇侧边用弹簧铰链或门扇下边用地弹簧与门框相连。可分为单向弹簧门和双向弹簧门。最大优点是门扇能够自动关闭，但密封性能差。多用于人流出入频繁或有自动关闭要求的建筑，如商店、影剧院、会议厅等。

　　③ **推拉门**。推拉门是通过门扇沿上轨道或下轨道左右滑行来启闭。有手动和自动、单扇和双扇之分，能左右推拉且不占空间，但构造复杂、密封性能较差。一般用于车间、仓库的大门，自动推拉门多用于办公、商业等公共建筑的外门。

　　④ **折叠门**。折叠门开启后门扇可相互折叠到门洞口的一侧或两侧，占用空间较少，但五金件制作复杂，安装要求较高。多用于尺寸较大的门洞口。

　　⑤ **旋转门**。旋转门是由三扇或四扇门扇通过中间的竖轴组合而成的可以旋转的门。其加工、制作、安装工艺复杂，造价高，具有隔绝室内外气流和视线的作用，对建筑立面有较强的装饰性。适用于室内环境等级较高的公共建筑的大门。因其通行和疏散人流的能力较差，不

能用作公共建筑的疏散门。

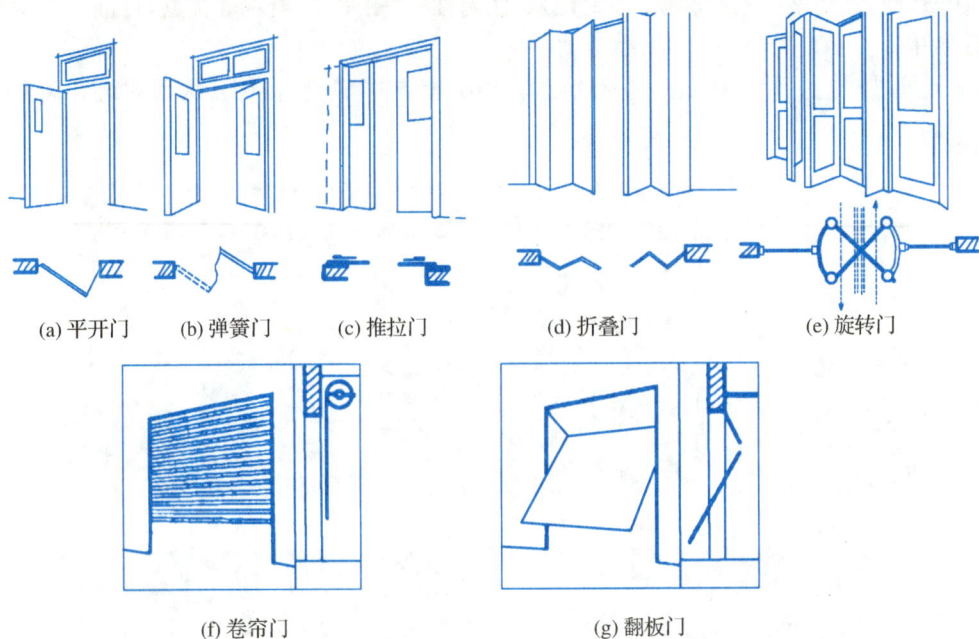

(a) 平开门　(b) 弹簧门　(c) 推拉门　(d) 折叠门　(e) 旋转门

(f) 卷帘门　　　　　　　(g) 翻板门

图 2-6-2　门的开启方式

⑥ **卷帘门**。门扇由金属页片相互连接而成,在门洞上方设置转轴,通过转轴的转动来控制页片的启闭。有手动和自动、正卷和反卷之分。开启时不占用空间,加工制作复杂,造价高,一般用于商业建筑的外门和厂房大门。

⑦ **翻板门**。翻板门外表平整,不占空间。多用于仓库、车库的大门。

各种类型门的实景图片如图 2-6-3 所示。

平开门　　　　　　推拉门　　　　　　折叠门

旋转门　　　　　　卷帘门　　　　　　翻板门

图 2-6-3　实景门

2. 窗的类型

（1）按窗在建筑物中所处的位置，分为外窗和内窗。设置在建筑物外墙上的窗户为外窗；设置在建筑物内部墙体上的窗户为内窗。

（2）按窗的层数，分为单层窗和双层窗。单层窗构造简单，造价较低，常用于一般建筑。双层窗具有保温、隔热、隔音、防尘效果好等特点，用于对窗有较高功能要求的建筑。

（3）按窗使用的材料，分为木窗、钢窗、铝合金窗、塑钢窗、玻璃钢窗等。

① 木窗。木窗多采用不易变形的松、杉木制作而成，具有制作简单，密封性能、保温性能好等优点，但防火性差，耐久性差，为了节约木材，外窗一般不应采用木窗。

② 钢窗。钢窗具有强度高、坚固耐久、不易变形、透光率大、便于拼接组合等优点，但密闭性差，保温性差，易生锈，目前民用建筑已很少使用。

③ 铝合金窗。铝合金窗具有轻质高强、造型美观、坚固耐久、开启方便、密闭性好等优点，但铝合金窗造价较高，广泛应用于工业与民用建筑上。

④ 塑钢窗。塑钢窗具有保温、隔热、隔声、密闭性好、开启方便、装饰性好等优点，但造价较高，广泛应用于工业与民用建筑上。

⑤ 玻璃钢窗。玻璃钢窗是由玻璃钢型材装配而成，具有耐腐蚀性强、外形美观等优点，通常用于化工类工业建筑。

（4）按镶嵌的材料，分为玻璃窗、百叶窗、纱窗等。在窗扇中用玻璃、百叶片、窗纱等材料镶嵌，分别称为玻璃窗、百叶窗、纱窗，如图 2-6-4 所示。

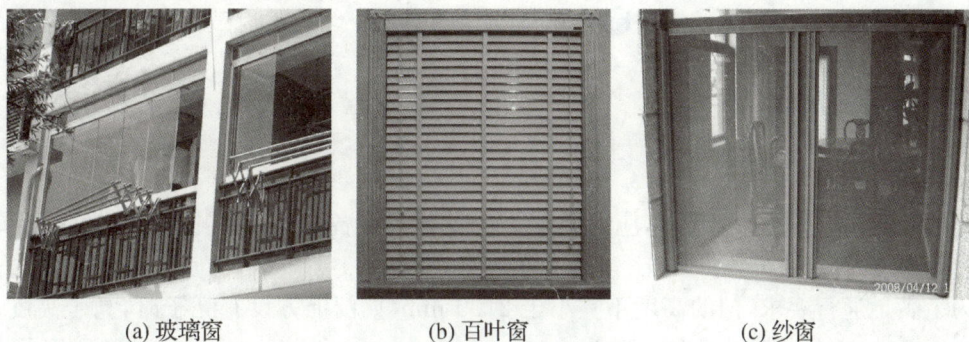

(a) 玻璃窗　　　　　　　(b) 百叶窗　　　　　　　(c) 纱窗

图 2-6-4　窗户实景图

（5）按窗的开启方式，分为平开窗、推拉窗、固定窗、悬窗、立转窗等（图 2-6-5）。

① 平开窗。平开窗的铰链安装在窗扇一侧与窗框相连，向外或向内水平开启。有单扇和双（多）扇、内开和外开之分。其构造简单，开启灵活，制作维修均方便，是民用建筑中最常用的一种窗。

② 推拉窗。窗扇沿着导轨或滑槽推拉开启的窗。有水平推拉窗和垂直推拉窗两种，推拉窗开启后不占室内空间，窗扇的受力状态好，适宜安装大玻璃，但通风面积受限制。目前多高层民用建筑普遍采用这种开启方式。

③ 固定窗。固定窗的玻璃直接嵌固在窗框上，窗扇不能开启。仅用于采光、观察、围护，不能用于通风。构造简单，密闭性好，多与门亮子和开启窗配合使用。

④ 悬窗。因铰链和转轴的位置不同，有上悬窗、中悬窗和下悬窗三种形式。为防雨水飘

入室内,上悬窗必须向外开启,多用做外门和窗上的亮子;中悬窗上半部内开、下半部外开,有利于挡雨和通风,常用作大空间建筑的高侧窗;下悬窗一般内开,通风较好,不防雨,不能用于外窗。

⑤ **立转窗**。立转窗通风效果较好,但防雨和密闭性较差,多用于单层厂房的低侧窗,不宜用于寒冷和多风沙的地区。

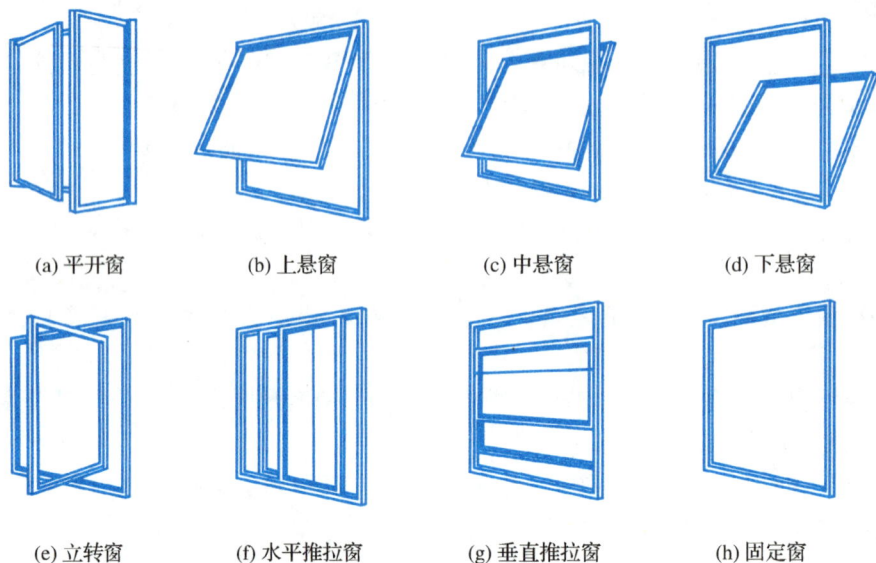

| (a) 平开窗 | (b) 上悬窗 | (c) 中悬窗 | (d) 下悬窗 |

| (e) 立转窗 | (f) 水平推拉窗 | (g) 垂直推拉窗 | (h) 固定窗 |

图 2 - 6 - 5　窗的开启方式

三、门窗的尺度

1. 门的尺度

门的尺度指门洞的高宽尺寸,应满足人员疏散、家具设备搬运、建筑物的比例关系等要求,并要符合现行的《建筑模数协调统一标准》的规定。

为了满足通行要求,门的高度不宜小于 2100 mm,如门上方设有亮子时,亮子高度一般为 300~600 mm,则门洞高度一般为 2400~2700 mm。公共建筑大门洞口高度可适当提高。

门的宽度应满足一人或多人通行,并考虑必要的空隙。单扇门为 700~1000 mm,双扇门为 1200~1800 mm。宽度在 2100 mm 以上时,则做成三扇门或四扇门。辅助房间门的宽度可窄些,一般为 700~800 mm,如卫浴门、贮藏室门等。

公共建筑大门的尺度在保证通行和疏散要求的情况下,应结合建筑立面形象确定。

2. 窗的尺度

窗的尺度指窗洞的高宽尺寸。窗的尺度取决于房间的采光、通风、构造做法以及建筑造型等要求,同时也要符合《建筑门窗洞口尺寸系列》(GB 5824)的要求。为了保证窗的坚固、耐久,一般平开窗的窗扇高度为 800~1400 mm,窗扇宽度不宜大于 600 mm;上、下悬窗的窗扇高度为 300~600 mm;中悬窗窗扇高度不宜大于 1200 mm,宽度不宜大于 1000 mm;推拉窗的高、宽均不宜大于 1500 mm。目前,

平开窗尺度

对一般民用建筑用窗,各地均有窗的通用设计图集,各类窗洞口的高度与宽度通常采用扩大模数 3 M 数列作为洞口的标志尺寸,需要时可根据工程实际情况直接选用。

▶ 2.6.2　窗的构造

一、窗的组成

窗一般由窗框、窗扇、五金件及附件组成,如图 2 - 6 - 6 所示。

1. 窗框

窗框又称窗樘,是窗与墙体的连接部分,由上框、下框、边框、中横框和中竖框组成。在有亮子窗或横向窗扇数较多时,应设置中横框和中竖框。

2. 窗扇

窗扇是窗的主体部分,分为活动扇和固定扇两种,一般由上冒头、中冒头、下冒头、边梃等组成骨架,中间固定玻璃、窗纱或百叶等,如图 2 - 6 - 7 所示。

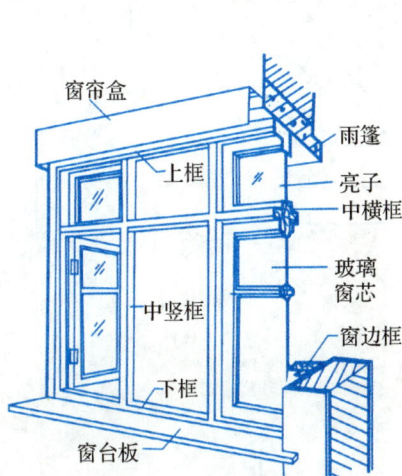

图 2 - 6 - 6　窗的组成

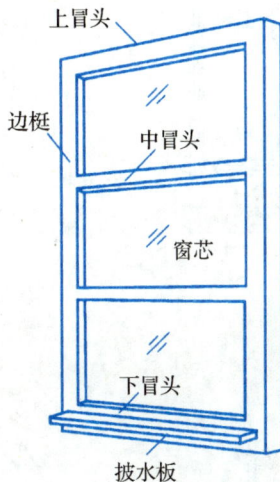

图 2 - 6 - 7　窗扇的组成

3. 五金件

五金件主要有铰链、风钩、插销、拉手、导轨、转轴和滑轮等。

4. 附件

窗的附件主要包括窗帘盒、窗台板及压缝条等(图 2 - 6 - 6),当建筑的室内装修标准较高时,窗洞口周围可增设这些附件。

(1) 窗帘盒

在窗的内侧悬挂窗帘时,为遮盖窗帘棍和窗帘上部的拴环而设窗帘盒。窗帘盒三面可采用木板钉固而成,窗帘盒高度一般为 100~150 mm。

(2) 窗台板

在窗的下框内侧设窗台板。当采用木板作为窗台板时,其两端挑出墙面 30~40 mm,板厚 30 mm;当窗框位于墙中时,窗台板也可以用预制水磨石板、大理石板或钢筋混凝土板等。

(3)压缝条

在两扇窗接缝处,为防止渗透风雨,除做高低缝盖口外,常在一面或两面加钉压缝条。对于木窗,压缝条一般采用宽度为 10～15 mm 的小木条,压缝条有时也用于填补窗框与墙体之间的缝隙,以防止热量的散失。

二、窗的构造

1. 铝合金窗的构造

铝合金窗主要由窗框、窗扇和五金件组成。铝合金窗有固定、平开、推拉等多种开启方式,以水平推拉式的开启方式居多(其窗扇在窗框的轨道上滑动开启,窗扇与窗框之间用密封条进行密封,以避免金属材料之间相互摩擦),窗玻璃采用专用密封压条嵌固在铝合金窗框料的凹槽内,铝合金窗的构造如图 2-6-8 所示。

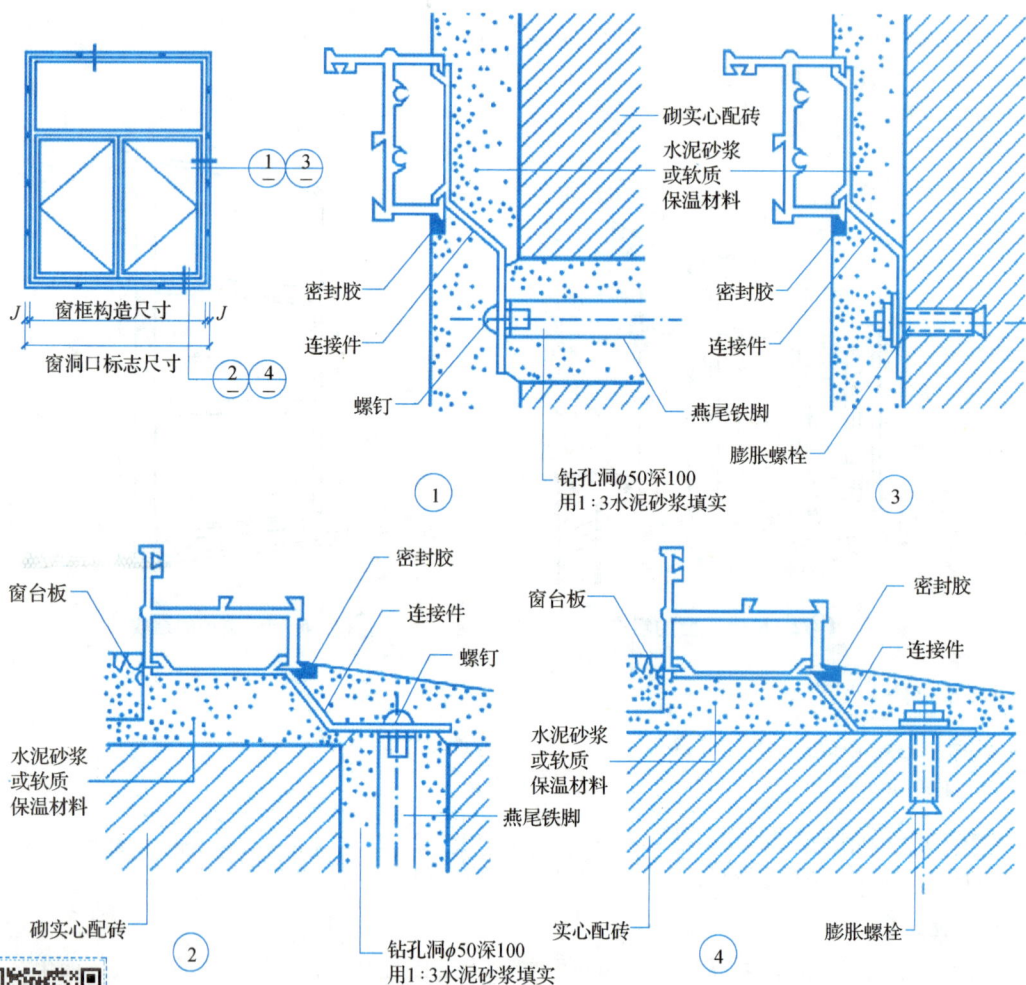

图 2-6-8　铝合金窗构造

铝合金窗的窗框与墙体之间采用燕尾铁脚、预埋铁件焊接、金属膨胀螺栓、射钉固定等方式连接固定,如图 2-6-9 所示。窗框固定好后,窗框与窗洞四周

的缝隙,一般采用软质保温材料或水泥砂浆填塞,外表留 5~8 mm 深的槽口用密封胶密封。

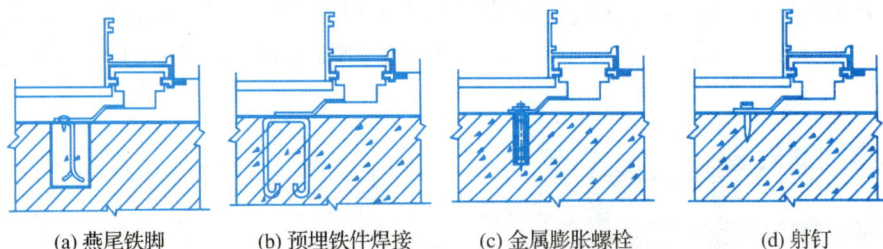

(a) 燕尾铁脚　　(b) 预埋铁件焊接　　(c) 金属膨胀螺栓　　(d) 射钉

图 2-6-9　铝合金窗框与墙体的固定方式

2. 塑钢窗的构造

塑钢窗是以聚氯乙烯(PVC)、改性聚氯乙烯或其他树脂为主要原料,经挤压成各种截面的空腹塑料型材组装而成(图 2-6-10a)。空腹塑料型材经切割后,在其内腔衬以型钢提高塑料型材的抗弯能力(图 2-6-10b),用热熔焊接机焊接成型为窗框和窗扇,配装上橡胶密封条、压条、五金件等附件而制成的窗即所谓的塑钢窗。

塑钢型材断面

(a) 空腹塑料型材　　　　(b) 塑钢加工型材

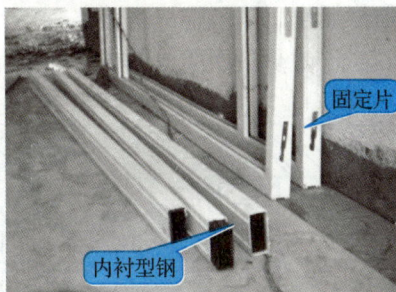

图 2-6-10　塑钢窗材料

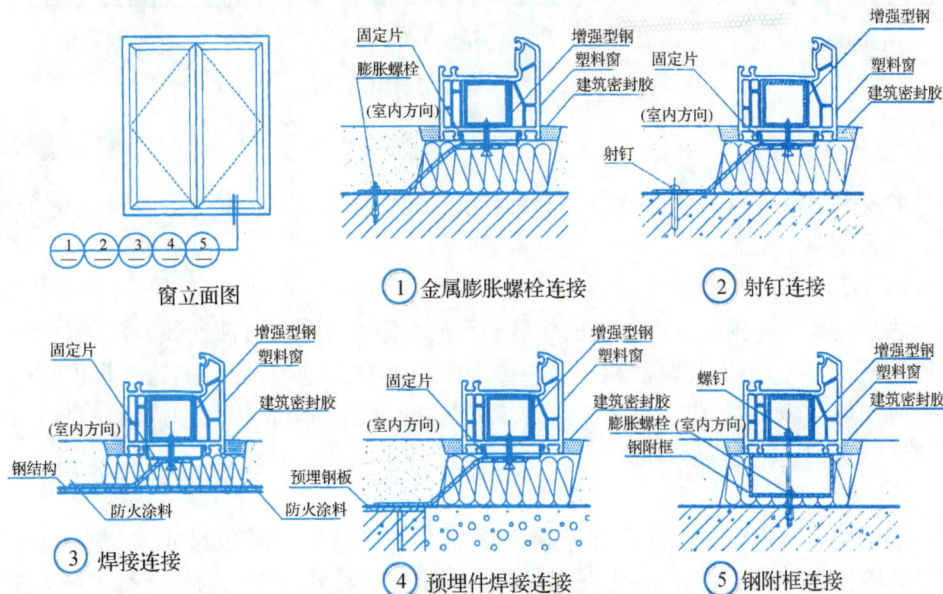

① 金属膨胀螺栓连接　　② 射钉连接　　③ 焊接连接　　④ 预埋件焊接连接　　⑤ 钢附框连接

窗立面图

图 2-6-11　塑钢窗构造

塑钢窗的开启方式及构造与铝合金窗基本相同,塑钢窗窗框固定后,在窗框和墙体间的缝隙处填入泡沫塑料等发泡剂,并在窗框四周内外侧与窗框之间用1∶2水泥砂浆嵌实、抹平,最后用密封胶进行密封处理。安装完毕后72小时内防止碰撞震动。塑钢窗构造如图2-6-11所示。

三、窗框的安装

1. 窗框在墙洞中的位置

窗框在墙洞中的位置,主要根据房间的使用要求和墙体的厚度不同分为窗框内平、窗框外平、窗框居中三种形式,如图2-6-12所示。

(1) 窗框内平

这时窗框内表面与墙体装饰层内表面相平,窗扇向内开启时紧贴内墙面,不占室内空间。

(2) 窗框外平

这时增加了内窗台的面积,但窗框的上部易进雨水,为提高其防水性能,需在洞口上方加设雨篷。

(3) 窗框居中

即窗框位于墙体的中间或偏向室外一侧,下部留有内外窗台以利于排水。

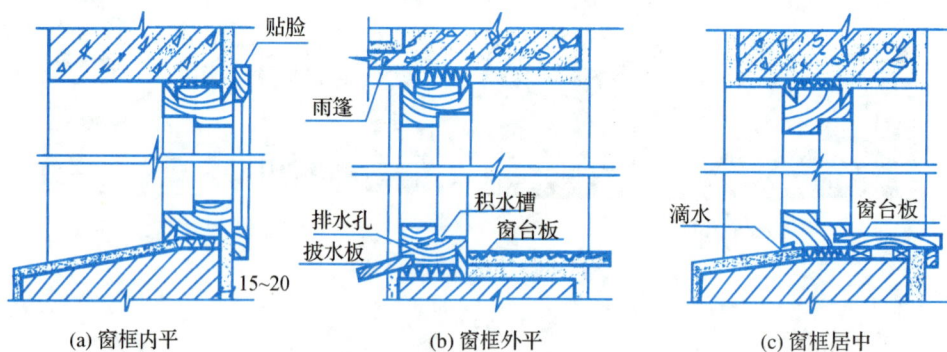

图2-6-12 窗框在墙洞中的位置

(a) 窗框内平　　(b) 窗框外平　　(c) 窗框居中

2. 窗框的安装方法

窗框的安装方法分立口法与塞口法两种(图2-6-13)。目前,绝大部分窗框安装方法采用塞口法施工。

思政案例 8

(1) 立口法

立口法是砌墙时将窗框立在相应的位置,找正后继续砌墙。这种安装方法的优点是窗框与墙体连接紧密牢固,但安装窗框和砌墙两种工序相互交叉进行,会影响施工进度,并且容易对窗框造成损坏。施工时,应注意木工与砌筑工的相互配合,防止相互等待延误进度,砌筑工操作时要注意保护,切勿碰撞移位。

(2) 塞口法

塞口法是砌墙时将窗洞口预留出来,预留的洞口一般比窗框外包尺寸大20 mm左右,当整幢建筑的墙体砌筑完工后,再将窗框塞入洞口固定。这种安装方法的优点是工序无交错,不影响施工进度,但窗框与墙体之间的缝隙较大,应加强固定和对缝隙的密闭处理。

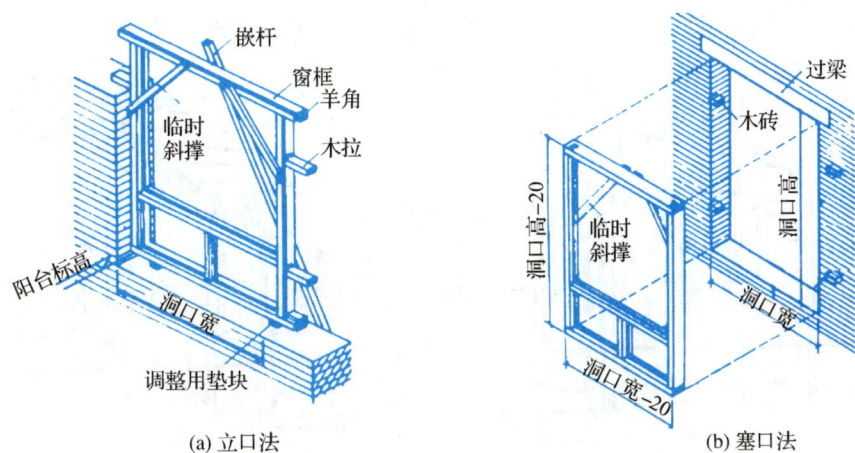

(a) 立口法　　　　　　　　　　　　(b) 塞口法

图 2 - 6 - 13　窗框安装方法

2.6.3　门的构造

一、门的组成

门一般由门框、门扇、五金件及附件组成,如图 2 - 6 - 14 所示。

1. 门框

门框又称门樘,是门与墙体的连接部分,由上槛、边框、中横框和中竖框组成。亮子又称腰头窗,在门上方,为辅助采光和通风之用。

2. 门扇

门扇一般由上、中、下冒头和门梃组成骨架,中间固定门芯板。根据门芯板所用材料的不同,可分为镶板门、玻璃门、百叶门、纱门等。

3. 五金件

五金零件一般有铰链、插销、门锁、拉手、门碰等。

4. 附件

门的附件有贴脸板、筒子板、压缝条等。由于门框周围的抹灰极易脱落,影响卫生和美观,因此,门框与墙体接缝处应用木压条盖缝,装修标准较高的建筑,还可加设筒子板和贴脸板,如图 2 - 6 - 14 所示。

(1) 贴脸板

门在使用过程中,由于门开启会产生撞击与振动,门洞口墙体与门框之间缝隙填塞的砂浆会脱落而影响美观,可采用 20 mm×45 mm 木板条内侧开槽,并刨成各种断面的线脚以掩盖缝隙,即贴脸板。

(2) 筒子板

室内装修标准较高时,往往在门洞口的上侧和两侧墙面均用木板镶嵌墙体,即为筒子板。

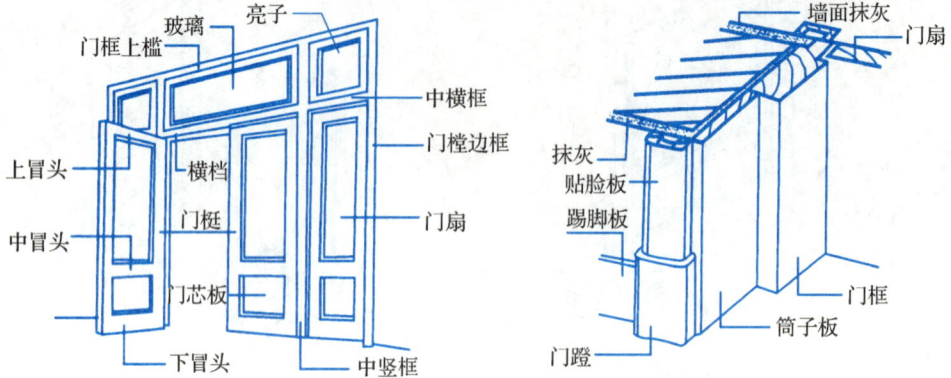

图 2 - 6 - 14　门的组成

二、门的构造

1. 平开木门的构造

(1) 门框

门框主要由边框和上槛组成,当门洞口尺寸较大、有多扇组合时,可增加中横框和中竖框。由于门框要承受各种撞击荷载和门扇的自重作用,应有足够的强度和刚度,故其断面尺寸较大。门框的截面尺寸和形状取决于门扇的开启方向、门扇层数、裁口的大小等。门框有单裁口和双裁口之分,一般裁口深度为 10~12 mm。单扇门门框断面为 60 mm×90 mm,双扇门门框断面为 60 mm×100 mm,门框断面形状与尺寸如图 2 - 6 - 15 所示。

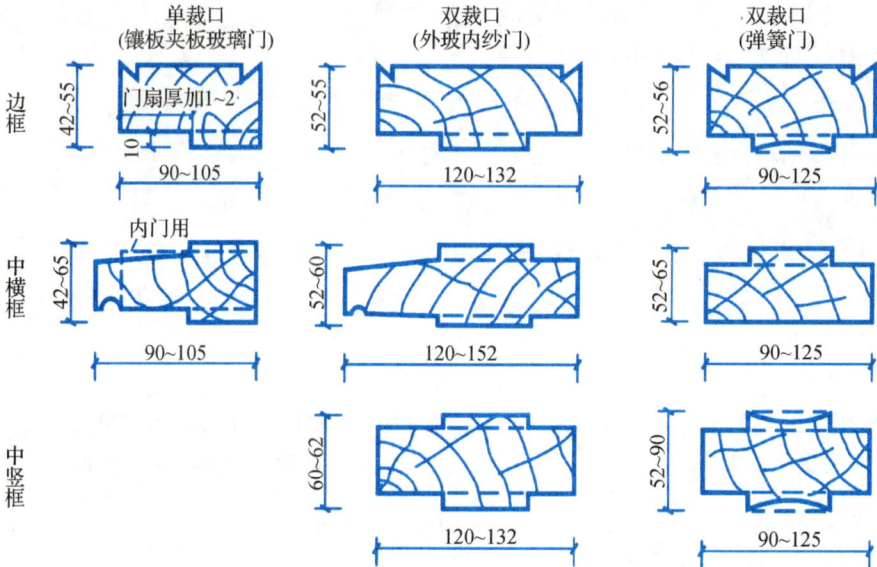

图 2 - 6 - 15　平开木门门框断面形状与尺寸

（2）门扇

平开木门的门扇有多种做法，木门的名称通常以门扇的构造和所选的材料来命名，民用建筑中常见的有镶板门、夹板门、拼板门、玻璃门等。

① 镶板门。镶板门由上、中、下冒头和门梃组成骨架，中间镶嵌门芯板（图 2-6-16）。门芯板常用 10～15 mm 厚的木板、胶合板、硬质纤维板制作，也可以采用玻璃和门纱制作。镶板门具有坚固、构造简单、施工方便等优点，是较常用的一种门，可用做建筑的外门或内门。

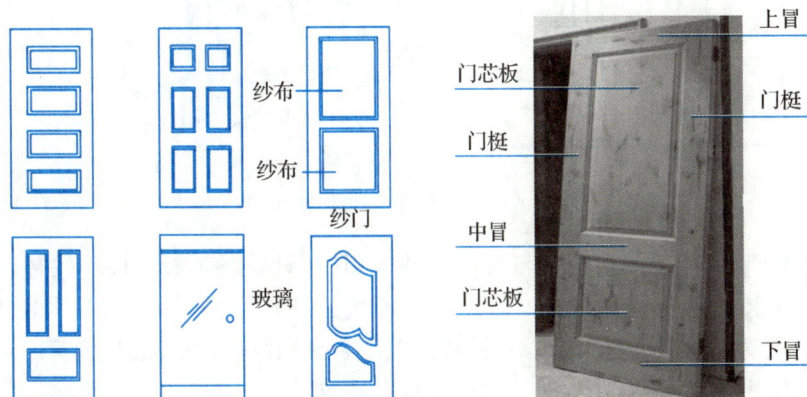

图 2-6-16　镶板门

② 夹板门。夹板门也称贴板门或胶合板门，它是用 35 mm×50 mm 小截面的方木条组成密肋骨架，在骨架的两面铺钉胶合板或纤维板等，如图 2-6-17 所示。夹板门的形式可以是全夹板门、带玻璃或带百叶夹板门。为了提高门的保温、隔音性能，可在夹板中间填入矿物毡等。夹板门构造简单，自重轻，外形简洁，但不耐潮湿与日晒，牢固性一般，多用于干燥环境中的内门。

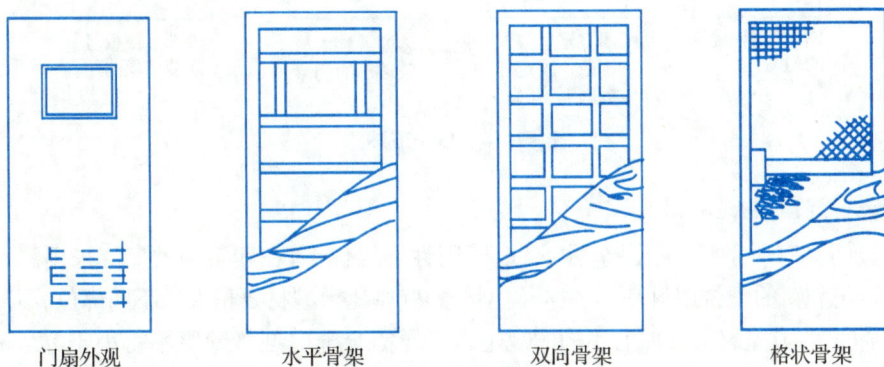

门扇外观　　　水平骨架　　　双向骨架　　　格状骨架

图 2-6-17　夹板门

③ 拼板门。拼板门的构造与镶板门相同，门扇由骨架和拼板组成，如图 2-6-18 所示。拼板用 35～45 mm 厚的木板拼接而成，因而自重较大，但坚固耐久，多用于库房、车间的外门，现在极少使用。

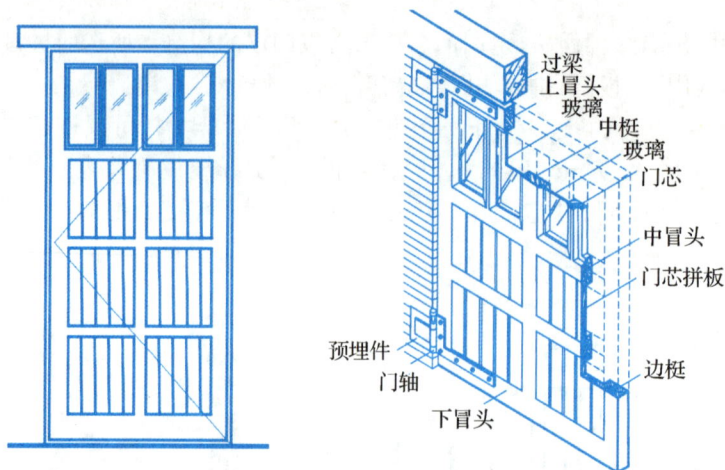

图 2 - 6 - 18　拼板门(单面直拼门)

④ 玻璃门。玻璃门的门扇构造与镶板门基本相同,只是门芯板用玻璃代替,如图 2 - 6 - 19 所示,用于要求采光与透明的出入口处。在现代公共建筑中,外门有时采用厚度不小于 12 mm 的钢化玻璃镶在上下冒头上、不设门梃、上部装转轴铰链、下部装地弹簧的平开门;也有的用红外线感应来控制门的启闭,即自动感应水平推拉门。

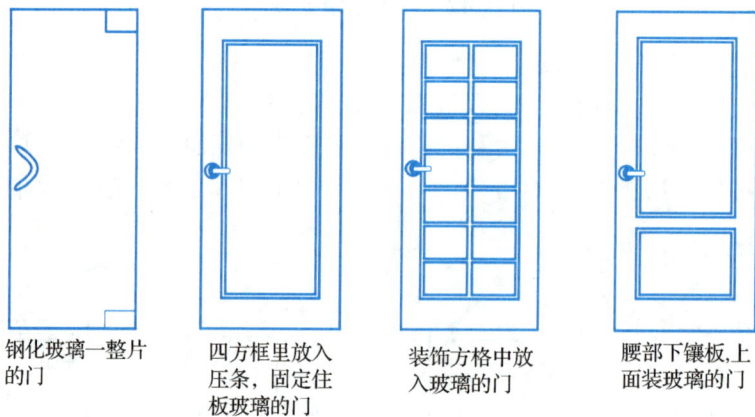

钢化玻璃一整片　　四方框里放入　　装饰方格中放　　腰部下镶板,上
的门　　　　　　　压条,固定住　　入玻璃的门　　面装玻璃的门
　　　　　　　　　板玻璃的门

图 2 - 6 - 19　玻璃门

2. 铝合金门的构造

铝合金门具有质量轻、强度高、耐腐蚀、密闭性好等优点,在建筑中被广泛采用。

铝合金门和窗的型材用料基本一样,门型材的壁厚比窗型材要稍大。不同部位、不同开启方式的铝合金门窗,其型材的壁厚有不同的规定。普通铝合金门型材壁厚不得小于 0.8 mm;地弹簧门型材壁厚不得小于 2 mm;用于多层建筑室外铝合金门型材壁厚一般在 1.0~1.2 mm;高层建筑不应小于 1.2 mm;必要时可增设加固件。

各种铝合金门都是用不同断面型号的铝合金型材、配套零件及密封件加工制作而成。目前铝合金门的开启方式多为平开、推拉和地弹簧门三种。

铝合金门安装时将边框伸入地面面层不少于 20 mm,其边框和上槛与墙(柱)应有可靠的连接(同铝合金窗)。门框与墙洞四周的缝隙可填入密封材料,如水泥砂浆、矿棉或泡沫塑料等软质保温材料,然后再用密封胶封缝。

在建筑的主要出入口,铝合金门多采用平开的开启方式,门扇门梃的上下端用地弹簧连接,因此也称为铝合金地弹簧门,其构造如图 2-6-20 所示。

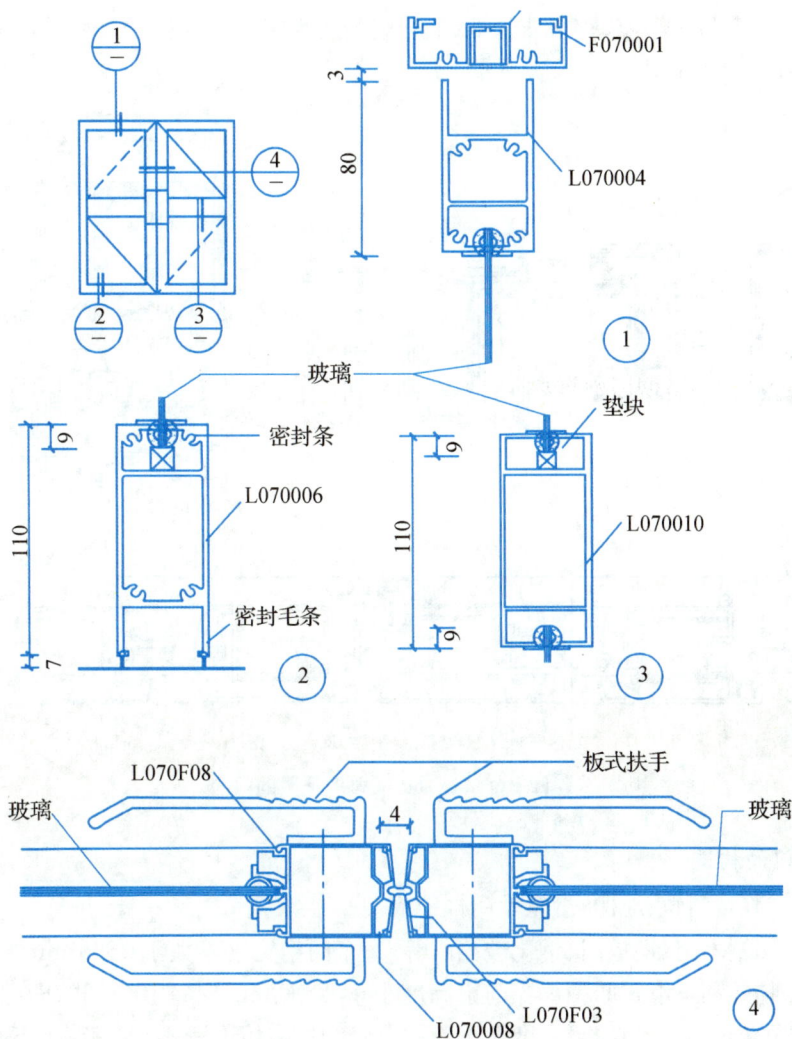

图 2-6-20　铝合金地弹簧门

3. 塑钢门的构造

塑钢门表面光洁细腻,具有良好的装饰性、隔热性和密封性。其气密性为木窗的 3 倍,铝窗的 1.5 倍;热损耗为金属窗的 1/1000,因此,在建筑中也大量采用塑钢门。

塑钢门同塑钢窗一样,也是采用空腹塑料型材(PVC),经专用机械切割,热熔焊接机焊接形成门框和门扇,然后与连接件、密封件、五金件一起组合装配成门。由于塑料型材变形大,刚度差,一般在型材内腔加入钢或铝等增强型钢,以增加塑料型材的抗弯能力,即所谓塑钢门。较之全塑料门,其刚度更好,不易变形。

塑钢门与塑钢窗设计通常采用定型的型材,可根据不同地区、不同气候、不同环境、不同建筑物和不同的使用要求,选用不同的门窗系列。塑钢门和塑钢窗系列主要有60,66平开系列,62、73、77、80、85、88和95推拉系列等,均为空腹多腔异型材,可以组装成单框单玻、单框双玻、单框三玻的固定窗、平开窗、推拉窗、平开门、推拉门、地弹簧门等门窗。

塑钢门的构造与塑钢窗基本相同。以平开塑钢门为例,平开门常用60系列或66系列,60系列平开塑钢门构造如图2-6-21所示。

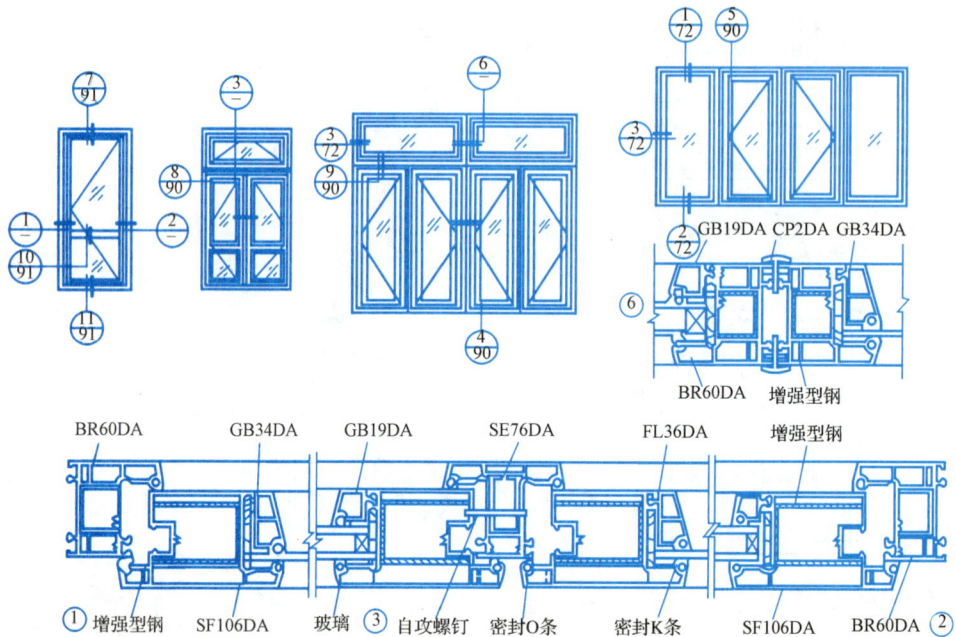

图2-6-21 60系列平开塑钢门

4. 推拉门的构造

推拉门由门扇、门轨、地槽、滑轮及门框组成。

门扇可采用钢木门、钢板门、钢化玻璃门等,每个门扇宽度不大于1800 mm。推拉门的支承方式分为上挂式和下滑式两种。当门扇高度小于4000 mm时,用上挂式,即门扇通过滑轮挂在门洞上方的导轨上。当门扇高度大于4000 mm时,多用下滑式,在门洞上下均设导轨,门扇沿上下导轨推拉,下面的导轨承受门扇的重量。推拉门位于外墙时,门上方需设雨篷。铝合金推拉门的构造如图2-6-22所示。

5. 卷帘门的构造

卷帘门主要由帘板、导轨及传动装置组成。工业建筑中的帘板常用页板式,页板可用镀锌钢板或合金铝板轧制而成,页板之间用铆钉连接。页板的下部采用钢板和角钢,用以增强卷帘门的刚度,并便于安设门钮。页板的上部与卷筒连接,开启时,页板沿着门洞两侧的导轨上升,卷在卷筒上。门洞的上部安设传动装置,传动装置分手动和电动两种,如图2-6-23所示。

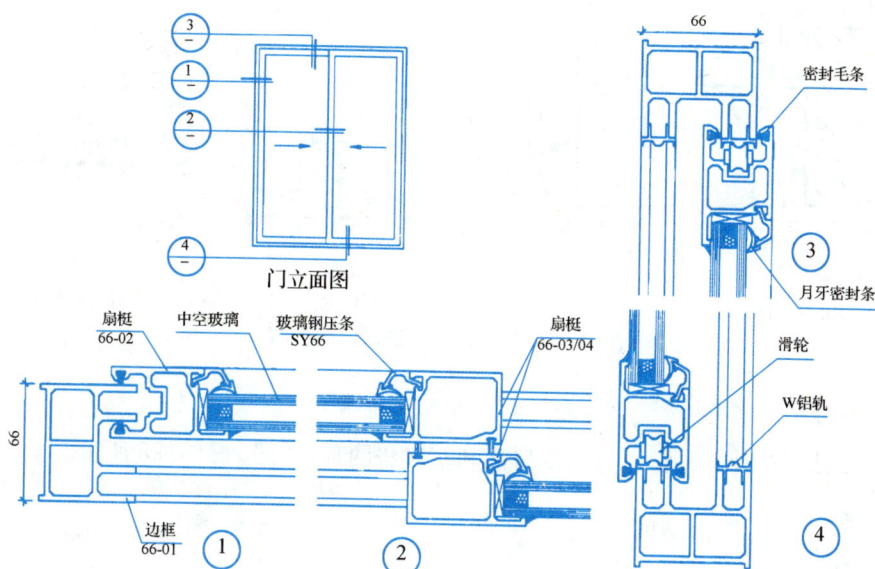

图 2-6-22　66 系列铝合金推拉门

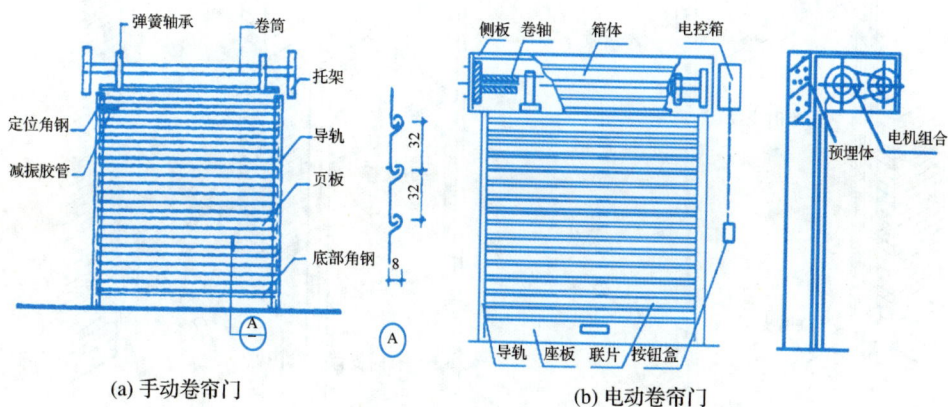

(a) 手动卷帘门　　　　　　　　　　(b) 电动卷帘门

图 2-6-23　卷帘门构造

三、门框的安装

1. 门框在墙洞中的位置

　　门框在墙洞口的位置,主要根据门的开启方式及墙体厚度不同分为门框外平、门框居中、门框内平、门框内外平四种,如图 2-6-24 所示。一般多与门扇开启方向一侧平齐,以尽可能使门扇开启后能贴近墙面。由于门框周围的抹灰极易脱落,影响卫生与美观,因此,门框与墙体接缝处可采用木压条盖缝,装修标准较高时,还可加设筒子板和贴脸板。

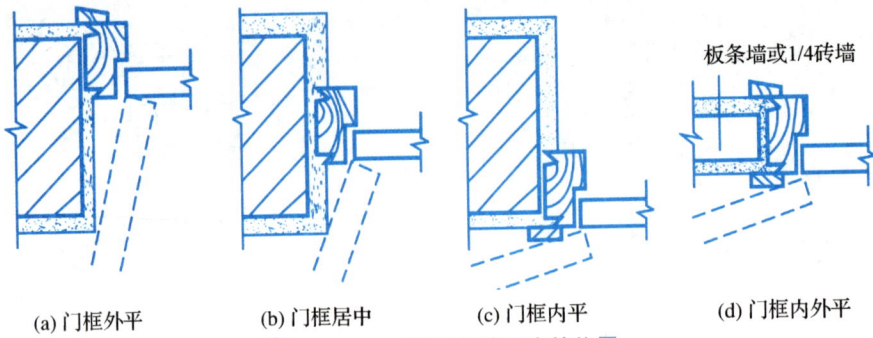

(a) 门框外平   (b) 门框居中   (c) 门框内平   (d) 门框内外平

图 2 - 6 - 24   门框在墙洞中的位置

2. 门框的安装方法

门框的安装方法同窗框,也分为立口法和塞口法两种,如图 2 - 6 - 25 所示。

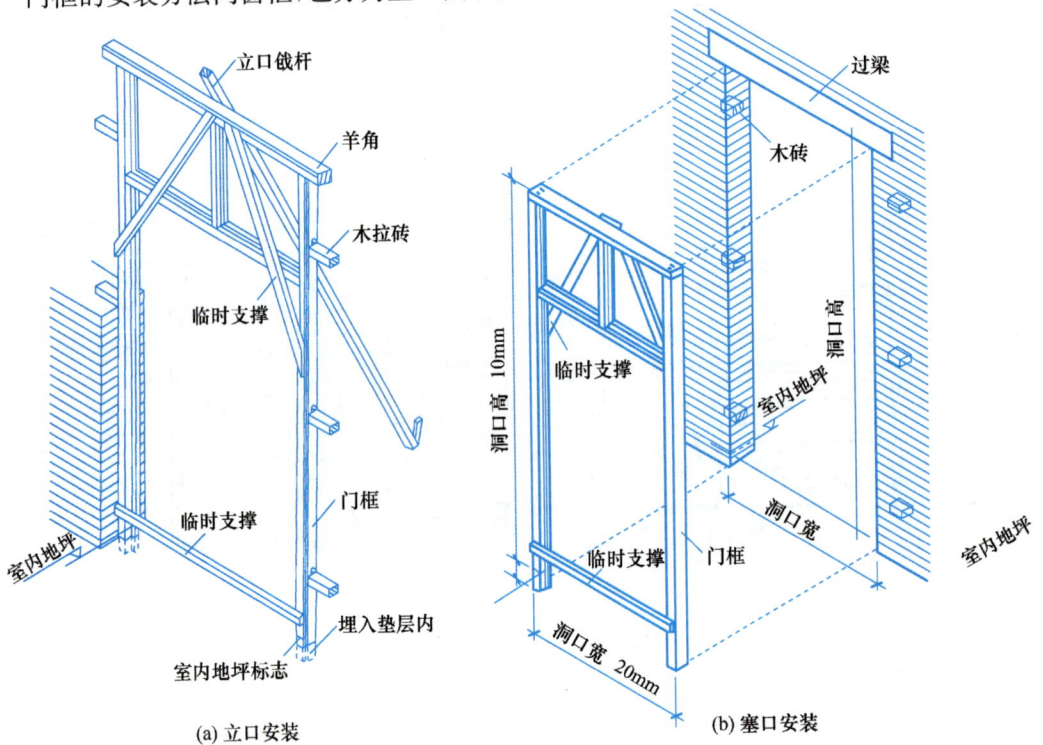

(a) 立口安装   (b) 塞口安装

图 2 - 6 - 25   门框的安装方法

▶ 2.6.4 遮阳设施

炎热的夏季,阳光直射到室内会使室内温度过高并产生眩光,从而影响人们正常的工作、学习和生活。因此,有些建筑需要考虑设置遮阳设施。遮阳的作用是避免阳光直射室内,减少太阳辐射热以及产生的眩光。同时,也能够遮挡雨水和丰富建筑立面效果。

一、遮阳的类型

建筑遮阳的类型很多,主要有绿化遮阳、简易遮阳、固定遮阳等三种类型。

1. 绿化遮阳

绿化遮阳是通过在房屋附近种植树木或攀爬植物，利用绿色植物浓密的枝叶来遮阳，一般用于低层和多层建筑，如图 2 - 6 - 26 所示。

图 2 - 6 - 26　绿化遮阳

2. 简易遮阳

简易遮阳是利用苇席、篷布、竹帘、木百叶等制作成可以活动的遮阳设施，如图 2 - 6 - 27 所示。简易遮阳构造简单、经济、灵活性强，但耐久性差，主要用于标准较低或临时性建筑。

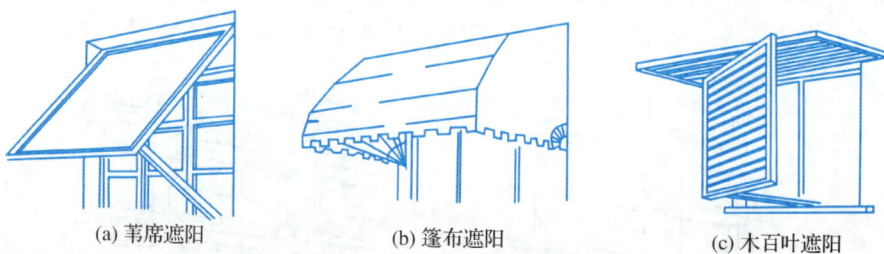

(a) 苇席遮阳　　　　　　(b) 篷布遮阳　　　　　　(c) 木百叶遮阳

图 2 - 6 - 27　简易遮阳

3. 固定遮阳

固定遮阳一般做成永久性遮阳板，它不仅能起到遮阳、隔热作用，还可以挡雨、丰富美化建筑立面。主要用于标准较高的建筑。

固定遮阳板的基本形式有水平遮阳板、垂直遮阳板、综合遮阳板和挡板遮阳板四种形式，如图 2 - 6 - 28 所示。

（1）水平遮阳板

水平遮阳板主要遮挡太阳高度角较大时从窗口上方照射下来的阳光。主要适用于朝南的窗洞口。

（2）垂直遮阳板

垂直遮阳板主要遮挡太阳高度角较小时从窗口侧面射来的阳光。主要适用于南偏东、南偏西及其附近朝向的窗洞口。

（3）综合遮阳板

综合遮阳板是水平遮阳板和垂直遮阳板的综合，能遮挡从窗口两侧及前上方射来的阳光。

遮阳效果比较均匀,主要适用于南、东南、西南及其附近朝向的窗洞口。

(4) 挡板遮阳板

挡板遮阳板主要遮挡太阳高度角较小时从窗口正面射来的阳光。主要适用于东、西及其附近朝向的窗洞口。

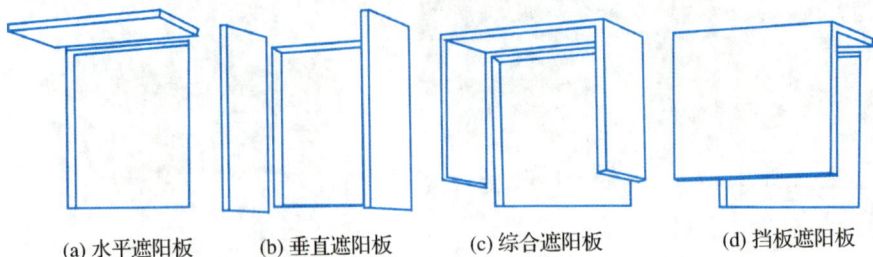

(a) 水平遮阳板　　　(b) 垂直遮阳板　　　(c) 综合遮阳板　　　(d) 挡板遮阳板

图 2-6-28　固定遮阳板的基本形式

二、遮阳板建筑立面处理

遮阳板一般采用预制或现浇混凝土板,也可以采用钢构架石棉瓦、压型金属板等。目前,以现浇钢筋混凝土遮阳板应用较为普遍。

在窗外设置遮阳板,会对室内通风、采光、视线产生不利的影响。因此,遮阳构造设计要根据采光、通风、遮阳、建筑造型和立面设计要求统筹考虑,遮阳板布置宜整齐有规律,通常将水平遮阳板或垂直遮阳板连续布置,形成较好的立面处理效果,如图 2-6-29 所示。

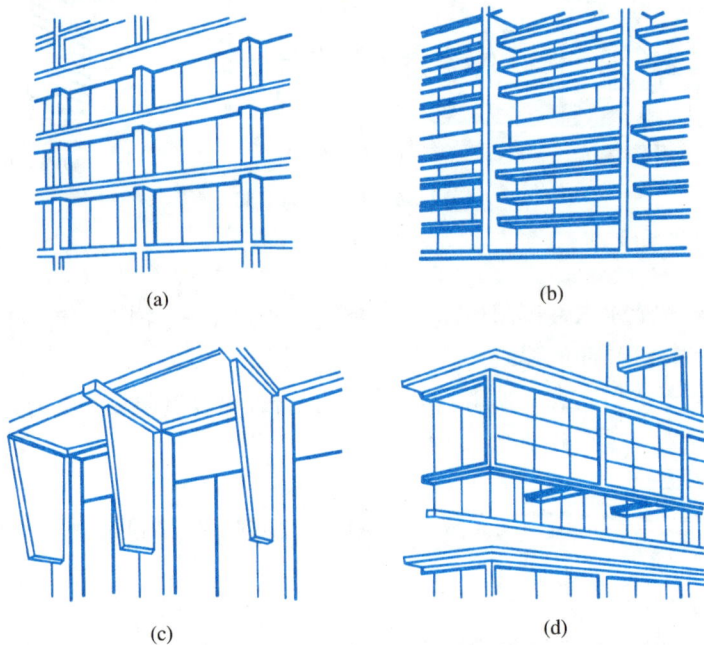

(a)　　　　　　　(b)

(c)　　　　　　　(d)

图 2-6-29　遮阳板建筑立面处理

三、遮阳板的构造处理

（1）水平遮阳板由于阳光照射板面后产生辐射热能影响室内温度,可将遮阳板底标高比窗户上口提高 200 mm 左右,这样可以减少被遮阳板加热的空气进入室内,如图 2 - 6 - 30(a) 所示。

（2）为了减轻水平遮阳板的重量以及使遮阳板底的热量随气流上升散发,可将水平遮阳板做成空格式百叶板,如图 2 - 6 - 30(b)所示。

（3）水平遮阳板与墙面交接处要做好防水处理,可采用防水砂浆抹面,抹面厚度不小于 60 mm,如图 2 - 6 - 30(c)所示。

（4）当设置多层悬挑水平遮阳板时,需留出窗扇开启时所占的空间,以免影响窗户的开启,如图 2 - 6 - 30(d)、(e)所示。

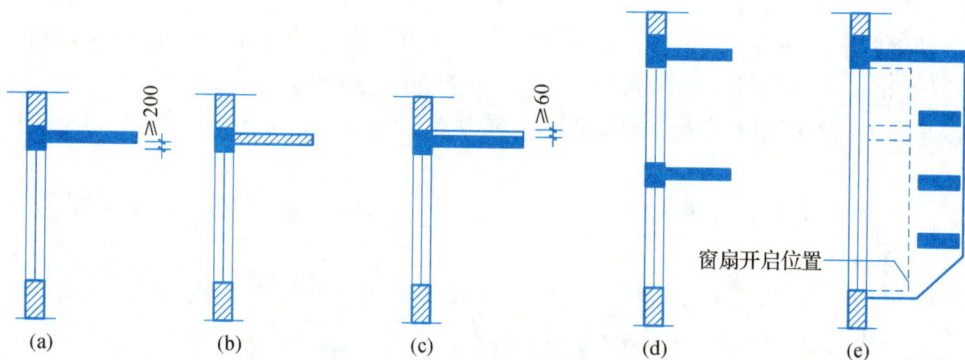

（a）　　　　　（b）　　　　　（c）　　　　　（d）　　　　　（e）

窗扇开启位置

图 2 - 6 - 30　遮阳板的构造处理

▶ **模块学习小结** ◀

1. 门的作用有交通联系与疏散、分隔与围护、装饰与美观、采光与通风等;窗的作用有采光、通风、围护、观望、装饰等。

2. 门一般由门框、门扇、五金件及附件组成。门的尺度指门洞的高宽尺寸,应满足人员疏散,搬运家具与设备的要求,并应符合《建筑模数协调统一标准》的规定。

3. 窗一般由窗框、窗扇和五金件及附件组成。窗的尺度应根据采光、通风的需要来确定,同时也要符合《建筑门窗洞口尺寸系列》的要求。

4. 随着新型材料的不断涌现,传统的木窗和用在外门的木门逐渐淡出市场,取而代之的是应用更为普遍的铝合金门窗和塑钢门窗等。

5. 门在墙洞中的位置有门框外平、门框居中、门框内平、门框内外平四种;窗在墙洞中的位置有窗框内平、窗框外平、窗框居中三种。

门窗框的安装方法分为立口法和塞口法两种。

6. 固定遮阳板的基本形式有水平遮阳板、垂直遮阳板、综合遮阳板和挡板遮阳板四种。

▶ 模块课后作业 ◀

一、填空题

1. 一般情况下,门的高度不宜小于_____mm;单扇门宽度为_____mm,双扇门宽度为_____mm。

2. 一般平开窗的窗扇高度为_____mm,宽度不宜大于_____mm。各类窗的高度与宽度尺寸通常采用扩大模数_____数列作为洞口的标志尺寸。

3. 铝合金窗框与窗洞四周的缝隙,一般采用_____或_____填塞,外表留(5~8)mm深的槽口用_____密封。

4. 塑钢窗窗框和墙体间的缝隙处填入_____等发泡剂,然后在窗框四周内外侧与窗框之间用1∶2_____嵌实、抹平,最后用_____进行密封处理。

5. 平开木门的门扇有多种做法,民用建筑中常见的有_____、_____、夹板门、玻璃门等。

6. 普通铝合金门窗型材壁厚不得小于_____mm;地弹簧门型材壁厚不得小于_____mm。

7. 推拉门的支承方式分为上挂式和下滑式两种,当门扇高度小于4000 mm时,用_____;当门扇高度大于4000 mm时,多用_____。

8. 门在墙洞中的位置有_____、_____、_____、门框内外平四种。

9. 门窗框的安装方法分为_____和_____两种。

10. 固定遮阳板的基本形式有_____、_____、_____和挡板遮阳板四种形。

二、简述题

1. 门按开启方式如何划分? 其适用范围如何?
2. 窗按开启方式如何划分? 其适用范围如何?

三、填图题

1. 下图为铝合金窗框与墙体固定的四种方式,请分别写出四种固定方式。

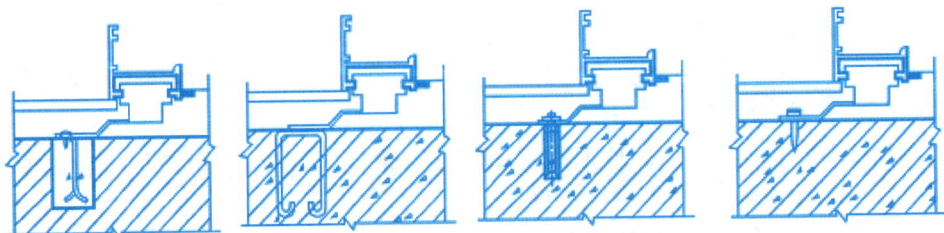

(a)_____ (b)_____ (c)_____ (d)_____

2. 看图填空,分别写出窗与门的组成名称。

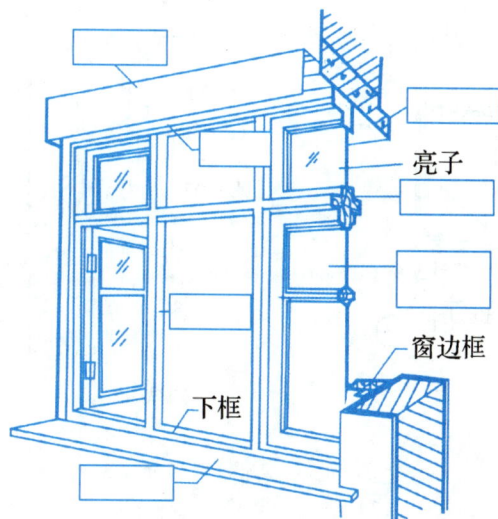

亮子

窗边框

下框

（a）窗的组成

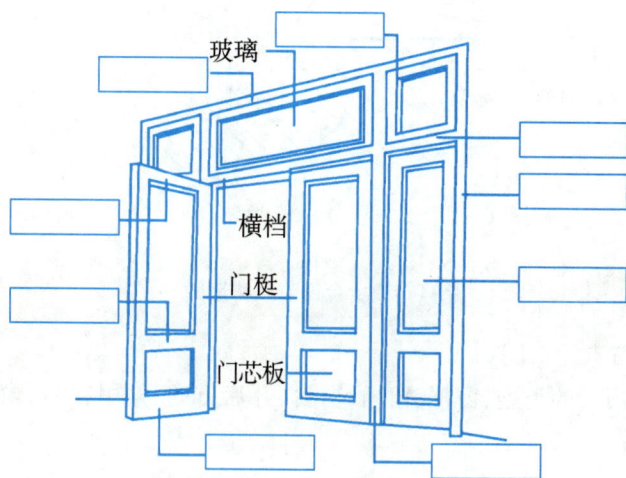

玻璃

横档

门梃

门芯板

（b）门的组成

▶ 技能实训 ◀

1. 识读铝合金窗节点构造图。

识读内容包括:窗户的类型、窗框、窗扇、窗台、开启方向、索引符号、窗框与墙体连接方式以及缝隙处理情况等。

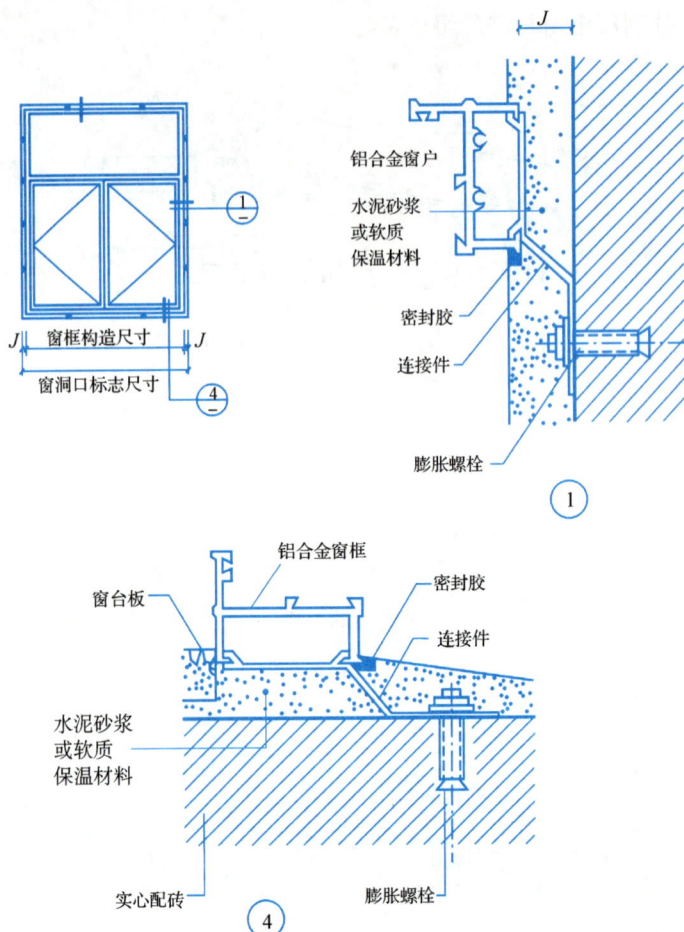

铝合金窗户

水泥砂浆
或软质
保温材料

密封胶

连接件

膨胀螺栓

①

窗框构造尺寸

窗洞口标志尺寸

④

铝合金窗框

窗台板

密封胶

连接件

水泥砂浆
或软质
保温材料

实心配砖

膨胀螺栓

④

图1 铝合金窗节点构造图

2. 识读塑钢窗节点构造图。

识读内容包括:窗户的类型、窗框、窗扇、窗台、开启方向、索引符号、窗框与墙体连接方式以及缝隙处理情况等。

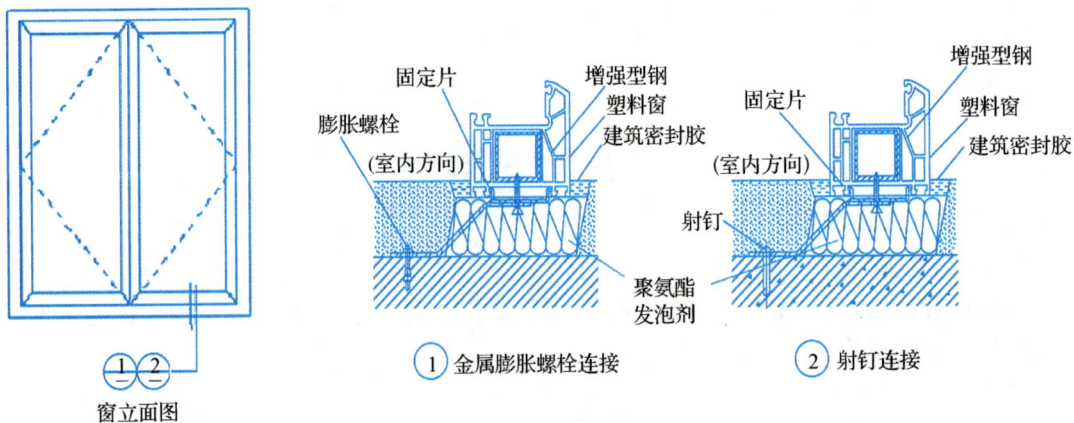

固定片

增强型钢
塑料窗
建筑密封胶

膨胀螺栓
(室内方向)

聚氨酯
发泡剂

① 金属膨胀螺栓连接

增强型钢
塑料窗
建筑密封胶

固定片

(室内方向)

射钉

② 射钉连接

窗立面图

图2 塑钢窗节点构造图

模块 3
工业建筑构造

▶ 3.1　单层厂房基本知识 ◀

1. 能够了解工业建筑的类型
2. 能够叙述单层厂房的结构类型与组成
3. 能够了解单层厂房主要起重运输设备
4. 能够识读厂房柱网平面图

▌▶ 3.1.1　单层厂房概述

　　工业建筑是为满足工业生产需要而建造的各种不同用途的建筑物和构筑物的总称。用于工业生产的各种建筑物称为工业厂房图 3-1-1,如生产车间(主要用房)、仓库(辅助用房)等;用于工业生产的各种辅助设施称为构筑物,如烟囱、水塔、冷却塔、各种管道支架等。

图 3-1-1　工业厂房

一、工业建筑的特点

　　工业建筑的生产工艺复杂,生产环境要求多样,涉及行业众多,不同行业的生产工艺不同。因此,对工业建筑的要求也各具特点,工业建筑具有如下特点:

1. 厂房的平面布置应满足生产工艺要求

　　每一种工业产品的生产都有一定的生产程序,即生产工艺流程。生产工艺流程是指某一产品的加工制作过程,即由原材料按生产要求的程序,逐步通过生产设备及技术手段进行加工生产,并制成半成品或成品的全部过程。

　　单层厂房里,工艺流程基本上是通过水平生产运输来实现的。平面设计必须满足工艺流程及布置要求,使生产线路短捷、不交叉、少迂回,并具有变更布置的灵活性。不同生产工艺的厂房有不同的平面布置形式。

2. 厂房内部空间大

大多数单层工业厂房的生产设备多,体积大,有多种起重运输设备通行,要求厂房内部具有较大的敞通空间。例如,有桥式吊车的厂房,室内净高一般均在 8 m 以上,跨度在 18 m 以上,厂房长度一般均在数十米,有些大型钢铁厂,其长度可达数百米甚至超过千米。

3. 厂房屋顶面积大,构造复杂

厂房内部空间大,形成较大的屋顶面积。当厂房宽度较大时,特别是多跨厂房,为满足室内采光、通风的需要,屋顶上往往设有天窗;为了屋面防水、排水的需要,还应设置屋面排水系统(天沟及雨水管),这些设施均使屋顶构造复杂。

4. 结构承载力大

工业厂房由于跨度大,高度大,屋顶自重大,所以构件的内力大,要求其截面尺寸也大。并且一般工业厂房都设置吊车,结构构件承受较大的振动荷载,因此在设计中要考虑动力荷载的影响。

5. 需满足生产工艺的某些特殊要求

对于一些有特殊要求的厂房,为保证产品质量,保护工人身体健康及生产安全,厂房在设计时会采取一些技术措施解决这些特殊要求。如精密仪器、生物制剂、制药等厂房要求车间内空气保持一定的温度、湿度、洁净度;热加工厂房会产生大量余热及有害烟尘,需要加强通风;有的厂房还有防振、防辐射等要求。

二、工业建筑的类型

工业建筑类型很多,通常按厂房的用途、层数、生产状况、跨度尺寸等方面进行分类。

1. 按用途分

工业建筑按照用途可分为主要生产厂房、辅助生产厂房、动力厂房、储藏用房、运输工具用房以及其他用房等。

(1) 主要生产厂房。用于完成从原料到成品的整个加工、装配等生产过程的厂房。例如机械制造的铸造车间、热处理车间和机械装配车间等。这类厂房在全厂生产中占主导地位,是工厂的主要部分。

(2) 辅助生产厂房。指为主要生产厂房服务的各类厂房。如机械制造厂的机械修理车间、工具车间等。

(3) 动力厂房。指为全厂提供能源的各类厂房。如发电站、变电所、锅炉房、煤气站、乙炔站、氧气站和压缩空气站等。

(4) 储藏用房。指储存各种原料、半成品、成品的仓库。如金属材料库、油料库、辅助材料库、半成品库及成品库。由于储藏物品性质的不同,在防火、防潮、防爆、防腐蚀、防质变等方面会有不同的要求。

(5) 运输工具用房。用于停放、检修各种交通运输工具的房屋。如机车库、汽车库、起重车库、电瓶车库、消防车库等。

(6) 其他用房。指不属于上述类型用途的建筑,如水泵房、污水处理建筑等。

2. 按层数分

工业建筑按照层数可分为单层厂房、多层厂房、混合层数厂房等。

(1) **单层厂房**。指层数仅为一层的工业厂房。适用于生产工艺流程以水平运输为主、有大型起重运输设备及较大动荷载的厂房,如机械制造工业、冶金工业和其他重工业等。单层厂房按跨数可分为单跨、多跨、高低跨等,如图 3-1-2 所示。

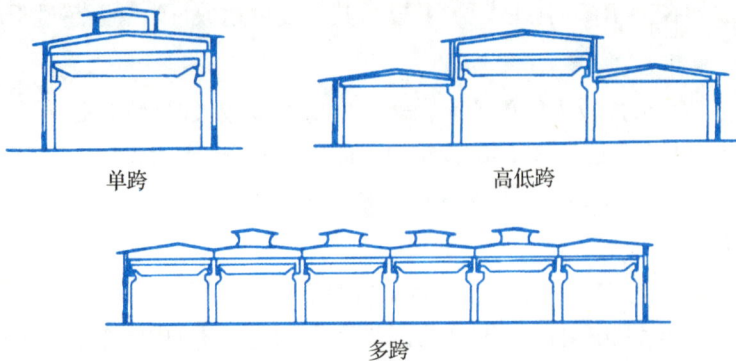

单跨　　　　　　　　　　　　　高低跨

多跨

图 3-1-2　单层厂房

(2) **多层厂房**。指二层及二层以上的厂房,一般为 2～5 层(图 3-1-3)。多层厂房对于垂直方向组织生产以及工艺流程的生产企业(如面粉厂)、设备及产品较轻的企业具有较大的适用性,多用于精密仪器、电子、轻工、食品、服装加工业等。

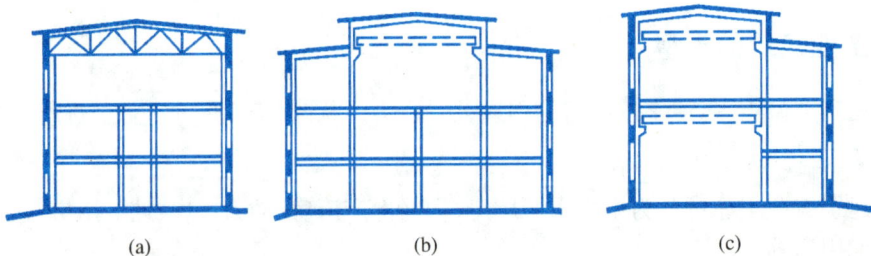

(a)　　　　　　　　　(b)　　　　　　　　　(c)

图 3-1-3　多层厂房

(3) **混合层数厂房**。指同一厂房内既有单层又有多层的厂房(图 3-1-4),多用于化学工业、热电站等。如热电厂主厂房,汽机间设在单层单跨内,其他可设在多层内;又如化工车间,高大的生产设备可设在单层单跨内,其他可设在多层内。

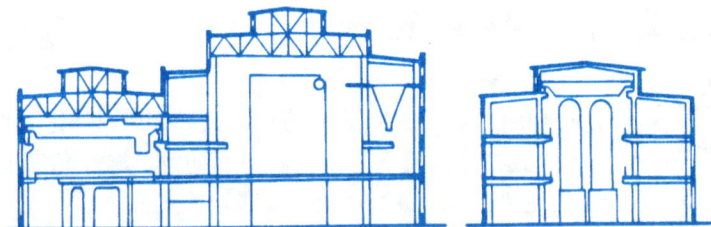

图 3-1-4　混合层数厂房

3. 按生产状况分

工业建筑按照生产状况可分为冷加工车间、热加工车间、恒温恒湿车间、洁净车间以及有侵蚀性介质作用的车间等。

(1) 冷加工车间。指在正常温度、湿度条件下进行生产的车间。如机械加工车间、机械装配车间、机修车间等。

(2) 热加工车间。指在高温状态下进行生产的车间。在生产过程中散发出大量热量、烟尘及有害气体,如铸造、炼钢、轧钢、锻压等车间等。

(3) 恒温、恒湿车间。指在温度、湿度相对恒定条件下进行生产的车间,如纺织车间、精密仪器车间、酿造车间等。

(4) 洁净车间。指产品的生产对室内环境的洁净程度要求很高的车间。这类车间通常要求无尘、无菌、无污染,如集成电路车间、医药车间、精密仪表的微型零件加工车间等。

(5) 有侵蚀性介质作用的车间。指在含有酸、碱、盐等具有侵蚀性介质的生产环境中进行生产的车间,如化工厂、化肥厂的某些车间,冶金工厂中的酸洗车间等。

4. 按跨度尺寸分

工业建筑按照跨度大小可分为小跨度厂房和大跨度厂房。

(1) 小跨度厂房。指跨度小于或等于 15 m 的单层工业厂房。这类厂房的结构类型以砖混结构为主。

(2) 大跨度厂房。指跨度在 15～30 m 及 36 m 以上的单层工业厂房。其中 15～30 m 的厂房以钢筋混凝土结构为主,跨度在 36 m 及以上时,一般以钢结构为主。

三、单层厂房的结构类型

结构是指支承各种荷载作用的构件所组成的骨架。单层厂房的结构类型主要有砖混结构、框架结构、排架结构、刚架结构等四种。

1. 砖混结构

砖混结构厂房主要指由砖墙(砖柱)、屋面大梁或屋架等构件组成的结构形式(图 3-1-5)。由于其结构各方面性能较差,只能适用于跨度、高度、吊车荷载较小以及地震烈度较低的单层厂房。例如:当为无吊车或吊车吨位不超过 15 t、跨度在 15 m 以内、高度在 5 m 以内且无特殊工艺要求的小型厂房,可选用砖混结构单层厂房。

厂房结构类型

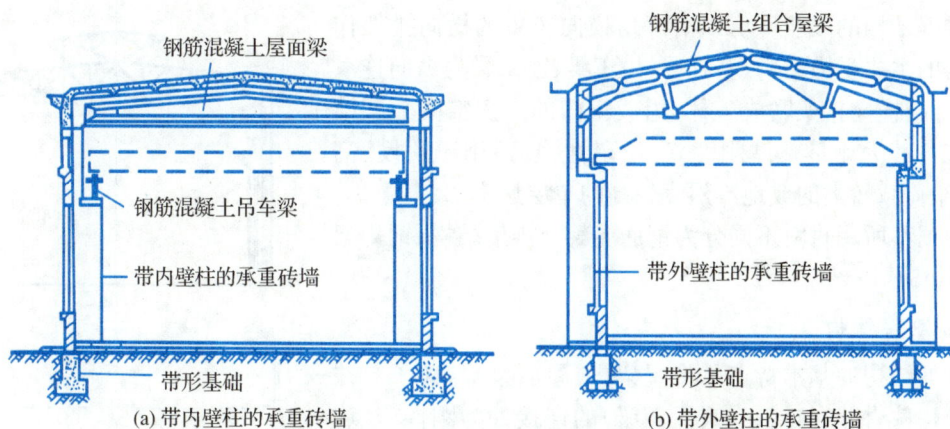

(a) 带内壁柱的承重砖墙
钢筋混凝土屋面梁
钢筋混凝土吊车梁
带内壁柱的承重砖墙
带形基础

(b) 带外壁柱的承重砖墙
钢筋混凝土组合屋梁
带外壁柱的承重砖墙
带形基础

图 3-1-5 砖混结构厂房

2. 框架结构

框架结构厂房类似于民用建筑的框架结构。框架结构厂房主要指由钢筋混凝土梁、板、柱以及墙体组成的结构形式(图3-1-6)。一般采用现浇钢筋混凝土施工,当厂房跨度较大时,可采用预应力技术。框架结构适用于单、多层厂房。

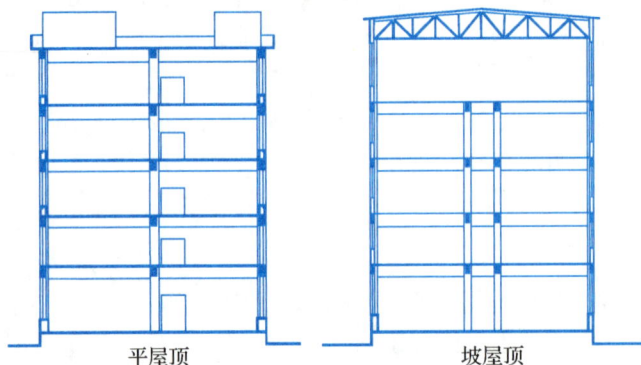

平屋顶　　　　　　　　坡屋顶

图3-1-6　多层框架厂房

3. 排架结构

排架结构是目前单层厂房中最基本、最普遍的结构形式。其结构基本特点是把屋架(或屋面梁)看作一个刚度很大的横梁,屋架(或屋面梁)与柱子的连接为铰接,柱子与基础的连接为刚性连接,如图3-1-7所示。

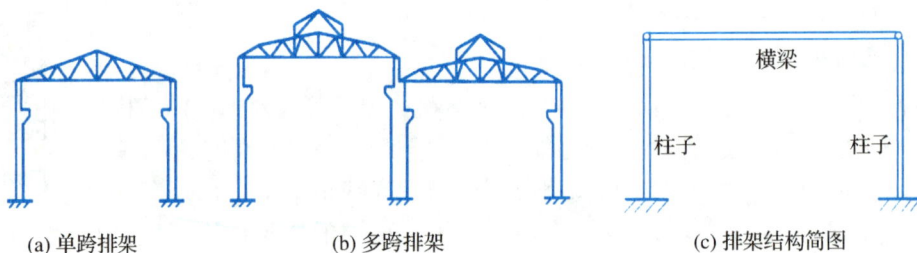

(a) 单跨排架　　　　　　(b) 多跨排架　　　　　　(c) 排架结构简图

图3-1-7　排架结构

排架结构的工业厂房以沿厂房横向布置的横向排架作为厂房的主要受力结构,基础梁、吊车梁、连系梁为纵向连系构件,并与横向排架联成一体,组成牢固的厂房空间骨架结构系统。其优点是整体刚度好,稳定性强,适用于跨度、高度、吊车荷载较大的或地震烈度较高的单层厂房。

根据其所用材料不同分为钢筋混凝土排架结构、钢排架结构(图3-1-8)。

4. 刚架结构

刚架结构的基本特点是将屋架(或屋面梁)与柱子合并为一个构件,柱子与屋架(或屋面梁)的连接处为刚性节点,柱子与基础一般做成铰接,这是与排架结构的最大区别。

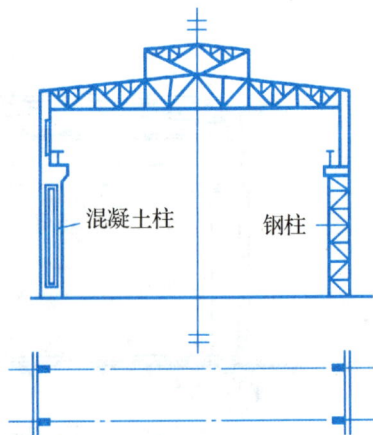

混凝土柱　　　　钢柱

图3-1-8　钢筋混凝土排架(左)与钢排架(右)

刚架结构的优点是梁柱合一,构件种类较少,结构轻巧,空间宽敞,但刚度较差,适用于屋盖较轻的无桥式吊车或吊车吨位不大、跨度和高度较小的厂房和仓库。

常用的刚架结构有装配式门式刚架。门式刚架顶部节点做成铰接的称为三铰门架。门式刚架主要类型有人字形刚架、带吊车人字形刚架、弧形刚架、带吊车弧形刚架等(图 3-1-9)。

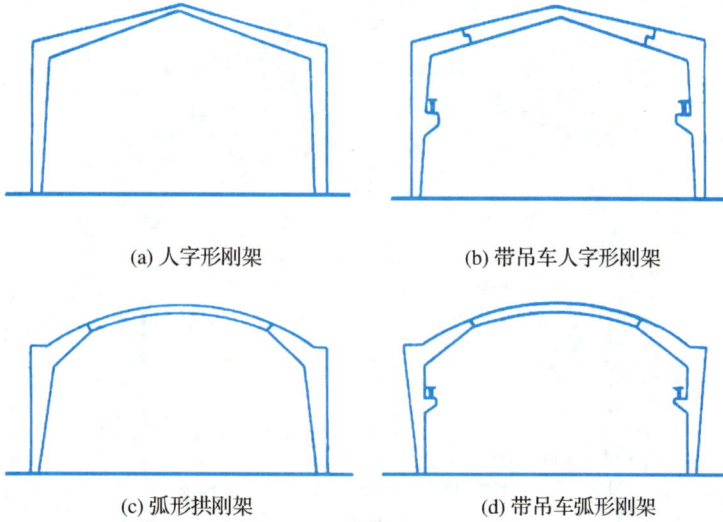

（a）人字形刚架　　　　　　　（b）带吊车人字形刚架

（c）弧形拱刚架　　　　　　　（d）带吊车弧形刚架

图 3-1-9　门式刚架结构

四、单层厂房的组成

钢筋混凝土排架结构单层厂房通常由横向排架构件、纵向连系构件、支撑系统构件和围护结构构件等几部分组成,如图 3-1-10 所示。

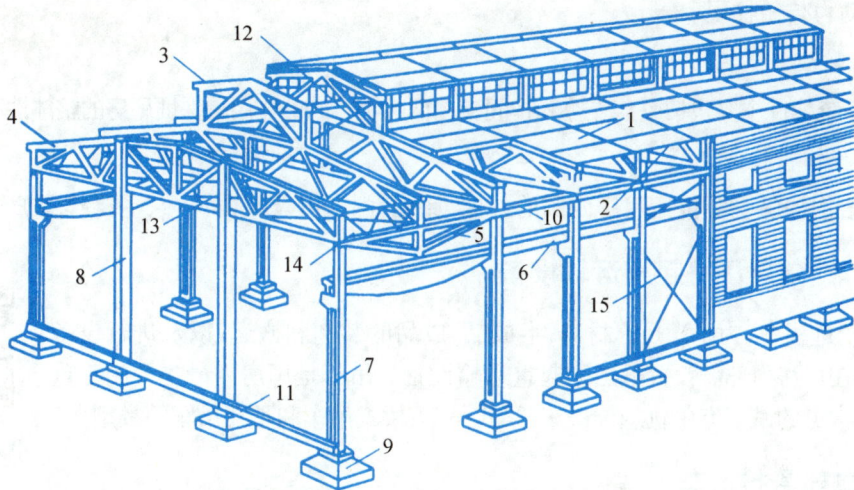

图 3-1-10　排架结构厂房的组成

1—屋面板;2—天沟板;3—天窗架;4—屋架;5—托架;6—吊车梁;
7—排架柱(边列柱);8—抗风柱;9—基础;10—连系梁;11—基础梁;12—天窗架垂直支撑;
13—屋架下弦横向水平支撑;14—屋架端部垂直支撑;15—柱间支撑

1. 横向排架构件

横向排架构件主要包括屋架或屋面梁、承重柱和基础。它的主要作用是承受屋盖、天窗、外墙及吊车梁等荷载作用,横向排架如图 3－1－11 所示。

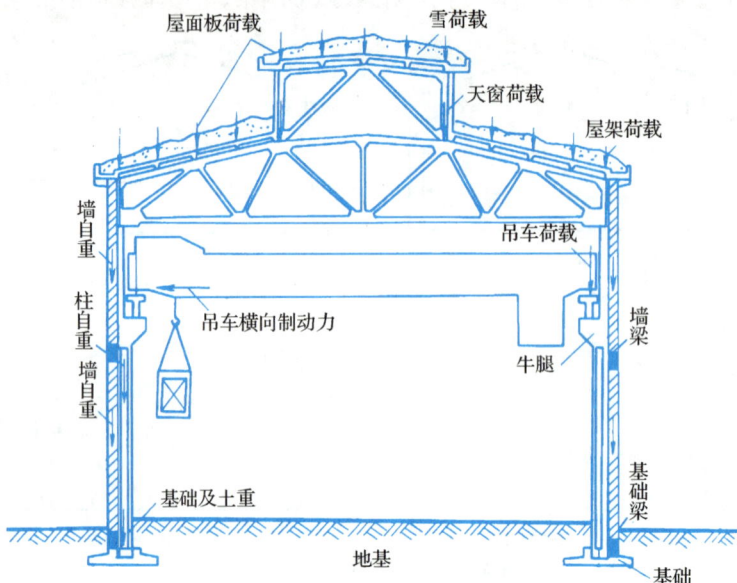

图 3－1－11 横向排架

2. 纵向连系构件

纵向连系构件主要包括吊车梁、基础梁、连系梁、圈梁等,这些构件的作用是连系横向排架并保证横向排架的稳定性,形成单层厂房的整个骨架结构系统,并将作用在山墙上的风力和吊车纵向制动力传给柱子。

3. 支撑系统构件

支撑系统构件主要包括屋盖支撑和柱间支撑两大类。它的作用是保证厂房的整体性和稳定性。

4. 围护结构构件

围护结构构件主要包括厂房四周的外墙、屋面、门窗以及天窗等,它主要起围护作用。

▶ 3.1.2 单层厂房起重运输设备

在生产过程中,为了满足原材料、半成品、成品的装卸和搬运,以及进行设备的检修等,在厂房内部需设置适当的起重运输设备。吊车是厂房内最主要的起重运输设备,常见的吊车有单轨悬挂吊车、梁式吊车、桥式吊车和悬臂吊车等类型。

起重输运设备

一、单轨悬挂吊车

单轨悬挂吊车一般是由悬挂在屋架下弦(或屋面大梁下面)的型钢轨道和电葫芦组成,如图 3－1－12 所示,是一种简便的起重运输设备,主要安装在呈条状布置的生产流水线上方空间。

单轨悬挂吊车布置方便,运行灵活,可以手动操作,也可以电动操作,主要适用于 5 t 以下货物的起吊和运输。由于轨道悬挂在屋架下弦或屋面大梁的下面,所以屋盖结构应有较高的强度和刚度。

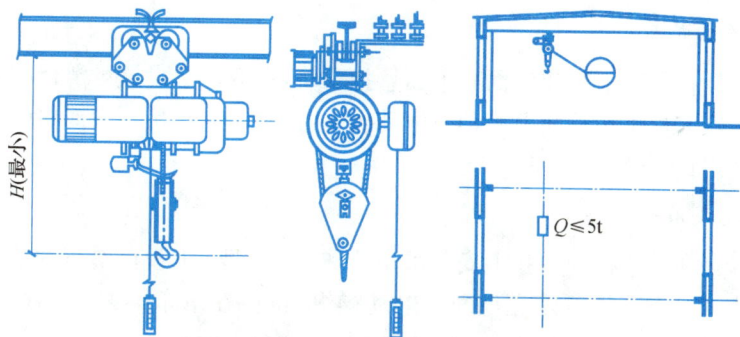

图3-1-12   单轨悬挂吊车

二、梁式吊车

梁式吊车由梁架和电葫芦组成,有悬挂式和支撑式两种类型,如图3-1-13所示。

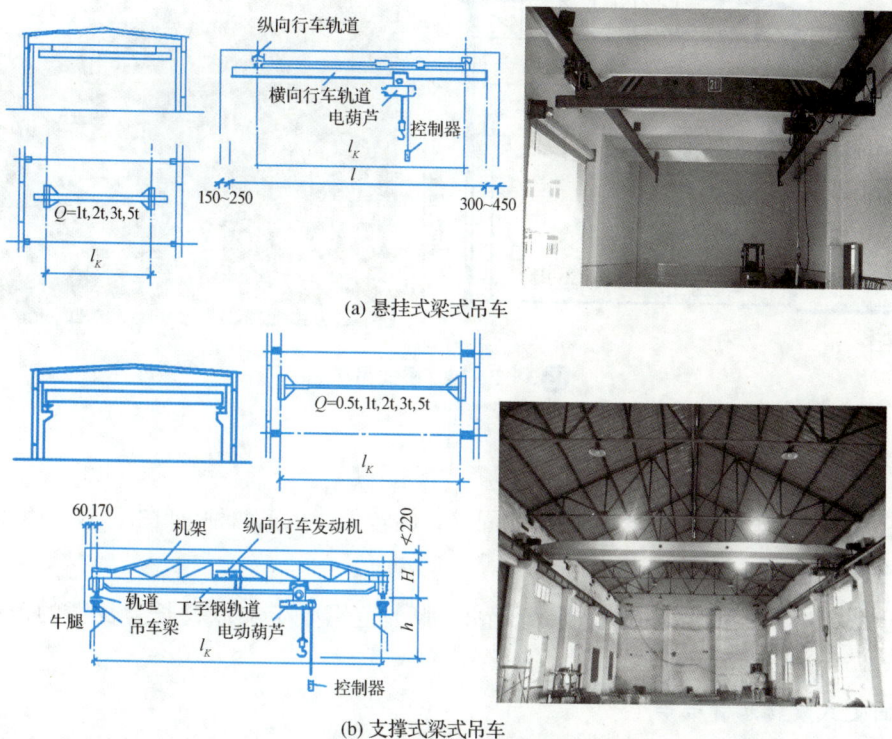

(a) 悬挂式梁式吊车

(b) 支撑式梁式吊车

图3-1-13   梁式吊车

1. 悬挂式梁式吊车

悬挂式吊车是在屋架下弦或屋面梁下面悬挂双轨,在双轨上设置可滑行的单梁,在单梁下安装电葫芦。工作人员可在地面上手动或电动操纵,适用于起重量不大或检修设备的情况,起重量一般不超过 5 t。

2. 支撑式梁式吊车

支撑式吊车是在排架柱的牛腿上安装吊车梁和钢轨,钢轨上设可滑行的单梁,单梁下安装滑轮组和电葫芦。工作人员可以在地面上电动操纵,也可在吊车梁架一端的司机室内操纵。起重量一般不超过 15 t。

两种吊车的单梁都可以按轨道纵向运行,单梁下的电葫芦通过滑轮组可以横向运行和起吊货物。因此,吊车可服务到厂房固定跨间的全部面积。

三、桥式吊车

桥式吊车由桥架和起重行车(或称小车)组成,如图 3-1-14 所示。桥式吊车是在厂房排架柱的牛腿上安装吊车梁及轨道,桥架支撑于吊车梁上,可沿吊车梁上的轨道纵向往返行驶,起重行车安装在桥架上,可沿桥架横向移动,司机室一般设置在桥架一端的下方。

由于桥式吊车是工业定型产品,应使厂房的跨度和高度与所选吊车的跨度相适应,并且满足运行安全的需要,同时在柱间适当位置设置通向吊车司机室的钢梯平台。

桥式吊车由于桥架刚度和强度较大,所以适用于跨度较大、起吊及运输较重的生产厂房,其起重范围为 5~400 t,在工业建筑中应用广泛。

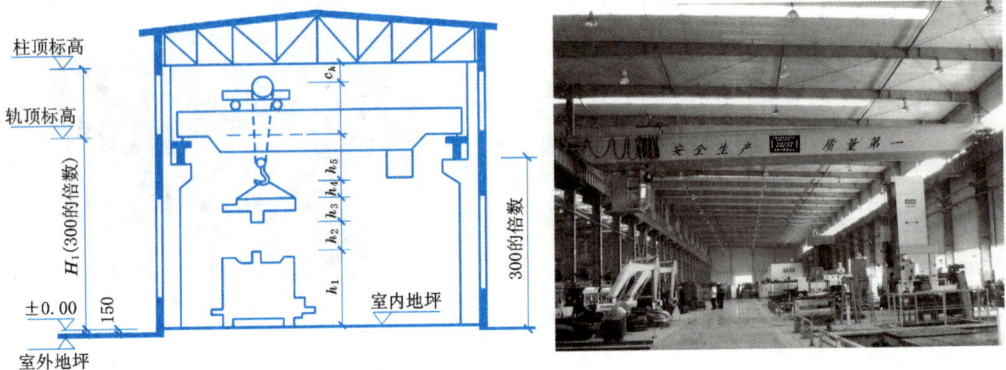

图 3-1-14　桥式吊车

四、悬臂吊车

常用的悬臂吊车有壁行式悬臂吊车和固定式旋转悬臂吊车两种,如图 3-1-15 所示。

1. 壁行式悬臂吊车

壁行式悬臂吊车可沿臂长纵向往返行走,服务范围限定在以臂长为长度的范围内,如图 3-1-15(a)所示。

2. 固定式旋转悬臂吊车

固定式旋转悬臂吊车一般固定在厂房的柱子上(图 3-1-15b),可旋转 180°,其服务范围为以臂长为半径的半圆面积内,适用于在固定地点及供某一固定生产设备的起重、运输之用。

悬臂吊车布置方便,使用灵活,一般起重量可达 8～10 t,悬臂长可达 8～10 m,在实际工程中有一定应用。

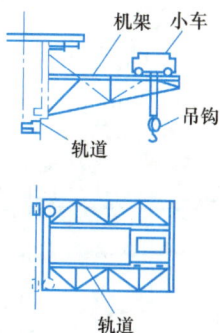

(a) 壁行悬臂吊车

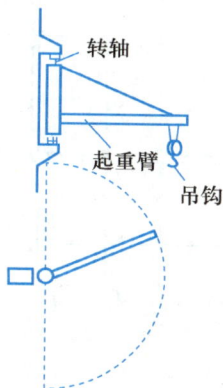

(b) 固定旋转悬臂吊车

图 3-1-15　悬臂吊车

3.1.3　单层厂房定位轴线

单层工业厂房的定位轴线是确定厂房主要承重构件标志尺寸及相互位置的基准线,同时也是厂房设备安装及施工放线的依据。

定位轴线的划分是在柱网布置的基础上进行的。

一、柱网尺寸

在厂房中,承重结构柱子在平面上排列时所形成的网格称为柱网。柱网尺寸是由跨度和柱距组成的,柱网尺寸的确定实际上就是厂房跨度和柱距的确定,如图 3-1-16 所示。

1. 跨度

跨度是相邻柱子纵向定位轴线间的距离(图 3-1-16)。

根据《厂房建筑模数协调标准》设计规范的规定:对于钢筋混凝土结构的单层厂房其跨度

在 18 m 及 18 m 以下时,取扩大模数 30 M 数列,如 9 m,12 m,15 m,18 m;在 18 m 以上时取扩大模数 60 M 数列,如 24 m,30 m,36 m 等。

2. 柱距

柱距是相邻柱子横向定位轴线间的距离(图 3-1-16)。

单层厂房的柱距应采用扩大模数 60 M 数列,如 6 m,12 m,一般情况下均采用 6 m。抗风柱柱距宜采用扩大模数 15 M 数列,如 4.5 m,6 m,7.5 m。

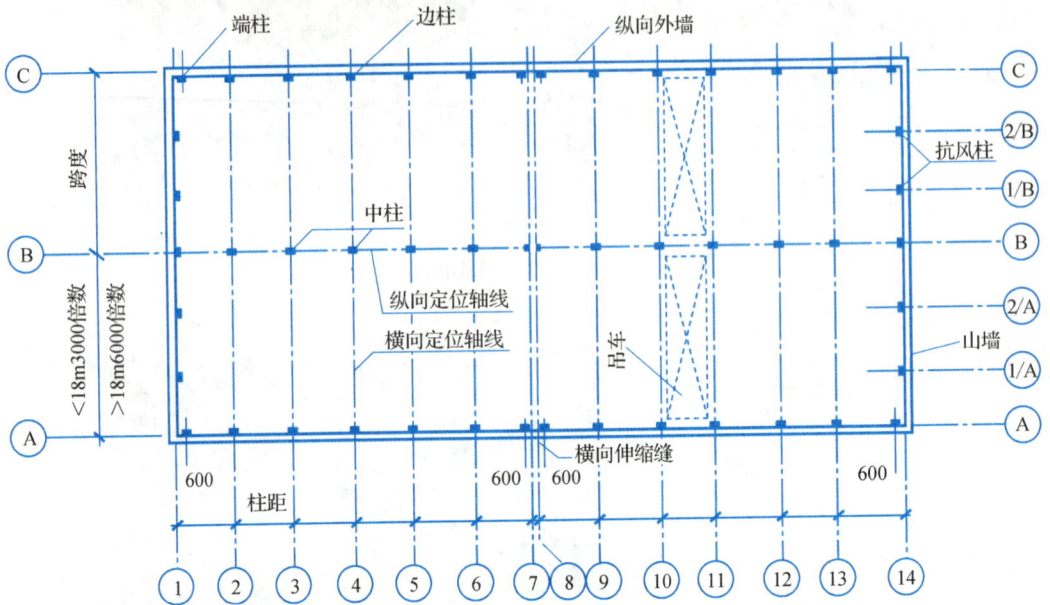

图 3-1-16　柱距与跨度

二、定位轴线

工业厂房的定位轴线主要有横向定位轴线和纵向定位轴线两种。通常把与横向排架平行的轴线称为横向定位轴线,如图 3-1-16 中的①、②、③轴等;与横向排架平面垂直的轴线称为纵向定位轴线,如图 3-1-16 中的Ⓐ、Ⓑ、Ⓒ轴等。

1. 横向定位轴线

工业厂房横向定位轴线主要用来标定纵向构件的标志端部,如屋面板、吊车梁、连系梁、基础梁、墙板、纵向支撑等。

(1) 中间柱与横向定位轴线的关系

除了靠山墙的端部柱及横向变形缝两侧的柱以外,一般中间柱的中心线与横向定位轴线相重合(图 3-1-17),且横向定位轴线通过柱基础、屋架中心线及各纵向连系构件的接缝中心。

(2) 山墙处边柱与横向定位轴线的关系

山墙为非承重墙时,墙内缘与横向定位轴线相重合,且山墙边柱的中心线应自定位轴线向内移 600 mm(图 3-1-18)。定位轴线与山墙内缘重合保证了屋面板与山墙之间不留空隙,形成"封闭结合"。山墙边柱自定位轴线内移 600 mm,保证了抗风柱能通至屋架上弦或屋面梁上翼处,并与之相连接。

　　山墙为砌体承重时,墙内缘与横向定位轴线间的距离应按砌体块料类别分别为半块或半块的倍数或墙厚的一半,以保证伸入山墙内的屋面板与砌体之间有足够的搭接长度(图3－1－19)。

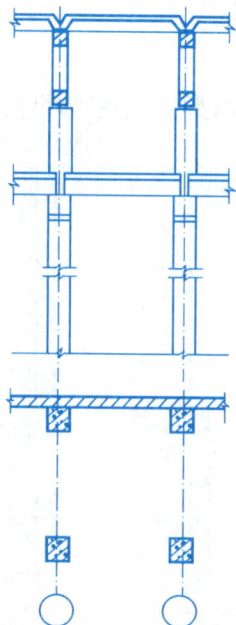

600

半块或半块的倍数
或墙厚之半

图3－1－17　中间柱与横向定位轴线的关系　　**图3－1－18　非承重山墙与横向定位轴线的关系**　　**图3－1－19　承重山墙与横向定位轴线的关系**

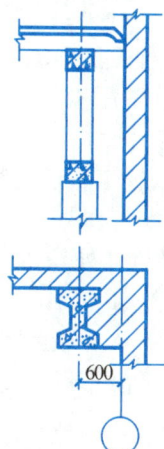

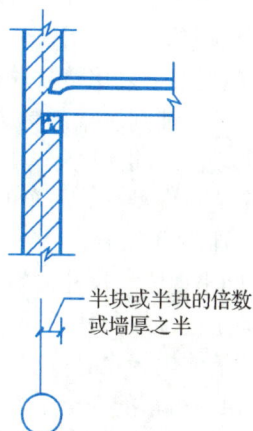

（3）横向变形缝处柱与横向定位轴线的关系

　　单层厂房的横向变形缝(伸缩缝、防震缝)处一般采用双柱、双轴线的标定方法。柱的中心均应从两定位轴线向内侧各移 600 mm(图 3－1－20),两轴线间加插入距 a_i,a_i 应等于伸缩缝或防震缝的宽度 a_e。这种定位轴线的标定方法,既保证了双柱间有一定的距离且有各自的基础杯口,以便于柱的安装,同时又保证了厂房结构不致因没有伸缩缝或防震缝而改变屋面板、吊车梁等纵向构件的规格,施工比较简单。

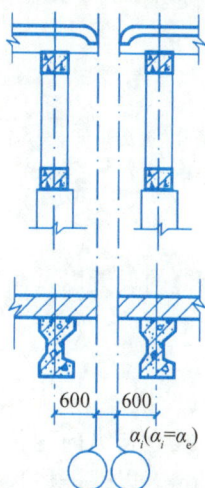

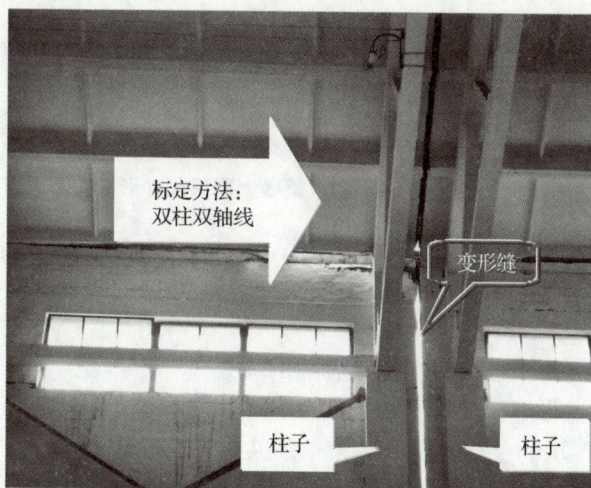

600　600
$a_i(a_i=a_e)$

标定方法:
双柱双轴线

变形缝

柱子　　柱子

图3－1－20　横向变形缝处柱与横向定位轴线的关系

2. 纵向定位轴线

纵向定位轴线主要用来标定厂房横向构件的标志端部,如屋架的标志尺寸以及大型屋面板的边缘。厂房纵向定位轴线应视其位置不同而具体确定。

(1) 外墙、边柱与纵向定位轴线的关系

由于吊车起重量、柱距、跨度、是否有安全走道板等因素的影响,外墙、边柱与纵向定位轴线的联系有两种情况:

① 封闭结合。指纵向定位轴线与边柱外缘、外墙内缘三者相重合的定位方法(图 3-1-21a)。这种方法确定的轴线有它的优势:屋架上可采用整数块标准屋面板(常用 1.5 m×6.0 m 大型屋面板),可铺到屋架的标志端部,不需另设补充构件,屋面板与外墙内表面之间无缝隙,具有构造简单、施工方便的特点,适用于无吊车或只设悬挂式吊车的厂房。

② 非封闭结合。指纵向定位轴线与柱外缘、墙内缘不相重合,中间出现联系尺寸的定位方法(图 3-1-21b)。非封闭结合的纵向定位轴线与柱子外缘有一个距离 a_c(即联系尺寸),并使屋面板与墙体内缘也有一定的空隙,以满足吊车运行所需要的安全间隙,保证吊车的安全运行。

当纵向定位轴线与柱子外缘间有联系尺寸时,屋架标志尺寸端部与柱子外缘、墙身内缘不能重合,屋面板边缘与墙体之间出现空隙,因此,屋顶上部空隙需做构造处理。处理方法一般有挑砖、加铺补充小板及结合檐沟构造处理等三种方法,如图 3-1-22 所示。

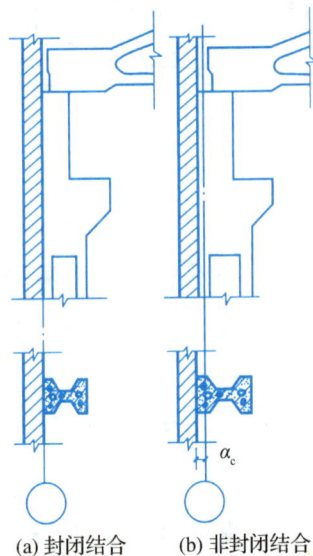

(a) 封闭结合　　(b) 非封闭结合

图 3-1-21　墙、边柱与纵向定位轴线的关系

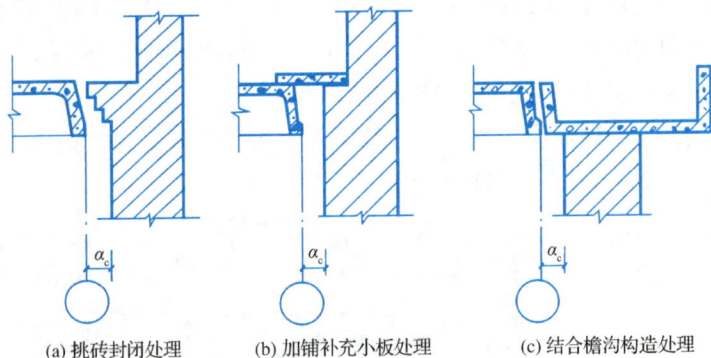

(a) 挑砖封闭处理　　(b) 加铺补充小板处理　　(c) 结合檐沟构造处理

图 3-1-22　屋面上联系尺寸形成空隙的封闭处理方法

(2) 中柱与纵向定位轴线的关系

中柱处纵向定位轴线的确定与相邻两跨厂房的高度、纵向变形缝的设置以及吊车起重量等因素有关。

1) 等高跨中柱与纵向定位轴线的关系

① 无变形缝时的等高跨中柱

等高厂房的中柱宜设单柱和一条纵向定位轴线,且上柱的中心线宜与纵向定位轴线相重合,即单柱单轴线方案(图 3-1-23a)。上柱截面高度一般取 600 mm,以保证屋顶承重结构的支撑长度。

等高厂房的中柱,由于相邻跨内的桥式吊车起重量在 30 t 以上,厂房柱距较大或有其他构造要求时需设置插入距(用 α_i 表示),中柱可采用单柱,并设两条纵向定位轴线,即单柱双轴线方案(图 3-1-23b)。

② 设变形缝时的等高跨中柱

当等高跨厂房设有纵向伸缩缝时,可采用单柱并设两条纵向定位轴线。伸缩缝一侧的屋架或屋面梁应搁置在活动支座上(图 3-1-24)。

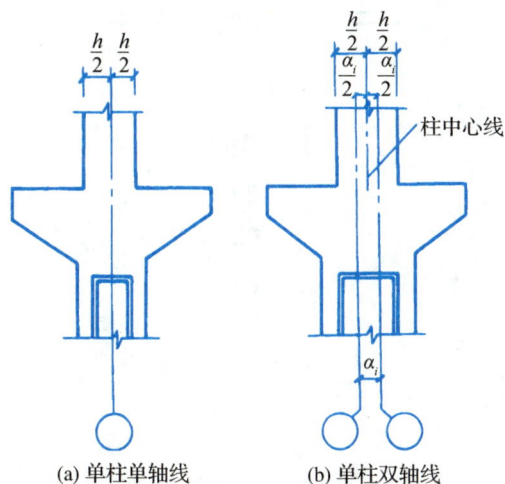

(a) 单柱单轴线   (b) 单柱双轴线

图 3-1-23 等高跨中柱与纵向定位轴线的关系

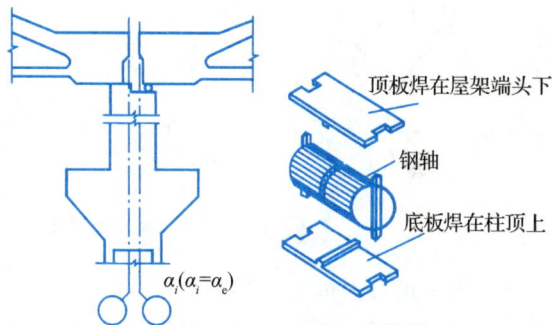

图 3-1-24 等高跨中柱与纵向定位轴线的关系(有纵向伸缩缝)

等高跨厂房需设置纵向防震缝时,应采用双柱及双条纵向定位轴线(图 3-1-25)。

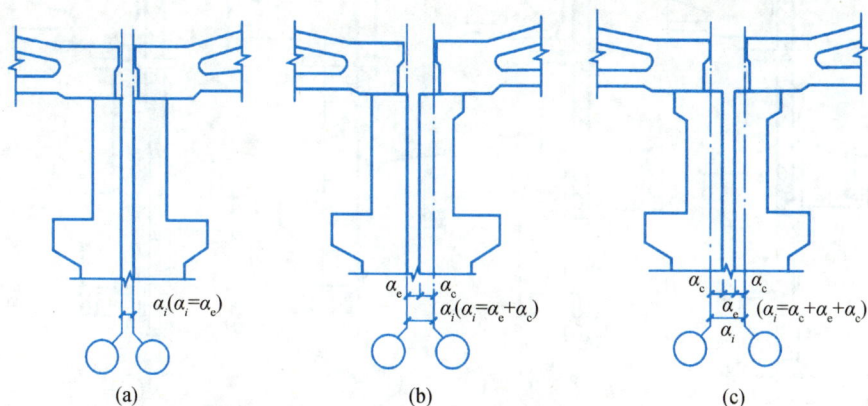

(a)   (b)   (c)

图 3-1-25 等高跨中柱双柱时的纵向定位轴线

2) 不等高跨中柱与纵向定位轴线的关系

① 无变形缝时的不等高跨中柱

不等高跨处采用单柱时,根据高跨是否封闭及封墙位置的高低,纵向定位轴线按两种情况定位:

(a) 高跨采用封闭结合。高跨封墙底面高于低跨屋面,高跨上柱外缘与封墙内缘及纵向定位轴线相重合,宜采用一条纵向定位轴线(图 3-1-26a)。若封墙底面低于低跨屋面,宜采用两条纵向定位轴线,其插入距 a_i 等于封墙厚度 t(图 3 - 1 - 26b)。

（b）**高跨采用非封闭结合**。上柱外缘与纵向定位轴线不能重合,应采用两条纵向定位轴线。插入距根据高跨封墙高度或是低于低跨屋面的不同情况,其纵向定位轴线与中柱的标定如图 3 - 1 - 26(c),(d)所示。

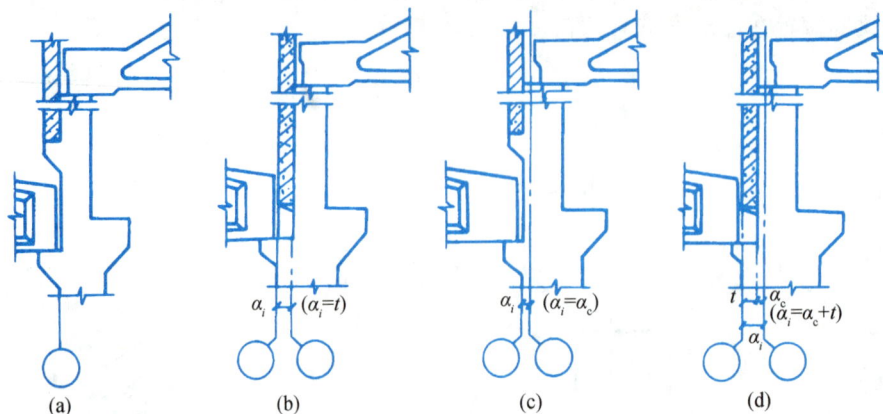

图 3 - 1 - 26　高低跨处中柱单柱与纵向定位轴线的关系

② 有变形缝时的不等高跨中柱

（a）有伸缩缝时的高低跨中柱,一般情况下在高低跨处的伸缩缝可用单柱处理,并采用两条纵向定位轴线,并设插入距。根据封墙位置的高低以及高跨是否是封闭结合有四种定位方法,如图 3 - 1 - 27 所示。

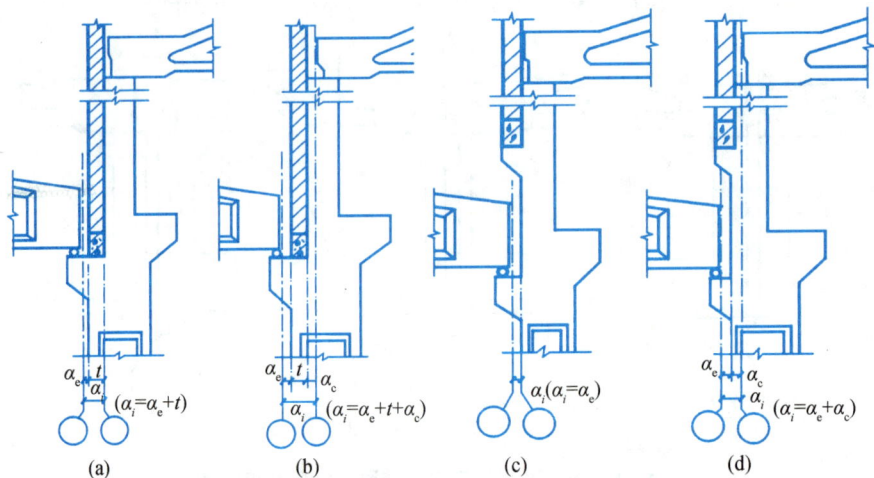

图 3 - 1 - 27　高低跨中柱单柱与纵向定位轴线的关系

（b）当厂房高低跨处需设置防震缝时,应采用双柱和两条纵向定位轴线的定位方法(图 3 - 1 - 28),柱与纵向定位轴线的定位规定与边柱相同。

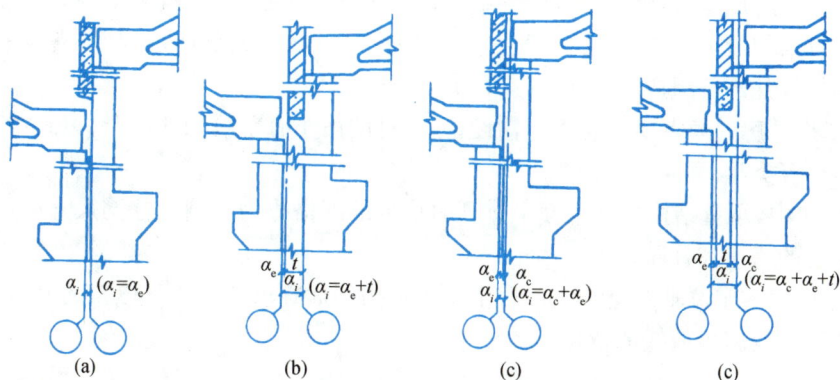

图 3 - 1 - 28　高低跨中柱双柱与纵向定位轴线的关系

（3）纵横跨相交处柱与定位轴线的关系

纵横跨交接处一般设有变形缝，使两侧结构各自独立，所以纵横跨分别有各自的柱列和定位轴线，可按各自的柱列和定位轴线关系，遵循各自原则定位。

① 当山墙比侧墙低、且长度等于或小于侧墙时，采用双柱单墙处理（图 3 - 1 - 29a、b），墙体属于横跨。

② 当山墙比侧墙短而高时，应采用双柱双墙（至少在低跨柱顶及其以上部分用双墙），并设置伸缩缝或防震缝（图 3 - 1 - 29c、d）。

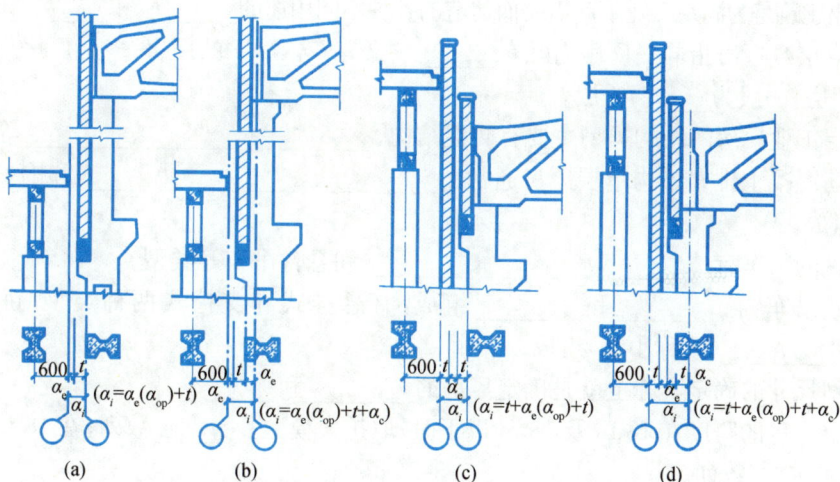

图 3 - 1 - 29　纵横跨相交处与定位轴线的关系

（a）、（b）为双柱单墙方案；（c）、（d）为双柱双墙方案

▶ 模块学习小结 ◀

1. 工业建筑是为满足工业生产需要而建造的各种不同用途的建筑物和构筑物的总称。

2. 工业建筑类型很多，按层数可分为单层厂房、多层厂房和混合层数厂房。

3. 工业厂房的结构类型主要有砖混结构、框架结构、排架结构、刚架结构等四种。

4. 钢筋混凝土排架结构单层厂房通常由横向排架构件、纵向连系构件、支撑系统构件和围护结构构件等几部分组成。

5. 吊车是厂房内最主要的起重运输设备,常见的吊车有单轨悬挂吊车、梁式吊车、桥式吊车和悬臂吊车等类型。

6. 在厂房中,承重结构柱在平面上排列时形成的网格称为柱网。柱网尺寸的确定实际上就是确定厂房的跨度和柱距。

7. 单层厂房的定位轴线是确定厂房主要承重构件标志尺寸及相互位置的基准线,同时也是厂房设备安装及施工放线的依据。

▶ 模块课后作业 ◀

一、名词解释

1. 跨度　　2. 柱距

二、填空题

1. 工业建筑是为满足工业生产需要而建造的各种不同用途的_____和_____的总称。

2. 混合层数厂房指同一厂房内既有_____又有_____的厂房;多层厂房指二层及二层以上的厂房,一般为_____层。

3. 单层工业厂房的结构类型主要有砖混结构、_____、_____、_____等四种。

4. 钢筋混凝土排架结构单层厂房通常由_____、_____、_____和围护结构构件等几部分组成。

5. 常见的吊车有_____、_____、_____和悬臂吊车等类型。

6. 梁式吊车由_____和_____组成,有悬挂式和支撑式两种类型;桥式吊车由_____和_____(或称小车)组成。

7. 柱网尺寸的确定实际上就是确定厂房的_____和_____。

8. 单层厂房的跨度在 18 m 及 18 m 以下时,取扩大模数_____数列;在 18 m 以上时取扩大模数_____数列。

9. 单层厂房的柱距应采用扩大模数_____M 数列,一般情况下均采用_____m。抗风柱距宜采用扩大模数_____数列。

10. 单层厂房的横向变形缝(伸缩缝、防震缝)处一般采用_____的标定方法。柱的中心均应从两定位轴线向内侧各移_____mm。

三、简述题

1. 简述单层厂房排架结构、刚架结构的基本特点,各自的适用范围如何?

2. 简述钢筋混凝土排架结构单层厂房的组成与作用。

四、填图题

看图填空,请写出图中 10 个构件的名称。

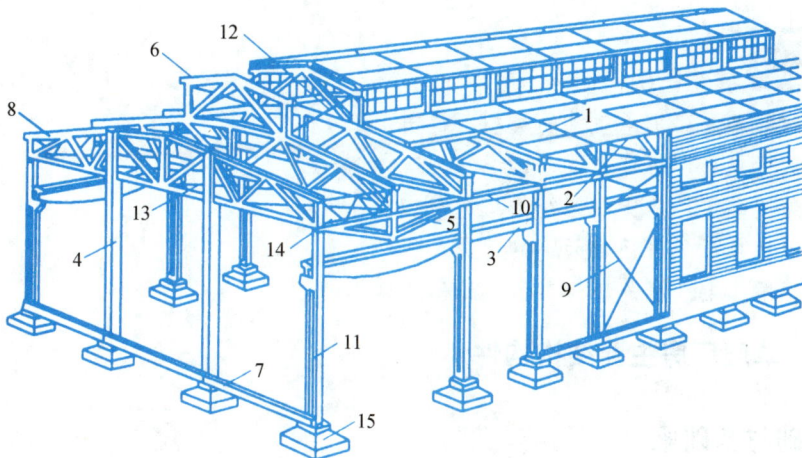

排架结构厂房

1—_____;3—_____;4—_____;6—_____;7—_____;
8—_____;9—_____;10—_____;11—_____;15—_____。

▶ 技能实训 ◀

1. 在下图中请标注出:定位轴线编号、附加轴线编号、墙体(含外纵墙、外横墙)、柱子(含中柱、边柱、端柱、抗风柱)、跨度、柱距、吊车、横向伸缩缝等。

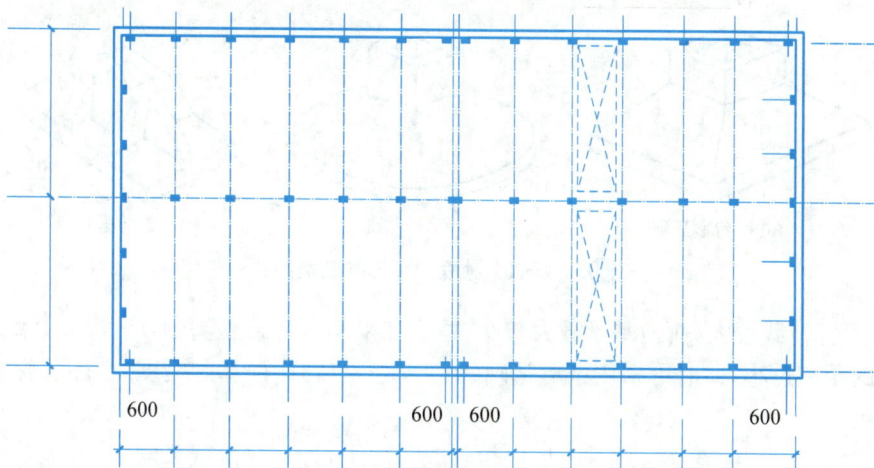

▶ 3.2 单层厂房构造 ◀

模块学习目标

1. 能够叙述单层厂房承重柱的类型与适用范围
2. 能够叙述单层厂房连系梁、吊车梁的作用与类型
3. 能够叙述单层厂房支撑系统的组成与作用
4. 能够叙述单层厂房矩形天窗的组成
5. 能够了解单层厂房外墙与其他构造基本知识

▥▶ 3.2.1 单层厂房主要结构构件

一、基础与基础梁

1. 基础

基础支撑厂房上部结构的全部荷载,并将荷载传递到地基中,因此,基础起着承上传下的作用,是厂房结构中的重要构件之一。

(1) 工业厂房基础类型

单层厂房的基础采用什么类型,主要取决于上部结构荷载的大小和性质以及工程地质条件等。

① 当上部结构荷载不大、地基土质较均匀且承载力较大时,柱下多采用独立的杯形基础,其类型有锥台形基础、薄壳基础、板肋基础等多种形式(图 3-2-1)。若荷载轴向力大而弯矩小,且施工技术好,可采用薄壳基础和板肋基础。

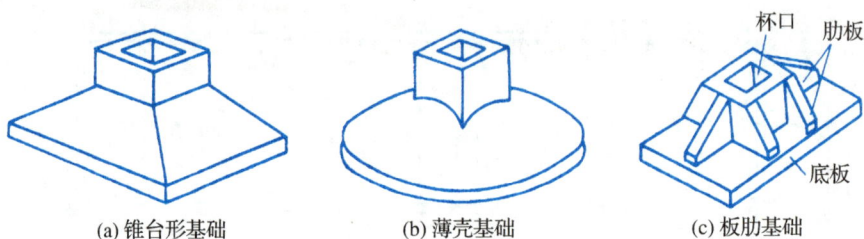

(a) 锥台形基础   (b) 薄壳基础   (c) 板肋基础

图 3-2-1 独立式杯形基础类型

② 当上部荷载较大,而地基承载力较小,柱下如采用上述独立基础,底面积过大会使相邻基础之间的距离过小,此时可采用条形基础(图 3-2-2)。这种基础刚度大,能调整纵向柱列的不均匀沉降。

③ 当地基的持力层较深、地基表层土松软或为冻土,且上部荷载又较大,对地基的变形限制较严时,可考虑采用桩基础(图 3-2-3)。

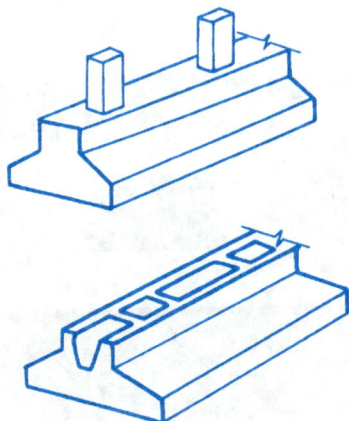

图 3 - 2 - 2　条形基础　　　　　图 3 - 2 - 3　桩基础

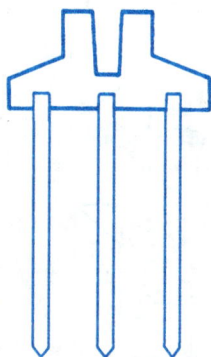

（2）独立式基础构造

钢筋混凝土排架结构厂房的基础一般采用独立基础，由于柱有现浇和预制两种施工方法，因此，基础与柱的连接有两种构造形式。

① 现浇柱下独立基础

基础与柱均为现场浇筑钢筋混凝土，但不同时施工。首先，在基础的底部铺设 C10 混凝土垫层，厚度为 100 mm；其次，浇筑基础混凝土，并在基础顶面相应位置预留出柱的钢筋，钢筋的数量、规格、伸出长度、钢筋搭接位置均应按施工图纸来确定；最后，绑扎柱筋，安装柱模板，浇筑柱混凝土。一般构造做法如图 3 - 2 - 4 所示。

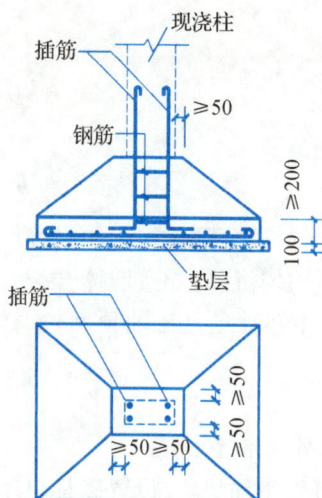

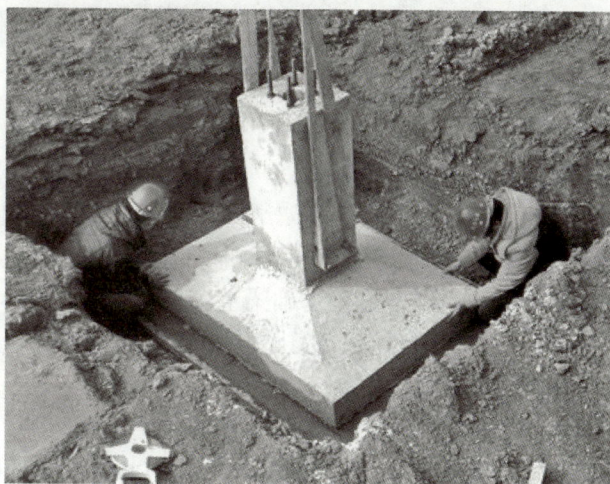

图 3 - 2 - 4　现浇柱下独立基础构造

② 预制柱下独立基础

当柱为预制时，基础顶部做成杯口形式，预制柱安装在杯口内，因此也称为杯形基础。主要类型有单杯基础和双杯基础，其构造如图 3 - 2 - 5 所示。

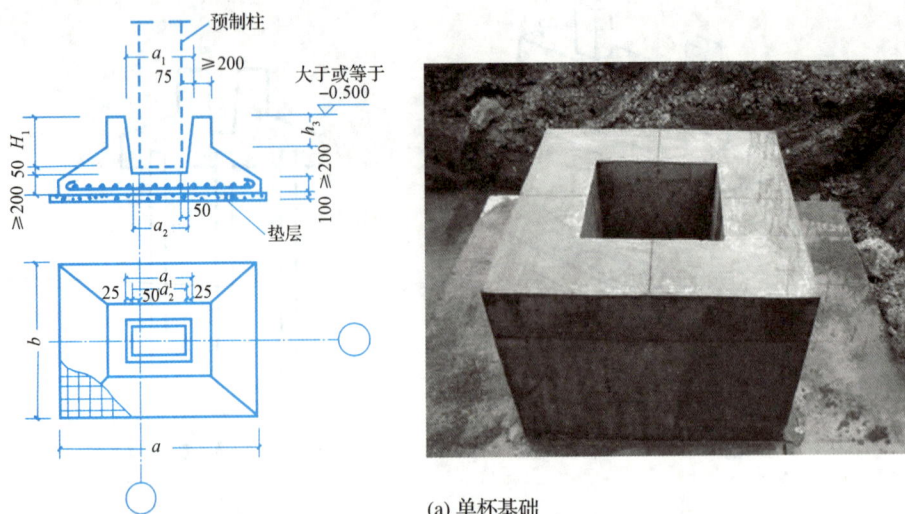

(a) 单杯基础

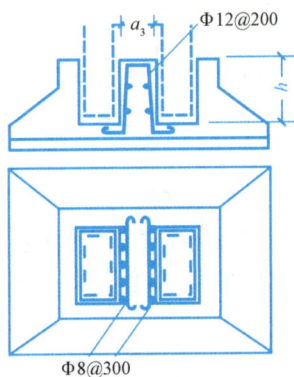

(b) 双杯基础

图 3-2-5 杯形基础

2. 基础梁

(1) 基础与基础梁的连接

单层厂房采用钢筋混凝土排架结构时,外墙和内墙仅起围护或分隔作用。如果设墙下基础,则会由于墙下基础承受的荷载比柱基础小得多,而产生不均匀沉降,导致墙体开裂。因此一般厂房将外墙或内墙砌筑在基础梁上,基础梁两端架设在相邻独立基础的顶面,这样可使内、外墙和柱一起沉降,墙面不易开裂,如图 3-2-6 所示。

(2) 基础梁搁置构造要求

① 基础梁顶面标高应至少低于室内地坪 50 mm,高于室外地坪 100 mm。

② 基础梁一般直接搁置在基础顶面上,当基础较深时,可采用加垫块、设置高杯口基础或在柱的下部加设牛腿等措施,如图 3-2-7 所示。

③ 当基础产生沉降时,基础梁底的坚实土将对梁产生反拱作用;寒冻地区土壤冻胀也将对基础梁产生反拱作用,因此在基础梁底部应留 50～100 mm 的空隙,寒冻地区基础梁底铺设厚度≥300 mm 的松散材料,如矿渣、干砂,如图 3-2-8 所示。

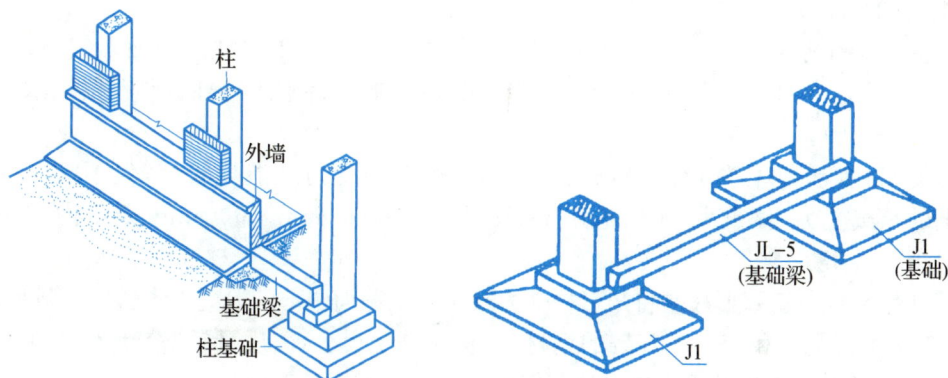

图3-2-6　基础与基础梁的连接

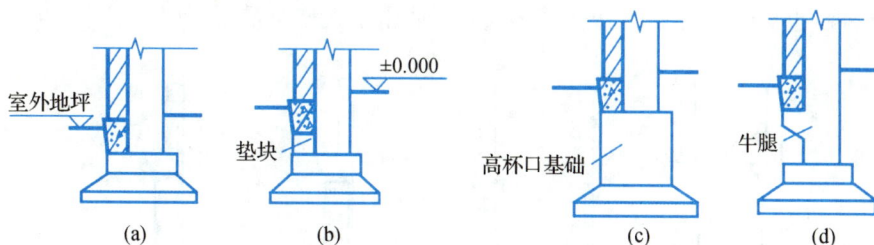

图3-2-7　基础梁的位置与搁置方式

（a）基础梁搁置在杯口上；（b）基础梁设置在垫块上；
（c）基础梁搁置在高杯口基础上；（d）基础梁搁置在牛腿上

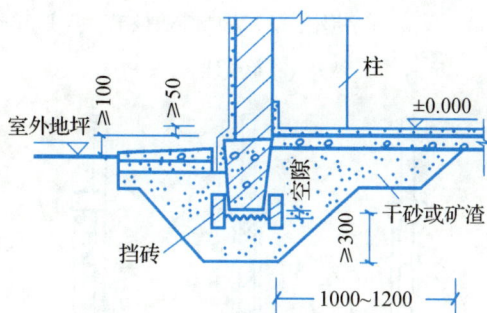

图3-2-8　基础梁防冻构造

二、承重柱与抗风柱

1. 承重柱

排架结构单层厂房的柱子是厂房结构中的主要承重构件之一，称为承重柱，也称为排架柱或列柱。它不仅承受屋盖、吊车梁等传来的竖向荷载，还承受吊车刹车时产生的纵向和横向荷载以及风荷载等，这些荷载连同自重一起传递给基础。

承重柱

单层厂房中的承重柱由柱身（又分为上柱和下柱）、牛腿及柱上预埋件组成。在柱顶上支承屋架，在牛腿上支承吊车梁，预埋件主要用于柱身与其他构件的连接。

(1) 柱的截面形式

单层厂房钢筋混凝土柱可分为单肢柱、双肢柱两大类。单肢柱的截面形式有矩形柱、工字形柱及空心管柱等(图 3 - 2 - 9a);双肢柱的截面形式有平腹杆柱、斜腹杆柱、双肢管柱等(图 3 - 2 - 9b)。

① 矩形柱。矩形柱外形简单,施工方便,两个方向受力性能均较好,但不能充分发挥混凝土的承载能力,体重大,主要适用于截面尺寸在 400 mm×600 mm 及以内和吊车较小的中小型厂房。

② 工字形柱。工字形柱是将矩形柱受力较小的横截面中部的混凝土省去,一般可以节约 30%~50%的混凝土和 15%~20%的钢材,其特点是受力合理、质量轻、较经济,但生产制作较复杂,主要适用于截面及受力较大的厂房。

③ 双肢柱。双肢柱是由两根承受轴向力的肢柱和联系两根肢柱的腹杆组成,它比工字形柱受力更合理,也更经济,但施工也更复杂,主要适用于大型及重型厂房。

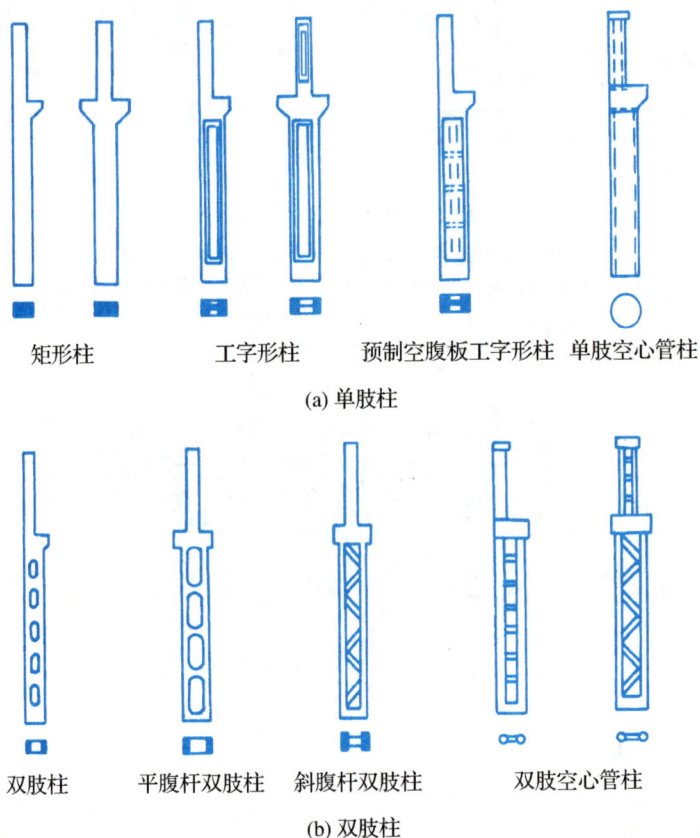

矩形柱　　工字形柱　　预制空腹板工字形柱　单肢空心管柱

(a) 单肢柱

双肢柱　　平腹杆双肢柱　　斜腹杆双肢柱　　双肢空心管柱

(b) 双肢柱

图 3 - 2 - 9　钢筋混凝土柱

(2) 柱的选型

钢筋混凝土柱在单层厂房中的位置不同,外形也不同。图 3 - 2 - 10 为边柱、不等高跨中柱、等高跨中柱的形式。

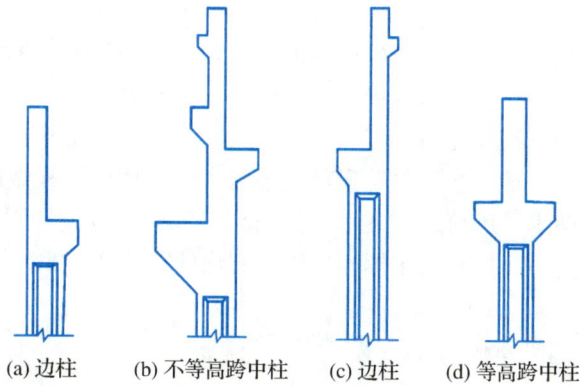

(a) 边柱　(b) 不等高跨中柱　(c) 边柱　(d) 等高跨中柱

图 3-2-10　柱的选型

（3）柱的预埋件

柱的预埋件是指预先埋设在柱身上与其他构件连接用的各种铁件（如钢板、螺栓及锚拉钢筋等）。为了确保柱与屋架、吊车梁、连系梁或圈梁、砖墙或大型屋面板、柱间支撑等处的连接，应在柱上埋设这些铁件。在进行柱的设计及施工时，应根据具体情况将这些铁件准确无误地埋在柱上，预埋件的位置及作用如图 3-2-11 所示。

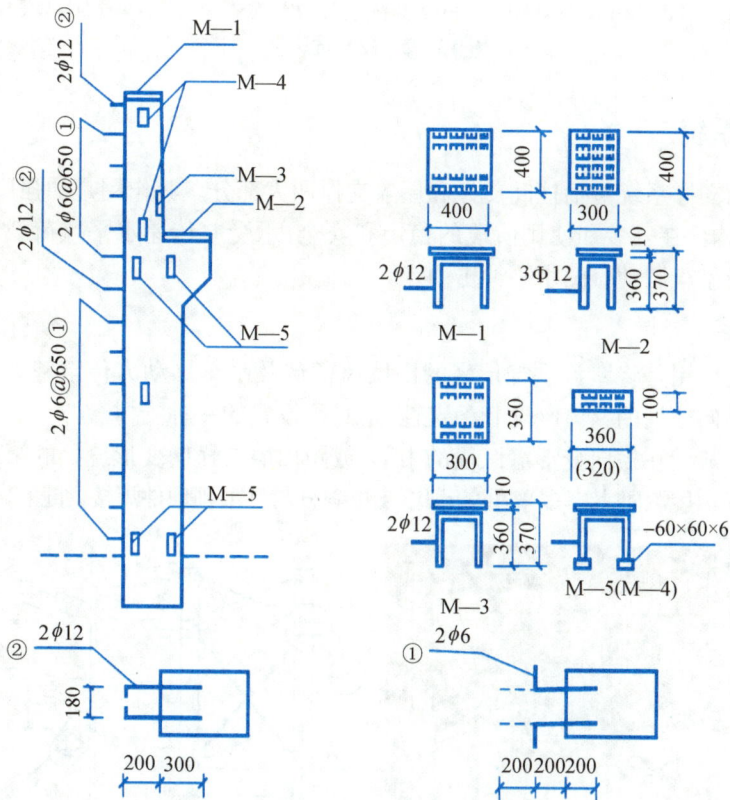

图 3-2-11　柱子的预埋件

注：M—1 为与屋架连接用预埋件；M—2、M—3 为与吊车梁连接用预埋件；M—4、M—5 为与柱间支撑连接用预埋件；2ϕ6 预埋钢筋与砖墙拉锚；2ϕ12 预埋钢筋与圈梁拉锚。

2. 抗风柱

单层厂房的山墙面积很大,所受的风荷载也很大,为了保证山墙的稳定性应设置抗风柱。抗风柱一般设置在山墙内侧,将风荷载传至基础或屋盖系统再传至纵向柱列。

抗风柱截面形式常为矩形,柱间距有 4.5 m 和 6.0 m 两种。柱下端插入杯口基础内,柱上端与屋架连接(图 3-2-12a)。抗风柱与屋架的连接一般采用弹簧板做成柔性连接(图 3-2-12b),以保证有效地传递水平风荷载。在垂直方向允许屋架与抗风柱因沉降不均匀而有相对的竖向位移。厂房沉降较大时,宜采用螺栓连接的方法(图 3-2-12c)。

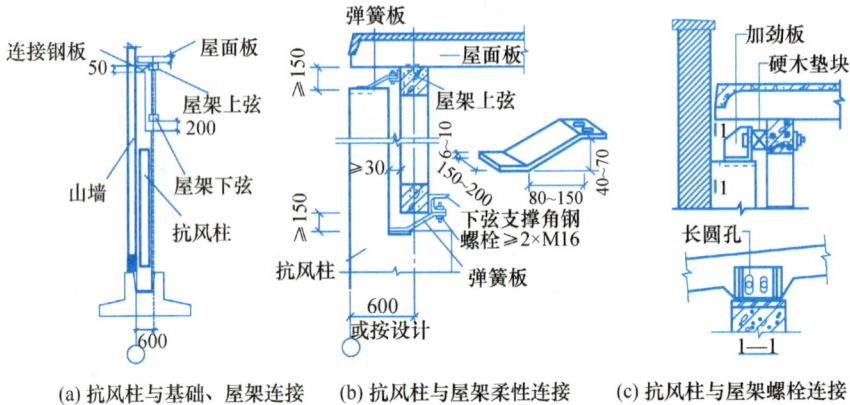

(a) 抗风柱与基础、屋架连接　(b) 抗风柱与屋架柔性连接　(c) 抗风柱与屋架螺栓连接

图 3-2-12　抗风柱

三、支撑系统

单层厂房的支撑系统包括柱间支撑和屋盖支撑两大部分。其作用是加强厂房结构的空间刚度,保证结构构件在安装和使用阶段的稳定和安全,承受并传递水平风荷载、纵向地震力以及吊车制动时的水平冲击力。

1. 柱间支撑

柱间支撑的作用是将屋盖系统传来的山墙风荷载及吊车制动力传至基础,同时加强厂房纵向柱列的整体刚度和稳定性,是必须设置的一种支撑。

柱间支撑一般设在横向变形缝区段的中部,或距山墙与横向变形缝处的第二柱间。

柱间支撑一般用型钢制作,多采用交叉式,支撑斜杆与柱上预埋件焊接,如图 3-2-13 所示。

支撑系统

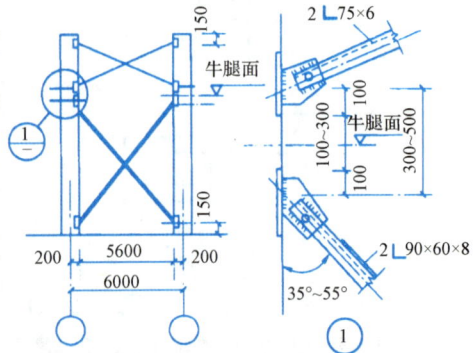

图 3-2-13　柱间支撑

2. 屋盖支撑

一般设在屋盖之间，其作用是保证屋架上下弦杆件在受力后的稳定，并保证山墙传来的风荷载的传递，它包括水平支撑和垂直支撑两部分。

屋盖支撑包括横向水平支撑（上弦或下弦横向水平支撑）、纵向水平支撑（上弦或下弦纵向水平支撑）、垂直支撑和纵向水平系杆（加劲杆）等（图 3 - 2 - 14）。

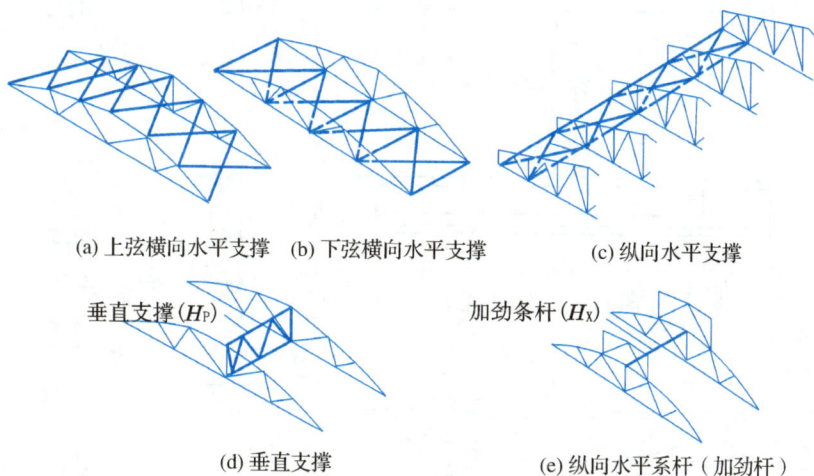

(a) 上弦横向水平支撑　(b) 下弦横向水平支撑　　(c) 纵向水平支撑

垂直支撑(H_P)　　　　　　　　加劲条杆(H_X)

(d) 垂直支撑　　　　　　　　　(e) 纵向水平系杆（加劲杆）

图 3 - 2 - 14　屋盖支撑

四、吊车梁、连系梁、圈梁

1. 吊车梁

吊车梁支承在排架柱的牛腿上，沿厂房纵向布置，是厂房的纵向连系构件之一，如图 3 - 2 - 15 所示。它直接承受吊车荷载（包括吊车自重、吊车起重量以及吊车启动和刹车时产生的纵、横向水平冲力）并传递给柱子，同时对保证厂房的纵向刚度和稳定性起着重要作用，要求吊车梁满足强度、刚度、抗裂度、疲劳强度等要求。

连系梁

吊车梁

图 3 - 2 - 15　吊车梁与连系梁

（1）吊车梁的截面形式

吊车梁的类型很多,按截面形式分,有等截面的 T 形、I 字形吊车梁及变截面鱼腹吊车梁等,如图 3-2-16 所示。

吊车梁类型

(a) T形等截面吊车梁

(b) I字形等截面吊车梁

(c) 鱼腹式变截面吊车梁

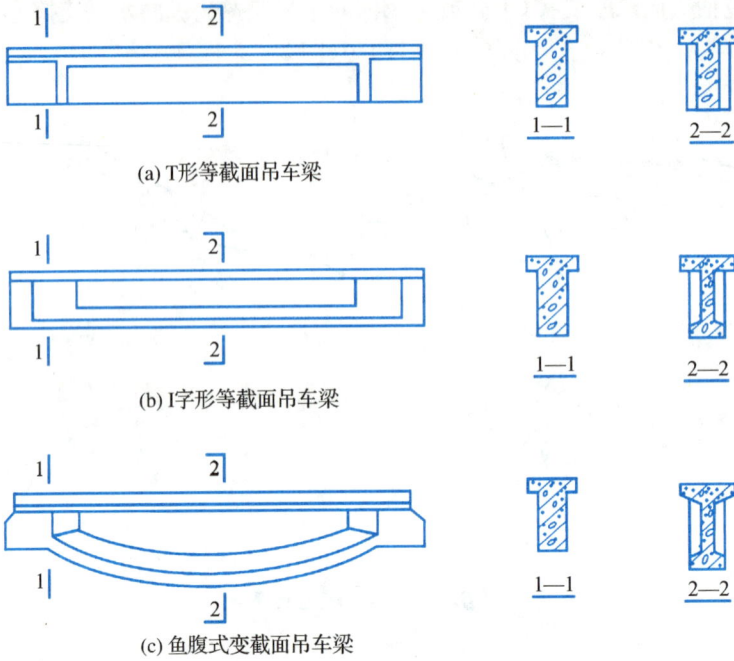

图3-2-16　吊车梁的类型

（2）吊车梁与柱的连接

为了便于吊车梁与柱、轨道连接及安装管线,在吊车梁上需设置预埋件及预留孔。

吊车梁与柱的连接多采用焊接的方法。吊车梁底部安装前应焊接上一块垫板与柱牛腿顶面预埋钢板焊接牢固,吊车梁上翼缘与柱间用钢板或角钢焊接,吊车梁的对接接头空隙以及吊车梁与柱之间的缝隙用 C20 混凝土填实,如图 3-2-17 所示。

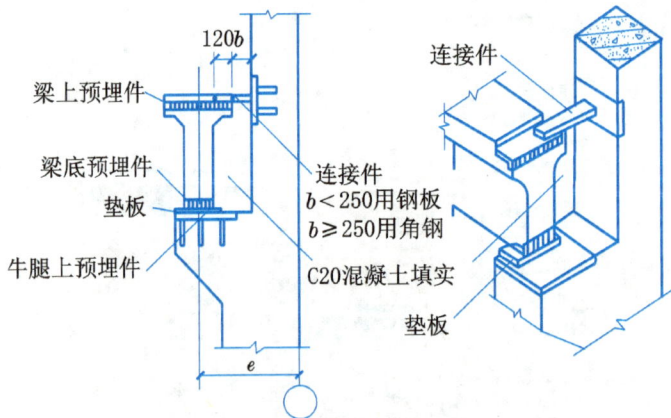

梁上预埋件

梁底预埋件

垫板

牛腿上预埋件

连接件
$b<250$用钢板
$b\geqslant250$用角钢

C20混凝土填实

连接件

垫板

图3-2-17　吊车梁与柱的连接

（3）吊车轨道在吊车梁上的固定

吊车轨道有轻型和重型两种，重型的可使用铁路钢轨。吊车梁的翼缘上留有安装孔，安装轨道前应先铺设 C20 细石混凝土垫层并精确找平，然后铺设钢垫板或压板，用螺栓固定，如图 3-2-18 所示。

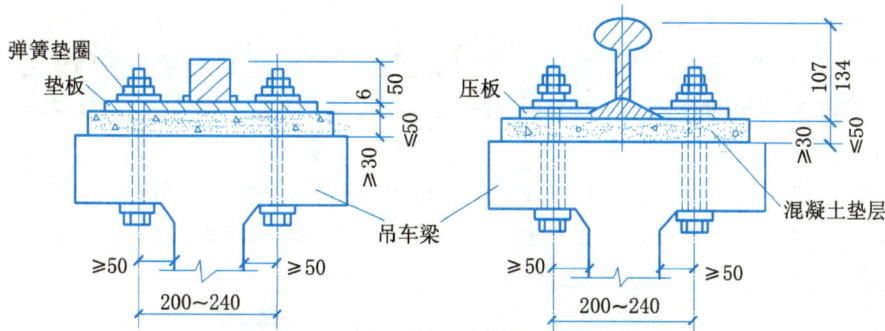

图 3-2-18　吊车轨道与吊车梁的连接

（4）车挡在吊车梁上的固定

为防止吊车在行驶中刹车失灵与山墙冲撞，应在吊车梁的尽端设置车挡，车挡又称止冲器，其大小与吊车的重量有关。车挡用钢板制成，用螺栓固定到吊车梁的上翼缘，上面固定缓冲橡胶，如图 3-2-19 所示。

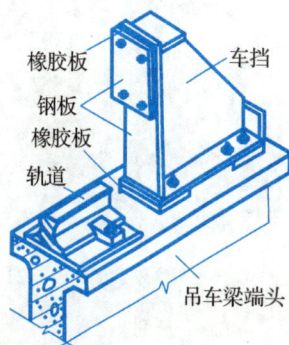

图 3-2-19　车挡

2. 连系梁

连系梁是厂房纵向柱列的水平联系构件，一般设置在柱子牛腿附近或柱子顶部，主要用来增强厂房的纵向刚度，并传递风荷载至纵向柱列。连系梁除承受自身重力荷载及上部的隔墙荷载作用外，不再承受其他荷载作用。

连系梁有承重和非承重之分。

（1）承重连系梁

当墙体高度超过一定限度且不能承受其自重时，可在墙体上设置连系梁，以承受其上部墙体的重量，并将该部分墙重通过连系梁传给柱子，这种连系梁称为承重连系梁，也称为墙梁。承重连系梁一般为预制，与柱子的连接采用螺栓连接或焊接连接，如图 3-2-20 所示。

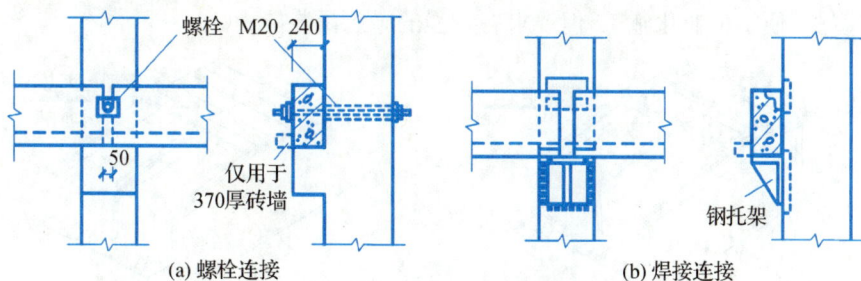

（a）螺栓连接　　　　　　　（b）焊接连接

图 3-2-20　连系梁与柱的连接

(2)非承重连系梁

非承重连系梁的主要作用在于减少砖墙的计算高度,以满足其允许高厚比,同时承受墙上的水平荷载。非承重连系梁一般采用现浇,它与柱之间用钢筋拉接,只传递水平力而不传递竖向力,它将上部墙体的重量传给下部墙体,由墙下基础梁承受。

3. 圈梁

圈梁是沿厂房外纵墙、山墙并在墙内设置的连续封闭梁。它的作用是将墙体与厂房排架柱、抗风柱等箍在一起,加强厂房的整体刚度、墙身刚度和稳定性。圈梁仅起拉结作用而不承受墙砌体的荷载。

圈梁的位置通常在柱顶设一道,吊车梁附近增设一道,如果厂房高度过高可考虑增设多道圈梁,并尽量兼做窗过梁,如图 3-2-21 所示。圈梁截面一般为矩形或 L 形,圈梁应与柱子伸出的预埋筋进行连接,如图 3-2-22 所示。

图 3-2-21 圈梁

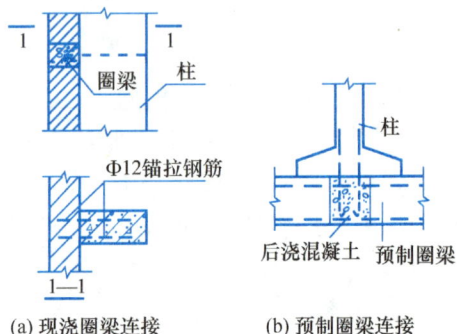

(a) 现浇圈梁连接   (b) 预制圈梁连接

图 3-2-22 圈梁与柱的连接

五、屋盖与天窗

1. 屋盖

单层厂房屋盖的结构形式可分为有檩体系和无檩体系两类,如图 3-2-23 所示。

有檩体系是将檩条搁置在屋架或屋面大梁上,然后在檩条上铺小型屋面板(或瓦材)。有檩体系屋盖的整体性和刚度较无檩体系差,适用于吊车吨位小的中、小型工业厂房。

无檩体系是在屋架(或屋面大梁)上弦直接铺设大型屋面板。其特点是整体性好,刚度大,构件大,类型少,便于工业化施工,但要求有较强的施工吊装能力。

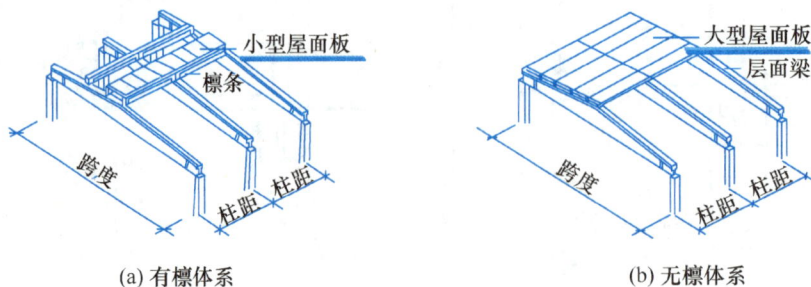

(a) 有檩体系   (b) 无檩体系

图 3-2-23 屋盖结构形式

　　单层厂房的屋盖由承重构件和覆盖构件组成。其承重构件包括屋面大梁和屋架；覆盖构件主要包括屋面板、檩条、天沟板等。

(1) 屋盖承重构件

　　屋盖承重构件主要包括屋面大梁和屋架两种。屋盖承重构件直接承受屋面荷载和安装在屋架上的悬挂吊车、管道、其他工艺设备以及天窗架等荷载。

屋盖承重构件

① 屋面大梁

　　屋面大梁有单坡与双坡之分(图 3-2-24)，单坡仅用于边跨，用于单坡屋面的跨度有 6 m、9 m 和 12 m 等，用于双坡屋面的跨度有 12 m、15 m 和 18 m 等。截面有 T 型和工字形两种，因腹板较薄，故称为薄腹梁。屋面大梁形状简单，制作和安装比较方便，重心低，稳定性好，但自重较大，主要用于跨度较小的厂房。

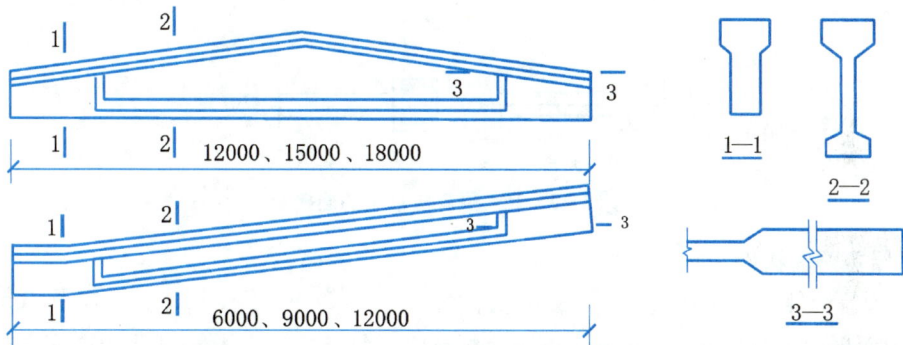

图 3-2-24　钢筋混凝土屋面大梁(双坡梁、单坡梁)

② 屋架

　　屋架按钢筋受力情况可分为预应力和非预应力两种；按制作材料分，有混凝土屋架和钢屋架、木屋架、钢木屋架；屋架按其形式可分为三角形、拱形、梯形、折线形等(图 3-2-25)。

　　其中钢筋混凝土屋架在单层工业厂房中采用较多。

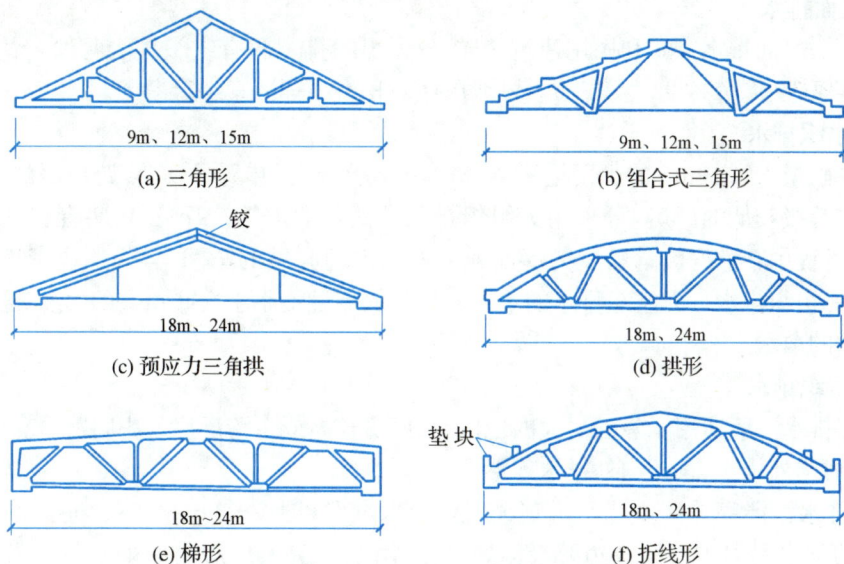

图 3-2-25　钢筋混凝土屋架形式

屋架与柱子的连接有焊接和螺栓连接两种。焊接是在屋架或屋面梁端部支承部位的预埋件底部焊上一块垫板，待屋架就位校正后，与柱顶预埋钢板焊接牢固（图 3-2-26a）。螺栓连接是在柱顶伸出预埋螺栓，在屋架（或屋面梁）端部支承部位焊上带有缺口的支承钢板，就位校正后，用螺栓拧紧（图 3-2-26b）。

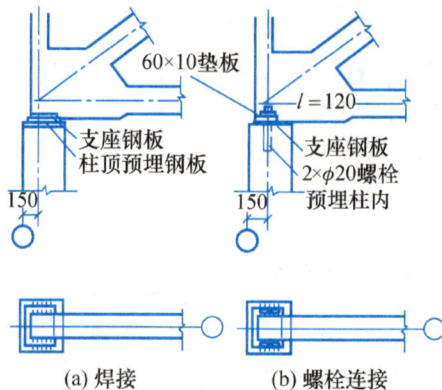

图 3-2-26　屋架与柱子的连接

（2）屋盖覆盖构件

屋盖覆盖构件主要包括屋面板、檩条、天沟板等。

① **屋面板**。分为小型屋面板和大型屋面板两种。小型屋面板用于有檩屋盖结构，支承在檩条上；大型屋面板用于无檩屋盖结构，它直接固定在屋架或屋面大梁上。

② **檩条**。有钢檩条和钢筋混凝土檩条两种，其中钢筋混凝土檩条的截面形状有倒 L 型和 T 型。檩条的主要作用是支承槽瓦等小型屋面板，并将屋面荷载传给屋架或屋面大梁。

③ **天沟板**。钢筋混凝土天沟板有预应力和非预应力两种。天沟板的截面形状为槽形，两边肋高低不同，低肋依附在屋面板边，高肋在外侧。

（3）屋面排水

单层厂房屋面排水方式和民用建筑一样，分无组织排水和有组织排水两种。其排水方式应根据气候条件、厂房高度、生产工艺特点、屋面面积大小等因素综合考虑。

1）无组织排水

在年降雨量＜900 mm 的少雨地区、檐口高度＜10 m 的单跨厂房、多跨厂房的边跨、屋面坡度较小和等级较低的厂房，可采用无组织排水方式（图 3-2-27）。一些有特殊要求的厂房，在生产过程中会散发大量粉尘的屋面或散发腐蚀性介质的车间，容易造成管道堵塞而渗漏，宜采用无组织排水。无组织排水的单层厂房一般需设不小于 500 mm 的出檐，还应设置宽度大于出檐的散水。

2）有组织排水

有组织排水一般适用于降雨量大的地区，或厂房较高或多跨厂房的中间跨。有内排水、内落外排水、檐沟外排水、长天沟外排水等形式。

① **内排水**。严寒地区多跨厂房宜选用内排水方案（图 3-2-28）。中间天沟内排水将屋面汇集的雨水引向中间跨及边跨天沟处，再经雨水斗引入厂房内的雨水竖管及地下雨水管网。内排水优点是不受厂房高度限制，屋面排水较灵活，适用于多跨厂房，严寒地区采用

内排水可防止雨水管的冻胀破坏。缺点是室内需设雨水管,有时会妨碍工艺设备的布置,构造复杂。

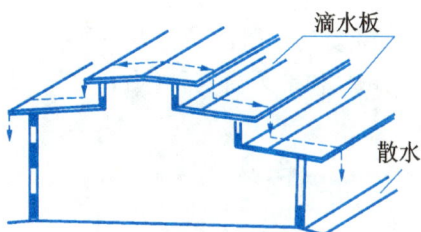

图 3-2-27　无组织排水

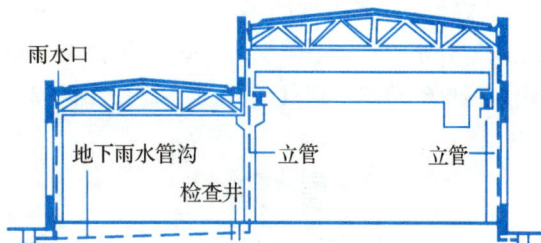

图 3-2-28　内排水

② 内落外排水。当厂房跨度不大或地下管线铺设复杂时,可用悬吊式水平雨水管将中间天沟的雨水引至两边跨的雨水管中,构成所谓内落外排水(图 3-2-29)。内落外排水优点是可以简化室内排水设施,生产工艺的布置不受地下排水管道的影响,但水平雨水管易被灰尘堵塞,有大量粉尘积于屋面的厂房不宜采用。

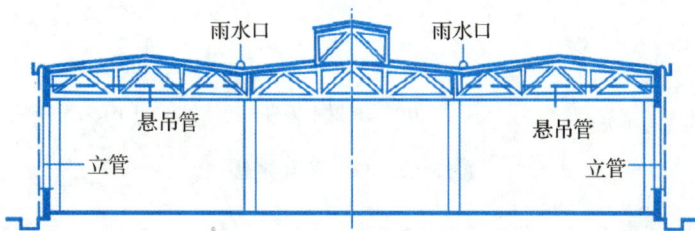

图 3-2-29　内落外排水

③ 檐沟外排水。屋面雨水汇集到悬挑在墙外的檐沟内,再从雨水管排下。当厂房为高低跨时,可先将高跨的雨水排至低跨屋面,然后从低跨挑檐沟引入地面,如图 3-2-30 所示。采用该方案时,水流路线的水平距离不应超过 20 m,以免造成屋面渗水。

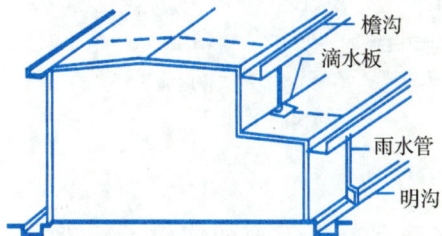

图 3-2-30　檐沟外排水

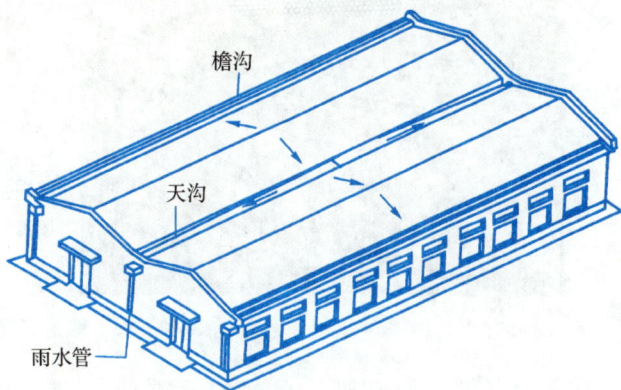

图 3-2-31　长天沟外排水

④ 长天沟外排水。在多跨厂房中,为了解决中间跨的排水,可沿纵向天沟向厂房两端山墙外部排水,形成长天沟外排水(图 3-2-31)。长天沟板端部做溢流口,以防止在暴雨时因

竖管来不及泄水而使天沟浸水。该排水形式避免了在室内设雨水管,构造简单,排水简捷。

2. 天窗

在大跨度和多跨度的单层工业厂房中,由于面积大,仅靠侧窗不能满足自然采光和自然通风的要求,常在厂房屋面上设置各种类型的天窗。天窗按其在屋面的位置不同分为上凸式天窗(图 3-2-32a、b、c)、下沉式天窗(图 3-2-32d、e、f)和平天窗三种(图 3-2-32g、h、i)。

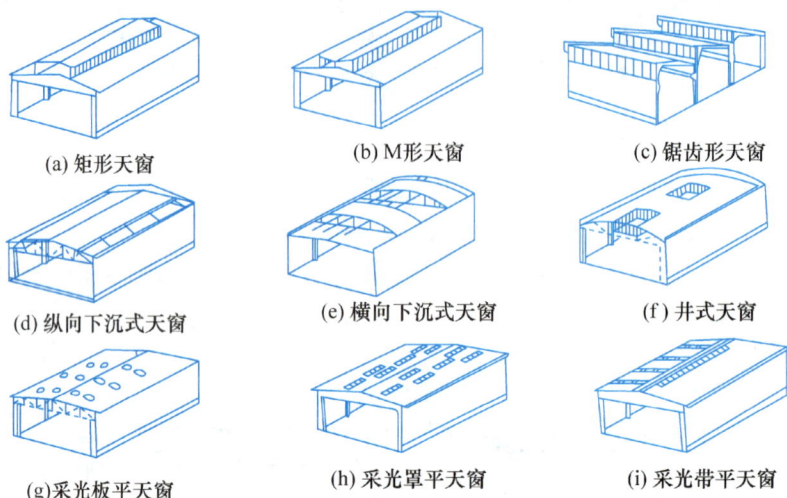

(a) 矩形天窗　　　　　(b) M形天窗　　　　　(c) 锯齿形天窗

(d) 纵向下沉式天窗　　(e) 横向下沉式天窗　　(f) 井式天窗

(g)采光板平天窗　　　(h) 采光罩平天窗　　　(i) 采光带平天窗

图 3-2-32　天窗类型

(1) 矩形天窗

矩形天窗主要由天窗架、天窗扇、天窗屋面板、天窗侧板及天窗端壁等组成,如图 3-2-33 所示。矩形天窗沿厂房纵向布置,在厂房靠山墙两端和横向变形缝两侧的第一柱间通常不设天窗。在每段天窗的端壁应设置天窗屋面的消防检修梯。

矩形天窗

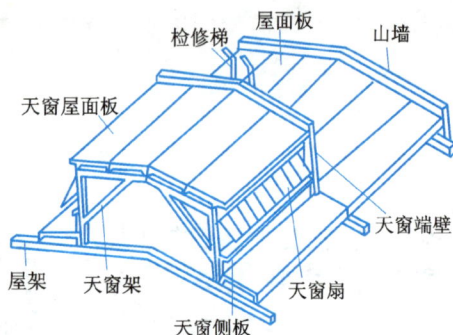

图 3-2-33　矩形天窗构造

① 天窗架。天窗架是天窗的承重构件,常用钢筋混凝土天窗架或钢天窗架(图 3-2-34),支承在屋架或屋面大梁上,跨度有 6 m、9 m、12 m 三种。钢筋混凝土天窗架的支脚与屋架采用焊接,钢天窗架常采用桁架式,其支脚与屋架节点的连接一般也采用焊接,适用于较大跨度。

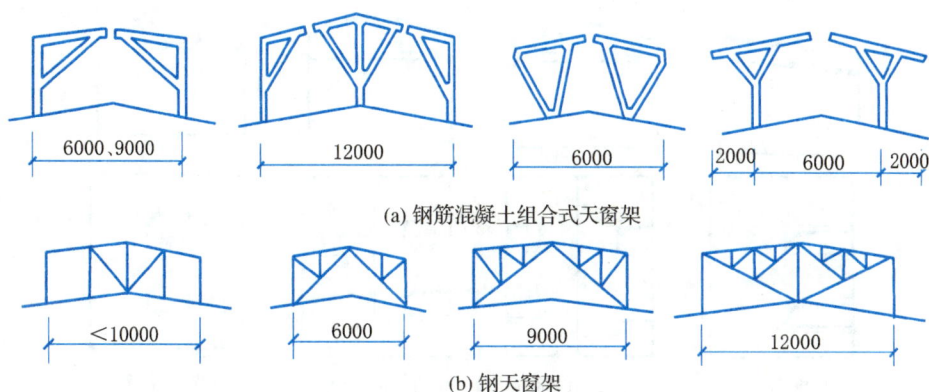

(a) 钢筋混凝土组合式天窗架

(b) 钢天窗架

图 3 - 2 - 34　天窗架形式

② **天窗扇**。天窗扇的作用是采光、通风和挡雨。天窗扇多为钢材制成,按开启方式分为上悬式和中悬式,可按一个柱距独立开启分段设置,也可按几个柱距同时开启通长设置。由于天窗位置较高,需要经常开关的天窗应设置开关器。

③ **天窗屋面板**。一般情况下,天窗屋面板与厂房屋面板采用相同的材料,天窗屋面的构造与厂房屋面构造相同。由于天窗宽度和高度一般均较小,故多采用无组织排水,并在天窗檐口下部的屋面上铺设滴水板。雨量多或天窗高度和宽度较大时,宜采用有组织排水。

④ **天窗侧板**。为防止雨水溅入车间和防止积雪遮挡天窗扇,在天窗扇下部设置天窗侧板,其高度一般不小于 300 mm,经常有大风及多雪地区宜适当增高至 400~600 mm。天窗侧板一般做成与屋面板长度相同的钢筋混凝土槽形板,安装时将它与天窗架上的预埋件焊牢。

⑤ **天窗端壁**。天窗两侧的山墙称为天窗端壁。其作用是支承天窗屋面板,围护天窗端部。端壁板及天窗架与屋架上弦的连接均通过预埋件焊接,要求保温的车间侧板两肋之间应填入保温材料,外面再做泛水与厂房屋面连接。

(2) **下沉式天窗**

下沉式天窗是在拟设天窗的部位把屋面板下移,铺在屋架的下弦上,利用屋架上、下弦之间的空间做成采光口或通风口,与矩形天窗相比可省去天窗架及其附件,从而降低了厂房的高度,减轻了天窗自重。根据下沉部位的不同可分为横向下沉式、纵向下沉式、井式天窗等三种形式。

以井式天窗为例介绍下沉式天窗的构造。

① **井式天窗布置方式**

井式天窗的布置方式有单侧布置、两侧对称布置、两侧错开布置和跨中布置(图 3 - 2 - 35),前三种为边井式,后一种为中井式。单侧或两侧布置时通风效果好,多用于热加工车间。跨中布置能充分利用屋架中部较高的空间,采光较好,但排水、清灰较复杂。

② **井式天窗构造**

井式天窗主要由屋架、檩条、井底板、井口板、挡风侧墙、挡雨设施和排水装置等组成,如图 3 - 2 - 36 所示。

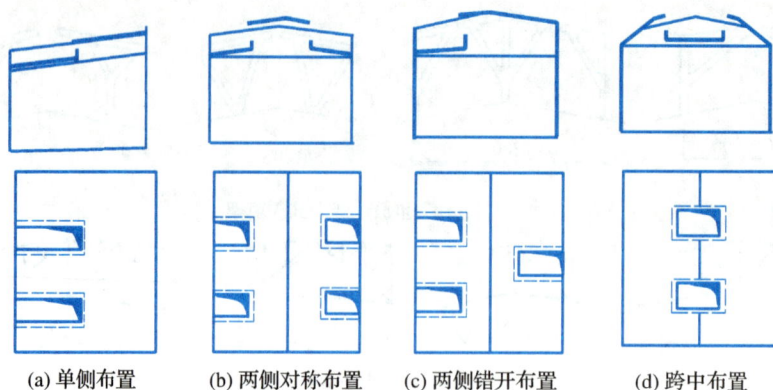

(a) 单侧布置　　(b) 两侧对称布置　　(c) 两侧错开布置　　(d) 跨中布置

图 3-2-35　井式天窗布置方式

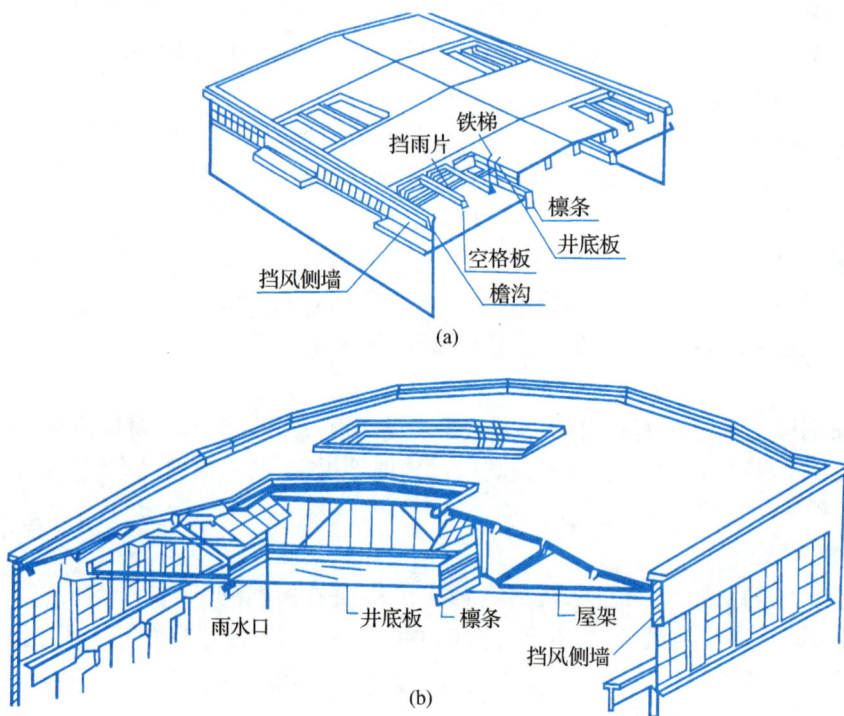

(a)

(b)

图 3-2-36　井式天窗构造

(3) 平天窗

平天窗是根据采光需要设置带空洞的屋面板,在空洞上安装透光材料所形成的天窗。它具有采光效率高(比矩形天窗高 2~3 倍)、不设天窗架、构造简单、屋面荷载小、布置灵活等优点,但易造成太阳直接热辐射和眩光,防雨、防冰雹较差,易产生冷凝水和积灰,适用于一般冷加工车间。

主要有以下三种类型:采光板、采光罩、采光带,如图 3-2-37 所示。

平天窗类型

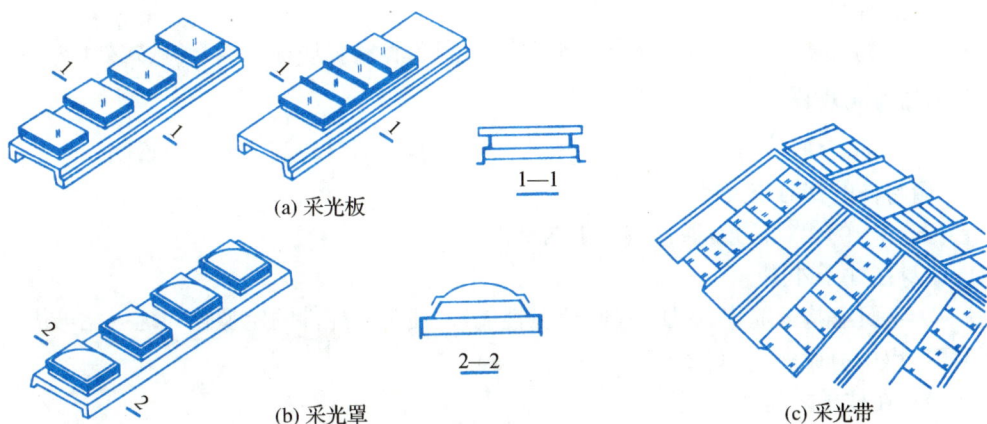

(a) 采光板

1—1

(b) 采光罩

2—2

(c) 采光带

图 3 - 2 - 37　平天窗的形式

① 采光板。采光板是在屋面板上留孔,然后装上平板式透光材料(图 3 - 2 - 37a)。固定的采光板只作采光用;可开启的采光板以采光为主,兼作少量通风。

② 采光罩。采光罩是在屋面板上留孔,然后装上弧形或锥形透光材料构成采光罩(图 3 - 2 - 37b),有固定和开启两种。

③ 采光带。采光带指将部分屋面板的位置空出来,铺上平板式透光材料做成较长的(6 m 以上)横向或纵向采光带(图 3 - 2 - 37c)。

3.2.2　单层厂房其他构造

一、外墙

单层工业厂房的外墙按承重方式可分为承重墙、承自重墙和框架墙等(图 3 - 2 - 38)。承自重墙和框架墙是单层厂房的主要形式。

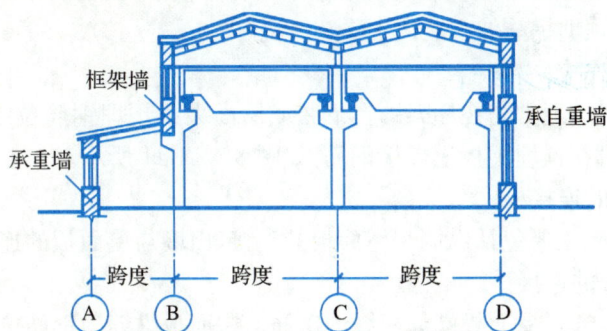

图 3 - 2 - 38　单层厂房外墙类型

当厂房跨度小于 15 m、吊车吨位不超过 5 t 时,一般可以采用承重墙,直接承受屋盖与起重运输设备等荷载。

为避免由墙柱的不均匀沉降引起的墙体开裂与外倾,墙体一般不做基础,而由柱基础上的钢筋混凝土基础梁支承墙体重量,这种墙称为承自重墙。

高大厂房的上部墙体及厂房高低跨交接处的墙体,采用架空支承在排架柱上的墙梁(连系梁)来承担,这种墙称框架墙。

单层厂房的外墙按材料分有砖墙、砌块墙、大型板材墙、轻质板材墙、开敞式外墙等。

1. 砖墙与砌块墙

单层厂房的砌块墙与砖墙在构造处理上基本相同,下面以砖墙为例进行说明。

(1) 墙与柱的相对位置

墙身与柱子的相对位置,通常有以下两种方案。

① 墙身在柱子外侧

这种方案具有构造简单、施工方便、热工性能好、便于构配件的定型化和统一化等优点,在一般单层厂房中应用广泛(图3-2-39a)。

② 墙身在柱子之间

这种方案根据柱子在墙体中的不同位置有三种形式(图3-2-39b、c、d),但它们共同的特点是可增加柱列间的刚度;但砌筑时砍砖多,施工不便;基础梁和连系梁的长度受到柱子宽度的影响,不便于标准化和定型化;易产生冷桥效应,热损失大。

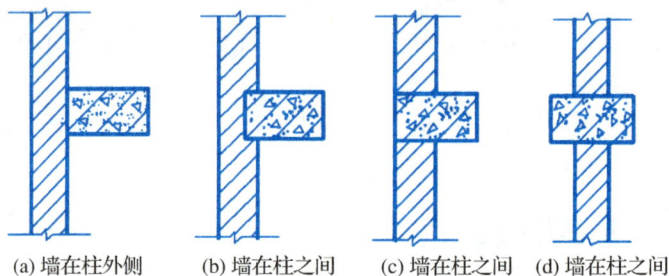

(a) 墙在柱外侧　　(b) 墙在柱之间　　(c) 墙在柱之间　　(d) 墙在柱之间

图3-2-39　墙柱的相对位置

(2) 墙与柱的连接

单层厂房外墙的高度和长度都比较大,为了使砖墙与排架柱保持一定的整体性及稳定性,墙体与柱子之间应有可靠的连接。通常的做法是沿柱子高度方向每隔500~600 mm预埋两根$\phi 6$的钢筋,砌墙时预埋钢筋伸入墙内水平灰缝内(图3-2-40)。

(3) 墙与屋架的连接

砖墙与屋架的连接,通常是在屋架的上下弦或屋面大梁预埋钢筋拉结砖墙。在屋架的腹杆不便预埋钢筋时,可在预埋钢板上焊接钢筋,如图3-2-41所示。

(4) 墙与屋面板的连接

墙与屋面板的连接主要包括纵墙与屋面板的连接、山墙与屋面板的连接。

① 纵墙与屋面板的连接

纵墙内设置钢筋,通过屋面板端部横缝内钢筋与屋面板纵缝内钢筋拉结,形成工字形的连接,然后板缝用C20细石混凝土灌牢,如图3-2-42(a)所示。

② 山墙与屋面板的连接

除了将端柱、抗风柱预埋钢筋与山墙拉结外,还需要将屋面板纵缝内的钢筋与山墙钢筋拉结,如图3-2-42(b)所示。

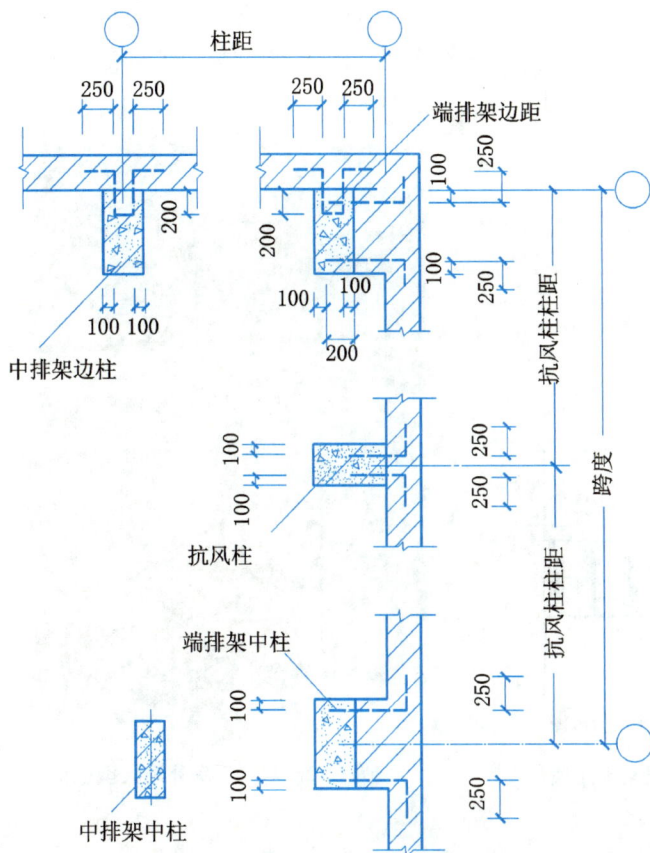

图 3 - 2 - 40　墙与柱的连接构造

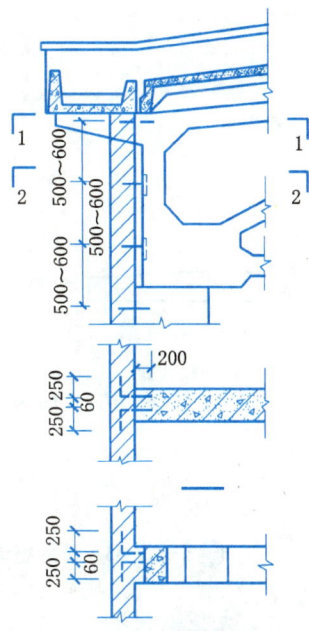

图 3 - 2 - 41　墙与屋架的连接

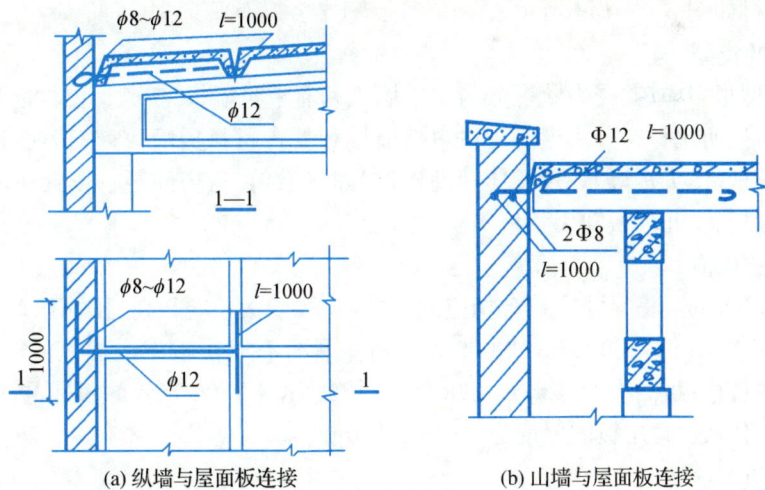

(a) 纵墙与屋面板连接　　　　　　　(b) 山墙与屋面板连接

图 3 - 2 - 42　墙与屋面板的连接

(5) 墙顶构造

受设备振动影响较大或地震设防等级较高地区的厂房,墙顶采用女儿墙时,女儿墙的高度应不超过 500 mm,其厚度不小于 240 mm,并应设置整体现浇或装配整体式钢筋混凝土压顶板加固(图 3-2-43),以起到拉结墙顶的作用。

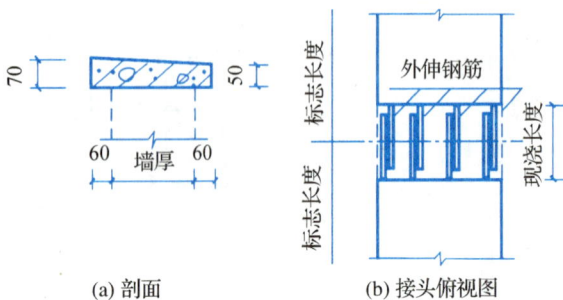

图 3-2-43　装配整体式钢筋混凝土压顶

图 3-2-44　厂房外墙大型板材

2. 大型板材墙

大型板材墙有利于墙体的改革,促进建筑工业化,提高厂房的抗震性能,可成倍地提高工程效率,加快建设速度。但也存在钢材和水泥用量大、造价高、接缝质量不易保证等缺点。厂房外墙大型板材如图 3-2-44 所示。

(1) 墙板的类型

墙板的类型很多,按其受力状况分为承重墙板和非承重墙板;按其保温性能分为保温墙板和非保温墙板;按所用材料分为混凝土材料类墙板和复合材料类墙板;按其规格分为基本板、异形板(如加长板、出尖板等)以及墙体辅助构件(如嵌梁、转角构件等);按其在墙面的位置分为檐下板、一般板、女儿墙板和山尖板等。

(2) 墙板的规格

单层厂房墙板的规格尺寸应符合相应的模数,一般墙板长度和高度采用 3M 的倍数,板长有 4500 mm,6000 mm,7500 mm,12 000 mm 等数种。有时由于生产工艺的需要,也允许采用 9000 mm 的规格;板高有 900 mm,1200 mm,1500 mm,1800 mm 等四种;板的厚度应符合 M/5(20 mm)的倍数,常用板的厚度为 160~240 mm。

(3) 墙板的布置

墙板排列布置的原则为应尽量减少所用墙板的规格类型。墙板可从基础顶面开始向上排列至檐口,最上一块为异形板;也可从檐口向下排,多余尺寸埋入地下;还可以柱顶为起点,由此向上和向下排列。

大型墙板的布置方式有横向布置、竖向布置以及混合布置,如图 3-2-45 所示。

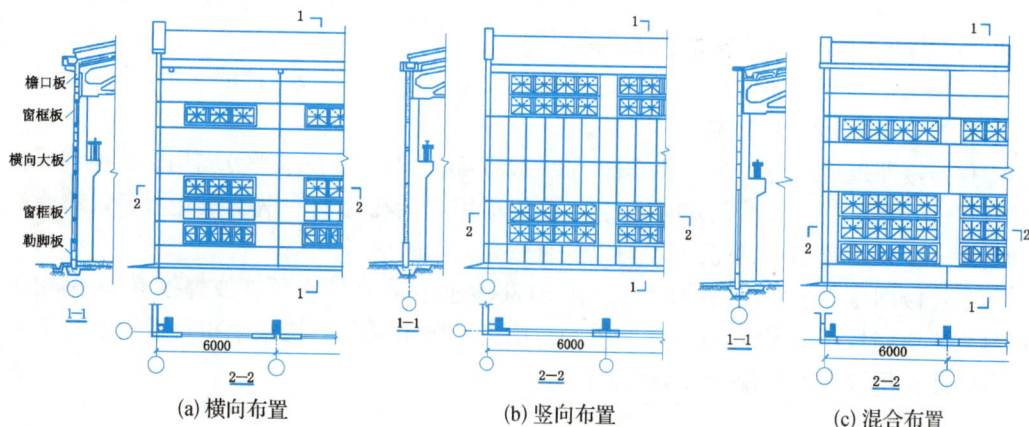

(a) 横向布置　　　　　　(b) 竖向布置　　　　　　(c) 混合布置

图 3-2-45　墙板布置

① 横向布置

此种布置方式使墙板与柱直接连接,可省掉窗过梁和连系梁,增加厂房的纵向刚度,板型少,构造简单,连接可靠,是目前应用较多的一种墙板布置方式。

② 竖向布置

一般采用轻质墙板,板的上下两端固定在连系梁上。墙板布置比较自由,板长受到侧窗高度的限制,板型较多,构造复杂,竖向板缝处理不好时容易产生雨水渗漏。

③ 混合布置

混合布置即横向和竖向都布置,兼有二者的优点,立面布置形式变化多样,但板型多,构造复杂。

山墙位置的墙板布置方式与侧墙相同,山尖部位则随屋顶外形可布置成台阶形、人字形、折线形等,如图 3-2-46 所示。

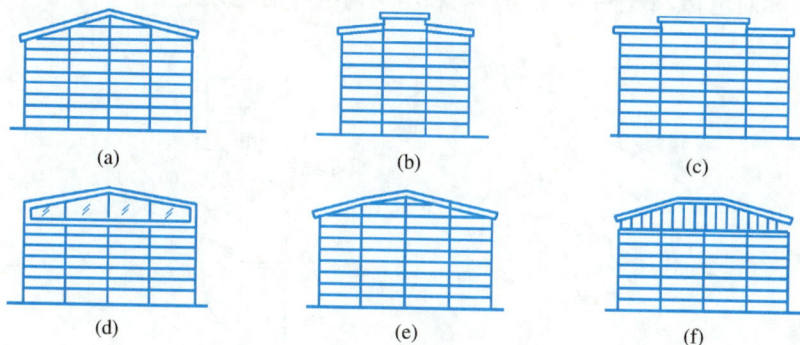

(a)　　　　　　　　(b)　　　　　　　　(c)

(d)　　　　　　　　(e)　　　　　　　　(f)

图 3-2-46　山墙墙板布置

（a）人字形;（b）、（c）台阶形;（d）山墙部分全部开窗;
（e）用异形板布置成折线形;（f）用竖向小板布置成折线形

（4）墙板的连接

1）板柱连接方法

板柱连接一般分柔性连接和刚性连接两种。

① 柔性连接。柔性连接是通过柱的预埋件和连接件进行墙板与柱的连接，较为常用的连接方法有螺栓连接和压条连接。

螺栓连接即螺栓挂钩柔性连接(图3-2-47a)，这种连接是在水平方向用螺栓挂钩等辅助构件将板、柱固定在一起，垂直方向每隔3～4块板用焊接在柱上的钢支托支承竖直的墙板荷载。适用于在地震区、地基下沉不均匀以及有较大振动的厂房。

压条连接即压条柔性连接(图3-2-47b)，这种连接是在柱上预埋或焊接螺栓，利用压条和螺母将两块墙板压紧固定在柱上，墙板的荷载由勒脚板或基础梁来承担。适用于对金属预埋件有锈蚀作用或握裹力较差的墙板。

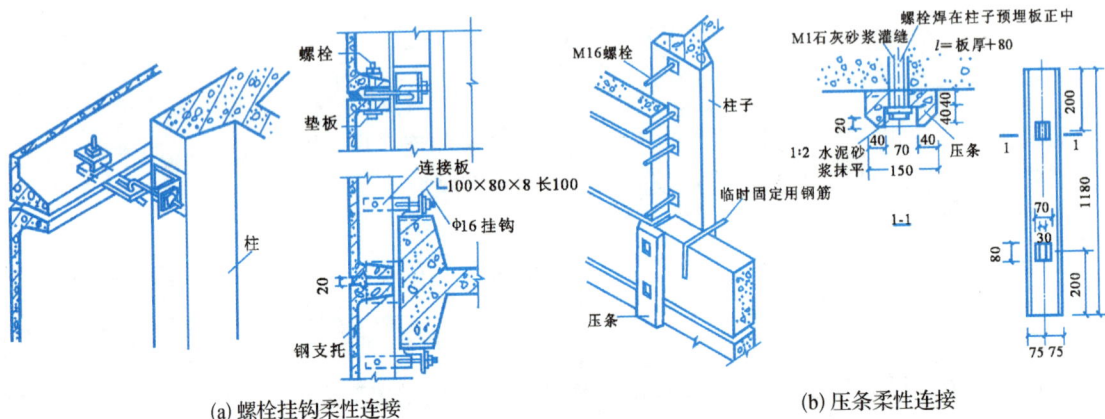

(a) 螺栓挂钩柔性连接　　　　　　　　(b) 压条柔性连接

图3-2-47　柔性连接

② 刚性连接。刚性连接指的是焊接连接(图3-2-48)。其做法是在柱子和墙板上分别设置预埋件，安装时用连接件将它们焊牢。优点是施工方便，增加厂房的纵向刚度；缺点是板柱之间不能有相对位移，不宜在有振动影响和不均匀沉降的地方使用。

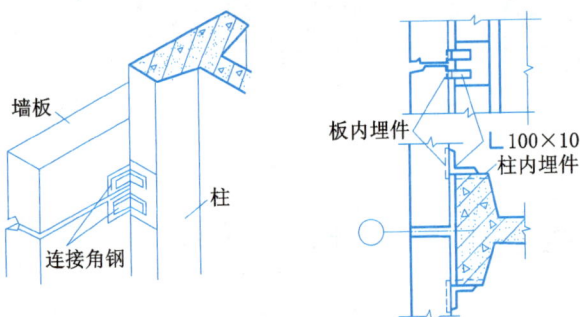

图3-2-48　刚性连接

2）墙板其他部位的连接

其他部位连接主要有勒脚、转角、檐口等处。

① 勒脚墙板。勒脚墙板与柱的连接和墙身主要部分墙板相同，两端搭放在基础垫块上，

勒脚板下的回填土要虚铺而不夯实,或者留出一定的空隙。

②　**转角墙板**。在厂房外纵墙与山墙交接处,一般不能完全封闭,应采用加长板与补充构件处理。转角处的山墙与厂房承重柱间的连接如图 3-2-49 所示。

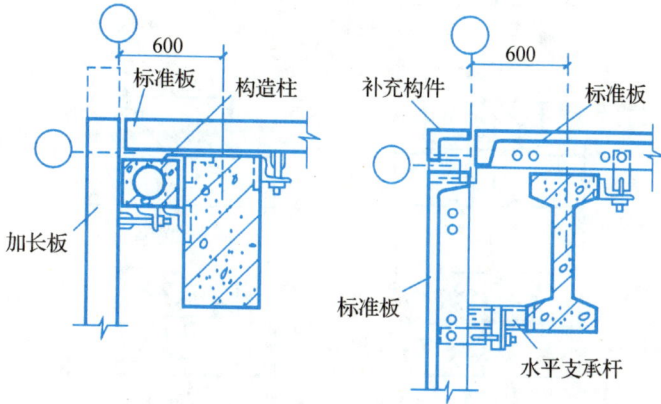

图 3-2-49　转角处墙板连接构造

③　**檐口墙板**。厂房外墙檐口部分,可根据需要采用自由落水、檐沟排水或女儿墙内落水等构造形式,应尽量做到檐高与基本板型一致,或采用异形板及补充构件填充。檐口处墙板构造如图 3-2-50 所示。

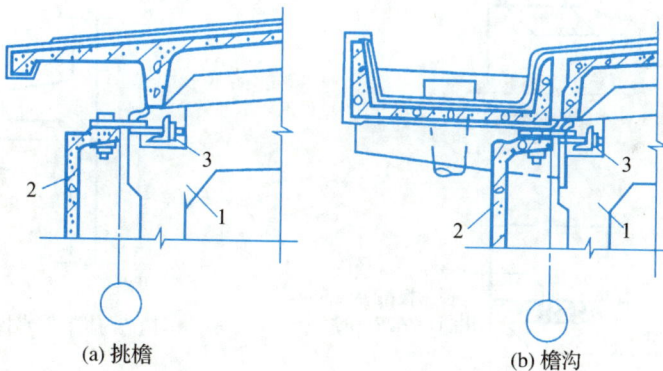

(a) 挑檐　　　　　　　　　(b) 檐沟

图 3-2-50　板材墙檐口构造

1—屋架;2—檐口墙板;3—预埋铁件

3)　**板缝构造**

①　**板缝的形式**。大型板材墙的板缝形式主要有水平缝和垂直缝两种,如图 3-2-51 所示。

水平缝包括平缝、滴水平缝及高低错口缝、外肋平缝等,水平缝的缝隙宽度一般不应小于 20 mm;垂直缝主要有平直缝、喇叭缝、双腔缝、单腔缝等。

②　**板缝处理方法**。板缝处理首先满足防水要求,并应满足防风、保温、隔热等要求。板缝处理方法主要有构造防水、材料防水、材料防水与构造防水相结合等三种方法,如图 3-2-52 所示。板缝处理方法应优先采用构造防水,防水要求较高的,可采用材料防水与构造防水相结合的方法。

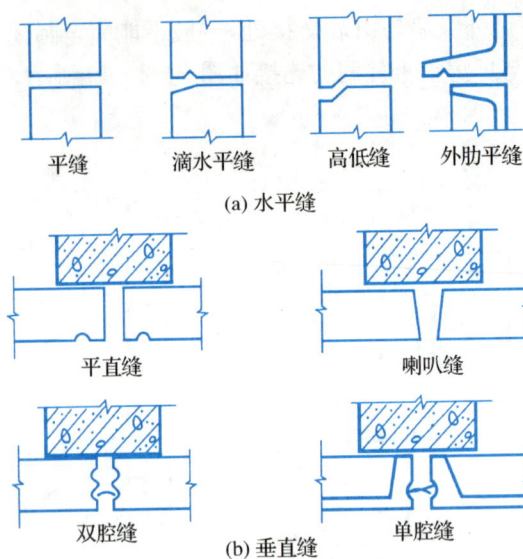

平缝　　　滴水平缝　　　高低缝　　　外肋平缝

(a) 水平缝

平直缝　　　　　　　　喇叭缝

双腔缝　　　(b) 垂直缝　　　单腔缝

图 3 - 2 - 51　板缝的形式

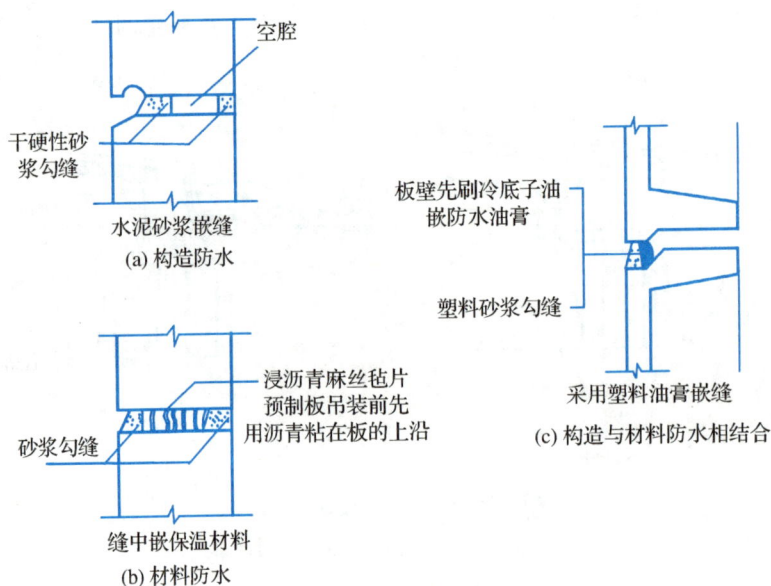

空腔

干硬性砂浆勾缝

水泥砂浆嵌缝

(a) 构造防水

板壁先刷冷底子油嵌防水油膏

塑料砂浆勾缝

采用塑料油膏嵌缝

(c) 构造与材料防水相结合

浸沥青麻丝毡片预制板吊装前先用沥青粘在板的上沿

砂浆勾缝

缝中嵌保温材料

(b) 材料防水

图 3 - 2 - 52　板缝防水处理

3. 轻质板材墙

国内外单层厂房外墙主要采用压型钢板、铝合金板、塑料墙板、石棉水泥波瓦、镀锌铁皮波瓦等轻质板材。

目前,国内单层厂房大量采用压型钢板墙板。压型钢板是将金属板制成波形断面,改善力学性能,增大板材刚度,具有轻质高强、施工方便、防火抗震等优点。使用彩色涂层压型钢板,有利于防腐和建筑艺术的表现,彩色涂层压型钢板如图 3 - 2 - 53 所示。

(a) 复合压型钢板　　　　　　　　(b) 单层压型钢板

图 3 - 2 - 53　彩色压型钢板(轻质板材)

　　压型钢板墙板是靠固定在柱上的水平墙梁来固定的。墙梁可采用型钢(槽钢或角钢)制作,墙梁与柱的固定方法有预埋钢板焊接和螺栓连接两种,如图 3 - 2 - 54 所示。压型钢板与墙梁的连接是在压型钢板上钻孔洞,然后用钩头螺栓固定在墙梁上,也可采用木螺丝或铆钉固定,如图 3 - 2 - 55 所示。外墙转角和有伸缩缝处的细部构造如图 3 - 2 - 56 所示。

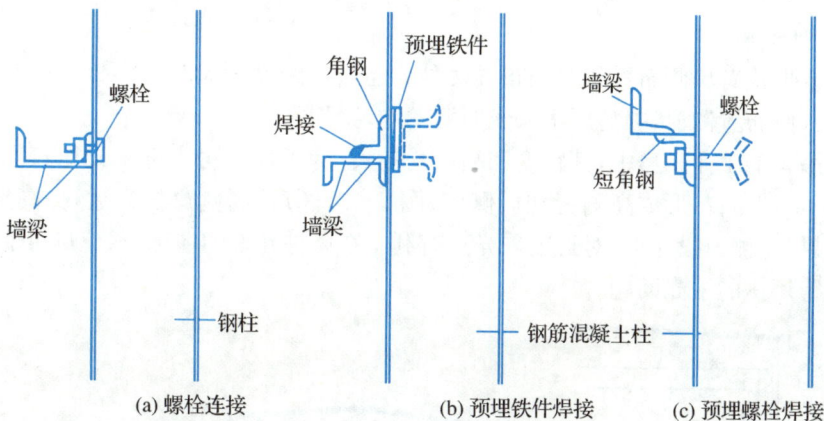

(a) 螺栓连接　　　　　　(b) 预埋铁件焊接　　　　　　(c) 预埋螺栓焊接

图 3 - 2 - 54　墙梁与柱的连接

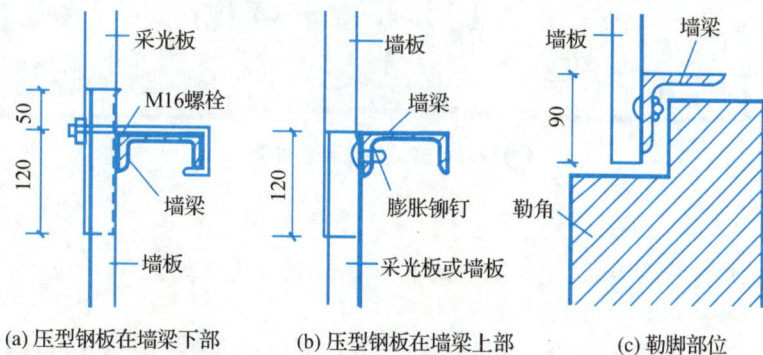

(a) 压型钢板在墙梁下部　　　(b) 压型钢板在墙梁上部　　　(c) 勒脚部位

图 3 - 2 - 55　压型钢板与墙梁的连接

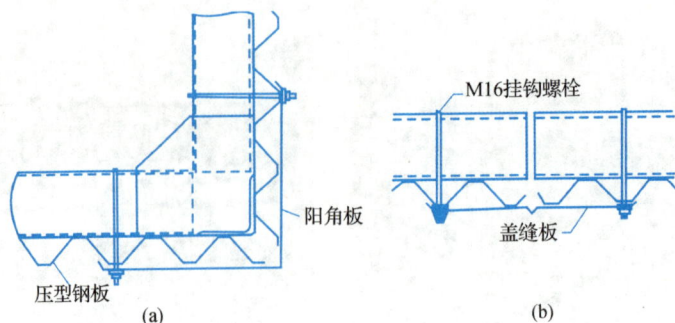

图 3-2-56 压型钢板墙板转角和伸缩缝处的连接

二、侧窗

在单层工业厂房中,侧窗不仅要满足采光和通风等一般要求,还要根据生产工艺的需要,满足其他一些特殊要求,如要求恒温恒湿的车间,侧窗应有足够的保温隔热性能;洁净车间要求侧窗防尘和密闭等。由于工业厂房侧窗面积较大,在进行构造设计时,应在坚固耐久、开关方便的前提下,节省材料,降低造价。

1. 侧窗的布置

侧窗布置形式有单侧布置和双侧布置两种。当厂房跨度不大时,可采用单侧布置。单跨厂房多采用双侧布置侧窗,提高厂房采光照明的均匀程度。

在设有吊车的工业厂房中,其跨度和高度均较大,为了使厂房内部采光比较均匀,通常将侧窗分上、下两端布置,形成高侧窗和低侧窗(图 3-2-57),高侧窗投光远,提高远离侧窗位置的采光效果;低侧窗投光近,对近窗采光点有利。在条件允许的情况下,应尽可能通过高、低侧窗解决多跨厂房的采光问题。

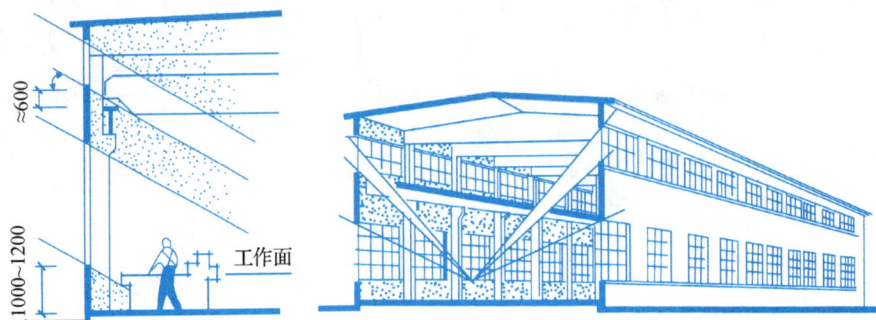

图 3-2-57 高低侧窗布置

2. 侧窗洞口尺寸

侧窗洞口的尺寸应符合《建筑模数协调统一标准》的规定,以利于窗的设计、加工制作标准化和定型化。

侧窗洞口宽度一般在 900～6000 mm 之间,其中洞口宽度在 2400 mm 以内,以 3 M 为扩大模数进级;洞口宽度在 2400 mm 以上,以 6 M 为扩大模数进级。

侧窗洞口高度一般在 900～4800 mm 之间,其中洞口高度在 1200～4800 mm 之间,以 6 M 为扩大模数进级。

3. 侧窗的组合方式

厂房侧窗洞口尺寸一般比较大，根据车间通风的需要，通常将平开窗、中悬窗、固定窗组合在一起成矩形窗或横向通长的带形窗（图3-2-58a），带形窗多用于装配式大型墙板厂房。为了方便开启与关闭，高低侧窗组合时，在同一横向高度内应采用相同的开启方式，以便于安装侧窗开关器，如图3-2-58(b)，(c)所示。

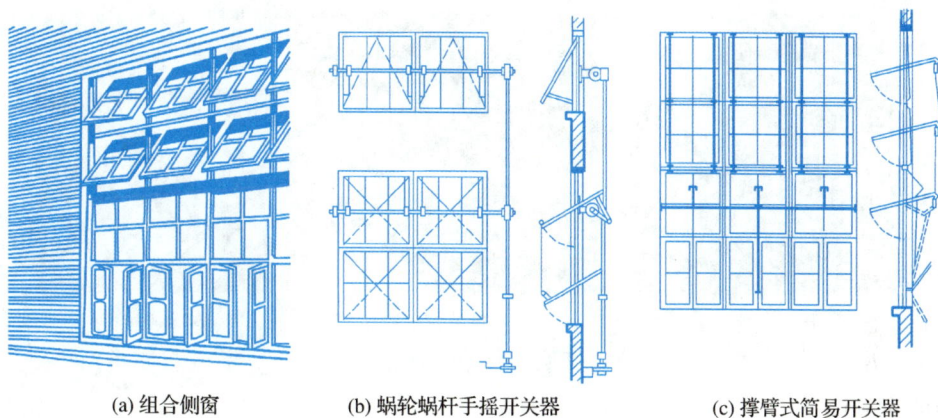

(a) 组合侧窗　　　　　(b) 蜗轮蜗杆手摇开关器　　　　　(c) 撑臂式简易开关器

图3-2-58　组合侧窗与开关器

三、地面与地沟

1. 地面

厂房地面的组成与民用建筑基本相同，一般由面层、垫层、地基组成。当面层材料为块状材料时，根据构造要求可增设其他构造层，如找平层、结合层、隔离层等。如有特殊要求时，还需增设防水层、防潮层、保温层和防腐蚀层等。

厂房地面根据使用要求可分为一般地面及特殊地面（如防腐、防爆、防静电等），选择时应考虑生产特征和使用要求等因素，按照《建筑地面设计规范》(GB 50037)的有关规定确定地面构造做法。

2. 地沟

在工业厂房中，地沟主要是用于铺设各种管道，如电缆、采暖、压缩空气、蒸汽等。地沟断面尺寸应根据生产工艺所需的管道数量、大小、类型等确定。地沟由底板、沟壁和盖板组成，常用的材料有砖和混凝土（图3-2-59）。混凝土壁厚一般为120～140 mm，砖砌沟壁厚度一般不小于240 mm，地沟应做防潮处理。

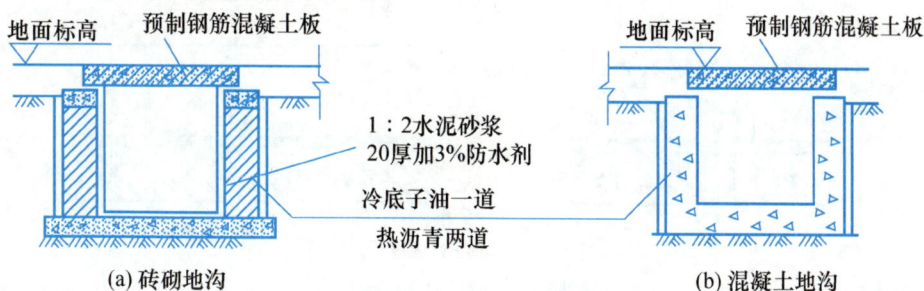

地面标高　　预制钢筋混凝土板　　　　　　　　地面标高　　预制钢筋混凝土板

1:2水泥砂浆
20厚加3%防水剂
冷底子油一道
热沥青两道

(a) 砖砌地沟　　　　　　　　　　　　　(b) 混凝土地沟

图3-2-59　地沟

四、其他设施

在厂房中由于使用的需要，常设置各种钢梯，主要有作业钢梯、吊车钢梯和屋面检修梯等，如图 3-2-60 所示。钢梯的宽度一般为 600～800 mm，梯级每步高为 300 mm，其形式有直梯和斜梯两种。

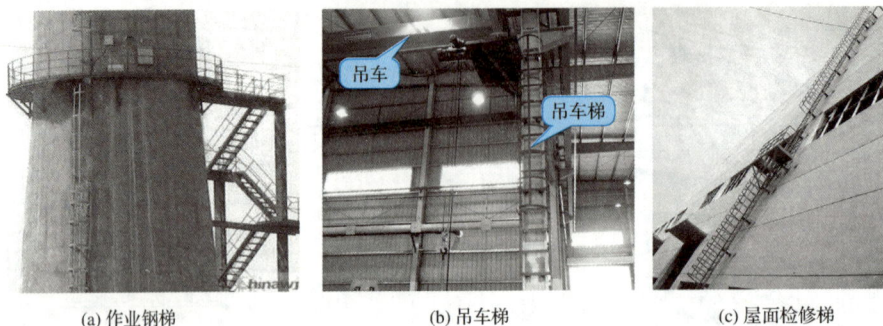

(a) 作业钢梯　　　　　(b) 吊车梯　　　　　(c) 屋面检修梯

图 3-2-60　钢梯

1. 作业钢梯

作业钢梯是供工人上下作业平台或跨越生产设备联动线的交通联系工具。为节约钢材和减少占地，其坡度一般较陡，有 45°、59°、73°、90° 等几种（图 3-2-61），前三种为斜梯，最后一种为直梯。

作业钢梯

(a) 90°钢梯　　　　　(b) 73°钢梯　　　　　(c) 45°及59°钢梯

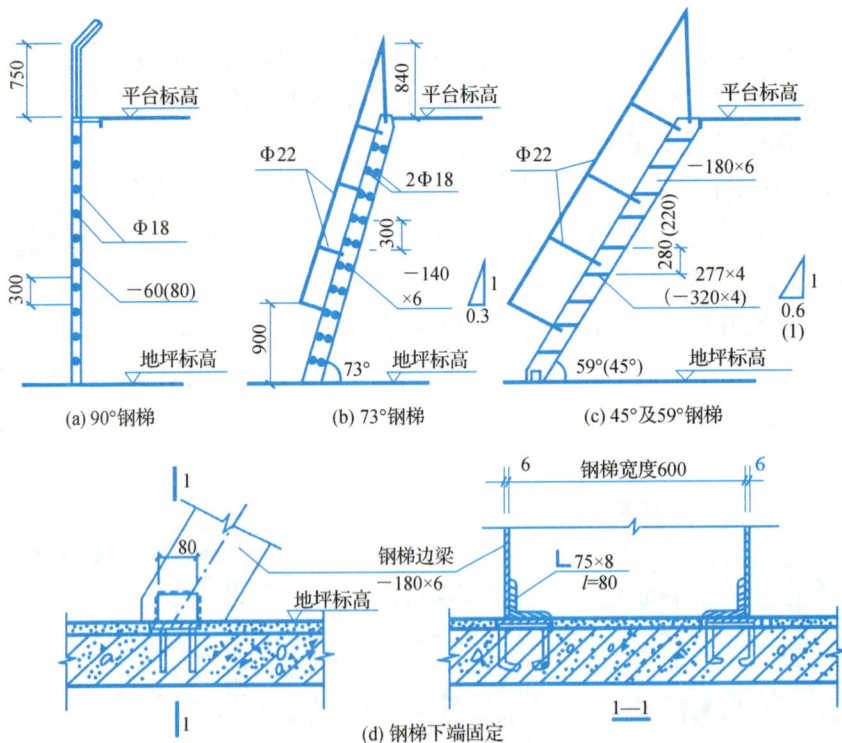

(d) 钢梯下端固定

图 3-2-61　作业钢梯

2. 吊车钢梯

吊车钢梯是为吊车司机上下交通而设的,其位置应设在便于上吊车操纵室的地方,同时应考虑不妨碍工艺布置和生产操作,一般多设在端部第二个柱距的柱边。在多跨厂房内,当相邻两跨均有吊车时,吊车梯可设在中柱上,以供两侧的吊车司机之用。一般每台吊车应设一个吊车梯。

吊车钢梯主要由梯段和平台两部分组成。梯段坡度一般为 63°,宽度为 600 mm。吊车平台支承在柱子上,钢梯的上端与平台用角钢连接,下端与地面用预埋螺栓连接(图 3 - 2 - 62)。

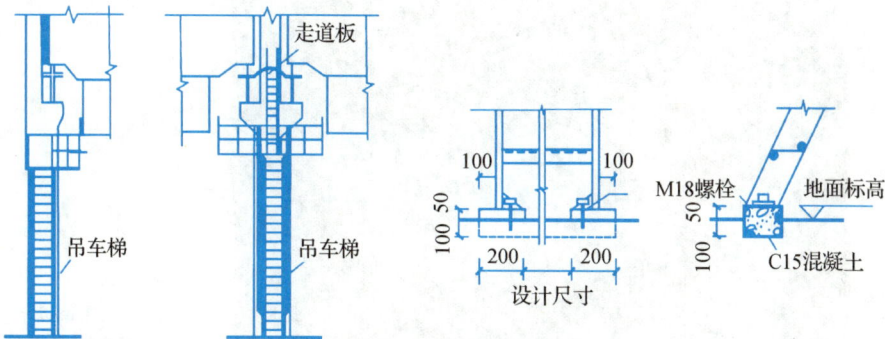

图 3 - 2 - 62　吊车钢梯及连接

3. 屋面检修梯

屋面检修梯是供人们到屋面进行检修、清灰、清除积雪及擦洗天窗之用,同时还兼做消防梯之用。屋面检修梯底端应高出室外地面 1000～1500 mm,以防儿童攀爬。梯与外墙表面距离通常不小于 250 mm,梯梁用焊接的角钢埋入墙内,然后用 C15 混凝土嵌固或做成带角钢的预制块在砌墙时砌入。屋面检修梯一般多采用直立式钢梯。当厂房很高时,可采用斜钢梯。

4. 走道板

走道板又称安全走道板,是为维修或检修吊车而设。走道板沿吊车梁顶面铺设,高温车间、吊车为重级工作制,或露天跨设吊车时,不论吊车台数、轨顶高度,均应在跨度的两侧设通长走道板。

在边柱位置,利用吊车梁与外墙的空隙设走道板,如图 3 - 2 - 63 所示。

在中柱位置,当中列柱上只有一列吊车梁时,设一条走道板,并在上柱内侧考虑通行宽度;当有两列吊车梁,且标高相同时,可设一条走道板并考虑两侧通行的宽度;当其标高相差很大或为双层吊车时,则仍根据需要设两层走道板。

露天跨的走道板常设在露天柱上,不设在靠车间外墙的一侧,以减小车间边柱外牛腿的出挑长度。

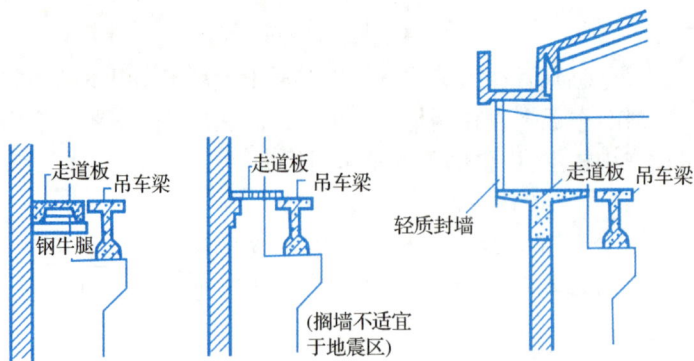

拓展阅读

大门

图 3 - 2 - 63　　边柱走道板

▶ 模块学习小结 ◀

　　1. 钢筋混凝土排架结构厂房的基础一般采用独立基础,分为现浇柱下独立基础和预制柱下独立基础(杯形基础)两种。

　　2. 排架结构单层厂房的承重柱,也称为排架柱或列柱。单层厂房钢筋混凝土柱可分为单肢柱、双肢柱两大类。单肢柱的截面形式有矩形柱、工字形柱及空心管柱等;双肢柱的截面形式有平腹杆柱、斜腹杆柱、双肢管柱等。

　　3. 吊车梁直接承受吊车荷载并传递给柱子。吊车梁按截面形式分为等截面的 T 形、I 字形及变截面鱼腹吊车梁等。

　　连系梁主要用来增强厂房的纵向刚度,并传递风荷载至纵向柱列。连系梁有承重和非承重之分。

　　4. 单层厂房的支撑系统包括柱间支撑和屋盖支撑,其作用是加强厂房结构的空间刚度,保证结构的稳定和安全,承受并传递水平风荷载、纵向地震力以及吊车制动时的冲击力。

　　5. 单层厂房的屋盖由承重构件和覆盖构件组成。承重构件包括屋面大梁和屋架;覆盖构件主要包括屋面板、檩条、天沟板等。

　　6. 在大跨度和多跨度的单层工业厂房中,为了满足自然采光和通风的要求,常在屋面上设置各种类型的天窗。天窗按其在屋面的位置不同分为上凸式天窗、下沉式天窗和平天窗三种。

7. 大型板材墙墙板的布置方式有横向布置、竖向布置和混合布置。墙板与柱连接方法有柔性连接(螺栓连接和压条连接)和刚性连接(焊接)两种。

8. 工业厂房侧窗布置形式有单侧布置和双侧布置两种,在条件允许的情况下,应尽可能通过高、低侧窗解决多跨厂房的采光问题。

9. 在厂房中由于使用的需要,常设置作业平台梯、吊车梯、屋面检修梯以及走道板等。

▶ 模块课后作业 ◀

一、填空题

1. 现浇柱下独立基础,在基础的底部铺设_____混凝土垫层,厚度为_____mm。

2. 厂房中的单肢柱按截面形式可分为_____、_____以及、_____。

3. 吊车梁与柱的连接多采用_____的方法,吊车梁的对接头空隙以及吊车梁与柱之间的缝隙用_____填实。

4. 抗风柱与屋架的连接一般采用弹簧板做成_____连接。厂房沉降较大时,则宜采用_____连接。

5. 单层厂房的支撑系统包括_____和_____两大部分。

6. 单层厂房的屋盖是由_____和_____组成。

7. 单层厂房承重构件包括_____和_____。

8. 矩形天窗主要由_____、_____、_____、天窗侧板及天窗端壁等组成。

9. 大型板材墙墙板的布置方式有_____、_____和_____。

10. 大型墙板与柱连接方法有柔性连接(即_____连接和_____连接)和刚性连接(即_____)两种。

二、填图题

1. 吊车梁与柱子连接构造图如下,分别写出 1～5 名称。

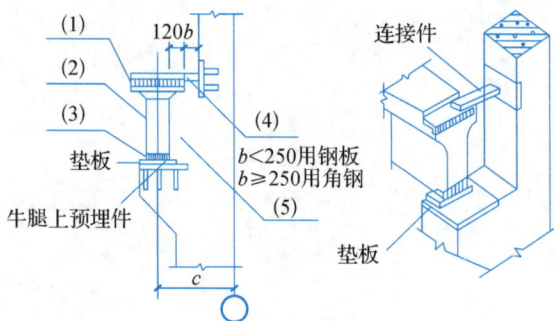

吊车梁与柱的连接

(1) _____ ;(2) _____ ;(3) _____ ;(4) _____ ;(5) _____ 。

2. 矩形天窗构造图如下,分别写出 1～5 名称。

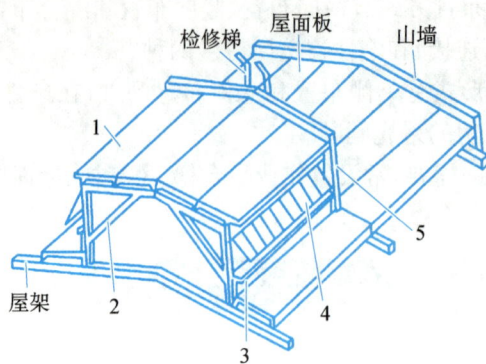

1 -_____;2 -_____;3 -_____;4 -_____;5 -_____。

模块 4
建筑施工图识读

1. 能够叙述房屋建筑施工图的分类
2. 能够识读建筑施工图首页、建筑总平面图
3. 能够识读建筑平面图、立面图、剖面图以及详图

▶ 4.1　建筑识图基本知识 ◀

房屋建筑施工图是用来表达建筑物构配件的组成、外形轮廓、平面布置、结构构造以及装饰、尺寸、材料做法等的工程图纸,是组织施工和编制预、决算的依据之一。

一、房屋的基本组成

各种建筑尽管使用功能、形式规模等各有不同,但组成房屋的主要部分是相似的,一般都由基础、墙与柱、楼(地)层、楼梯、屋顶、门窗等部分组成。

二、施工图的组成

房屋建筑施工图的设计工作一般分为两个阶段:初步设计阶段、施工图设计阶段。根据其专业内容或作用,一栋房屋完整的施工图一般包括:图纸目录、设计总说明、建筑施工图、结构施工图、设备施工图等。

1. 图纸目录

图纸目录排在整套施工图的最前面,列出所有的图纸名称、编号及所用图幅等。先列出新绘制的图纸,后列出所选用的标准图纸或重复利用的图纸。

2. 设计总说明

设计总说明也称施工总说明。其主要内容是对本工程的设计依据、工程概况、图样中未能详细表示的材料要求以及相关的建筑做法,采用文字或表格的方式进行具体说明。

3. 建筑施工图

建筑施工图简称建施,反映建筑设计的内容,主要表达建筑平面形状、内部布置、外部造型、构造做法、装修做法的图样。一套建筑施工图一般包括首页图、总平面图、建筑平面图、建筑立面图、建筑剖面图和建筑详图。

4. 结构施工图

结构施工图简称结施,反映结构设计的内容,主要表达建筑的结构类型,结构构件的布置、连接、形状、大小及详细做法的图样,一般包括基础图,结构平面布置图和结构详图。

5. 设备施工图

设备施工图简称设施,反映设备设计的内容。

设备施工图一般包括给排水、暖通和空调、电气、消防、电梯、智能化等设备的平面布置图、系统图和详图。

三、施工图的识读方法和步骤

识读整套图纸,应遵循先整体后局部、先文字说明后图样、先图形后尺寸、各类图纸联系起来看的原则,按照"总体了解、顺序识读、前后对照、重点细读"的读图方法进行识读。

1. 总体了解

一般是先看目录,总平面图和施工总说明,以大致了解工程概况,然后看建筑平面图、立面图和剖面图,大体了解建筑物的立体形象与平面功能布局。

2. 顺序识读

在总体了解建筑物的情况以后,根据施工的先后顺序,从基础、墙体(或柱)、结构平面布置、建筑构造到装修的顺序,仔细阅读相关图纸。

3. 前后对照

读图时,要注意平、立、剖面图对照着读,建筑施工图和结构施工图对照着读,土建施工图与设备施工图对照着读,务必做到对整个工程的施工情况和技术要求心中有数。

4. 重点细读

识读一张图纸时,应按照由外向里、由大到小、由粗到细、图样与说明交替、有关图纸对照看的方法,重点看轴线及各种尺寸的关系。

▶ 4.2　建筑施工图首页识读 ◀

施工图首页一般由图纸目录、设计说明、工程做法说明(或表格)及门窗表组成。如果采用绿色建筑、节能措施的,还应该在首页中体现绿色建筑设计说明、建筑节能设计说明。

一、图纸目录

图纸目录放在一套图纸的最前面,主要目的是为了在阅读施工图时方便查找,内容包括本工程的图纸类别、图号编排,图纸名称和备注等。表 4-2-1 为某教学楼的建筑施工图图纸目录。

表 4-2-1　图纸目录

图别	图号	图纸名称	备注	图别	图号	图纸名称	备注
建施	01	建筑施工图设计总说明		建施	08	三层平面图	
建施	02	建筑节能设计说明		建施	09	四层平面图	
建施	03	绿色建筑设计说明		建施	10	五层平面图	
建施	04	总平面图		建施	11	六层平面图	
建施	05	总平环境布置图		建施	12	屋面平面图	
建施	06	一层平面图		建施	13	①轴—⑨轴　立面图	
建施	07	二层平面图		建施	14	⑨轴—①轴　立面图	

(续表)

图别	图号	图纸名称	备注	图别	图号	图纸名称	备注
建施	15	1—1 剖面图		建施	19	墙身大样图一	
建施	16	2—2 剖面图		建施	20	墙身大样图二	
建施	17	卫生间大样图		建施	21	门窗表	
建施	18	楼梯大样图		建施	22	门窗大样	

二、设计说明

建筑设计说明主要用来表述工程概况和工程总体要求。内容包括工程设计依据(如工程地质、水文、气象资料);设计标准(建筑标准、结构荷载等级、抗震要求、耐火等级、防水等级);建设规模(占地面积、建筑面积);工程做法(墙体、地面、楼面、屋面等的做法)及材料要求。

下面为某公共建筑的建筑设计说明举例:

1. 工程概况

(1) 工程名称:×省×市社区活动中心建设项目。

(2) 工程地点:×省×市纲东路 10 号。

(3) 建设单位:×省×市人民政府。

(4) 工程规模:建筑高度 X 米,总建筑面积 X 平方米。

(5) 结构形式:框架结构,结构合理使用年限 50 年,抗震设防烈度为 7 度。

(6) 防火等级:本工程防火等级为一级。

(7) 计量单位(除注明外):长度为毫米,角度为度,标高为米。

2. 设计依据

(1) 甲方提供的设计任务书和勘察单位提供的工程地质勘察报告书;

(2) 建设主管部门下达的有关批文;

(3) 方案及初步设计批复文件;

(4) 国家及地方现行有关设计规范、法规、规定。

3. 设计中有关问题的说明

(1) 本工程其它设备专业预留孔洞,预埋件位置、尺寸,详见各专业有关图纸;

(2) 所有管道井、排气井等内壁均用砌筑砂浆随捣随抹平;

(3) 公共部分的灯具定货前应经设计人员(建筑专业)确认,以满足建筑环境的美化要求;

(4) 本工程所采用的建筑制品及建筑材料应有国家或地方有关部门颁布的生产许可证及质量检验证明,材料的品种、规格、性能等应符合国家或行业相关质量标准。装饰材料的材质、质感、色彩等应与设计人员协商决;

(5) 未尽事宜详见国家现行的有关施工及验收规范;

(6) 图面表达有矛盾的,以上述说明为准;

(7) 施工过程中若发现图纸有不妥之处,请及时与设计人员协商解决。

三、工程做法说明

工程做法是对房屋建筑的各处细部构造、做法、层次、选材、尺寸和施工工法等进行说明,可以文字表述也可以表格的的形式给出,如墙体、楼地面、屋面、天棚、电梯、室外工程等的构造。如果这些构造的做法选自建筑施工图集,则应在说明中标注清楚所选图集的图册号、页码及图样编号等。

举例如下:

上人屋面:本工程屋面防水等级为Ⅰ级,采用两道防水设防。

◎面层:600×600 防滑地砖面层;

◎保护层:40 厚 C20 细石混凝土保护层,设 6000×6000 分格缝,配 ϕ 6@150 双向钢筋网(在分格缝处断开),分格缝嵌填防水密封材料;

◎保温层:75 厚挤塑板(λ＝0.030,体积吸水率不大于 3%,耐火等级为 B1 级);

◎防水层:两道设防,一道 1.5 厚合成高分子涂料(或 3 厚高聚物改性沥青防水卷材);一道 3 厚 APP 改性沥青防水卷材(聚酯胎);

◎找平层:20 厚 1∶3 水泥砂浆找平;

◎结构层:钢筋混凝土屋面板。

四、门窗表

门窗表反映门窗的类型、编号、数量、尺寸规格、所在标准图集等相应内容,以备工程施工、结算所需,可编入建筑说明中或独立成图,如表 4-2-2 为某教学楼门窗统计表。

表 4-2-2　门窗统计表

类别	设计编号	洞口尺寸		数量			总数	采用标准图集及编号		备注
		宽	高	一层	二层	三层		编号	图集号	
门	M1	3000	3000	1			1			全自动玻璃门(甲方自理)
	M2	2100	3300	2			2			变配电门由甲方自理
	M3	1500	2400	1	1	1	3	20M 1524	闽 J2-13	半玻胶合板弹簧门
	M4	1000	2400	8	6	8	22	17M 1024	闽 J2-13	带亮胶合板平开门
	M5	800	2400	1			1	16M 0824	闽 J2-13	胶合板平开门
	M6	700	2400	2	2	2	6	16M 0824 改	闽 J2-13	胶合板平开门
窗	C1	1500	2400	6	6		12	TSC 1521A 改	闽 J5-09	推拉塑钢窗
	C2	4400	2400	6			6			见大样
	C3	3000	2100		1	1	2	TSC 2721A 改	闽 J5-09	推拉塑钢窗
	C4	1500	2100	5	6	10	21	TSC 1521A	闽 J5-09	推拉塑钢窗
	C5	900	2100	2	2	2	6	TSC 1521A 改	闽 J5-09	推拉塑钢窗
	C6	1500	1400	1		1	2	TSC 1521A 改	闽 J5-09	推拉塑钢窗
	C7	1500	1200	2			2	TSC 1521A	闽 J5-09	推拉塑钢窗
	C8	600	600	4	4	4	12	GSC 0606	闽 J5-09	固定塑钢窗
	C9	4400	2100		6	6	12			见大样
	C10	2100	2100			3	3	TSC 2121A	闽 J5-09	推拉塑钢窗
	C11	900	1500			1	1	TSC 1515A 改	闽 J5-09	推拉塑钢窗
备注	闽 J5-09　福建省建筑标准设计图集(塑钢窗采用80系列,5厚白玻)　闽 J2-13　福建省建筑标准设计图集									

注:门窗开启方向见平面图。

▶ 4.3　建筑总平面图识读 ◀

一、总平面图的形成和用途

建筑总平面图是将新建工程附近一定范围内的原有、扩建和拆除的建筑物、构筑物及其周围的地形、地物状况,用水平投影方法和相应的图例画出的图样。建筑总平面图主要是表示新建房屋的位置、朝向,与原有建筑物的关系,周围道路、绿化布置及地形地貌等内容,是新建房屋施工定位、土方施工、以及绘制水、暖、电等管线总平面图和施工总平面图的依据。

总平面图的比例一般为 1 : 500、1 : 1000、1 : 2000 等。

二、总平面图的图示内容

1. 新建建筑的定位

新建建筑的定位有三种方式:一种是利用原有建筑或道路中心线的距离确定新建建筑的位置;第二种是利用施工坐标确定新建建筑的位置;第三种是利用大地测量坐标确定新建建筑的位置。

2. 新建建筑、原有建筑物位置与形状

在总平面图上将建筑物分成五种情况,即新建建筑物、原有建筑物、计划扩建的预留地或建筑物、拆除的建筑物和新建的地下建筑物或构筑物,当我们阅读总平面图时,要区分哪些是新建建筑物、哪些是原有建筑物。在设计中,为了清楚表示建筑物的层数情况,一般还在总平面图中建筑物的右上角以点数或数字表示楼房层数。

3. 附近的地形情况

一般用等高线表示,由等高线可以分析出地形的高低起伏情况。

4. 道路

主要表示道路位置、走向以及与新建建筑的联系等。

5. 风向频率玫瑰图

在总平面图中通常画有带指北针的风向频率玫瑰图,如图 4-3-1 所示,用来表示该地区常年的风向频率和房屋的朝向。风向频率玫瑰图,是各方向上气流状况重复率的统计图形,通常采用一个地区多年的平均统计资料。因其形状像玫瑰花朵,故名“风玫瑰”。风玫瑰图上所表示风的吹向,是指从外面吹向地区中心的方向,一般将风向分为 8 个或 16 个方位,在各方向线上按一定时间内,各方向风的出现频率,截取相应的长度,将相邻方向线上的截点用直线联结形成闭合折线图形,即风玫瑰图。其中:粗实线表示全年平均风向;虚线表示夏季平均风向;细实线表示冬季平均风向;风向为从外指向中心。

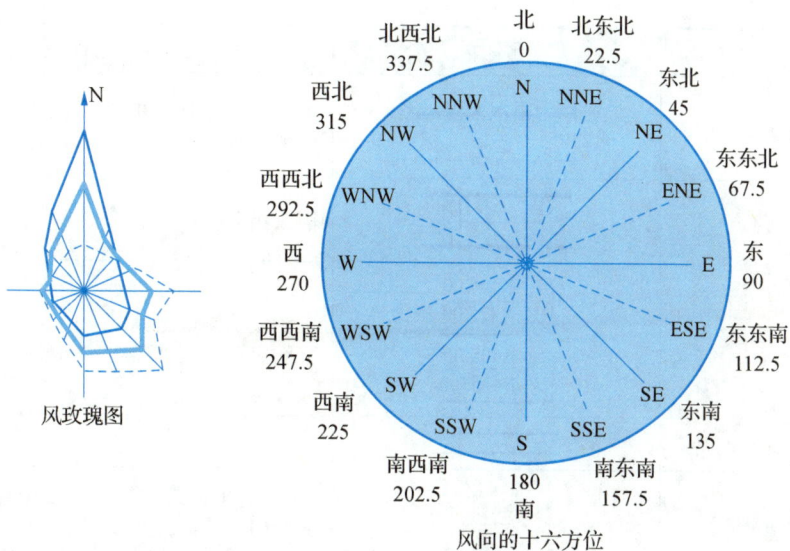

北西北 337.5　北 0　北东北 22.5　东北 45　东东北 67.5　东 90　东东南 112.5　东南 135　南东南 157.5　南 180　南西南 202.5　西南 225　西西南 247.5　西 270　西西北 292.5　西北 315

风向的十六方位

图 4 - 3 - 1　风向玫瑰图和风向方位图

6. 绿化规划

绿化规划用于反映整个建设场地范围内的树木、花草等的布置情况。

三、建筑总平面图图例符号

要能熟练识读建筑总平面图,必须熟悉常用的建筑总平面图图例符号,常用建筑总平面图图例符号见表 4 - 3 - 1。

表 4 - 3 - 1　建筑总平面图图例

序号	名称	图例	备注
1	新建建筑物	8	1. 需要时,可用▲表示出入口,可在图形内右上角用点数或数字表示层数 2. 建筑物外形(一般以±0.00 高度处的外墙定位轴线或外墙面线为准)用粗实线表示。需要时,地面以上建筑用中粗实线表示,地面以下建筑用细虚线表示
2	原有建筑物		用细实线表示
3	计划扩建的预留地或建筑物		用中粗虚线表示
4	拆除的建筑物		用细实线表示
5	铺砌场地		

(续表)

序号	名称	图例	备注
6	围墙及大门		上图为实体性质的围墙,下图为通透性质的围墙,若仅表示围墙时不画大门
7	台阶		箭头指向表示向下
8	坐标	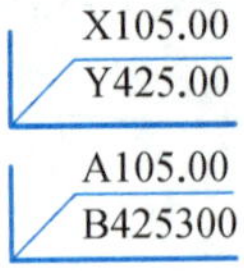 X105.00 Y425.00 A105.00 B425300	上图表示测量坐标 下图表示建筑坐标
9	原有的道路		
10	新建的道路	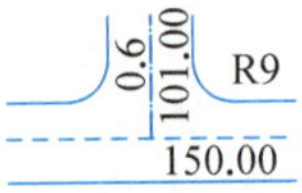 0.6　101.00　R9 150.00	"R"9 表示道路转弯半径为 9m ,"150.00"为路面中心控制点标高,"0.6"表示 0.6% 的纵向坡度,"101.00"表示变坡点间距
11	计划扩建的道路		
12	拆除的道路		
13	桥梁	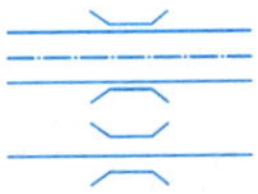	1. 上图为公路桥,下图为铁路桥 2. 用于旱桥时应注明
14	建筑物下面的通道	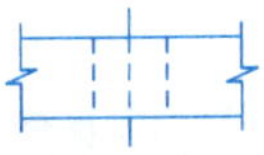	
15	地下建筑物或构筑物		
16	室内标高	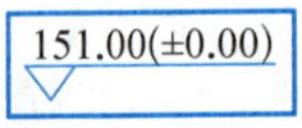 151.00(±0.00)	
17	室外标高	●143.00 ▼143.00	室外标高也可采用等高线表示
18	花台		
19	常绿阔叶乔木		常绿乔、灌木加画 45 度斜细线 阔叶树的外围用弧裂形或圆形线
20	落叶阔叶乔木		落叶乔、灌木均不填斜线 阔叶树的外围用弧裂形或圆形线

四、总平面图的识图示例

下图 4-3-1 为某学校总平面图,根据风玫瑰图,新建教学综合楼为坐西朝东。拟建六层,主入口位于建筑东北侧,北南两侧均为已建建筑,分别是原教学综合楼和饭堂,东侧为三个南北向篮球场和一个南北向足球场,西侧花槽紧贴用地红线,用地红线西侧为城市道路。新建教学综合楼图示中有三个坐标定位点(图 4-3-2),室外地坪东侧略高,通过室外台阶处理地坪高差。新建教学综合楼室外地面铺砌 100×100 广场砖,东面设置有 5 个 6 米长 0.9 米宽的花槽,西面为一整体的长花槽,南边的曲线型花坛与已有建筑(饭堂)对称布置。

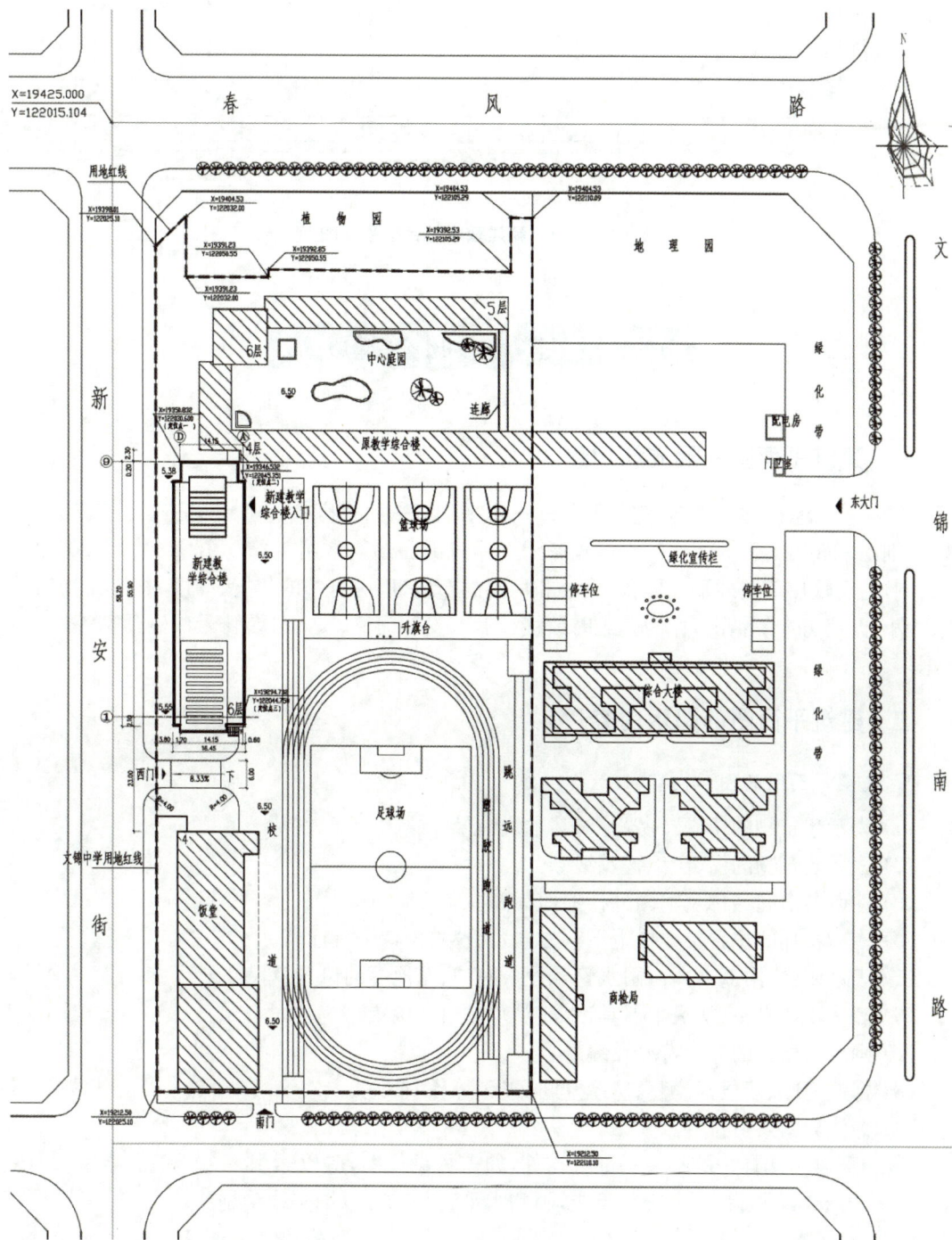

图 4-3-2　总平面图(比例 1∶500)

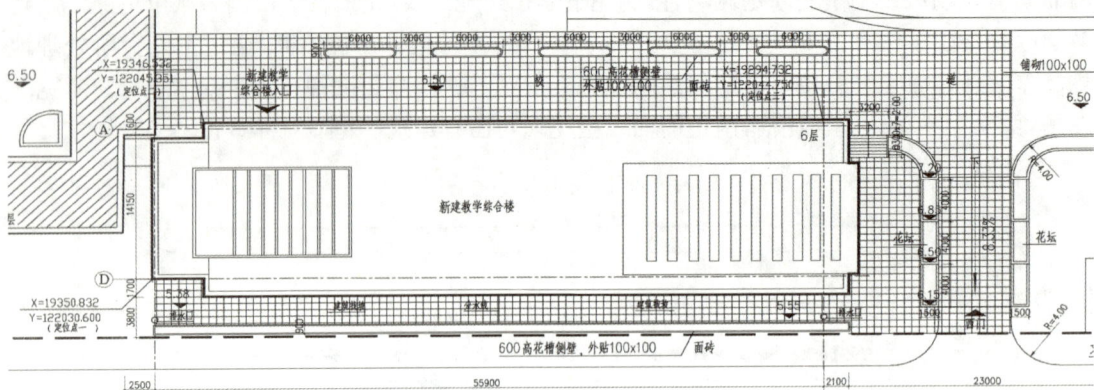

图 4 - 3 - 3　新建教学综合楼平面图

▶ 4.4　建筑平面图识读 ◀

一、建筑平面图的形成和用途

建筑平面图,简称平面图,它是假想用一水平剖切平面将房屋沿窗台以上适当部位剖切开来,对剖切平面以下部分所作的水平投影图。建筑平面图通常用 1∶50、1∶100、1∶200 的比例绘制,它反映出房屋的平面形状、大小和房间的布置、墙(或柱)的位置、厚度、材料、门窗的位置、大小、开启方向等情况,作为施工时放线、砌墙、安装门窗、室内外装修及编制预算等的重要依据。

二、建筑平面图的图示内容

1. 底层平面图的图示内容

(1) 表示建筑物的墙、柱位置并对其轴线编号。

(2) 表示建筑物的门、窗位置及编号。

(3) 注明各房间名称及室内外楼地面标高。

(4) 表示楼梯的位置及楼梯上下行方向及级数、楼梯平台标高。

(5) 表示阳台、雨篷、台阶、雨水管、散水、明沟、花池等的位置及尺寸。

(6) 表示室内设备(如卫生器具、水池等)的形状、位置。

(7) 画出剖面图的剖切符号及编号。

(8) 标注墙厚、墙段、门、窗、房屋开间、进深等各项尺寸。

(9) 标注详图索引符号。

《规范》规定:图样中的某一局部或构件,如需另见详图,应以索引符号索引。索引符号是由直径为 10 mm 的圆和水平直径组成,圆和水平直径均应以细实线绘制。

(10) 标注指北针。

指北针常用来表示建筑物的朝向。指北针外圆直径为 24 mm,采用细实线绘制,指北针尾部宽度为 3 mm,指北针头部应注明"北"或"N"字。

2. 中间层平面图的图示内容

(1) 表示建筑物的门、窗位置及编号。

(2) 注明各房间名称、各项尺寸及楼地面标高。

(3) 表示建筑物的墙、柱位置并对其轴线编号。

(4) 表示楼梯的位置及楼梯上下行方向、级数及平台标高。

(5) 表示阳台、雨篷、雨水管的位置及尺寸。

(6) 表示室内设备(如卫生器具、水池等)的形状、位置。

(7) 标注详图索引符号。

3. 屋顶平面图的图示内容

屋顶檐口、檐沟、屋顶坡度、分水线与落水口的投影,出屋顶水箱间、上人孔、消防梯及其他构筑物、索引符号等。

三、建筑平面图的图示方法和图例符号

一般房屋有几层,就有几个平面图,即有:底层平面图、中间各层平面图、顶层平面图。

当建筑物各层的房间布置不同时应分别画出各层平面图;若建筑物中间各层布置完全相同,则可以用一个标准层平面图表达,此时标准层平面图代表了中间各层相同的平面,故称标准层平面图。此时只要画出底层平面图、标准层平面图和顶层平面图即可。

绘制建筑平面图时,凡被剖切到的墙、柱断面用粗实线表示;没有剖切到的可见轮廓线(如墙身、梯段、门的开启方向线等)用中实线或细实线表示;尺寸线、引出线等用细实线表示;轴线用细单点长画线表示。各种常用构造及配件图例见表 4-4-1。

表 4-4-1　建筑平面图常用构造及配件图例

名称	图例	备注	名称	图例	备注
墙体		应加注文字或填充图例,表示墙体材料,在项目设计图纸说明中列材料图例表给予说明	单扇门(包括平开或单面弹簧)		1. 门的名称代号用 M 2. 图例中剖面图左为外,上为内 3. 立面图上开启方向线交角的一侧为安装合页的一侧,实线为外开,虚线为内开 4. 平面图上门线应 90°或 45°开启,开启弧线宜绘出 5. 立面图上的开启线在一般设计图中可不表示,在详图及室内设计图上应表示 6. 立面形式应按实际情况绘制
隔断		1. 包括板条抹灰、木制、石膏板、金属材料等隔断 2. 适用于到顶与不到顶隔断	对开折叠门		
栏杆			单扇双面弹簧门		
底层楼梯		楼梯的形式及步数应按实际情况绘制	单扇内外开双层门		
中间层楼梯					
顶层楼梯					

(续表)

名称	图例	备注	名称	图例	备注
墙外单扇推拉门		1. 门的名称代号用 M 2. 图例中剖面图左为外,右为内;平面图下为外,上为内 3. 立面形式应按实际情况绘制	双扇门(包括平开或单面弹簧)		1. 门的名称代号用 M 2. 图例中剖面图左为外,上为内 3. 立面图上开启方向线交角的一侧为安装合页的一侧,实线为外开,虚线为内开 4. 平面图上门线应90°或45°开启,开启弧线宜绘出 5. 立面图上的开启线在一般设计图中可不表示,在详图及室内设计图上应表示 6. 立面形式应按实际情况绘制
墙中单扇推拉门			转门		
单层固定窗		1. 窗的名称代号用 C 表示 2. 立面图中的斜线表示窗的开启方向,实线为外开,虚线为内开;开启方向线交角的一侧为安装合页的一侧,一般设计图中可不表示 3. 图例中,剖面图所示左为外,右为内;平面图所示下为外,上为内 4. 平面图和剖面图上的虚线仅说明开关方式,在设计图中不需表示 5. 窗的立面形式应按实际情况绘制 6. 小比例绘图时平、剖在的窗线可用单粗实线表示	双扇双面弹簧门		
单层外开上悬窗			双扇内外开双层门		
单层中悬窗			墙外双扇推拉门		1. 门的名称代号用 M 2. 图例中剖面图左为外,右为内;平面图下为外,上为内 3. 立面形式应按实际情况绘制
单层内开下悬窗			墙中双扇推拉门		
立转窗			推拉窗		1. 窗的名称代号用 C 表示 2. 立面图中的斜线表示窗的开启方向,实线为外开,虚线为内开;开启方向线交角的一侧为安装合页的一侧,一般设计图中可不表示 3. 图例中,剖面图所示左为外,右为内;平面图所示下为外,上为内 3. 平面图和剖面图上的虚线仅说明开关方式,在设计图中不需表示 4. 窗的立面形式应按实际情况绘制 5. 小比例绘图时平、剖在的窗线可用单粗实线表示
检查孔		阴影部分可以涂色代替	单层外开平开窗		
孔洞			单层内开平开窗		
长坡道			百叶窗		
门口坡道			上推窗		
新建的墙和窗		小比例绘图时,平、剖面窗线可用单粗实线表示			
空门		h 为门洞高度			

四、建筑平面图的识读举例

下图为×省×市社区活动中心建设项目,该套平面图分为:一层平面图(如图 4-4-1)、二层平面图(如图 4-4-2)、三层平面图(如图 4-4-3)及屋顶平面图(如图 4-4-4)。从图中可知比例均为1∶100,从图名可知是哪一层平面图,从一层平面图的指北针可知该建筑物朝向为坐北朝南,从一、二、三层建筑平面图可知建筑平面构成比较丰富,功能比较单一。

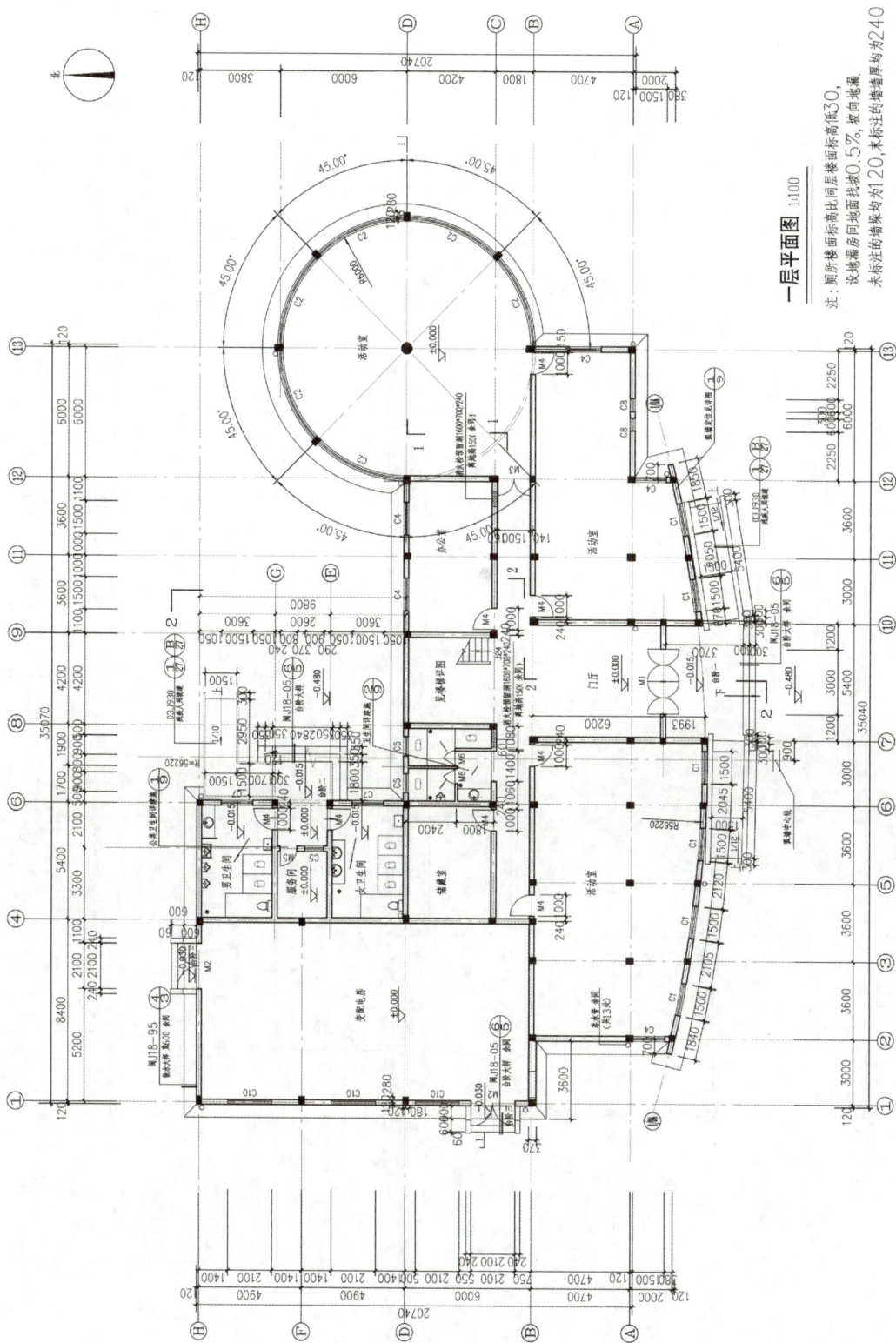

一层平面图 1:100

注：厕所楼面标高比同层楼面标高低30，设地漏房间地面找坡0.5%，坡向地漏，
未标注的墙垛均为120，未标注的墙厚均为240

图 4-4-1　一层平面图（比例 1：100）

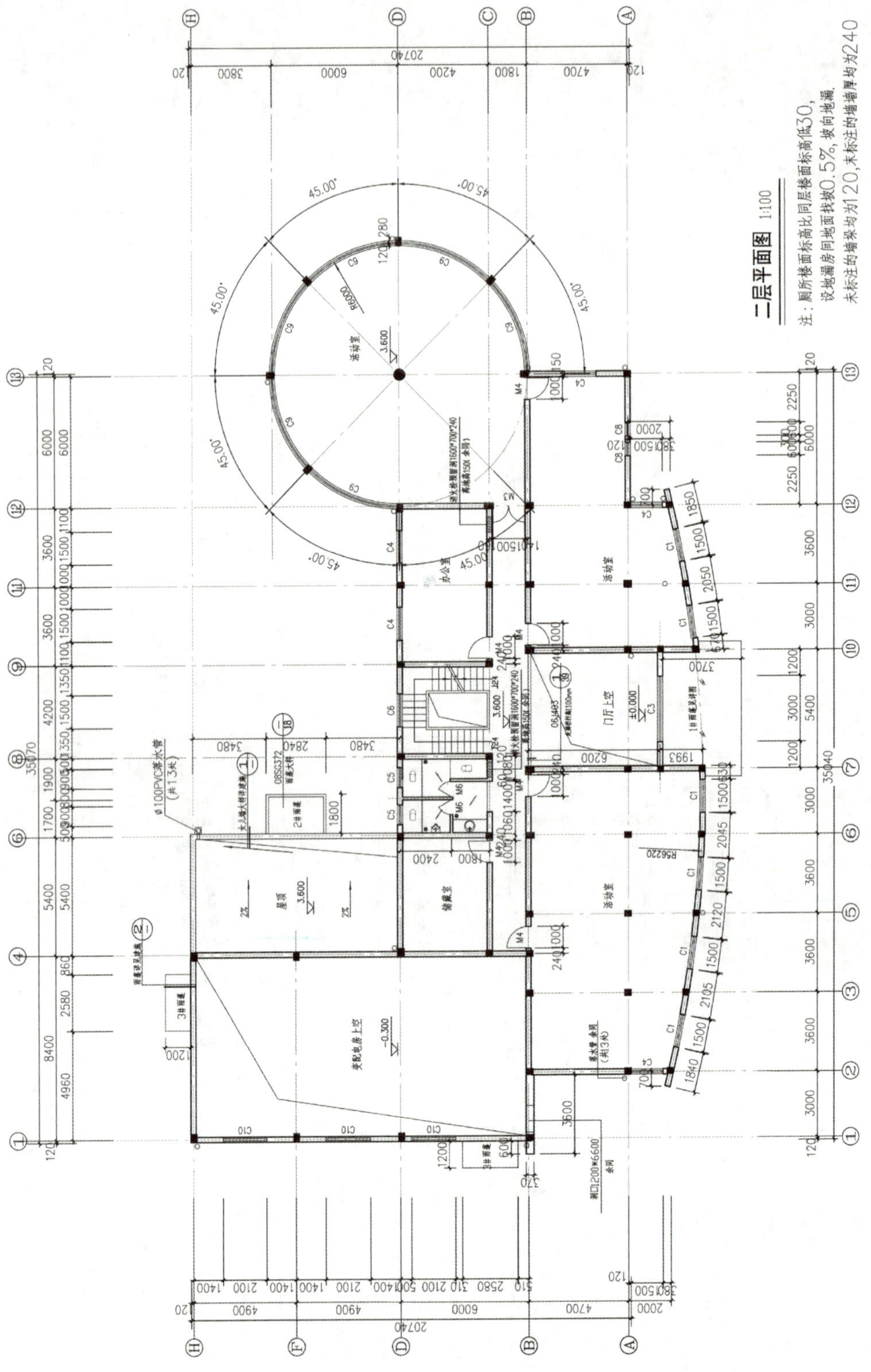

图 4-4-2　二层平面图(比例 1:100)

二层平面图 1:100

注：厕所楼面标高比同层楼面标高低30，
设地暖房间地面找坡0.5%，坡向地漏，
未标注的墙垛均为120，未标注的墙厚均为240

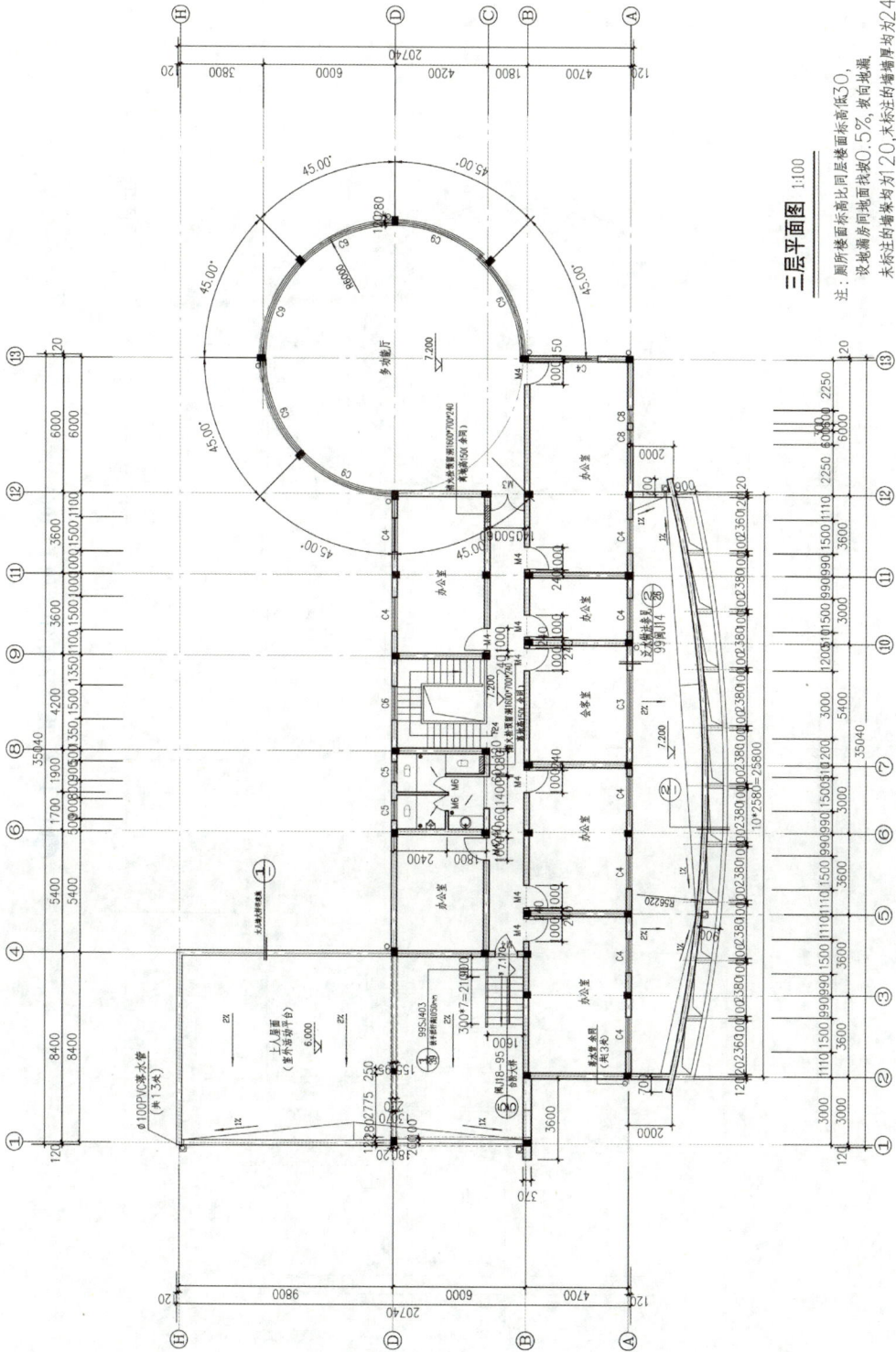

三层平面图 1:100

注：厕所楼面标高比同层楼面标高低30，
设地漏房间地面找坡0.5%，坡向地漏
未标注的内墙均为120，未标注的墙厚均为240

图 4-4-3 三层平面图(比例 1：100)

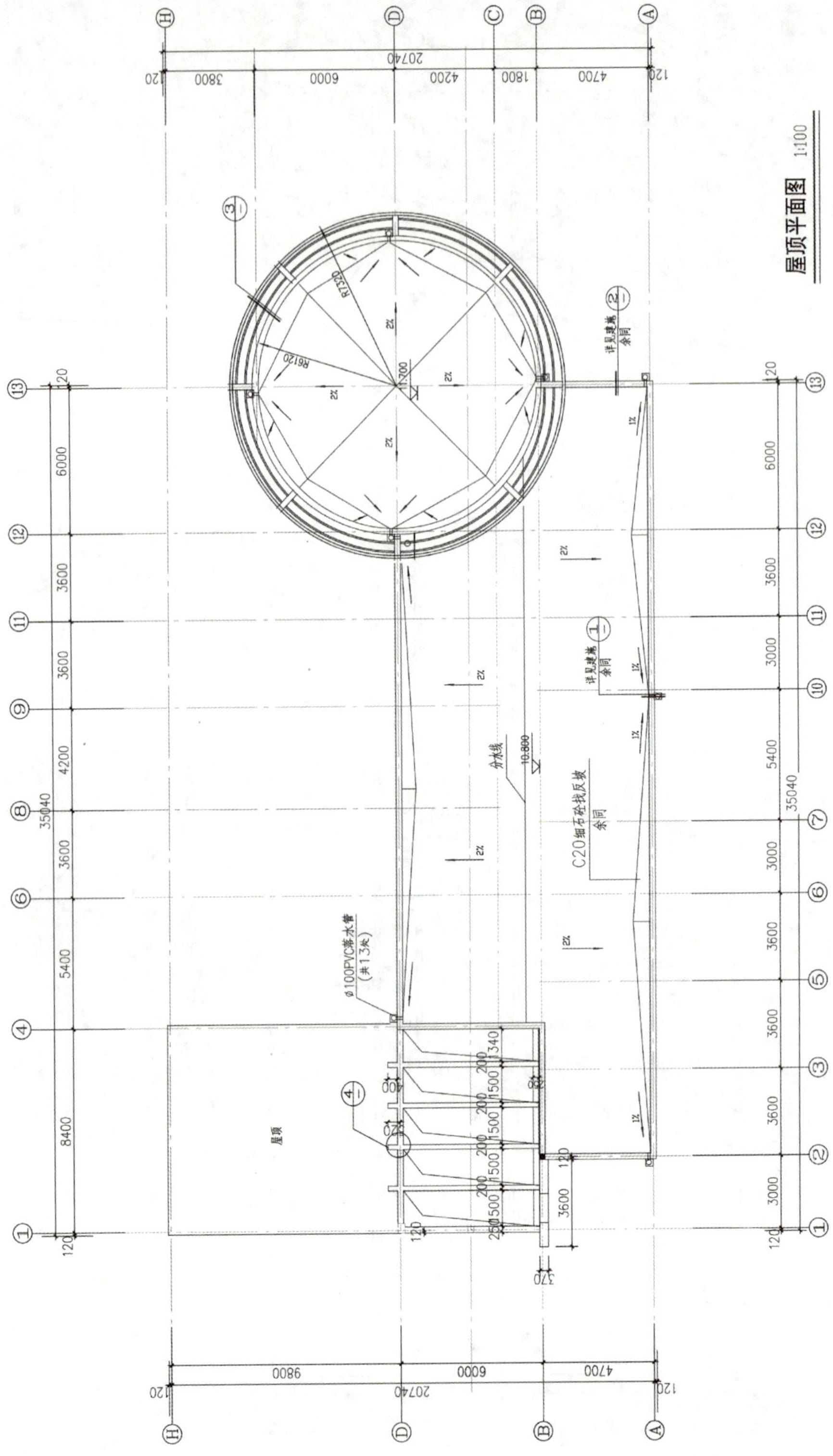

图4－4－4　屋顶平面图（比例 1∶100）

　　社区活动中心一层、二层为公共区域,每层均设有三间活动室及相关配套用房,三层为办公区域,设有 7 间办公室及一个多功能厅。一层平面室内地面标高为 ±0.000 m,二层平面室内地面标高为 3.600 m,三层平面室内地面标高为 7.200 m。主要垂直交通为一部开敞式三跑楼梯,门厅通高两层。从屋顶平面图可知,建筑屋顶为平屋顶,有上人屋面(室外活动平台),也有不上人屋面;有单坡排水,也有双坡排水,以及圆形屋顶的径向排水,排水坡度均为 2%,在屋顶边缘处采用 C20 细石混凝土找反坡,排水坡度 1%,通过直径 100 mmPVC 落水管将雨水有组织排走。一层平面图剖切位置有两处,分别为 1—1 和 2—2。

▶ 4.5　建筑立面图识读 ◀

一、建筑立面图的形成与用途

　　建筑立面图,简称立面图,它是在与房屋立面平行的投影面上所作的房屋正投影图。它主要反映房屋的长度、高度、层数等外貌和外墙装修构造。它的主要作用是确定门窗、檐口、雨篷、阳台等的形状和位置及指导房屋外部装修施工和计算有关预算工程量。

二、建筑立面图的图示内容

　　1. 表明室外地坪线及房屋的勒脚、台阶、花池、门窗、雨篷、阳台、室外楼梯、墙、柱、檐口、屋顶、雨水管等内容。

　　2. 用标高标注出各主要部位的相对高度,如室外地坪、窗台、阳台、雨篷、女儿墙顶、屋顶水箱间及楼梯间屋顶等的标高。同时用尺寸标注的方法标注立面图上的细部尺寸、层高及总高。

　　3. 表明建筑物两端的定位轴线及其编号。

　　4. 表明建筑物外墙面的装饰装修做法。可用文字说明或用详图索引符号表示。

三、建筑立面图的图示方法及其命名

1. 建筑立面图的图示方法

　　立面图的比例一般与平面图相同。

　　为使建筑立面图主次分明、图面美观,通常将建筑物不同部位采用粗细的线型来表示。室外地坪线用加粗实线;最外轮廓线(如外墙轮廓线、屋脊线等)画粗实线;所有突出部位如阳台、檐口、雨篷、台阶、花池、门窗洞等画中实线;其余部份(如门窗扇、花格线、雨水口、墙面分隔线等)画细实线。

2.立面图的命名

　　立面图的命名方式有三种:

　　(1) 用房屋的朝向命名,如东立面图、西立面图、南立面图、北立面图等。

　　(2) 根据主要出入口命名,如正立面图、背立面图、侧立面图。

　　(3) 用立面图上两端定位轴线命名,如①~⑧轴立面图和⑧~①立面图。

四、建筑立面图的识读举例

　　如图 4-5-1、4-5-2 所示某活动中心的立面图,分别为南立面图、北立面图、东立面图、西立面图,比例均为 1:100,该建筑室内外地面高差为 0.48 m,一层、二层层高 3.6 m,三层办

公区层高3.6 m,多功能厅为 4.5 m,窗台高 0.9 m。在建筑的主要出入口处设有一悬挑雨篷,并设置三级台阶用以平衡室内外高差,第三级台阶面和一层室内地面的相对高差为 0.15 m,可以防止积水流入室内。外墙根据位置不同分别采用白色、淡驼色、豆绿色的高级弹性涂料,黑色塑料嵌缝,部分墙面采用仿真石面砖,勒脚部分也采用仿真石面砖饰面。建筑立面总体造型丰富多变,体量高低错落有致,色彩明快。

▶ 4.6　建筑剖面图识读 ◀

一、建筑剖面图的形成与用途

建筑剖面图,简称剖面图,它是假想用一个或多个与房屋横墙或纵墙平行的铅垂平面将房屋切开,所得的投影图,简称剖面图。

剖面图用来表示建筑物内部竖直方向的结构或构造方式,如屋面(楼、地面)形式、分层情况、材料、做法、高度尺寸及各部位的联系等。它与平、立面图互相配合用于计算工程量,是工程概预算及备料的重要依据。

剖面图的数量是根据房屋的复杂情况和施工实际需要决定的;剖切面的位置,要选择在房屋内部构造比较复杂,有代表性的部位,如门窗洞口和楼梯间等位置,并应通过门窗洞口。剖面图的图名符号应与底层平面图上剖切符号相对应。

二、建筑剖面图的图示内容

建筑剖面图的图示内容如下:
1. 剖切到的墙体定位轴线及轴线编号。
2. 剖切到的屋面、楼面、墙体、梁等的轮廓及材料做法。
3. 建筑物内部的分层情况以及竖向、水平方向的分隔。
4. 即使没被剖切到,但在剖视方向可以看到的建筑物构配件。
5. 屋顶的形式及排水坡度。
6. 标高(如室外地坪、楼地面、屋面、楼梯平台、阳台、室外台阶等)及尺寸标注(三道尺寸标注)。
7. 详图索引符号及必要的文字注释等。

三、建筑剖面图的识读举例

1. 结合一层平面图阅读,对应剖面图与平面图的相互关系,建立起建筑内部的空间概念。
2. 结合建筑设计说明或材料做法,查阅地面、墙面、楼面、顶棚等的装修做法。
3. 根据剖面图尺寸及标高,了解建筑层高、总高、层数及房屋室内外地面高差。如图4-6-1、4-6-2所示,某活动中心建筑层高 3.6 m,局部层高 4.5 m,总高 12.18 m,主楼共三层,房屋室内外地面高差 0.48 m。
4. 了解建筑构配件之间的搭接关系。
5. 结合建施说明,了解建筑屋面的构造及屋面坡度的形成。该建筑屋面为膨胀珍珠岩保温屋面,材料找坡,屋顶坡度 2%,属有组织排水。
6. 了解墙体、梁等承重构件的竖向定位关系,如轴线是否偏心。例如该建筑 1 轴和 A 轴处,外墙厚 240 mm,轴线无偏心。

南立面图 1:100

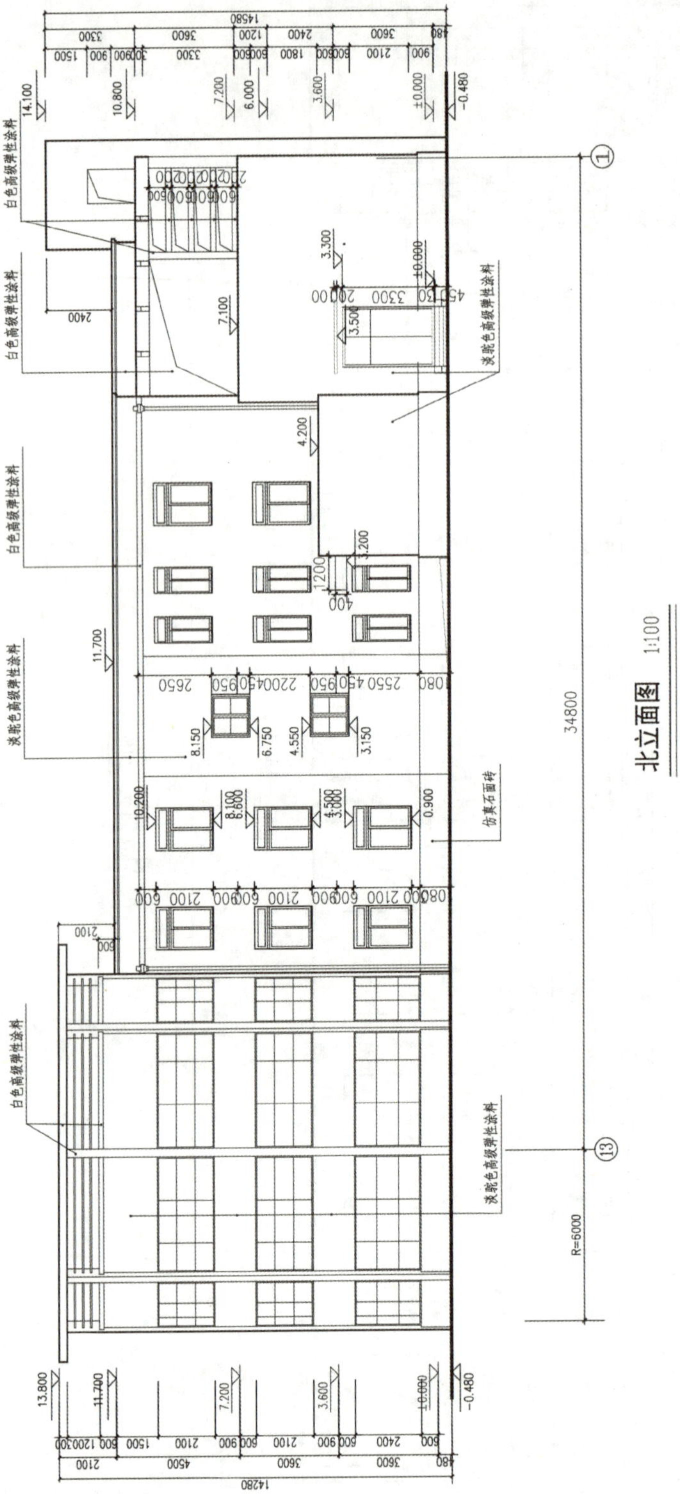

北立面图 1:100

图4-5-1 南北立面图(比例 1：100)

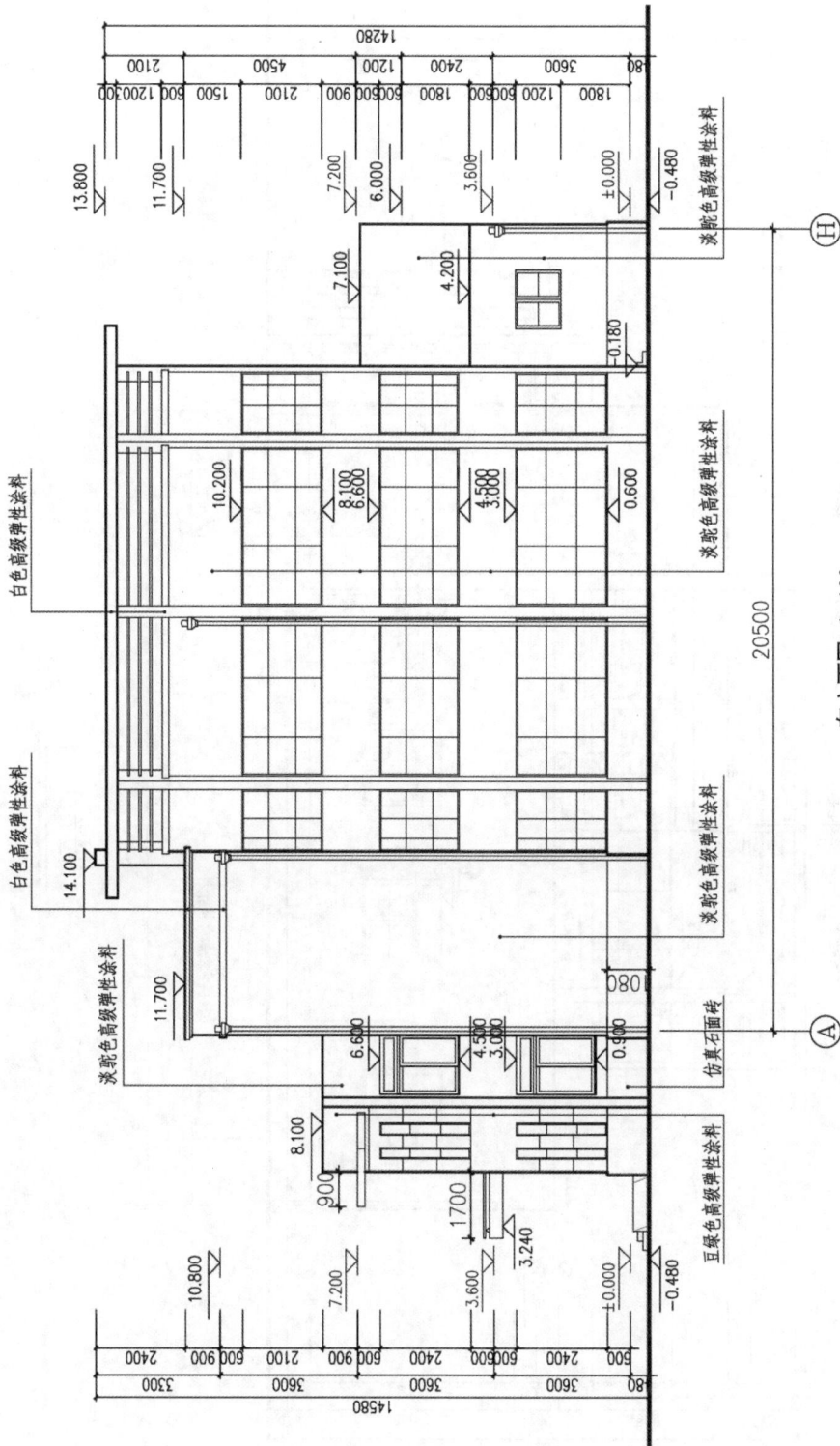

东立面图 1:100

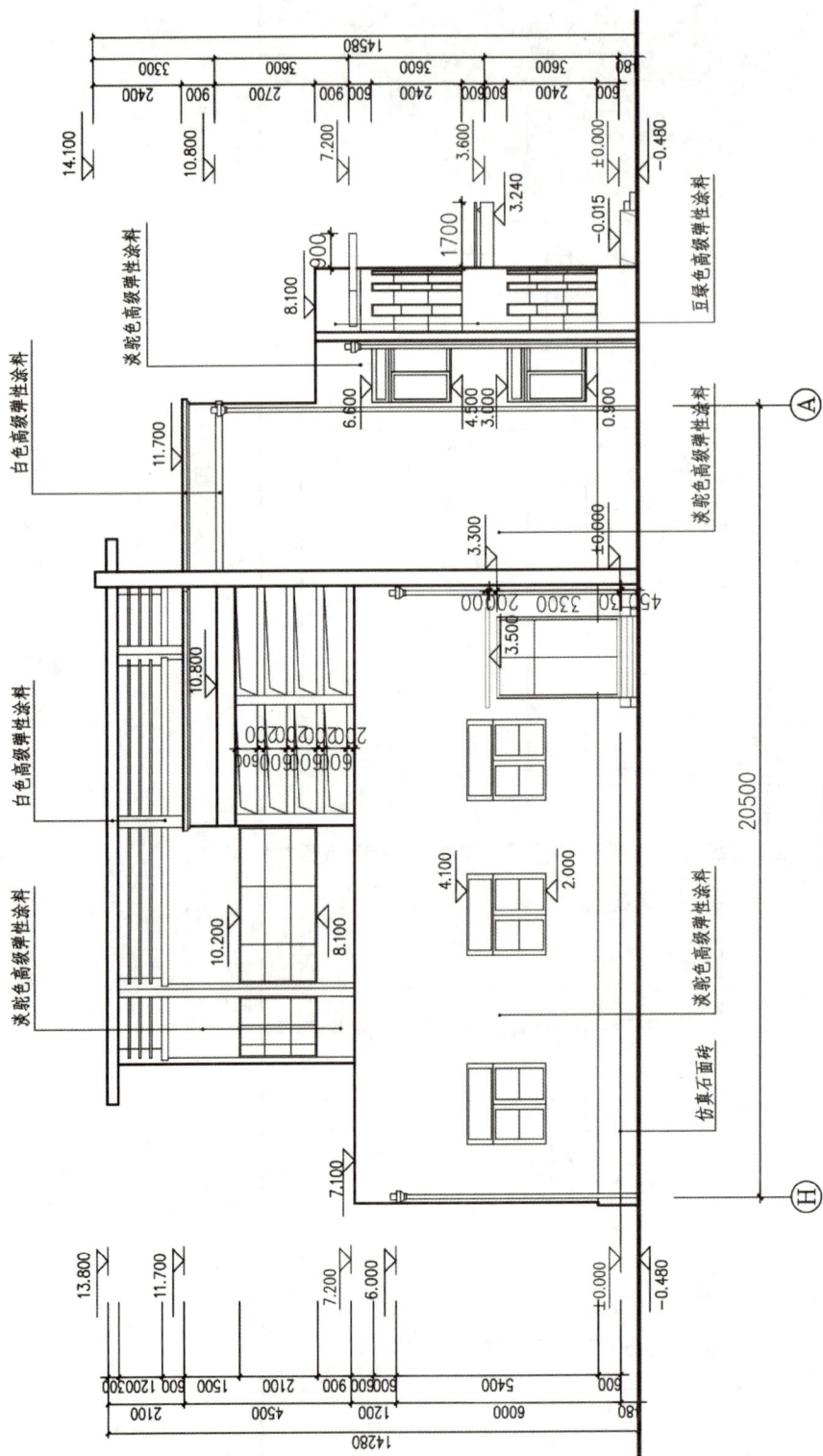

西立面图 1:100

图4-5-2 东西立面图(比例1∶100)

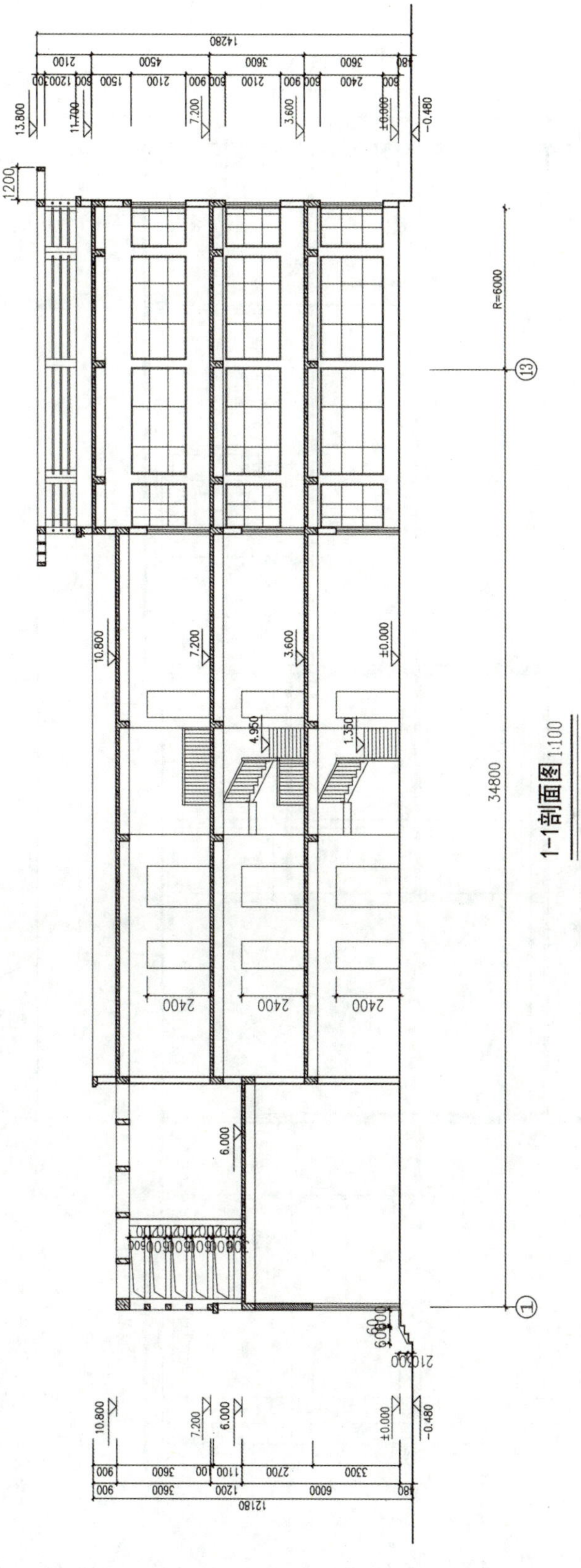

1-1剖面图 1:100

图 4 - 6 - 1　1——1 剖面图(比例 1 : 100)

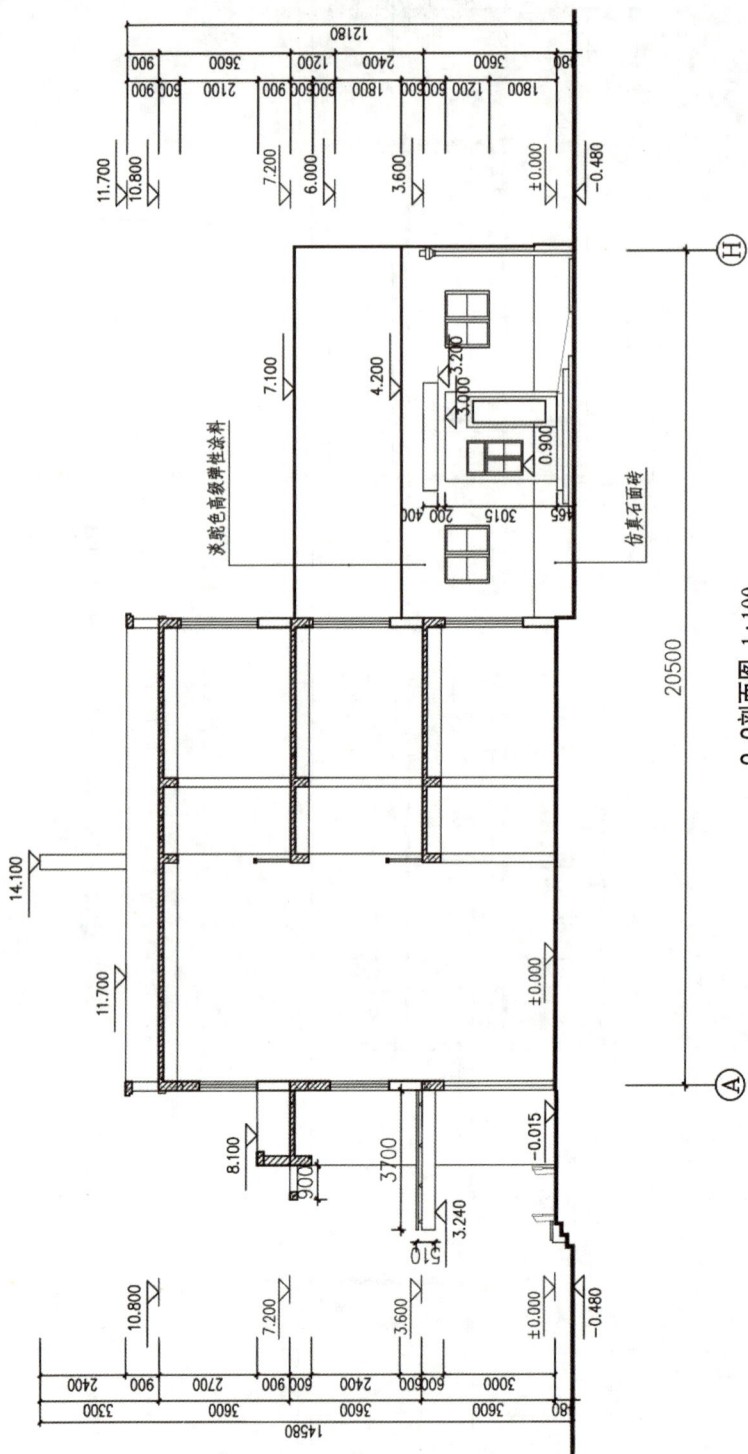

2-2剖面图 1:100

图 4 - 6 - 2　2—2 剖面图（比例 1 : 100）

▶ 4.7　建筑详图识读 ◀

　　房屋建筑平、立、剖面图都是采用较小比例会制的,主要表示建筑的总体情况,而建筑的一些细部形状、构造等无法表示清楚。因此,在实际中对建筑物的一些节点及建筑构配件的形状、材料、尺寸、做法等用比较大的比例绘制,称为建筑详图或大样图。

　　详图通常采用1∶10、1∶20的比例,必要时也可采用1∶1、1∶2、1∶3、1∶5、1∶30、1∶50等比例绘制。详图与平、立、剖面图是用索引符号联系起来的,建筑详图的数量由工程的难易程度决定。常用的建筑详图有外墙身详图、楼梯间详图、卫生间详图、门窗详图、雨棚详图等。如图4-7-1所示为某活动中心公共卫生间详图。

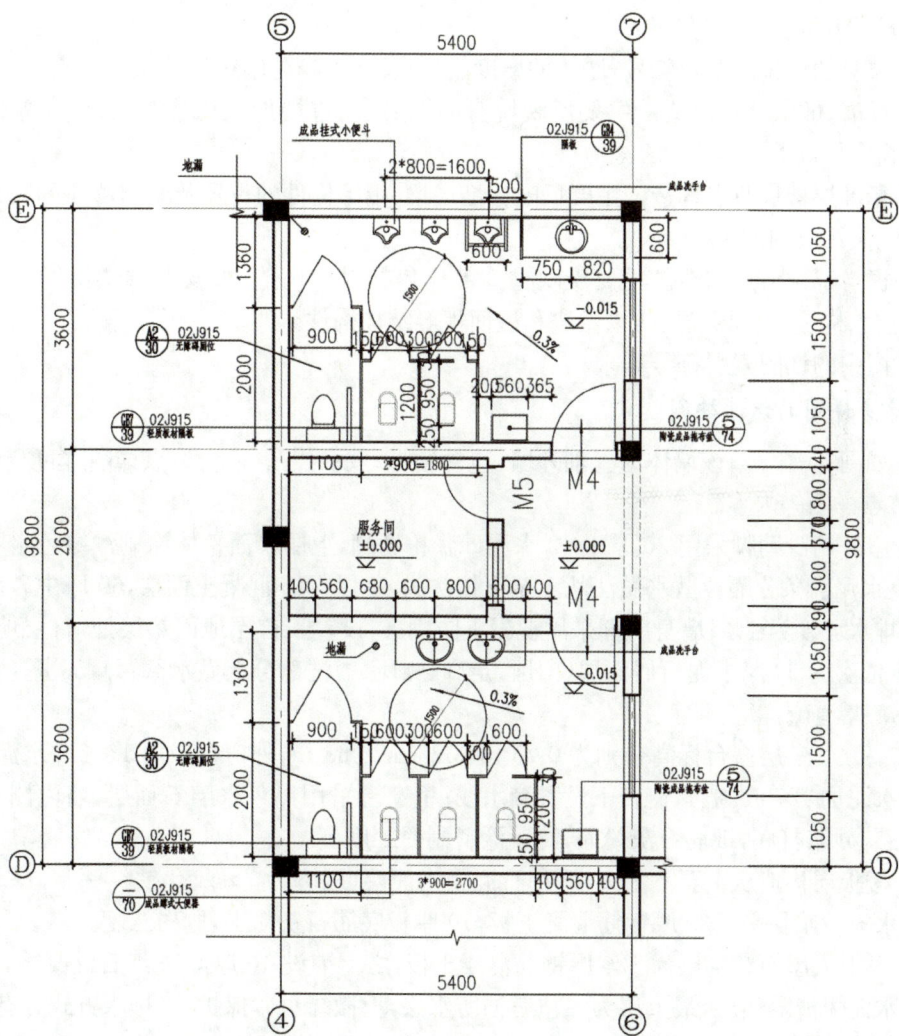

① 公共卫生间详图 1:50

图 4-7-1　建筑详图

一、外墙身详图

外墙身详图也叫外墙身大样图，实际上是建筑剖面图的有关部位的局部放大图。它主要表达外墙与地面、楼面、屋面的构造连接情况以及檐口、门窗顶、窗台、勒脚、防潮层、散水、明沟的尺寸、材料、做法等构造情况，是砌墙、室内外装修、门窗安装、编制施工预算以及材料估算等的重要依据。有时在外墙详图上引出分层构造，注明楼地面、屋顶等的构造情况，而在建筑剖面图中省略不标。

外墙剖面详图通常用1∶20的比例绘制，线型与剖面图相同。在多、高层建筑中，若各层的构造情况一样时，可只画墙脚、檐口和中间层（含门窗洞口）三个节点，按上下位置整体排列。有时墙身详图不以整体形式布置，而把各个节点详图分别单独绘制，也称为墙身节点详图。

1. 墙身详图的图示内容

墙身详图的图示内容如下：

（1）墙身的定位轴线及编号，墙体的厚度、材料及其本身与轴线的关系。

（2）勒脚、散水节点构造。主要反映墙身防潮做法、首层地面构造、室内外高差、散水做法、一层窗台标高等。

（3）标准层楼层节点构造。主要反映标准层梁、板等构件的位置及其与墙体的联系，构件表面抹灰、装饰等内容。

（4）檐口部位节点构造。主要反映檐口部位包括封檐构造（如女儿墙或挑檐）、圈梁、过梁、屋顶泛水构造、屋面保温、防水做法和屋面板等结构构件。

（5）图中的详图索引符号等。

2. 墙身详图的识读举例

（1）如图4-7-2，该墙体为Ⓐ轴外墙，包含勒脚、散水详图、窗台节点详图、窗顶节点详图和檐口节点详图等内容。

（2）室外墙身勒脚采用20厚1∶2水泥砂浆粉勒脚，上层墙面整体涂刷浅绿色水刷石，并设置白色水泥引条分隔。散水做法从上至下依次为60厚C15混凝土面层，60厚中砂铺垫，素土夯实，排水坡度为4‰；墙身防潮采用混凝土防潮层，设置于首层地面垫层处，首层地面做法从上至下依次为30厚水泥石屑面层（门厅、走廊、厕所、盥洗部分上做水磨石），50厚C15混凝土垫层，70厚道碴，素土夯实。

（3）一、二、三层窗台标高分别为0.75 m、3.25 m、6.65 m，外窗台采用1∶2.5水泥砂浆粉刷后，白水泥加107胶刷白，窗台下设置滴水线；里窗台采用黑色水磨石面层，墙内侧为20厚1∶2.5石灰砂浆打底，纸筋石灰粉面，奶黄涂料刷白二度。

（4）楼板层构造从上至下为20厚细石混凝土面层（踢脚为7‰氧化铁红深暗红踢脚），15厚1∶3水泥砂浆找平，120厚钢筋混凝土板，10厚板底筋石灰粉平，刷白二度。

（5）不上人屋面结构层为120厚钢筋混凝土板，之上铺设40厚C20细石混凝土，采用60厚1∶6水泥煤渣隔热层，最上层为二毡三油防水层，上撒绿豆砂保护层；排水方式为有组织外排水，雨水经落水口排入白铁雨水管。

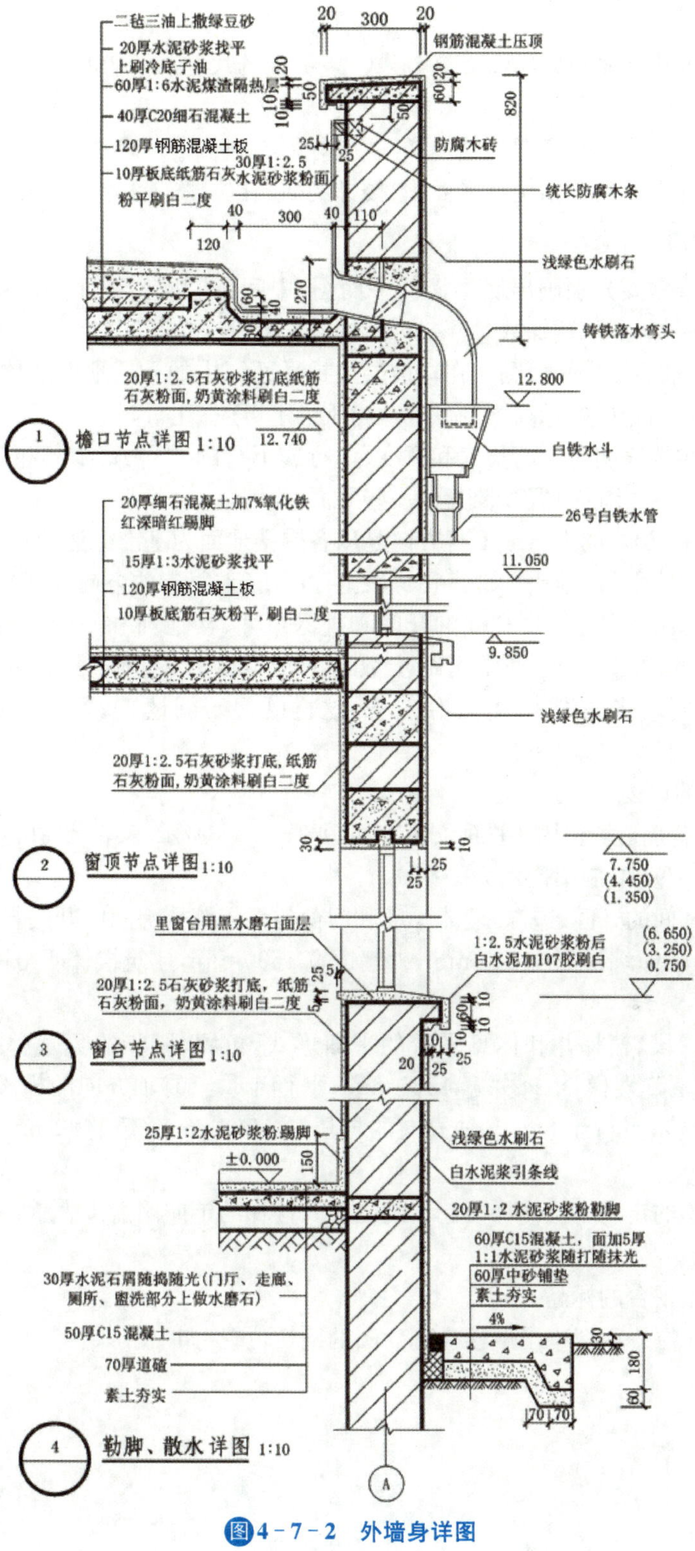

二毡三油上撒绿豆砂
20厚水泥砂浆找平
上刷冷底子油
60厚1:6水泥煤渣隔热层
40厚C20细石混凝土
120厚钢筋混凝土板
10厚板底筋纸筋石灰砂浆粉面
粉平刷白二度

钢筋混凝土压顶

防腐木砖

统长防腐木条

浅绿色水刷石

铸铁落水弯头

12.800

白铁水斗

① 檐口节点详图 1:10

20厚1:2.5石灰砂浆打底纸筋
石灰粉面,奶黄涂料刷白二度

12.740

20厚细石混凝土加7%氧化铁
红深暗红踢脚

15厚1:3水泥砂浆找平

120厚钢筋混凝土板

10厚板底筋石灰粉平,刷白二度

26号白铁水管

11.050

9.850

20厚1:2.5石灰砂浆打底,纸筋
石灰粉面,奶黄涂料刷白二度

浅绿色水刷石

② 窗顶节点详图 1:10

7.750
(4.450)
(1.350)

里窗台用黑水磨石面层

1:2.5水泥砂浆粉后
白水泥加107胶刷白

(6.650)
(3.250)
0.750

20厚1:2.5石灰砂浆打底,纸筋
石灰粉面,奶黄涂料刷白二度

③ 窗台节点详图 1:10

25厚1:2水泥砂浆粉踢脚

±0.000

浅绿色水刷石
白水泥浆引条线

20厚1:2 水泥砂浆粉勒脚

60厚C15混凝土,面加5厚
1:1水泥砂浆随打随抹光
60厚中砂铺垫
素土夯实

4%

30厚水泥石屑随捣随光(门厅、走廊、
厕所、盥洗部分上做水磨石)

50厚C15混凝土

70厚道碴

素土夯实

④ 勒脚、散水详图 1:10

A

图 4 - 7 - 2　外墙身详图

二、楼梯详图

楼梯详图主要表示楼梯的类型、结构形式、各部位的尺寸及装修做法等,是楼梯施工放样的主要依据。

楼梯详图一般分为建筑详图与结构详图,应分别绘制并编入建筑施工图和结构施工图中。楼梯的建筑详图一般包括楼梯平面图、楼梯剖面图以及踏步和栏杆等节点详图。

1. 楼梯平面图

楼梯平面图通常要分别画出底层楼梯平面图、中间各层楼梯平面图及顶层楼梯平面图。如果中间各层的楼梯位置、楼梯数量、踏步数、梯段长度都完全相同时,可以只画一个中间层楼梯平面图,称为标准层楼梯平面图。在标准层楼梯平面图中的楼层地面和休息平台上应标注出各层楼面及平台面相应的标高,其次序应"由下而上"逐一注写。

楼梯平面图主要表明梯段的长度和宽度、上行或下行的方向、踏步数和踏面宽度、楼梯休息平台的宽度、栏杆扶手的位置以及其他一些平面形状。

楼梯平面图中,梯段的上行或下行方向是以各层楼地面为基准标注的。向上者称为上行,向下者称为下行,并用长线箭头和文字在梯段上注明上行、下行的方向及踏步总数。

在楼梯平面图中,除注明楼梯间的开间和进深尺寸、楼地面和平台面的尺寸及标高外,还需注出各细部的详细尺寸。通常用踏步数与踏步宽度的乘积来表示梯段的长度。通常三个平面图画在同一张图纸内,并互相对齐,这样既便于阅读,又可省略标注一些重复的尺寸。

楼梯平面图的识读如下:

(1)了解楼梯间在房屋中的平面位置。如图 4-7-3 所示,某活动中心的三跑楼梯间位于Ⓒ~Ⓓ轴×⑧~⑨轴,制图比例为 1∶50。

(2)了解楼梯间的开间、进深,墙体厚度和门窗位置。该楼梯间的开间与进深尺寸分别为4200 mm×4200 mm;墙体宽度 240 mm,外墙窗宽 1500 mm,建筑楼梯四角梯柱为 240 mm×240 mm,与墙同宽。

(3)熟悉楼梯段、楼梯井和休息平台的平面形式、位置、踏步的宽度和踏步的数量。下图中建筑楼梯为三跑楼梯,楼梯井宽 1560 mm,平行于Ⓒ~Ⓓ轴方向的梯段长 2400 mm,宽1200 mm,9 级踏步;平行于⑧~⑨轴方向的梯段长 1500 mm,宽 1100 mm,6 级踏步,平台宽 1100 mm。

(4)看清楼梯的走向以及楼梯段起步的位置。楼梯的走向用箭头表示,并标明总步数,如"上 24"。

(5)了解各层平台的标高。

(6)在楼梯一层平面图中了解楼梯剖面图的剖切位置,如"A-A"。

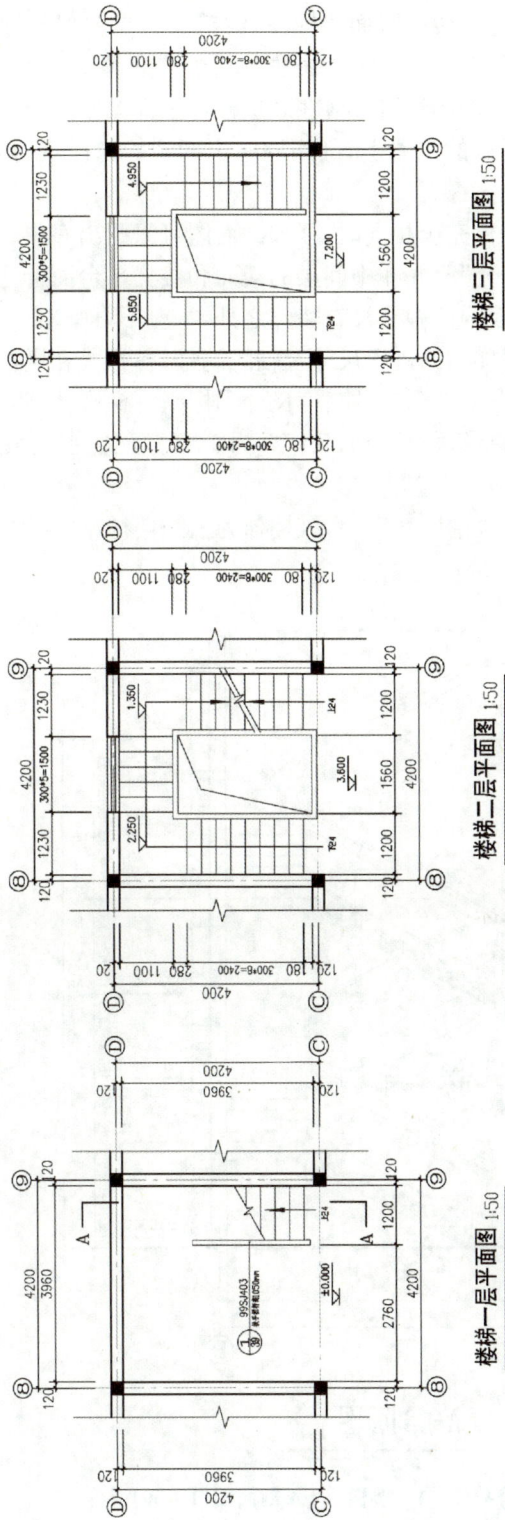

楼梯三层平面图 1:50

楼梯二层平面图 1:50

楼梯一层平面图 1:50

图 4 - 7 - 3　楼梯间平面图（1：50）

2. 楼梯剖面图

楼梯剖面图能清楚地注明各层楼(地)面的标高,楼梯段的高度、踏步的宽度和高度、级数及楼地面、楼梯平台、墙身、栏杆、栏板等的构造做法及其相对位置。

表示楼梯剖面图的剖切位置的剖切符号应在底层楼梯平面图中画出。剖切平面一般应通过第一跑,并位于能剖到门窗洞口的位置上,剖切后向未剖到的梯段进行投影,如图4-7-4所示。

在多层建筑中,若中间层楼梯完全相同时,楼梯剖面图可只画出底层、中间层、顶层的楼梯剖面,在中间层处用折断线符号分开,并在中间层的楼面和楼梯平台面上注写适用于其他中间层楼面的标高。若楼梯间的屋面构造做法没有特殊之处,一般不再画出。

在楼梯剖面图中,应标注楼梯间的进深尺寸及轴线编号,各梯段和栏杆、栏板的高度尺寸,楼地面的标高以及楼梯间外墙上门窗洞口的高度尺寸和标高。梯段的高度尺寸可用级数与踢面高度的乘积来表示,应注意的是级数与踏面数相差为1,即踏面数=级数-1。

楼梯剖面图的识读如下:

(1)了解楼梯的构造形式。如图4-7-4,该楼梯为三跑楼梯,现浇钢筋砼制作,制图比例为1:50。

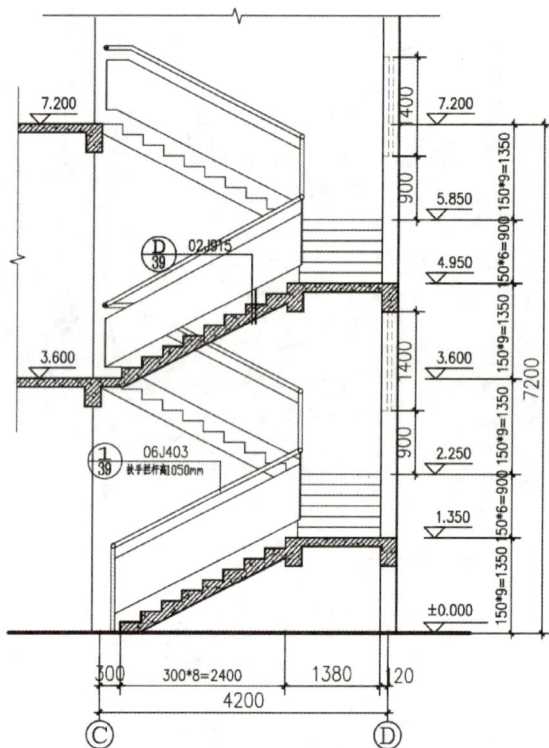

A-A剖面图 1:50

图4-7-4 楼梯A-A剖面图(1:50)

(2)熟悉楼梯在竖向和进深方向的有关标高、尺寸和详图索引符号。该楼梯为三跑楼梯,楼梯休息平台标高分别为 1.350 m、2.250 m、4.950 m、5.850 m;楼层标高分别为 3.600 m、7.200 m;楼梯间进深 4200 mm。

(3) 了解楼梯段、平台、栏杆、扶手等相互间的连接构造和相关尺寸。如休息平台宽度为 1380 mm,梯段长度 2400 mm;扶手栏杆做法详见标准图集 06J403 中根据索引符号查找。

(4) 明确踏步的宽度、高度及栏杆的高度。该楼梯踏步宽 300 mm,踢面高 150 mm,栏杆的高度为 1050 mm。

3. 楼梯节点详图

楼梯节点详图主要是指栏杆详图、扶手详图以及踏步详图。一般要求绘制踏步面层防滑处理构造详图和栏杆扶手形式构造详图。

踏步详图表明踏步的截面尺寸、大小、材料及面层的做法。

栏板与扶手详图主要表明栏板及扶手的型式、大小、所用材料及其与踏步的连接等情况。如图 4-7-5 所示,楼梯扶手采用 ϕ51 无缝钢管;立杆采用 ϕ51 壁厚 2.0 mm 或者 ϕ50 壁厚 3.0 mm 的钢管,间距为踏步面宽的两倍,与踏步可用预埋铁件通过焊接连接;栏杆采用 ϕ25 壁厚 1.0 mm 的钢管,间距为 a。

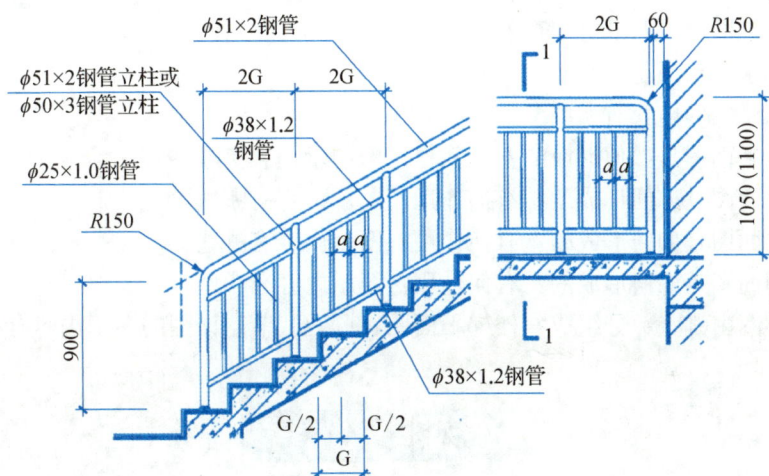

图 4-7-5 楼梯栏杆详图

三、其他详图

在建筑、结构设计中,对大量重复出现的构配件如门窗、台阶、面层做法等,通常采用标准设计,即由国家或地方编制的一般建筑常用的构、配件详图,供设计人员选用,以减少不必要的重复劳动。在识读时要学会查阅这些标准图集。

▶ 模块学习小结 ◀

本模块是前面各模块知识的具体应用;本模块知识应用性、实践性强,能否掌握本模块知识,将关系到后续有关课程的学习。

本模块主要介绍了以下内容：

1. 施工图首页的作用、组成及各组成部分的作用；
2. 建筑总平面图的形成、用途、图示内容及识读举例；
3. 建筑平面图的形成、用途、图示内容及识读举例；
4. 建筑立面图的形成、用途、图示内容及识读举例；
5. 建筑剖面图的形成、用途、图示内容及识读举例；
6. 墙身详图的图示内容及识读举例；
7. 楼梯详图的图示内容及识读举例。

学习本模块除了要求掌握以上基本知识之外，关键在于培养学生的识图能力，增强学生的空间想象能力，使学生具备工程技术人员应有的最基本的识图能力。

▶ 模块课后作业 ◀

1. 建筑施工图由哪些部分组成？
2. 图纸目录的作用是什么？
3. 设计总说明的内容有哪些？
4. 建筑总平面图是如何形成的？ 有何作用？ 图示内容有哪些？
5. 建筑平面图是如何形成的？ 有何作用？ 图示内容有哪些？
6. 建筑立面图是如何形成的？ 有何作用？ 图示内容有哪些？
7. 建筑剖面图是如何形成的？ 有何作用？ 图示内容有哪些？
8. 楼梯详图由哪些部分组成？ 楼梯平面图、剖面图、节点详图的图示内容有哪些？

▶ 技能实训 ◀

1. 由教师提供一套建筑施工图(含封面、目录、设计说明、总平面图、平面图、立面图、剖面图、详图等)，作为学生识图技能训练之用，识图训练具体要求由教师布置。